装备科技译著出版基金

# 液态金属冷却反应堆热工水力特性

# Thermal Hydraulics Aspects of Liquid Metal Cooled Nuclear Reactors

［德］费里·勒洛夫斯（Ferry Roelofs） 著
张会勇 梁峻铭 负相羽 译
孙吉良 审校

国防工业出版社

·北京·

著作权合同登记　图字：军-2021-035 号

**图书在版编目（CIP）数据**

液态金属冷却反应堆热工水力特性 /（德）费里·勒洛夫斯（Ferry Roelofs）著；张会勇，梁峻铭，贠相羽译. —北京：国防工业出版社，2024.6
书名原文：Thermal Hydraulics Aspects of Liquid Metal Cooled Nuclear Reactors
ISBN 978-7-118-13305-9

Ⅰ.①液… Ⅱ.①费… ②张… ③梁… ④贠… Ⅲ.①液态金属冷却堆—热工水力学—研究 Ⅳ.①TL425

中国国家版本馆 CIP 数据核字（2024）第 105647 号

Thermal Hydraulics Aspects of Liquid Metal Cooled Nuclear Reactors, 1$^{st}$ edition, Ferry Roelofs,
ISBN: 9780081019801
Copyright © 2019 Elsevier Ltd. All rights reserved. Authorized Chinese translation published by National Defense Industry Press.《液态金属冷却反应堆热工水力特性》（张会勇　梁峻铭　贠相羽　译）
ISBN: 978-7-118-13305-9
Copyright © Elsevier Ltd. and National Defense Industry Press. All rights reserved.
No part of this publication may be reproduced or transmitted in any form or by any means, electronic or mechanical, including photocopying, recording, or any information storage and retrieval system, without permission in writing from Elsevier Ltd. Details on how to seek permission, further information about the Elsevier's permissions policies and arrangements with organizations such as the Copyright Clearance Center and the Copyright Licensing Agency, can be found at our website: www.elsevier.com/permissions.
This book and the individual contributions contained in it are protected under copyright by ElsevierLtd. and National Defense Industry Press (other than as may be noted herein).
This edition of Thermal Hydraulics Aspects of Liquid Metal Cooled Nuclear Reactors National Defense Industry Press under arrangement with ELSEVIER LTD.
This edition is authorized for sale in China only, excluding Hong Kong, Macau and Taiwan. Unauthorized export of this edition is a violation of the Copyright Act. Violation of this Law is subject to Civil and Criminal Penalties.
本书简体中文版由 ELSEVIER LTD 授予国防工业出版社在中国大陆地区（不包括香港、澳门以及台湾地区）出版与发行。本版仅限在中国大陆地区（不包括香港、澳门以及台湾地区）出版及标价销售。未经许可之出口，视为违反著作权法，将受民事及刑事法律之制裁。本书封底贴有 Elsevier 防伪标签，无标签者不得销售。

**注　意**

本书涉及领域的知识和实践标准在不断变化。新的研究和经验拓展我们的理解，因此须对研究方法、专业实践或医疗方法作出调整。从业者和研究人员必须始终依靠自身经验和知识来评估和使用本书中提到的所有信息、方法、化合物或本书中描述的实验。在使用这些信息或方法时，他们应注意自身和他人的安全，包括注意他们负有专业责任的当事人的安全。在法律允许的最大范围内，爱思唯尔、译文的原文作者、原文编辑及原文内容提供者均不对因产品责任、疏忽或其他人身或财产伤害及/或损失承担责任，亦不对由于使用或操作文中提到的方法、产品、说明或思想而导致的人身或财产伤害及/或损失承担责任。

※

*国防工业出版社*出版发行
（北京市海淀区紫竹院南路 23 号　邮政编码 100048）
雅迪云印（天津）科技有限公司印刷
新华书店经售

\*

开本 787×1092　1/16　插页 10　印张 20½　字数 438 千字
2024 年 6 月第 1 版第 1 次印刷　印数 1—1600 册　定价 170.00 元

**（本书如有印装错误，我社负责调换）**

国防书店：（010）88540777　　　书店传真：（010）88540776
发行业务：（010）88540717　　　发行传真：（010）88540762

# 译 者 序

随着我国社会对清洁能源需求的不断提高，核电在我国电力所占比例逐渐增加，现已达到10%左右。2020年9月，我国政府在联合国大会上宣布，我国的二氧化碳排放力争于2030年达到峰值，争取2060年前实现"碳中和"。在实现"碳中和"过程中，核电作为基荷能源必将得到大力发展，发挥更大的作用。现阶段，我国核电仍以压水堆为主，始终面临如何长期保障安全用核、提高燃料利用率的问题。发展快中子堆是解决核燃料问题的根本途径，也是实现天然铀资源高效利用的有效途径。以液态铅基金属，特别是铅铋共晶合金为冷却剂的快堆，因其良好的热工水力特性和固有安全性等优势，在四代反应堆中具有较强的竞争优势。第四代反应堆国际论坛（GIF）也预测，第四代液态铅基金属冷却反应堆以其固有安全性、良好的热力学性质、模块化、小型化等优点，是可能最快走向规模应用的堆型。由于诸多优良特性，铅基堆潜在的军事用途也十分明显。

俄罗斯、欧洲一些国家等的研究机构对铅铋合金特性的研究起步较早，并且取得了一定的成绩。但是，由于俄罗斯将铅铋重点应用于军工领域，研究进展、技术材料均处于高度保密状态，难以获取。我国在液态铅基金属快堆，特别是液态铅铋快堆的研发上也有一定布局，并开展了部分相关研究。如中国科学院成立战略性先导科技专项"未来先进核裂变能——ADS嬗变系统"的研究项目（简称铅基快堆ADS项目）、工业和信息化部在哈尔滨工程大学成立的"核安全与先进核能重点实验室"、广东省成立的"先进能源科学与技术广东省实验室"等都将铅基快堆等先进核能技术研发作为未来的重点工作之一。2020年，国家国防科技工业局已经发文明确了由中国广核集团有限公司牵头中俄在该领域的合作，第四代液态铅铋金属反应堆的研发工作已经进入实施阶段。铅铋快堆的研发迎来了难得的机遇。

2015年，欧洲多个国家在欧盟的支持下，发起H2020-SESAME合作项目，在液态金属冷却反应堆热工水力领域开展了系统的研究，取得了新的进展。其主要成果汇集到由Ferry Roelofs编写的Thermal Hydraulics Aspects of Liquid Metal Cooled Nuclear Reactors一书中。该书系统地阐述了SESAME项目中各参与单位在液态金属冷却反应堆热工水力领域研究的最新进展，并融合了美国阿贡国家实验室（ANL）和橡树岭国家实验室（ORNL）近年来的相关研究成果。书中重点介绍了液态金属热工水力实验和计算机流体力学（CFD）模拟分析的相关内容，并提供了该领域全面的参考文献，是液态金属冷却反应堆热工水力领域首部系统性的科学专著，理论性和实用性均极强。经译者查询，国内目前还无类似的专著出版。

为了适应液态金属快堆，特别是铅铋快堆工程化研发和应用的新形势，本人与团队成员共同翻译了该书，为国内液态金属快堆领域的科技工作者提供一本了解液态金属冷却反应堆热工水力、腐蚀特性和数值计算方法等最新进展的参考书。本书也可供高校、科研机构核工程领域的科研人员、研究生等参考使用。本书的翻译由中广核研究院有限公司主要从事第四代反应堆研发实验的人员完成，主要翻译人员为张会勇、梁峻铭、负相羽，张雷、陆雨洲、张越、徐俊英等也对本书的翻译提供了帮助。数值计算相关章节承蒙西安交通大学李增耀教授审阅指正。在此一并感谢，不再一一列举。全部译稿最后经中广核研究院有限公司副总经理孙吉良校核并审定。

由于译者水平有限，翻译过程难免存在不能全部、准确表达原著含义的情况，对于文中错漏、不当之处，请求读者理解，并诚恳欢迎来信或来电批评指正。

译者

2023 年 3 月

# 序

得益于在科研领域的卓越追求和一贯成功,欧洲原子能共同体(EU/Euratom)研究和培训框架计划正在积极推进泛欧洲在核裂变以及核科学与技术领域的合作。

为了核能的长期可持续发展,需要研发创新型核系统(如第四代反应堆和嬗变系统),以应对未来地球上的能源和气候挑战。其中,热工水力特性研究被认为是最关键的科学挑战,同时也是发展创新型反应堆系统的机遇。

2015年,EU/Euratom在公开征集项目建议书后启动了液态金属冷却反应堆热工水力模拟和实验安全性评估项目,即H2020-SESAME项目。SESAME项目不仅聚集了来自9个欧洲国家(荷兰、比利时、法国、德国、意大利、斯洛文尼亚、捷克共和国、瑞典和瑞士)的23个合作伙伴,还基于EU/Euratom-DOE框架协议(支持包括创新反应堆概念(I-NERI)在内的核能研发)与美国能源部实验室(阿贡国家实验室(ANL)和橡树岭国家实验室(ORNL))开展广泛的国际合作。

SESAME项目的研究团队在核技术与反应堆热工水力领域拥有长期的经验。他们大多曾经在EU/Euratom的相关项目中有过成功的合作,并拥有了建模、仿真、验证和基础研究的能力,充分利用了泛欧洲的经验和知识,包括:

(1)前期和目前正在开展的项目成果,如H2020-ESNII+、FP7-ADRIANA、CP-ESFR、LEADER、MAXSIMA、SEARCH、THINS、CDT、HeLiMNet、FP6-EUROTRANS、EISOFAR和ELSY;

(2)第四代反应堆国际论坛(包括GIF 2009研究与发展展望和GIF 2013技术路线图)、IAEA 2012快堆状态更新报告、IAEA 2014快中子系统建模与仿真优先事项研讨会总结报告、OECD/NEA 2011针对钠快堆安全基础设施和研发需求的先进反应堆实验设施专项工作组(TAREF)报告、SNETP 2013战略研究与创新议程、2010欧洲可持续核工业倡议(ESNII)和2015部署策略等文件。

SESAME项目主要为ESN Ⅱ(SFR—ASTRID、LFR—ALFRED和ADS—MYRRHA)中确定的液态金属冷却反应堆的技术研发提供支持,解决其在规范性、基本原则和安全方面的挑战,包括:

(1)用于先进反应堆设计和安全评估的先进数值计算方法的开发和验证;

(2)通过获得新的参考数据形成新的或扩展的验证数据库;

(3)建立液态金属快堆热工水力设计最佳实践指南,以及验证、确认与不确定度的量化评估方法。

SESAME项目也为当代轻水反应堆安全评估提供了基础和通用的研究结果。通过扩展其知识库,将有助于欧洲成员国和其他国家制定强有力的安全政策。SESAME项目进一步加强了欧洲的实验设施和数值工具的研发。SESAME项目还与欧洲液态金属冷却反应堆设计团队紧密合作，积极地为该项目内容提供了建议。作为主要的终端用户，该项目产生的成果将确保创新反应堆设计能够利用最前沿的科研成果，从而达到最高安全水平。

得益于相关的科学挑战，第四代创新型核反应堆对核能行业内的学生、工程师和科学家也具有极大的吸引力。这些挑战包括更高的运行温度、耐高温材料的研究、腐蚀效应、液态重金属热力学、新型换热器、用于增殖和增大长寿命废物燃耗的快中子通量，还包括研发、制造和测试全新的核燃料以及先进燃料循环（包括分区和嬗变在内的燃料循环概念）。这些都为实验室里的实习生和博士生提供了绝佳的课题选择的机会，不仅对那些需要额外投入平均两年时间研究快堆的年轻工程师具有显著的教育价值，还可以让正致力于增强轻水堆技术和跨领域安全、堆芯物理、工程学和材料领域工作的工程师和科学家获得更加全面的专业知识。此外，一个成功的第四代反应堆设计团队也将从这些跨越中子学、热工水力、材料学和冷却剂技术等多种学科的"系统"和"跨学科"专家，以及能够把所有学科成果集成优化到实际的反应堆部件进而使电厂性能达到最佳的工程师身上获益良多。

当今，欧洲以及世界其他国家的"技术学校"正成功地朝着"国际培训平台"（或"英才中心"）的方向转型（如法国、比利时、德国、意大利、瑞典、荷兰、英国），以实现 EU/ Euratom 教育、培训、技能和能力的可持续发展。所有已发表的论文以及本书都是相关合作伙伴共同努力的成果，并得到了整个科学界的广泛赞誉。我谨代表 EU/ Euratom 对他们所有人的贡献表示衷心的感谢。

技术部/行政官 罗杰·盖比尔
欧洲原子能共同体-核裂变署

# 前　言

> 在我内心深处
> 一直梦想漫步于时光的角落
> 执着于乘坐时光机穿梭
>
> ——《时光机》（荷兰 The Gathering 乐队）

2012 年，我们开启了一段新的旅程，并最终促成了本书的编写。基于液态金属冷却反应堆的研究框架，我们创造性地发起了一个新的欧洲合作项目。项目的名称是"液态金属冷却反应堆热工水力模拟和实验安全性评估"（SESAME）。本书是该项目的主要成果之一，旨在为学生、年轻的专业工程师以及其他对液态金属冷却反应堆热工水力课题感兴趣的人员提供帮助。

本书是参与项目的专家团队共同努力的结晶，详细描述了液态金属冷却反应堆热工水力相关领域最新的科研进展。此外，书中还指出了我们在这些领域面临的挑战。我们希望本书对读者有所助益，同时也希望读者能够将我们和您的知识继续传递给其他同事和国际专家。

在开始阅读本书之前，请允许我借此机会对在本书编写过程中发挥了重要作用的人们表示感谢。首先，非常感谢欧盟委员会在 2015 年对 SESAME 项目的资助。特别感谢欧盟委员会的罗杰·盖比尔对我们工作的持续支持。其次，感谢参与 SESAME 项目的全体同仁，在这里不一一列举，但是我相信你们知道自己的贡献，是你们促成了这一切。你们登上我们的"时光机"，让这个项目变得独一无二。你们还参与了一些特别的活动，比如意大利重金属乐队——"蓝时幽灵"在布拉西莫内反应堆大厅举办的令人难忘的音乐会。在这个过程中也有悲伤的回忆。就在本书的第一版手稿完成之前，我们 SESAME 项目的同事，伟大的科学家简·威厄德尔仕教授不幸突然离世，我们将永远缅怀他。非常感谢在马里亚诺·塔伦帝诺卓越领导下的 SASAME 项目管理协调团队的成员，包括阿法科·夏姆斯、阿布达拉·拜特、文森特·莫罗、伊凡·迪·皮亚扎、安托万·格斯辰菲尔德、菲利普·普兰库特等。最后，非常感谢我们大西洋彼岸的合作者，以伊利亚·梅萨里和戴夫·庞恩特为代表的美国同事，他们用专业的知识和成果将本书变得更加充实。

我还要向一位特别的同事卡特里娜·范·蒂科海伦表示感谢。她常常与我交流，并表达她极具建设性的思想和观点，感谢她多年来在该领域与我共事，一起制订我们的宏伟计划，乘坐"时光机"穿梭，并一起实现我们的梦想。最后，如果没有家人的支持，本书也是不可能完成的。十分感谢我的父母，他们一直鼓励我坚持自己的选择，走自己的路，并一直做我坚强的后盾。同样非常重要的，感谢我的妻子苏珊以及我的两个儿子卡斯珀和乔瑞姆。无论我是高兴、紧张、忙碌还是疲倦，他们都默默地陪伴着我、支持我，我永远爱你们。"在我内心深处，一直梦想漫步于时光的角落，执着于乘坐时光机穿梭。"

费里·勒洛夫斯

# 术语和缩略语表

| 缩略词 | 英文全称 | 中文全称 |
|---|---|---|
| ACB | above core barrel | 堆芯吊篮上部 |
| ADRIANA | ADvanced Reactor Initiative and Network Arrangement | 先进反应堆倡议和网络协议 |
| ADS | accelerator-driven system | 加速器驱动系统 |
| Ag | silver | 银 |
| AHFM | algebraic heat flux model | 代数热通量模型 |
| AHP | analytic hierarchy process | 层次分析法 |
| Al | aluminum | 铝 |
| ALFRED | Advanced Lead Fast Reactor European Demonstrator | 先进铅冷块堆欧洲示范堆 |
| ALINA | Karlsruhe experiments with Li and Na free jet | 带有 Li 和 Na 自由射流的卡尔斯鲁厄实验 |
| ALIP | annular linear induction pump | 圆柱直线感应泵 |
| AP | anisotropic porosity | 各向多孔异性 |
| ASCHLIM | assessment of computational fluid dynamics codes for heavy liquid metals | 对液态重金属计算流体力学程序的评估 |
| ASTRID | Advanced Sodium Technological Reactor for Industrial Demonstration | 先进钠冷技术工业示范反应堆 |
| ATHLET | Analysis of THermal hydraulics of LEaks and Transients | 破口和瞬态的热工水力分析 |
| BC | boundary condition | 边界条件 |
| BFS | backward-facing step | 后向台阶 |
| BN | Bystrie Neytrony (Russian for fast neutron) | 快中子（俄罗斯快中子） |
| BOL | beginning of life | 寿命初期 |
| BOR | Bystrij Opytnyj Reaktor (Russian) | 试验快堆 |
| BPG | best practice guidelines | 最佳实践指南 |
| BREST | Russian lead-cooled fast reactor design | 俄罗斯铅冷快堆设计 |
| BWR | boiling water reactor | 沸水堆 |
| CAD | computer-aided design | 计算机辅助设计 |
| CATHARE | code for analysis of thermal-hydraulics during an accident of reactor and safety evaluation | 反应堆事故工况下热工水力分析和安全评估程序 |
| CCD | charged-coupled device | 电荷耦合器件 |
| CDA | core disruptive accident | 堆芯降级事故 |

续表

| 缩略词 | 英文全称 | 中文全称 |
|---|---|---|
| CDF | cumulative density function | 累积密度函数 |
| CDT | central design team | 核心设计团队 |
| CFD | computational fluid dynamics | 计算流体力学 |
| CFL | Courant-Friedrichs-Lewy | 库兰特-弗里德里希-莱维 |
| CGCFD | coarse-grid-CFD | 粗网格CFD |
| CHEOPE | CHEmistry and OPErations | 化学和运行 |
| CIFT | contactless inductive flow tomography | 非接触感应流动层析成像 |
| CMOS | complementary metal oxide semiconductor | 互补金属氧化物半导体 |
| $CO_2$ | carbon dioxide | 二氧化碳 |
| COCO | water model of EFR cold pool | EFR冷池水模型 |
| COLCHIX | water model of EFR hot pool | EFR热池水模型 |
| COMPLOT | COMponent Loop Testing | 部件循环试验 |
| CORRIDA | corrosion in dynamic alloys | 合金动态腐蚀 |
| CPU | central processing unit | 中央处理器 |
| Cr | chromium | 铬 |
| CRAFT | Corrosion Research for Advanced Fast reactor Technologies | 先进快堆技术腐蚀研究 |
| CS | core simulator | 堆芯模拟体 |
| CSM | computational structural mechanics | 计算结构力学 |
| Cu | copper | 铜 |
| DEM | discrete element method | 离散元法 |
| DES | detached eddy simulation | 分离涡模拟 |
| DFR | Dounreay Fast Reactor | 杜伦雷快中子反应堆 |
| DHR | decay heat removal | 衰变热排出 |
| DITEFA | DIvertor TEst FAcility | 分离器测试台架 |
| DNS | direct numerical simulation | 直接数值模拟 |
| DOE | Department of Energy | 能源部（美国） |
| EBR | experimental breeder reactor | 实验增殖反应堆 |
| EDM | eddy diffusivity model | 涡扩散模型 |
| EFR | European fast reactor | 欧洲快堆 |
| EISOFAR | Roadmap for a European Innovative SOdium-cooled FAst Reactor | 欧洲新型钠冷快堆发展路线图 |
| ELFR | European Lead Fast Reactor | 欧洲铅快堆 |
| ELSY | European Lead-cooled SYstem | 欧洲铅冷系统 |
| EM | electromagnetic | 电磁 |
| EOS | equation of state | 状态方程 |

续表

| 缩略词 | 英文全称 | 中文全称 |
| --- | --- | --- |
| ESCAPE | European SCAled Pool Experiment | 欧洲缩比池式实验 |
| ESFR | European Sodium Fast Reactor | 欧洲钠冷快堆 |
| ESFR-SMART | European Sodium Fast Reactor Safety Measures Assessment and Research Tools | 欧洲钠冷快堆安全措施评估和研究工具 |
| ESNII | European Sustainable Nuclear Industrial Initiative | 欧洲可持续核工业倡议 |
| ESNII + | preparing ESNII for HORIZON 2020 | 为地平线 2020 筹备 ESNII |
| Eu | Euler number | 欧拉数 |
| EUROTRANS | European research program for transmutation of high level nuclear waste in an ADS | 欧洲利用 ADS 嬗变高放射性核废料研究项目 |
| F2S | fluid to solid | 固体匹配流体 |
| FALCON | Fostering ALFRED Construction | 促进 ALFRED 建设 |
| FBTR | fast breeder test reactor | 快速增殖实验堆 |
| FEA | finite element analysis | 有限元分析 |
| FEP | fluorinated poly (ethylene-propylene) | 氟化乙烯丙烯共聚物 |
| FIV | flow-induced vibration | 流致振动 |
| FLIP | flat linear induction pump | 平面直线感应泵 |
| FFT | fast Fourier transform | 快速傅里叶变换 |
| FFTF | fast flux test facility | 快中子通量实验台架 |
| FPS | fuel pin simulator/functional performance specification | 燃料组件模拟/功能性规范 |
| FSI | fluid-structure interaction | 流固耦合 |
| Gen | generation | 代 |
| GGDH | generalized gradient diffusion hypothesis | 广义梯度扩散假设 |
| GIF | Generation IV International Forum | 第四代反应堆国际论坛 |
| Gr | Grashof number | 格拉晓夫数 |
| $H_2O$ | water | 水 |
| HeLiMNet | heavy liquid metal network | 液态重金属联盟 |
| Hg | mercury | 汞 |
| HLM | heavy liquid metal | 液态重金属 |
| HPC | high-performance computing | 高性能计算 |
| HTR | high-temperature reactor | 高温堆 |
| HX | heat exchanger | 换热器 |
| IAEA | International Atomic Energy Agency | 国际原子能机构 |
| IET | integral effect test | 整体效应实验 |
| IQN-ILS | interface quasi-Newton with inverse Jacobian from a least squares model | 基于最小二乘模型的介面拟牛顿逆雅可比矩阵 |
| IT | integral test | 整体试验 |

续表

| 缩略词 | 英文全称 | 中文全称 |
| --- | --- | --- |
| IVMR | in-vessel melt retention | 熔融物堆内滞留 |
| IVR | in-vessel retention | 堆内滞留 |
| JESSICA | water model of EFR hot pool | EFR 热池水模型 |
| JSFR | Japanese sodium fast reactor | 日本钠冷快堆 |
| KALLA | KArlsruhe Liquid metal LAboratory | 卡尔斯鲁厄液态金属实验室 |
| KASOLA | Karlsruhe Sodium Laboratory | 卡尔斯鲁厄钠实验室 |
| KNK | Kompakte Natriumgekühlte Kernreaktoranlage Karlsruhe (German) | 卡尔斯鲁厄紧凑型钠冷反应堆（德国） |
| LBE | lead-bismuth eutectic | 铅铋合金 |
| LDA | laser Doppler anemometry | 激光多普勒测速 |
| LDV | laser Doppler velocimetry | 激光多普勒测速 |
| LEADER | Lead-cooled European Advanced DEmonstration Reactor | 欧洲先进铅冷示范堆 |
| LECOR | LEad CORrosion | 铅腐蚀 |
| LES | large eddy simulation | 大涡模拟 |
| LFR | lead-cooled fast reactor | 铅冷快堆 |
| LFV | Lorentz force velocimetry | 洛伦兹力测速 |
| LIF | laser-induced fluorescence | 激光诱导荧光 |
| LIMMCAST | Liquid Metal Model for Continuous CASTing | 液态金属连续铸造模型 |
| LM | liquid metal | 液态金属 |
| LMR | liquid-metal reactor | 液态金属冷却反应堆 |
| LMFR | liquid-metal fast reactor | 液态金属快堆 |
| LOCA | loss-of-coolant accident | 冷却剂丧失事故 |
| LWR | light-water reactor | 轻水堆 |
| MAXSIMA | Methodology, Analysis, and eXperiments for the Safety In MYRRHA Assessment | 针对 MYRRHA 安全评估的方法论，分析和实验 |
| MCP | mechanical pump | 机械泵 |
| MEKKA | Magnetohydrodynamic Experiments in NaK Karlsruhe | 卡尔斯鲁厄钠钾合金磁流体动力学试验 |
| MICAS | water model of ASTRID hot pool | ASTRID 热池水模型 |
| Mo | molybdenum | 钼 |
| MOX | mixed oxide | 混合氧化物 |
| MSR | molten salt reactor | 熔盐堆 |
| MYRRHA | Multi-purpose hYbrid Research Reactor for High-tech Applications | 高科技应用多功能混合堆 |
| MYRRHABELLE | MYRRHA Basic sEt-up for Liquid Flow Experiments | MYRRHA 液体流动基础实验装置 |

续表

| 缩略词 | 英文全称 | 中文全称 |
|---|---|---|
| MYRTE | MYRRHA Research and Transmutation Endeavour | NYRRHA 研究与嬗变强化 |
| Na | sodium | 钠 |
| NaK | sodium potassium | 钠钾 |
| NACIE | NAtural CIrculation Experiment | 自然循环实验 |
| NCL | natural convection loop | 自然对流回路 |
| NDN | nondimensional number | 无量纲数 |
| NEA | Nuclear Energy Agency | 核能署 |
| NEPTUN | water model of EFR | EFR 水介质模拟装置（1:5） |
| Nd | neodymium | 钕 |
| Ni | nickel | 镍 |
| NPSH | net positive suction head | 汽蚀余量 |
| $Nu$ | Nusselt number | 努塞尔数 |
| OECD | Organization for Economic Cooperation and Development | 经济合作与发展组织 |
| PARCS | Purdue Advanced Reactor Core Simulator | 普渡先进反应堆堆芯模拟体 |
| Pb | lead | 铅 |
| PbBi | lead bismuth | 铅铋 |
| PbO | lead oxide | 氧化铅 |
| PCCM | predictive capability maturity model | 预测能力成熟度模型 |
| PDF | probability density function | 概率密度函数 |
| $Pe$ | Peclet number | 贝克莱数 |
| PEC | Prova Elementi Combustibile (Italian) | 测试燃料元件（意大利） |
| PFBR | Prototype Fast Breeder Reactor | 快中子增殖原型堆 |
| PFR | prototype fast reactor | 原型快堆 |
| PID | proportional integral derivative | 比例积分微分 |
| PIRT | process identification and ranking table | 现象识别与排序表 |
| PIV | particle image velocimetry | 粒子图像测速 |
| PLACE | PLAnt for Cleaning of large Equipment | 大型设备清洗平台 |
| PLANDTL | plant dynamics test loop | 电厂动力学测试回路 |
| PLC | programmable logic controller | 可编程逻辑控制器 |
| PMMA | polymethyl methacrylate | 聚甲基丙烯酸甲酯 |
| $Pr$ | Prandtl number | 普朗特数 |
| $Pr_t$ | turbulent Prandtl number | 湍流普朗特数 |
| PSD | power spectral density | 功率谱密度 |
| PTV | particle tracking velocimetry | 粒子跟踪测速 |

续表

| 缩略词 | 英文全称 | 中文全称 |
|---|---|---|
| PWR | pressurized water reactor | 压水堆 |
| QDNS | quasi-DNS | 近似-DNS |
| R&D | research and development | 研究与开发 |
| RAMONA | water model of EFR | EFR 水介质模拟装置（1:20） |
| RANS | Reynold-averaged Navier-Stokes | 雷诺平均纳维斯托克斯方程 |
| RBC | Rayleigh-Benard convection | 瑞利-贝纳德对流 |
| $Re$ | Reynolds number | 雷诺数 |
| RELAP | Reactor Excursion and Leak Analysis Program | 反应堆瞬态和破口分析程序 |
| $Ri$ | Richardson number | 理查森数 |
| RIM | refractive index matching | 折射率匹配 |
| RSM | Reynolds stress model | 雷诺应力模型 |
| RVACS | reactor vessel auxiliary cooling system | 反应堆压力容器辅助冷却系统 |
| RVMS | regularized variational multiscale | 正则变分多尺度 |
| S2F | solid to fluid | 固体匹配流体 |
| SAMRAT | ScAled Model of Reactor Assembly for Thermal hydraulic studies | 用于热工水力研究的反应堆装置比例模型 |
| SCTH | subchannel thermal hydraulics | 子通道热工水力 |
| SEALER | Swedish Advanced Lead-cooled Reactor | 瑞典先进铅冷反应堆 |
| SEARCH | Safe ExploitAtion Related CHemistry for HLM reactors | HLM 反应堆化学相关安全开发 |
| SESAME | thermal hydraulic simulations and experiments for the safety assessment of metal-cooled reactors | 液态金属冷却反应堆安全性评估热工水力模拟和实验 |
| SET | separate effect test | 分离效应实验 |
| SFR | sodium-cooled fast reactor | 钠冷快堆 |
| SGDH | simple gradient diffusion hypothesis | 简单梯度扩散假设 |
| SGS | sub-grid scale | 亚格子尺度 |
| SGTR | steam generator tube rupture | 蒸汽发生器换热管破裂 |
| SNE-TP | Sustainable Nuclear Energy Technology Platform | 可持续核能技术平台 |
| SNR | Schneller Natriumgekühlter Reaktor (German) | 钠冷快堆（德国） |
| SOLTEC | SOdium Loop for TEst materials and Corrosion facilities | 钠回路材料与腐蚀测试台架 |
| SPECTRA | Sophisticated Plant Evaluation Code for Thermal-hydraulic Response Assessment | 核电厂热工水力响应评估程序 |
| SRQ | system response quantity | 系统响应量 |
| SST | shear stress transport | 剪切应力传递模型 |
| $Sr$ | Strouhal number | 斯特劳哈尔数 |
| STH | system thermal hydraulics | 系统热工水力 |

续表

| 缩略词 | 英文全称 | 中文全称 |
|---|---|---|
| SVBR | Svintsovo-Vismutovyi Bystryi Reaktor (Russian) | 铅铋快堆（俄罗斯） |
| Ta | tantalum | 钽 |
| TC | thermocouple | 热电偶 |
| TEC-FM | transient eddy-current flow meter | 瞬态涡流流量计 |
| TELEMAT | Test Loop for Lead Material testing | 铅材料测试回路 |
| THEADES | Thermal-hydraulics and ADS Design | 热工水力和ADS设计 |
| THESYS | Technology for Heavy Liquid Metals Systems | 液态重金属工艺系统 |
| THINS | Thermal Hydraulics of Innovative Nuclear Systems | 新型核能系统热工水力 |
| TMBF | turbulence model for buoyant flows | 浮力流湍流模型 |
| UDV | ultrasound Doppler velocimetry | 超声多普勒测速 |
| ULOF | unprotected loss of flow | 无保护失流 |
| UPS | uninterruptible power supply | 不间断电源 |
| UQ | uncertainty quantification | 不确定度量化 |
| URANS | unsteady RANS | 非稳态雷诺平均纳维斯托克斯方程 |
| US | The United States | 美国 |
| UTTT | ultrasound transit-time technique | 超声传输时间技术 |
| VELLA | Virtual European Lead LAboratory | 虚拟欧洲铅实验室 |
| VOF | volume of fluid | 流体体积 |
| VMS | variational multiScale | 变分多尺度 |
| V&V | verification and validation | 验证和确认 |
| VVUQ | verification, validation and uncertainty quantification | 验证、确认和不确定度量化 |
| W | tungsten | 钨 |
| WALE | wall-adapting local eddy viscosity | 壁面自适应局部涡粘度 |
| Xe | xenon | 氙 |
| YAG | yttrium aluminum garnet | 钇铝石榴石 |
| YLF | yttrium lithium fluoride | 氟化钇锂 |

# 目 录

## 第1章 液态金属冷却反应堆简介 ... 1
- 1.1 核能与快堆 ... 1
- 1.2 液态金属冷却反应堆设计 ... 1
- 1.3 液态金属冷却反应堆简史 ... 2
- 1.4 采用液态金属作为冷却剂的优缺点 ... 3
- 1.5 欧洲液态金属冷却反应堆设计 ... 4
  - 1.5.1 用于工业示范的先进钠冷技术反应堆 ... 4
  - 1.5.2 欧洲先进示范铅冷快堆 ... 6
  - 1.5.3 高科技应用研究多功能反应堆 ... 8
  - 1.5.4 瑞典先进铅冷反应堆 ... 9
- 1.6 阅读指南 ... 11
- 参考文献 ... 11

## 第2章 液态金属冷却反应堆热工水力的挑战 ... 12
- 2.1 引言 ... 12
- 2.2 识别 ... 13
- 2.3 分类 ... 13
- 2.4 热工水力的挑战 ... 14
  - 2.4.1 基本现象 ... 14
  - 2.4.2 堆芯热工水力 ... 16
  - 2.4.3 金属熔池热工水力 ... 19
  - 2.4.4 系统热工水力 ... 23
  - 2.4.5 导则 ... 27
- 参考文献 ... 28
- 扩展阅读 ... 32

## 第3章 液态金属热工水力实验概述 ... 33
- 参考文献 ... 34
- 3.1 棒束和池式水介质实验在液态金属冷却反应堆的应用 ... 35
  - 3.1.1 概述 ... 35
  - 3.1.2 模化理论 ... 35

3.1.3　燃料棒束实验 ………………………………………………………… 47
　　　3.1.4　池式实验 ……………………………………………………………… 51
　　　3.1.5　小结 …………………………………………………………………… 56
　参考文献 …………………………………………………………………………… 56
　扩展阅读 …………………………………………………………………………… 60
3.2　液态金属实验装置设计 ………………………………………………………… 60
　　　3.2.1　概述 …………………………………………………………………… 60
　　　3.2.2　大型液态重金属池设计 ……………………………………………… 63
　　　3.2.3　气体强化循环 ………………………………………………………… 63
　　　3.2.4　堆芯模拟体设计 ……………………………………………………… 64
　　　3.2.5　蒸汽发生器设计 ……………………………………………………… 68
　　　3.2.6　实验段压降 …………………………………………………………… 73
　　　3.2.7　结束语 ………………………………………………………………… 75
　参考文献 …………………………………………………………………………… 75
3.3　液态金属实验装置建设 ………………………………………………………… 76
　　　3.3.1　概述 …………………………………………………………………… 76
　　　3.3.2　热工水力回路装置 …………………………………………………… 79
　　　3.3.3　热工水力实验段 ……………………………………………………… 84
　　　3.3.4　结论 …………………………………………………………………… 88
　参考文献 …………………………………………………………………………… 89
3.4　液态金属实验装置的运行 ……………………………………………………… 90
　　　3.4.1　预氧化 ………………………………………………………………… 91
　　　3.4.2　LBE 熔化及首次充料 ………………………………………………… 92
　　　3.4.3　气体环境调节程序（惰性气体）…………………………………… 93
　　　3.4.4　预热 …………………………………………………………………… 93
　　　3.4.5　LBE 充料 ……………………………………………………………… 94
　　　3.4.6　泵的启动和关停 ……………………………………………………… 95
　　　3.4.7　冷却 …………………………………………………………………… 96
　　　3.4.8　卸放 …………………………………………………………………… 96
　　　3.4.9　实验装置运行过程的一般关注事项 ………………………………… 97
　　　3.4.10　设备/实验段的清洁 ………………………………………………… 100
　　　3.4.11　总结 ………………………………………………………………… 103
　参考文献 ………………………………………………………………………… 103
3.5　液态金属冷却反应堆冷却剂的测量技术 …………………………………… 103
　　　3.5.1　概述 ………………………………………………………………… 103
　　　3.5.2　超声测量方法 ……………………………………………………… 104
　　　3.5.3　感应测量技术 ……………………………………………………… 107
　　　3.5.4　结论 ………………………………………………………………… 108
　参考文献 ………………………………………………………………………… 109

# 第4章 液态金属系统热工水力 …… 111

## 4.1 液态金属对流传热 …… 111
### 4.1.1 湍流普朗特数 …… 112
### 4.1.2 对流传热关联式 …… 113
## 4.2 系统热工水力程序中的流体动力模型 …… 115
## 4.3 系统热工水力程序中采用的液态金属热力学物性 …… 117
### 4.3.1 液相 …… 117
### 4.3.2 气相 …… 119
## 4.4 RELAP5/Mod3.3 程序改进及应用 …… 119
### 4.4.1 RELAP5/Mod3.3 程序改进 …… 119
### 4.4.2 在 NACIE 装置的应用 …… 120
## 4.5 SESAME 项目中采用的其他系统热工水力程序 …… 128
### 4.5.1 反应堆事故工况下热工水力分析和安全评估程序 …… 128
### 4.5.2 泄漏和瞬态的热工水力分析程序包 …… 128
### 4.5.3 核电厂热工水力响应评估程序 …… 129
### 4.5.4 SAS4A/SASSYS-1 程序 …… 129
## 参考文献 …… 130
## 扩展阅读 …… 131

# 第5章 液态金属冷却反应堆子通道分析 …… 132

## 5.1 子通道热工水力概述 …… 133
### 5.1.1 液态金属冷却反应堆燃料组件结构 …… 133
### 5.1.2 液态金属冷却剂 …… 135
### 5.1.3 堆芯热工水力分析的任务 …… 135
## 5.2 子通道热工水力分析 …… 137
### 5.2.1 基本方程 …… 137
### 5.2.2 封闭模型 …… 139
### 5.2.3 分析实例 …… 147
## 参考文献 …… 149
## 扩展阅读 …… 150

# 第6章 计算流体力学介绍 …… 151

## 6.1 直接数值模拟 …… 151
### 6.1.1 直接数值模拟在液态金属中的应用 …… 152
## 参考文献 …… 168
### 6.1.2 大涡模拟在液态金属流动与传热中的应用 …… 171
## 参考文献 …… 189
## 6.2 大涡模拟 …… 191

|  |  | 6.2.1 湍流传热 | 191 |
| --- | --- | --- | --- |
|  | 参考文献 |  | 204 |
|  | 扩展阅读 |  | 206 |
|  |  | 6.2.2 使用 URANS 模拟管束中的流致振动 | 207 |
|  | 致谢 |  | 219 |
|  | 参考文献 |  | 219 |
|  |  | 6.2.3 堆芯热工水力 | 220 |
|  | 参考文献 |  | 236 |
|  | 扩展阅读 |  | 241 |
|  |  | 6.2.4 池热工水力的（U）RANS 模拟 | 241 |
|  | 参考文献 |  | 253 |
| 6.3 | 雷诺平均的 Navier-Stokes 方程 |  | 253 |
| 6.4 | 降分辨率 RANS |  | 255 |
| 6.5 | 低分辨率 CFD 模拟 |  | 255 |
|  | 参考文献 |  | 255 |

# 第 7 章 液态金属系统多尺度模拟 ......... 257

| 7.1 | 引言及动机 |  | 257 |
| --- | --- | --- | --- |
|  | 7.1.1 | 反应堆热工水力模拟的尺度 | 257 |
|  | 7.1.2 | 不同尺度间相互作用 | 258 |
|  | 7.1.3 | 模拟多尺度现象 | 259 |
| 7.2 | 多尺度耦合算法 |  | 261 |
|  | 7.2.1 | 区域分解及区域重叠 | 261 |
|  | 7.2.2 | 水力边界耦合 | 262 |
|  | 7.2.3 | 热边界耦合 | 265 |
|  | 7.2.4 | 时间格式及内部迭代 | 266 |
|  | 7.2.5 | 实际实施的考虑 | 267 |
| 7.3 | 多尺度方法开发及验证 |  | 268 |
|  | 7.3.1 | 耦合算法解析验证 | 268 |
|  | 7.3.2 | 小尺度及中间尺度验证 | 268 |
|  | 7.3.3 | 大尺度验证及整体验证 | 270 |
| 7.4 | 结论 |  | 271 |
|  | 参考文献 |  | 272 |

# 第 8 章 验证、确认和不确定度量化 ......... 274

| 8.1 | 引言 |  | 274 |
| --- | --- | --- | --- |
| 8.2 | 安全监管要求 |  | 276 |
| 8.3 | 验证 |  | 277 |
|  | 8.3.1 | 功能性测试 | 277 |

- 8.3.2 解析验证 ………………………………………………………… 277
- 8.3.3 数值验证 ………………………………………………………… 277
- 8.3.4 选用的物理定律或封闭模式验证 ……………………………… 278
- 8.3.5 非回归测试 ……………………………………………………… 278
- 8.4 确认 …………………………………………………………………… 278
  - 8.4.1 现象识别与排序表（工况列表）……………………………… 279
  - 8.4.2 合适的计算方案选取 …………………………………………… 280
  - 8.4.3 有效域或有效范围 ……………………………………………… 280
  - 8.4.4 验证用实验数据库 ……………………………………………… 281
  - 8.4.5 验证流程 ………………………………………………………… 282
  - 8.4.6 覆盖矩阵 ………………………………………………………… 283
- 8.5 不确定度和敏感度分析的技巧 ……………………………………… 284
  - 8.5.1 不确定度分析 …………………………………………………… 284
  - 8.5.2 敏感度分析 ……………………………………………………… 285
  - 8.5.3 偶然变量与认知变量的区别对待 ……………………………… 286
  - 8.5.4 小结 ……………………………………………………………… 287
  - 8.5.5 不确定度及敏感度分析工具 …………………………………… 288
- 8.6 向耦合程序拓展 ……………………………………………………… 288
- 8.7 结论 …………………………………………………………………… 288
- 参考文献 …………………………………………………………………… 289

## 第9章 液态金属冷却反应堆 CFD 最佳实践指南 ……………………… 291

- 9.1 引言 …………………………………………………………………… 291
- 9.2 前处理 ………………………………………………………………… 293
- 9.3 模拟计算 ……………………………………………………………… 295
- 9.4 湍流 …………………………………………………………………… 296
- 9.5 后处理 ………………………………………………………………… 297
- 9.6 小结 …………………………………………………………………… 298
- 参考文献 …………………………………………………………………… 298

## 第10章 结论与展望 ……………………………………………………… 300

- 10.1 结论 ………………………………………………………………… 300
- 10.2 展望 ………………………………………………………………… 301

# 第 1 章　液态金属冷却反应堆简介

F. Roelofs
荷兰，佩腾，核研究与咨询集团（NRG）

## 1.1　核能与快堆

　　核能是当今世界上最为重要的电力来源之一，其环境友好，碳排放低。核反应堆使用自然资源中的铀（或钍）来生产能源。已经探明的及待开采的铀资源非常丰富，足以支撑核能生产的持续利用和显著增长，并维持 300 年以上。另外，有证据显示铀可以从海水中提取。现阶段这在经济性上看还不太可行，但如果自然资源变得匮乏，并且更多的研究投入到从海水中提取铀的经济性上来，从海水中提取铀可能成为可行。

　　然而，得到广泛应用的水冷核反应堆中铀有效利用的数量还可以大幅提升，因为在这些反应堆中只有极少量的铀真正地发生裂变产生能量。从热中子堆转型到快中子堆（简称快堆），可以更加有效地利用铀资源。冷却剂也需要切换到更特殊的、不同类型的冷却剂。其实，自从核能利用伊始，这就已经被认识到并开始进行研究。实际上，首个用来生产电能的反应堆 EBR-I（实验增殖反应堆 I）就是这样一个快堆。它不是靠水来冷却，而是采用了一种钠和钾的混合物。那时，已知的铀储藏量还十分有限，这有力地激发了人们寻找可更加高效利用铀的反应堆。这些反应堆常称为增殖反应堆，因为在反应堆中不仅铀裂变产生能量，而且把不能裂变的铀同位素转换成可裂变产生能量的钚。通过改变反应堆堆芯设计，在同一个反应堆中可以把长寿命的放射性核素转变为更短寿命且含更少放射性毒物的裂变产物。这样，核废物的数量和放射性都可以显著减少。

　　历史告诉我们，水冷反应堆早已成熟并成功占领了核能市场。其他类型的反应堆，包含快堆，即便已经建成并运行了相当数量，却没有像水冷反应堆一样快速成熟。快堆运行采用快中子产生裂变反应，它们不能用水来冷却，因为水会慢化中子，需要采用其他冷却剂替代。液态金属是一种极具发展潜力的快堆冷却剂。多数情况下，快堆会采用钠作为冷却剂，因为钠具有很好的传热以及中子学特性。然而，钠也有缺陷，特别是它与空气和水之间的剧烈化学反应。其他的液态金属，如铅或铅铋合金（LBE），不与空气和水发生剧烈反应，因此也被纳入考虑范围。

## 1.2　液态金属冷却反应堆设计

　　核反应堆设计是多学科交叉的工作。在每个反应堆中都有像燃料和材料科学、反应堆物理、热工水力、结构力学等专业的相互交叉，这使得核工程成为要求最严格的专业之一，只有少数人能够对所有专业有透彻的理解，大部分工程师专攻一两个专业，从而能够对其专业获得深入的理解。所以，设计反应堆与开展反应堆安全评估需要研发团队成员的共同努力，更加依赖人与人之间的互动，并需要综合考虑那些能对所有相关专业都有所理解的极少数工程师的意见。本书聚焦于先进快堆中液态金属热工水力专题，当建设液态金属快堆时，这是反应堆设计以及后续的安全评估所必需的一个核心专业。

## 1.3 液态金属冷却反应堆简史

世界范围内液态金属快堆设计、建造和运行情况的详细描述可参见一些优秀的专业书籍，如国际原子能机构出版的报告（IAEA，2012，2013）。Pioro（2016）提供了一个最新研究进展的综述，内容不仅包括液态金属快堆，还囊括了更广范围的先进核反应堆设计。图1.1显示了世界范围液态金属快堆的发展历程。在第一个采用钠钾混合物作为冷却剂的EBR-I发电之前，美国就已经有了一个采用汞作为冷却剂的克莱门汀（Clementine）反应堆。EBR-I之后，美国和世界其他大多数国家都改用纯钠作为冷却剂。美国的钠冷实验堆和原型堆一直运行到20世纪90年代初。目前，美国仍然有少量这样的研究项目，但已经没有这样的反应堆在运行了。

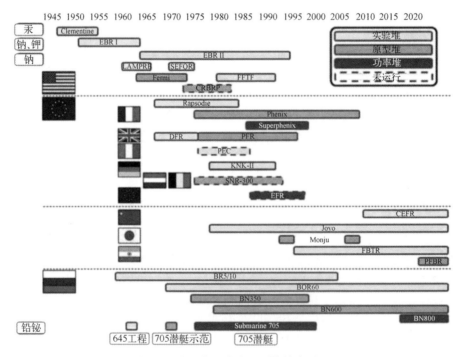

图1.1 世界范围液态金属快堆发展历程

在欧洲液态金属冷却反应堆的研发最早开始于20世纪60年代初，并在法国、英国、意大利和德国建造了实验堆。法国在成功运行了"狂想曲"实验堆以后，建造并运行了"凤凰"堆，随后又建造和运行了超级"凤凰"堆商用核电站。"凤凰"堆成功地实现了并网供电。2009 年，该反应堆与电网断开。此后的一年中，在该反应堆上开展了几项重要的安全试验，为未来液态金属快堆设计人员和安全工程师提供了关键数据。同时，英国也运行了杜伦雷快中子反应堆（DFR）和钠冷原型快堆（PFR）。德国运行了 KNK-II 反应堆，并与邻国比利时、荷兰合作建造了 SNR-300 原型堆，因政治原因该堆未能投入实际运行。同样，意大利也建造了测试燃料元件（PEC）的反应堆，20 世纪 80 年代中期切尔诺贝利事故后，意大利决定放弃核能，因此，PEC 反应堆也未能投入运行。90 年代中期，在该项目被放弃之前，欧洲军方开始介入，而且欧洲快堆（EFR）设计工作已经启动，开启了先进反应堆设计的新阶段。目前，欧洲的几个国家仍然投身于未来液态金属冷却快堆设计工作之中。其中，最重要的部分将在本章的后半部分重点叙述。

继美国之后，苏联也启动了快堆项目，建造并运行了 BR5/10 反应堆，后来又建造并运行了目前仍在运行的 BOR60 反应堆。在 20 世纪 70 年代，苏联建造了 BN350 原型堆和后来更大的 BN600 反应堆。自 2015 年以来，俄罗斯开始运行了 BN800 商用核电站，而且正在设计更大的 BN1200 核电站。所有的这些反应堆都是钠冷快堆。俄罗斯也是唯一具有铅铋冷却快堆运行经验的国家，这些反应堆在 20 世纪 70 年代到 90 年代用于其军用核潜艇。

在亚洲，核电站的研发起步稍晚。日本在 20 世纪 70 年代中期开始运行常阳（Joyo）钠冷实验快堆，后来分阶段建设并运行了（Monju）原型堆，但是，由于一些技术和社会因素，该反应堆近期被停运且未来的研发工作也遭到限制。在核能发展方面长期被世界其他国家孤立的印度也开始考虑建设快堆，以充分利用其有限的铀资源，自 20 世纪 90 年代以来建造和运行了钠冷快速增殖实验堆（FBTR），并且正在调试钠冷快中子增殖原型堆（PFBR）。

## 1.4 采用液态金属作为冷却剂的优缺点

从热工水力的角度看，使用液态金属作为冷却剂带来了新的挑战，相对于水或气体冷却剂需要更加先进的分析工具。使用液态金属冷却剂的优缺点将在后面列出并简要描述。更详细的解释可参见 IAEA（2012）、GIF（2002）、GIF（2014）。

核反应堆中采用液态金属作为冷却剂具有很多优势。液态金属的中子学特性使得裂变产生的中子不被慢化，仍保留大量足够的快中子使链式反应持续进行。核反应堆中液态金属的运行温度与其沸点之间有足够的裕度，因此与水冷反应堆相比，反应堆系统运行可以不加压力，在低压下运行。液态金属本身具有较好的传热特性和较高的热容，采用较小的系统即可有效传导堆芯释热，在事故工况下可为操纵员提供不干预时间。液体金属较高的密度可降低事故工况下建立自然循环所需的条件。液态金属的高沸点（钠的沸点高于 850℃）可缓解堆芯的空泡问题。对于铅来说，其极高的沸点（约 1750℃）实际上避免了可能导致包壳失效的堆芯空泡现象的发生，因为包壳本身在铅达到沸点之前已经失效。采用液态金属可以达到较高的运行温度，实现高效发电。相对于其他先进核反应堆概念，液态金属冷却反应堆有较丰富的运行经验，特别是钠冷反应堆。采用铅或铅基合金作为冷却剂可把蒸汽发生器集成到反应堆压力容器内。对于钠来说，正在研究基于气体的二回路冷却方案。铅与铅基合金良好的传热特性允许采用较大的棒间距，降低堆芯压降，使自然循环变得可行。铅的密度较高，可以使熔化的燃料漂浮起来（这还取决于燃料的特性）。这样，一旦堆芯出口附近的燃料熔化，则熔化的燃料可能向功率较低或没有功率的区域迁移。铅或铅基合金反应堆金属池具有较高的自屏蔽能力。

常言道，天下没有免费的午餐，核工程也是如此。采用液态金属作为核反应堆冷却剂也有不少缺点。液态金属冷却反应堆系统（特别是铅和铅铋冷却系统）质量很大，需要采取特殊的措施来应对地震。腐蚀问题一直存在，且当温度超过600℃时更加严重。对于铅和铅基合金来说，当运行温度高于600℃时理论上是更好的，但需要研发新的材料以克服腐蚀问题。由于液态金属冷却剂不透明，相对于水或气等透明介质来说其在役检查难度会更大，光学检测方法已不可用。除此之外，液态金属的高密度以及较高的运行温度将使在役检查工具承受更高的应力，因此需要针对这些工具进行专门的研发和测试。液态金属的高熔点要求无论是在正常运行工况还是事故工况下都必须进行预热并采取预防凝固的措施。铅与铅基合金的高质量导致了一次侧冷却系统部件的磨蚀问题，这使系统内冷却剂流动速度被限制在2m/s以下。钠与空气/水的化学反应要求冷却系统具有良好的密封性，并应采取专门的措施来预防这些反应的（核）后果。一般情况下，这涉及钠与环境之间的多重屏障。另外，还需要特别关注从一次侧钠回路到最终的能量转换回路的热传递。多数情况下会设计一个中间钠回路来预防一次侧钠和水蒸气能量转换回路之间可能的化学反应，这将增加建造成本，降低效率。因此，取消中间回路方案也在研究之中。铅铋辐照过程中会产生放射性有毒物质钋，应始终对此加以限制。

## 1.5 欧洲液态金属冷却反应堆设计

如前文所述，世界范围内各国在液态金属冷却反应堆研发方面已经付出了大量的努力。正在进行的研究主要集中于未来的液态金属冷却反应堆设计工作。可以确定的项目主要有俄罗斯钠冷快堆BN1200的研发，这是一个放大版的BN800商业反应堆（近期将投运）。同样在俄罗斯，小型的铅铋快堆（SVBR）原型堆和大型的铅冷快堆（BREST）原型堆的设计正在推动铅冷技术的商业化。在日本，先进反应堆的设计工作于2011年海啸事故后被搁置。在印度，PFBR设计工作正取得进展。

下面介绍欧洲的主要设计成果。

### 1.5.1 用于工业示范的先进钠冷技术反应堆

**1. 概述**

法国在2006年通过了《放射性材料和废物可持续管理办法》，授权原子能和替代能源委员会（CEA）开展乏燃料后处理和嬗变的研发工作，其中包括了第四代反应堆的调试。相应地，CEA于2010年与法国和国际上的工业合作伙伴共同启动了第四代钠冷快堆（SFR）的概念设计，即用于工业示范的先进钠技术反应堆（ASTRID）。用于工业示范的先进钠技术反应堆的目标是开展铀钚循环多重利用和嬗变能力进行工业级示范，证明钠冷快堆商业发电的可行性和可操作性。用于工业示范的先进钠技术反应堆一回路内部结构如图1.2所示，其主要信息见表1.1。

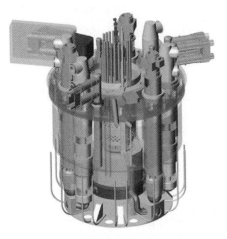

图1.2 用于工业示范的先进钠技术反应堆一回路内部结构

表1.1 用于工业示范的先进钠技术反应堆主要信息

| 设计方 | ASTRID联盟（法国替代能源与原子能委员会（CEA）、法国法马通（Framatome）公司、日本原子能机构（JAEA）和日本三菱FBR系统公司（MFBR）） |
| --- | --- |
| 堆型 | 钠冷快堆 |
| 电功率/MW | 600 |
| 热功率/MW | 1500 |
| 冷却剂 | 钠 |
| 系统压力/MPa | <0.5 |
| 系统温度/℃ | 400/550（堆芯入口/出口） |
| 安全链数量/个 | 6 |
| 安全应急系统 | 不需安注 |
| 余热排出系统 | 3种DHR系统（包括2个非能动DRACS、2个能动DRACS和2个能动反应堆压力容器辅助冷却系统（RVACS）） |
| 设计状态 | 初步设计 |
| 新特征 | 池式、钠冷、低空泡效应，布雷顿循环功率转换系统（PCS）和非能动衰变热排出（DHR） |

**2. 一次侧冷却系统**

在早期概念设计阶段，针对一次侧冷却系统遴选出了几个主要的设计方案，包括池式一回路，圆锥形的内部容器（redan）设计，以方便大量的在役检查和维修的可达性。对于反应堆本体，确定采用3台主泵和4台中间换热器，每个中间换热器连接一个二回路（钠回路）。二回路还包括一个化容控制系统、模块化钠-氮气换热器、布雷顿循环发电系统。氮气系统消除了蒸汽发生器中钠水反应的可能性。采用了低空泡效应的堆芯设计，这种设计允许较长的燃料循环周期和燃料滞留时间，符合所有的控制棒抽出准则，同时提高了无保护失流（ULOF）瞬态的安全裕量，改进了总体设计。在这种堆芯设计中丧失全部冷却剂的反应性变化是负的，所以堆芯沸腾将导致功率下降。

**3. 安全理念**

能够通过非能动的方式导出100%长期衰变热的能力是ASTRID核岛设计的关键要求之一。为此，设计上包含了钠池余热排出回路，能通过自然循环把热量导出到非能动钠-空气换热器。与一回路自然循环一起，这些回路使ASTRID具有了完全的非能动余热排出能力。

为了给堆芯熔化等事故场景提供纵深防御，ASTRID设置了堆芯捕集器。和其他安全相关部件一样，堆芯捕集器也必须是可检查的。安全壳的设计可抵御假想的堆芯熔化事故或者大型的钠火引起的机械能释放的破坏力，从而确保了发生事故时无须采取任何场外应对措施。

**4. 研发现状和规划**

自2010年ASTRID项目启动以来，已经取得了三个阶段性的进展。准备阶段（2010—2011年）确定了反应堆设计的主要技术特征，如一回路的几何结构等。这个阶段于2011年通过一个正式评审后结束。概念设计阶段前期，确定了剩余的技术特征，并完成了一个参考设计，于2013年下半年结束。概念设计阶段旨在固化项目数据，最终完成一个一致的参考设计，于2015年12月结束。最后，该项目从2016年进入了初步设计阶段，计划在2019年结束。

## 1.5.2 欧洲先进示范铅冷快堆

**1. 概述**

欧洲先进示范铅快堆（ALFRED）概念设计源自安萨尔多核（Ansaldo Nucleare）公司负责的欧洲先进铅冷示范堆（LEADER）。欧洲先进示范铅冷快堆采用一个300MW热功率的池式反应堆系统来验证欧洲铅冷快堆技术的可行性，并为下一代商用核电站的部署提供储备。为了实现在商业核电站上的应用，欧洲先进示范铅冷快堆设计上集成了原型堆的设计配置，并尽最大限度地采用了经过验证的现有技术方案，以简化资质审查和执照申请。欧洲先进示范铅冷快堆一回路结构如图1.3所示，其主要信息见表1.2。

图1.3　欧洲先进示范铅冷快堆一回路结构

表1.2 欧洲先进示范铅快堆主要信息

| 设计单位 | 安萨尔多核公司 |
|---|---|
| 堆型 | 铅冷快堆 |
| 电功率/MW | 125 |
| 热功率/MW | 300 |
| 冷却剂 | 纯铅 |
| 系统压力/MPa | 0.1 |
| 系统温度/℃ | 400/480（堆芯入口/出口） |
| 安全链数量/个 | 4 |
| 安全应急系统 | 不需安注 |
| 余热排出系统 | 2个DHR系统，各有4个回路，非能动系统 |
| 设计状态 | 概念设计 |
| 新特征 | 池式、铅冷、非能动安全、高安全裕度 |

**2. 一次侧冷却系统**

欧洲先进示范铅冷快堆一次侧冷却系统基于池式设计，以方便移除全部内部构件。一次侧冷却系统的流动路径尽可能简单，并受内部结构引导，可降低压力损失以获得高效的自然循环。一回路冷却剂从堆芯向上流动，通过主泵，然后向下流动进入蒸汽发生器，再到冷却腔室，最后返回堆芯。主冷却剂自由液面与反应堆顶部的自由空间充满惰性气体。反应堆压力容器是带有椭球形下封头的圆柱形容器，并从堆坑顶部采用Y形连接方式与堆坑固定。内部容器结构为堆芯提供了径向的约束，以保持其几何结构，并与燃料组件下部的堆芯支撑板连接。压力容器周围的自由缝隙大小应能保证在发生泄漏的情况下主循环流道通畅。堆芯由171组绕丝燃料组件、12根控制棒和4根安全棒（停堆棒）构成，四周环绕着哑组件。采用了钚元素最大富集度为30%的MOX空心燃料芯块。8台蒸汽发生器和主泵布置在内部容器与反应堆压力容器壁面之间的环形区域。

**3. 安全理念**

欧洲先进示范铅冷快堆设置了2套多样、冗余并且独立的停堆系统：第一套系统即可执行控制功能，由可在浮力作用下从下部非能动插入堆芯的吸收棒组成；第二套系统由气动系统（通过释压）驱动，可从堆芯上部非能动地插入堆芯的吸收棒组成。余热排出系统包括2套非能动、冗余的独立系统，每个系统由4台连接蒸汽发生器二次侧的4台隔离冷凝器系统组成，其中的3个隔离冷凝器系统就足以导出堆芯余热。2套系统都是非能动的，采用主动驱动阀来启动。在反应堆厂房底部还安装有二维地震隔离器，以切断水平方向的地震载荷。

**4. 研发现状和规划**

在2013年LEADER项目结束时，ALFRED已经完成了较为成熟的概念设计。目前，不同的设计方案仍然在研究之中，以进一步提高一次侧冷却系统配置的鲁棒性，并考虑最近的技术进展。ALFRED项目由促进ALFRED建设（FALCON）国际联盟支持。该联盟为实现欧洲愿景而成立，由安萨尔多核公司、国家新技术管理署、欧洲核能机构

（ENEA）、罗马尼亚皮特斯核研究所（ICN）和捷克研究中心（CVR）共同组成，旨在促进铅冷快堆（LFR）技术走向工业成熟。得益于罗马尼亚自1971年以来重视核能发展战略的影响，米文尼核能基地成为ALFRED项目的候选厂址。欧洲首个工业级铅冷快堆路线图表明，AFLRED将在2030年左右建成并投入运营。

### 1.5.3 高科技应用研究多功能反应堆

**1. 概述**

高科技应用研究多功能反应堆（MYRRHA）是由比利时核能研究中心（SCK·CEN）正在研发的一种创新型多用途快中子谱研究堆。一回路冷却剂为铅铋共晶合金。高科技应用研究多功能反应堆虽是加速器驱动的，但移除散列靶并插入控制棒和停堆棒后，也可以在临界模式下运行。高科技应用研究多功能反应堆一次回路结构如图1.4所示，其主要信息见表1.3。

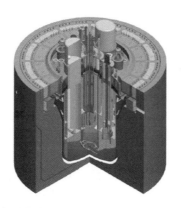

图1.4 高科技应用研究多功能反应堆一次回路结构

表1.3 高科技应用研究多功能反应堆主要信息

| 设计 | 比利时核能研究中心 |
| --- | --- |
| 堆型 | 液态金属冷却反应堆 |
| 电功率 | 不适用 |
| 热功率/MW | 100 |
| 系统压力/MPa | 0.1 |
| 系统温度/℃ | 270/325（堆芯入口/出口） |
| 安全链数量 | 4个冗余和1个多样化配置（冷却用） |
| 应急安全系统 | 2个不同的停堆系统 |
| 余热排出系统 | 2个多样的非能动系统 |
| 设计状态 | 概念设计 |
| 新特征 | 加速器驱动、铅铋合金、堆内燃料储存、快中子谱辐照装置 |

**2. 一次冷却系统**

高科技应用研究多功能混合堆（MYRRHA）加速器驱动系统（ADS）的驱动源是一个向散裂靶提供高能质子的加速器，而散列靶则作为中子源给次临界堆芯提供中子。

高科技应用研究多功能反应堆（MYRRHA）加速器是一种线性加速器，可以提供600MeV的能量束流和3.2mA的平均束流。在目前的设计阶段，MYRRHA的堆芯采用MOX燃料元件，堆芯中的55个位置分别被堆内试验段、散列靶（在次临界模式的中心位置）、控制棒和停堆棒（在临界模式）占据，这给每个实验在选择最合适位置（基于中子通量）方面提供了很大的灵活性。

MYRRHA是一个池式加速器驱动系统：反应堆容器容纳了所有的主系统部件；反应堆容器上盖板承载了所有的容器内部件；容器内隔板把热室和冷室分割开来，并支撑容器内储存的燃料。由于堆芯上部的空间被堆内试验段、质子束管占用，所以燃料装卸由堆内两个装卸料机从堆芯下部完成。一回路、二回路和三回路冷却系统用来排出堆芯热量，最高热功率达110MW。一回路冷却系统包括2台泵和4台主换热器，二回路冷却系统是一个水冷系统，可为主换热器提供高压水，而三回路冷却系统则是一个空冷系统。

**3. 安全理念**

一旦发生一回路失流事故，在次临界模式下必须立即关闭质子束，而在临界模式下必须立即插入停堆棒。一回路、二回路和三回路冷却系统用自然循环带走堆芯衰变热。最终衰变热通过反应堆压力容器冷却系统的自然循环排出，也是通过自然循环实现的。若发生极端的反应堆压力容器破裂事故，反应堆堆坑将成为第二容器，将铅铋滞留在内。

**4. 研发现状和规划**

MYRRHA项目的实施分为以下两个阶段：

第一阶段（2016—2024年）：建造一个100MeV的粒子加速器，同步建设放射性同位素生产和材料研究基地。2024年第一个研发装置将投入使用。反应堆施工的前期工程和设计将同步开展完成。执照申请准备工作也将完成，并开始实施。

第二阶段（2025—2030年）：600MeV粒子加速器和反应堆将完成研发和建造。建造工作预期在2030年完成，并在2033年完成调试。

## 1.5.4 瑞典先进铅冷反应堆

**1. 概述**

在无法与国家电网连接的偏远地区，通常采用柴油机发电。目前，这些柴油机电厂在全球$CO_2$排放中占3%。在北极地区，柴油供应的运输和储存成本很高，导致热力和电力的成本均很高。在已知的相关案例中，加拿大努纳武特省的消费者平均电力成本为0.67加拿大元/（KW·h），比加拿大南部地区高出了5倍多。在这些地区，小型核电厂有可能以具有竞争力的成本替代柴油发电厂。瑞典先进铅冷反应堆（SEALER）是由铅冷反应堆（Lead Cold Reactors）公司为满足加拿大北极地区商业发电需求而设计的。瑞典先进铅冷反应堆（SEALER）一回路结构如图1.5所示，其主要信息见表1.4。

表1.4 瑞典先进铅冷反应堆（SEALER）主要信息

| 设计单位 | 铅冷反应堆公司 |
|---|---|
| 堆型 | 池式 |

续表

| 电功率/MW | 3 |
|---|---|
| 热功率/MW | 8 |
| 冷却剂类型 | 纯铅 |
| 系统压力/MPa | 0.1 |
| 系统温度/℃ | 390/430（堆芯入口/出口） |
| 安全链数量 | 2个 |
| 应急安全系统 | 非能动 |
| 余热排出系统 | 非能动 |
| 设计状态 | 概念设计 |
| 新特征 | 通过容器壁面的热辐射导出堆芯余热、高密度停堆棒吸收体、30年运行期内无须换料 |

图1.5 SEALER一回路结构

**2. 一次侧冷却系统**

在正常运行工况下（热功率为8MW（th）），8台冷却剂主泵提供强迫循环驱动力，将热量从堆芯传递给8台蒸汽发生器。每台主泵流量为164kg/s。冷却剂在堆芯升温42℃，燃料包壳表面温度峰值估计为444℃。一回路的总压降估计为120kPa，其中108kPa是通过堆芯产生的。为了能够通过自然循环导出堆芯衰变热，蒸汽发生器的热力中心要比堆芯的热力中心高2.2m，能提供大于2kPa的浮力压头。

**3. 安全理念**

SEALER的设计依靠非能动和固有安全，主要基于以下原则：
（1）重力辅助反应堆停堆；
（2）通过铅冷却剂的自然循环导出堆芯衰变热；
（3）依靠主容器与堆坑壁面之间的热辐射导出一回路衰变热。

设计目标是只需要停堆系统和事故后监测系统两个安全级系统。严重事故管理依靠铅冷却剂低压下形成的化合物（如碘化铅）来滞留挥发性裂变产物。在事故后期，把衰变产物全部释放到铅冷却剂中，计算得到的 I、Cs 和 Po 的滞留因子超过 99.99%，这足以把场区边界的辐射剂量控制在 20mSv 以下，低于辐射防护和人员疏散方面监管要求的最低阈值。

**4. 研发需求和时间表**

SEALER 的概念设计于 2017 年完成。同年，SEALER 向加拿大核安全监管委员会提交了第一阶段的业主执照预申请评估报告。SEALER 的初步设计于 2018 年完成，并在 2019 年完成最终设计。在做出最终投资决定之前，计划于 2019 年提交在加拿大现有核电厂址上建设示范工程的许可申请。建设示范机组的许可计划在 2021 年获批，机组有望在 2025 年投入运行。

## 1.6 阅读指南

第 2 章将简要介绍液态金属冷却反应堆在热工水力方面面临的挑战。第 3 章将介绍支持液态金属冷却反应堆研发的实验工作，从采用水介质作为液态金属模拟介质的实验到真实液态金属实验，不仅会关注液态金属实验装置的设计、建设和运行，还将简要介绍液态金属实验装置需要的特殊测量系统和设备。第 4~6 章将讨论可应用于不同尺度液态金属冷却系统的模拟方法，第 4 章主要介绍系统分析程序，第 5 章介绍子通道程序，第 6 章深入阐述各种现代计算流体力学（CFD）分析方法，从高置信度方法到实用的计算方法，这些方法将用于支持液态金属冷却反应堆设计和安全分析。第 7 章将介绍各种仿真工具的耦合方法，以及适用于开展多尺度模拟的仿真工具。第 8 章和第 9 章分别介绍了如何使用这些工具，包括工具的确认、验证、不确定度评估以及最佳估算导则的应用，这些内容对于各种类型的评估都是很重要的，并不限于液态金属冷却反应堆，在这些章节中讨论将更集中于其在液态金属冷却反应堆应用过程中产生的具体问题。第 10 章给出了简短的总结、结论以及对未来的展望。

## 参 考 文 献

[1] GIF, 2002. A Technology Roadmap for Generation IV Nuclear Energy Systems. GIF-002-00. GIF, USA.
[2] GIF, 2014. Technology Roadmap Update for Generation IV Nuclear Energy Systems. GIF, Paris, France.
[3] IAEA, 2012. Status of Fast Reactor Research and Technology Development. IAEA-Tecdoc1631. IAEA, Vienna, Austria.
[4] IAEA, 2013. Status of Innovative Fast Reactor Designs and Concepts. IAEA, Vienna, Austria.
[5] Pioro, I., 2016. Handbook of Generation IV Nuclear Reactors. Woodhead Publishing Series in Energy Woodhead Publishing, Duxford, UK. Number 103.

# 第2章 液态金属冷却反应堆热工水力的挑战

F. Roelofs[1], A. Gerschenfeld[2], M. Tarantino[3],
K. Van Tichelen[4], W. D. Pointer[5]

1. 荷兰，佩腾，核研究与咨询集团（NRG）；2. 法国，萨克雷，CEA；
3. 瑞典，斯德哥尔摩，西斯塔，ENEA；4. 比利时，莫尔，SCK·CEN；
5. 美国，橡树岭国家实验室

## 2.1 引　　言

本章概述了液态金属冷却反应堆，特别是池式反应堆在热工水力领域面临的挑战。前两节简要描述、识别与这些挑战相关的重要工艺过程，并将其分为不同的类型。图 2.1 给出了已经识别出来的挑战，并分为基本现象、堆芯、金属熔池以及系统热工水力现象四类，所有的挑战都将在后续章节中进行简要的描述和解释。

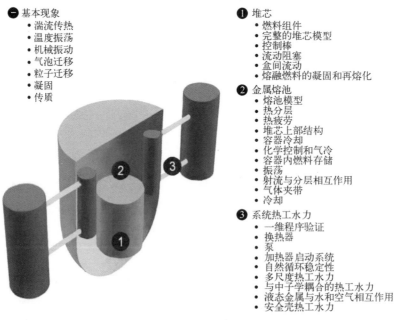

图 2.1　液态金属冷却反应堆热工水力挑战

## 2.2 识 别

在液态金属冷却反应堆研发过程中，为了识别、确认热工水力挑战，设计和安全分析人员已经从多方面开展了调研和讨论。

第一个信息源是在欧盟框架计划支持下的关于钠冷快堆（SFR）和铅冷快堆（LFR）的联合研发项目。在这里有必要提到的重要项目有先进反应堆倡议和网络协议（ADRIANA）、对液态重金属计算流体力学程序的评估（ASCHLIM）、核心设计团队（CDT）、欧洲新型钠冷快堆发展蓝图（EISOFAR）、欧洲钠快堆（ESFR）、欧洲铅冷系统（ELSY）、欧洲钠快堆安全措施评估和研究工具（ESFR-SMART）、为地平线 2020 筹备 ESNII（ESNII+）、欧洲利用 ADS 嬗变高放射性（EUROTRANS）、液态重金属联盟（HeLiMNet）、欧洲先进铅冷示范堆、针对 MYRRHA 安全评估的方法、分析和实验（MAXSIMA）、NYRRHA 研究与嬗变强化（MYRTE）、HLM 反应堆化学相关安全开发（SEARCH）、液态金属冷却反应堆热工水力模拟和实验安全性评估（SESAME）、创新核能系统热工水力（THINS）、虚拟欧洲实验室（VELLA）。关于这些项目的更多信息，读者可以通过欧盟网站（http://cordis.europa.eu/）获取。

第二个信息源是国际组织和协会，包括：第四代反应堆国际论坛（GIF）提出的技术路线图（GIF，2002）及其更新版（GIF，2014）；国际原子能机构（IAEA）快堆研究和技术现状及进展（IAEA，1999，2012）；IAEA 快中子系统模型及仿真优先课题国际研讨会总结报告（IAEA，2014）；核能机构（NEA）于 2015 年发布的核能技术路线图（IEA/NEA，2015）；经济合作与发展组织/核能机构（OECD/NEA）先进反应堆实验设施（TAREF）专项工作组关于钠冷快堆安全相关的文件（OECD/NEA TAREF，2011）；OCED/NEA 涵盖液态金属冷却反应堆部分专题关于核反应堆安全的 CFD 程序文件（OECD/NEA CSNI，2015）；可持续核能技术平台（SNE-TP）战略研究与创新日程表（SNE-TP，2013）；法国监管当局技术支持机构 2015 年出版的第四代反应堆系统综述报告（IRSN，2015）。

第三个信息源则是公开的科技文献或者会议文集，还有国际上相关的主要研究经验，包括：欧洲 Roelofs（2009）、Tenchine（2010）、Roelofs 等（2013）、Piala 等（2014）、Guénadou 等（2015）和 Roelofs 等（2015a，b）；美国 Todreas（2009）和 Sienicki 等（2003），特别是 Merzari 等（2017）发表的针对快堆开展的高精度数值仿真工作的文献；印度 Chellapandi 和 Velusamy（2015），Velusamy 等（2010）；俄罗斯 Rogozhkin 等（2013）；日本 Akimoto 等（2009）、Kamide（2016）；韩国 Song 等（2009）的研究。

过程识别所提供的相关信息来自欧洲液态金属快堆设计者的专门会议以及执照（预）申请活动中的相关输入。

## 2.3 分 类

为了梳理相关工艺过程中确认的信息，把反应堆热工水力面临的挑战分为堆芯、金属熔池以及系统热工水力三个大类,每个大类又细分为反应堆正常运行工况、异常运行工况以及严重事故工况。

另外,把上述挑战所涉及的基础和机理方面的 7 个基本现象归为第四大类,这 7 个基本现象分别为湍流传热、温度振荡/热纹振荡效应、机械振动、传质、气泡迁移、粒子迁移和凝固。

最后,增加了与数值仿真和实验导则的相关内容,并列为第五大类。

## 2.4 热工水力的挑战

### 2.4.1 基本现象

本节简要介绍已识别确认的 7 种基本现象中的 6 种。

**1. 湍流传热**

液态金属湍流传热的详细分析参见 6.2.1 节。

针对高导热性能的液态金属(属低普朗特数($Pr$)流体)开展数值模拟是 CFD 的一大挑战,因为动量和能量传递的边界层与常规流体有很大的差别(Roelofs, et al., 2015a)。

目前,现有的工业级 CFD 模拟中预置的模型一般仅适用于某一种流动形式(如自然或强迫对流)。Roelofs 等(2015a)总结了不同建模方法的研发现状。最有希望的是 Shams 等(2014)给出的一种模型,对于一些基础案例,该模型在强迫和自然对流工况下均表现良好,详见 Shams 等(2014)文献。Shams(2017)针对高瑞利数下的自然对流对该模型进行了改进。

正如 Roelofs 等(2015b)所指出的那样,研发的最终目标是获得适用于所有流动形式(自然—混合—强迫)的雷诺平均纳维斯托克斯(RANS)湍流传热模型,并且该模型应至少在某一种主要的工程 CFD 程序(如 Open FOAM 和 Code Saturne 之类的商业程序或其他开源程序)中可用。Shams 等(2014)提出的模型及其改进版(Shams(2017))在这方面是最先进的,但为了进一步开发,还必须要有新的实验和高精度仿真方面的参考数据。为此,正在获取混合对流、流动分离和非有限空间流动等方面的数据,并将其应用于近期和未来的研发与必要的模型验证。同样,在谱元程序 Nek5000 中,重点针对混合雷诺平均纳维斯托克斯/大涡模拟(RANS/LES)湍流模型的类似研究也正在开展之中(Bushan, et al., 2018)。

**2. 温度脉动/振荡**

液态金属冷却反应堆内温度脉动/振荡的详细分析参见 6.2.4 节。

非等温流的不完全混合将导致相邻结构的壁面温度随机快速脉动,进而引发高频次的热疲劳。自由液面液位脉动以及热分层现象也是如此。壁面温度脉动的衰减取决于其频率以及换热系数,而对于液态金属冷却反应堆来说换热系数是特别高的。

过去已采用空气、水以及钠作为工质开展的实验,是为了理解热振荡现象进行的研究(Choi, et al., 2015)。目前,只有大涡模拟能够有效解决和预测热振荡现象,包括温度脉动和振荡频率。然而,由于极高的计算成本,CFD 难以在大型工程上应用。因此，还需要探索其他方法。液态金属，特别是钠的最大允许温度脉动限值，成为了结构力学研究的重点（Chellapandi, et al., 2009）。这些限值很大程度上取决于脉动的衰减以及换热系数。

适用工业应用场景，并能以相当的精度来模拟热振荡的湍流模型，还需要进一步研发和验证。在设置热振荡限值时考虑的换热系数也需要通过对所有液态金属的热工水力分析来进一步确认。

**3. 机械振动**

液态金属冷却反应堆内机械振动的详细分析参见 6.2.2 节。

过度的机械振动将导致部件失效，从而影响核电厂的运行。Pettigrew 等（1998）把过度振动产生的问题表述为疲劳裂纹和微动磨损。微动磨损导致的换热器管道失效以及核燃料元件振动损伤特别受到关注。根据 Weaver 等（2000）的研究，流致振动导致的换热器管道损坏在 20 世纪 50 年代就已经见诸报道。

目前，流致振动现象仍然没有被充分地理解。CFD 和计算结构力学（CSM）耦合模拟方法仍处于研发之中（Degroote, Vierendeels, 2012；Blom, et al., 2015）。首先，国际上的研究集中在方法论及其验证方面（Roelofs, et al., 2015b）；其次，能够让大系统模拟达到合理精度的实用方法也还在研究之中（Longatte, et al., 2013）。

特别对于大系统，如一个完整的燃料组件或者换热器，应该考虑到，现阶段强耦合模拟所需的计算资源仍受到限制，且还需要长期的努力。另外，无论是对于模拟流体还是真实的液态金属工质，一个实验或模拟项目都需要致力于获取成熟且得到验证的模型。因此，仍需要针对模拟流体和真实液态金属流体开展相应的实验或者模拟分析工作，以获得较为成熟并经过验证的模型。

**4. 气泡迁移**

事实上，在池式液态金属冷却反应堆中，预测气泡的传递对于评估气体在反应堆内的聚集风险具有重要作用。由于冷却剂池自由液面上的涡流分离以及在冷却剂池的低温部分溶解气体核化的气泡可能被主流携带到堆芯入口腔室（堆芯栅板），可能在堆芯栅板下部流动性差的区域形成气体覆盖层。该气体覆盖层的不稳定性（如由于泵的流速变化）将造成较大气泡通过格栅进入堆芯，导致超功率瞬态。为了评估这个风险，从气体源到堆芯入口腔室的气泡迁移现象都必须进行分析。

Arien 等（2004）的研究较早地涉及液态金属内的气泡迁移现象。无论是热工水力系统分析程序还是 CFD 程序，都还需要开展大量的研发工作。目前，典型的欧拉-拉格朗日 CFD 分析方法仅适用于处理较小的球形气泡迁移。

如果气泡变大，则可能需要采用欧拉-欧拉或者流体的体积（VOF）方法，其计算成本非常高，可能只适用于较小的几何体。这个课题将在堆芯空泡事故序列以及某些超设计基准事故序列中变得更加重要。所以，在开发模型的同时还需要开展基础实验以及应用实验研究。Andruszkiewicz 等（2013）综述了液态金属气泡测量技术的研究现状，Vogt 等（2015）在开展的气体夹带机理实验中进行了应用。

**5. 粒子迁移**

液态金属冷却反应堆设计为在单相流动下运行，液相中固相粒子的存在会有破坏性的影响，包括堆芯损坏、核燃料堆积相关的临界效应、潜在的流道阻塞以及当地热流密度上升导致的可冷却性影响。冷却剂与杂质（如空气或水）之间的化学反应、结构材料腐蚀、燃料熔化或损伤产生的颗粒，都可认为是固体粒子的来源（IRSN，2015）。精确预测性能各异的固体粒子累积是很具有挑战性的。

欧拉-拉格朗日粒子跟踪方法已经成为研究小型粒子在大型池式液态金属冷却反应堆腔室中分散的通用建模方法（Buckingham, et al., 2015）。这种方法在计算域中认为粒子是"点质量"，只有当粒子尺寸小于模拟的网格尺寸时才能模拟。它用于粒子间相互作用可忽略的稀相系统。

对水力学建模及壁面效应（如流动阻塞研究），在建模时必须考虑粒子的体积。在欧拉-拉格朗日方法框架下的一个替代方法是采用新的宏观粒子模型（Agrawal, et al., 2004）。对于特殊的密相系统，粒子-粒子相互作用在粒子动力学方面占主导作用。比如，处理严重事故后燃料颗粒沉淀或积聚就是这种情形。耦合计算流体力学-离散元法（CFD-DEM）提供了一个求解方法，即通过离散元法精确获取粒子相的运动，并采用相互作用力来描述粒子间的相互作用（Guo, et al., 2014）。为了减少 DEM 方法的计算时间，粒子-粒子相互作用可采用流体的物性参数，如粒度压力、粘度，并在欧拉粒子模型中建模。当需要颗粒解体或聚合、颗粒流体传质以及颗粒尺寸分布信息时，后者也可与群体平衡模型相结合来研究液态金属中化学反应产生的固体颗粒。

欧拉-拉格朗日方法对于小颗粒的正确性还需要通过实验进行验证。对于大颗粒，更多的研究与验证（如粒子形状）是必要的。CFD-DEM 与欧拉颗粒分析技术也需要在液态金属快堆领域开展进一步研究。粒子与液态金属流体之间相互作用力的合理定义也需要更全面的实验和数值模拟研究。

**6. 凝固**

在反应堆工程中被考虑使用的液态金属熔化温度比室温更高。在某些事故序列中，如主换热器或者容器壁面过度冷却，液态金属流体将会发生凝固，这将导致流道的部分阻塞或全部阻塞，进而改变冷却剂在反应堆中的流动路径。凝固还可以使部件产生机械应力，导致热缩或热胀。另外，对于铅铋合金，再结晶引起的体积变化也可能产生机械应力（Glasbrenner, et al., 2005）。所以，在事故瞬态中，了解是否以及哪里发生凝固，还有凝固边界如何移动是十分重要的。

在俄罗斯潜艇项目中，已开展了用于评估机械效应的凝固和再熔化实验（Pylchenkov, 1999）。基础结构、反应堆部件以及整体结构方面的实验表明，凝固和再熔化循环产生的损坏大多数是再熔化阶段的局部过热引起的，应当引起关注。然而，部件的确切行为还取决于部件的特殊性。在现有液态金属快堆框架下，应当采取行动进一步拓展凝固及其在液态金属冷却剂中传播的相关知识（Roelofs, et al., 2016; Tarantino, 2017）。到目前为止，已开展了部分基础实验，提供了凝固模型验证需要的实验数据。

从机械和热工水力系统行为的角度看，还需要补充开展有代表性的反应堆部件及其布置的凝固实验，以评估凝固的影响。数值模型也需要进一步研发，并同时开展相关验证工作。

## 2.4.2 堆芯热工水力

堆芯热工水力包括正常运行工况、异常运行工况和严重事故工况。

**1. 正常运行工况**

**1) 燃料组件（正常和变形的）**

燃料组件的热工水力特性在所有工况下均主要由燃料包壳的最高温度来表征。绕丝燃料组件和格架燃料组件都需要这个参数。从运行经验来看，即使在正常运行工况下，燃料组件也会发生变形。这主要是由于制造精度、预紧绕丝张力、包壳与绕丝的接触应力、包壳和绕丝的受热或辐射时长、蠕变、肿胀、燃料燃耗以及偏心度等。Katsuyama 等（2003）解释了典型快堆中被固定在绕丝及堆芯围板之间的燃料元件是如何发生变形的。

已经建立了用于燃料组件的实用设计方法。但是，如 Roelofs 等（2015b）所指出的那样，这些方法还没有被充分地验证。针对绕丝燃料组件水力学领域的全面验证还是缺乏的。组件变形影响的评估可采用 CFD 方法。从现有资料看，可以尝试在系统分析程序或 CFD 程序中引入一个热通道变形惩罚因子。Sosnovsky 等（2015）提供了上述两种方法应用的实例。

全流域验证缺乏的问题，应该通过相同折射率的流体实验以及高置信度的模拟数据来解决，如 Roelofs 等（2016）所述的欧洲开展的工作。美国也在针对 61 根燃料元件组件开展相似的工作（Vaghetto, et al., 2016；Obabko, et al., 2016）。对于使用定位格架的燃料组件，情况会更加复杂。即使通用的验证方法可以提供那些期待从 CFD 模拟中获取的第一手的信息，但还是需要针对每个单独的设计开展实验和验证。组件变形的影响需要一个单独的验证计划，包括开展最重要的实验来验证目前正在这些工况下使用的 CFD 方法。

**2) 完整的堆芯建模**

在液态金属冷却反应堆中，堆芯内部及周围的复杂流动与自然对流有关。事实上，在这些流动中经常在每个组件内部（中心高温区与外围低温区）、相邻的组件之间（高温组件内冷却剂上升和低温组件内冷却剂下降）以及在相邻的六边形围板之间的区域内都能够形成再循环回路。然而，要想成功地建模，至少需要每个子组件内部都具有三维流动特征。

目前阶段，完整的堆芯是采用一维系统分析程序或者更详细些的子通道分析程序来进行建模分析的。

可以预想，随着 CFD 的不断应用以及多尺度热工水力分析程序的研发，这些多维的程序将起到重要作用。模型开发，特别是这些程序的验证都需要获得更高置信度的模拟结果。

**2. 异常运行工况**

**1) 流动阻塞（影响及成因）**

核反应堆的燃料组件流动阻塞事故包括流动截面的部分阻塞或完全阻塞。一般情况下，这将导致传热的下降，进而引发燃料包壳的温度上升，并最终导致燃料包壳失效和燃料熔化。入口部分阻塞对于燃料组件来说可能是危险的，但组件内部的流道阻塞则更加危险，且不易探测。

关于燃料组件的部分阻塞或完全阻塞的研究很早就已经开始了。Kayser 等（1994）等讨论了法国斯卡比计划的主要结论。同时，Van Tichelen（2012）针对该领域内国际研究活动给出了一份详细综述，认为过去的大部分研究集中于平面堵塞，且主要是针对采用定位格架的燃料组件，而与绕丝燃料组件相关的长度较长且属多孔型堵塞的实验研究还非常有限。另外，尽管堵塞部位下游部位的流动可被强烈地交混，但堵塞效应对被堵塞的整个通道的作用仍然有限，且对于绕丝组件来说，该效应也并不能向其他子通道传播。显然，流速的下降将导致当地温度的上升。这种情况下，堵塞尺寸以及流速成为重要因素。他还认为堵塞的位置也有一定的影响。被堵塞的边通道与被堵塞的中心通道也具有不同的影响。最后，只有大面积的堵塞会导致流速的下降或者出口温度的升高，这是可以在燃料组件出口探测到的，也只有这些大面积的堵塞会产生堵塞的传播效应。近年来的数值计算评估得益于现代模拟方法的使用，如 CFD 使更细致的分析变得可行。如今，CFD 模拟已经覆盖了绕丝燃料组件堵塞以及定位格架燃料组件分析的全部研究领域（Di Piazza, et al., 2014）。

目前已经建立了数值评估方法，但验证环节仍是缺失的。至今，关注的焦点在于内部堵塞的影响，而不是其成因。在其得到验证和应用之前，需要开展更多实验以及研究新的模拟方法。另外，目前仅开展了一个（完整的）燃料组件入口堵塞的数值模拟研究，还需要相邻燃料组件的建模分析，并逐渐扩展到整个堆芯。为此，现有的子通道分析方法可以与更精细的 CFD 模拟方法相结合，或者研发新的 CFD 模拟方法来验证，包括盒间传热的评估。

**2）盒间流动**

盒间传热是指通过相邻两盒的燃料组件之间的缝隙传热。由于冷却剂较高的热导率，在液态金属冷却反应堆中，盒间传热可能扮演特别重要的角色。从正常运行工况到异常工况的转变过程中，这个传热作用更加重要，因为其在非能动余热导出过程中起一定作用。在这种情况下，盒间流动以两种方式降低包壳温度峰值：一是通过燃料组件盒壁面直接冷却作用；二是通过相邻组件之间的热传递。

采用液态金属作为工质开展燃料组件盒间传热的实验研究非常少。Kamide 等（2001）在日本的电厂动力学测试回路（PLANDTL）实验装置开展了以钠为工质的实验。该实验装置采用七盒组件模拟快堆堆芯的一部分，外围采用六盒燃料组件，每个组件含有 7 根燃料棒。而中心的燃料组件含有 37 根燃料棒。实验工况包括了稳定工况和瞬态工况，为液态金属冷却反应堆安全评估中更好地理解盒间流动作用做出了贡献。

PLANDTL 装置是专门针对特定反应堆的余热排出系统开展的研究，其数据并不能用来验证现阶段正广泛应用在设计支持和安全分析中的 CFD 程序。所以，Doolaard 等（2017）设计了一个新的实验来分析盒间流动冷却。这些实验数据开启了全堆芯模型验证的第一步。

**3. 严重事故工况**

严重事故是低概率高放射性释放后果的事故序列。目前，在液态金属冷却反应堆中，堆内滞留（IVR）策略已经被采用，即放射性包容的最后屏障为反应堆压力容器。在有关堆芯恶化的严重事故工况下，压力容器完整性的挑战一般来自堆芯熔融碎片的衰变热，除非在堆芯恶化过程中发生强烈的反应性功率剧增事故。堆芯降级事故（CDA）是一种假想的事故情景，可包络所有可能的堆芯恶化事故序列。在 CDA 工况下，确定堆芯释放能量的真实值需要一个机理模型来表征其复杂的现象。可根据不同的能量释放强度定义不同的路径。假定压力容器在高能释放后仍然保持完整,那么所有的路径都可通过事故后余热排出阶段来表征,此时唯一的余热源——堆芯熔融碎片将被释放到下腔室。在这个阶段必须确保熔融碎片颗粒堆积不会导致重返临界,以及压力容器被充分冷却避免容器壁面传热恶化失效。在最新的钠冷快堆的设计中,通过引入事故缓解措施可显著降低严重事故后发生高能释放的风险。对于铅冷快堆来说,冷却剂物性的优势(冷却剂随温度的负反应性、与燃料相似的密度限制了燃料颗粒积聚速度、较高的沸点)已经使风险大大降低。

不论是高能还是非高能的严重事故,在开展安全分析和设计缓解措施设计过程中均要使用计算工具。这些工具必须能够以一定的方式捕捉到堆芯材料恶化及其迁移过程,并具有可靠的预测精度。自 20 世纪 70 年代以来,用于钠冷快堆 CDA 风险评估的机理程序一直在研发中。SAS-SFR(SAS4A)以及 SIMMER 程序已经广泛用来模拟钠冷快堆的 CDA。SAS-SFR 专门用来分析损坏组件内部的初始阶段,而 SIMMER 用来模拟损坏扩展到不同的组件之间的转变阶段。堆芯降级过程的现实评估只可能通过同时耦合 SAS-SFR 和 SIMMER 来实现。对钠冷快堆来说,这两个程序的验证数据库是很大的。SAS-SFR 程序通过 CABRI 实验进行了验证(Perez-Martin, et al., 2014),而 SIMMER 程序的验证是自 20 世纪 90 年代末以来针对不同的评估阶段通过分离效应实验(SET)和整体效应实验(IET)来验证的(Maschek, et al., 2008)。目前,大致的研究趋势是从事故开始到事故后的余热排出阶段作为一个整体的框架来研究严重事故。所以,法国可替代能源与原子能委员会、日本原子能机构和卡尔斯鲁厄理工学院各方正共同努力开发 SEASON 平台,它是一个耦合了 SIMMER 程序以及其他的中子动力学、热力机械和热工水力工具的计算平台(Rouault, et al., 2015)。

程序的验证工作一直在持续开展。针对评估液态金属冷却反应堆分析用的机理程序模型正确性的工作需要继续开展,并且有必要开展进一步的验证。在这方面,铅冷快堆与钠冷快堆的关键差异在于堆芯降级阶段铅或铅基合金冷却剂的有无。所以,机械降解、熔化和再凝固模型,因涉及不同的结构材料和燃料,都必须重新进行评估,并将燃料从堆芯迁移和排空过程冷却剂对上述模型的影响纳入考虑。对于新的钠冷快堆设计来说,严重事故分析程序的验证也需要重新评估,因为事故缓解措施的存在避免了高能释放的发生,并抑制了典型的 CDA 现象。相反,在 CDA 中因为事故持续时间变得更长,那些几乎可忽略的现象可能变得更加凸显。

## 2.4.3 金属熔池热工水力

金属熔池热工水力包括正常运行工况、异常运行工况和严重事故工况。

**1. 正常运行工况**

**1)熔池模型(参见 6.2.4 节)**

在本节中,对金属熔池热工水力的研究整合了许多热工水力方面的挑战,如热分层、热振荡、冲击作用、自由液面以及气体夹带(Tenchine, 2010; Chellapandi, Velusamy, 2015)。尽管对某个单一挑战来说高精度实验或者数值方法通常是可行的,但在复杂的三维反应堆腔室中存在较大范围的空间和时间尺度,就要求在计算精度和计算成本方面做好平衡。

过去已经开展了许多缩比的整体效应实验，实验一般采用水作为模拟工质来研究液态金属冷却反应堆的上腔室和下腔室内的流动行为。目前，针对正在研发的新反应堆而设计的新实验也在开展之中（Roelofs, et al., 2013; Planquart, Van Tichelen, 2017）。水仍然作为主要模拟工质来使用，因为它可以采用高分辨率的可视化测量方法测量速度场甚至温度场（Guénadou, et al., 2015; Planquart, Van Tichelen, 2017）。采用液态金属作为工质的缩比实验还是很缺乏的（Tarantino, et al., 2015; Tarantino, 2017; Van Tichelen, Mirelli, 2017）。由于一维系统分析程序在三维反应堆腔室建模方面有内在的局限性，自20世纪80年代以来就已经开始研发CFD程序。目前，这些程序可以开展稳态和瞬态工况下的三维建模，采用特定的简化方法，如复杂结构中采用多孔网格，以及选用有一定局限性的湍流模型，从中获得关于温度梯度和温度脉动的合理结果。

基于合理的缩比整体效应实验来研发和验证整体模型是绝对必要的。随着CFD计算能力的提高，需要在实验中使用更高水平的测量仪表，为CFD方法验证提供所必需的详细实验数据。到目前为止，只有有限但价值很高的液态金属的实验数据，还需要再加大这方面的努力，包括研发可以测量不透明流体的流场特征的先进测量技术。除此之外，还应该设想进一步研发和验证快速的降阶数值计算方法，如无网格法（Prill, Class, 2014）。这种针对热分层以及其他金属熔池热工水力的降阶计算方法可以很快地实现。在系统分析程序SAM（Hu, 2017）和Nek5000（Merzari, et al., 2017）研发中，也正在积极研发粗网格CFD以及基于正交分解的建模方法。

**2) 热分层与疲劳**

在液态金属熔池中惯性力和浮升力处于相当的量级，使得在竖直方向上高温区与低温区分离产生热分层。其分界面上有很大的温度梯度和不稳定性，可能影响到周围的结构，产生潜在低循环的热疲劳，在反应堆设计中缓解热分层是一个非常重要的设计目标。

过去已经针对反应堆设计开展了大量的关于热分层的研究，并建设了采用水或者钠（较少）作为实验工质的专用实验装置（Kimura, et al., 2010; Tenchine, et al., 2012）。热分层发生的参数条件已经确定是理查森数 $Ri$ 和贝克莱数 $Pe$ 的函数。已完成的和新提出的金属熔池热工水力实验计划经常提出固有的热分层和热疲劳问题。热分层的CFD数值模拟要求在局部设置精密的网格以及高精度的湍流模型（如LES）来捕捉分界面上的温度梯度和温度脉动。目前来看，这些方法都是可行的，但其还限制在较窄的应用范围。

能够捕捉分层界面及其动力学的CFD程序仍有必要开展进一步的研发和验证。为此，开展基于小型实验装置和整体效应实验装置的实验是不可缺少的，且在测量方面需要更高的分辨率。

**3) 堆芯上部结构**

堆芯上部结构从热工水力角度看是一个重要的组成部分，因为它不仅影响堆芯上部出口区域的流动，也会影响整个反应堆的上腔室（Tenchine, 2010）。比如，它可以增强从堆芯燃料组件出来的非等温射流的混合，降低上腔室的热振和热分层。金属熔池内上部的主要部件是堆芯上部结构，堆芯上部结构支撑着事故瞬态下用来监控堆芯出口温度的测量设备以及用来探测燃料组件内的流道堵塞的设备，它对精确获知堆芯上部结构区域的速度和温度场以及与上腔室和堆芯出口区域的温度相关性都十分重要。

目前开展的研究还非常有限,但是大部分与此结构设计相关的实验和数值计算研究都是有用的。

堆芯上部结构的多参数多目标优化设计是一个非常困难的过程。为此,需要在CFD程序中研发专门的最优化设计工具,如多孔介质最优化(Borrvall,Petersson,2003)。显然,这里面应该包括一个实验验证的计划。

**4) 容器冷却**

在失去正常余热排出系统的事故工况下,辅助冷却系统,如反应堆压力容器辅助冷却系统(RVACS)的作用就变得很关键。RCVAS 一般情况下采用自然循环把堆芯余热导出到大气环境。典型的方案是在安全容器周围采用空气管道或空气通道。传热通过导热、(自然)对流以及辐射传热过程的综合作用,发生在反应堆压力容器与安全容器之间。在事故工况下,表征这些系统的性能十分重要。在正常运行工况下,RVACS 对容器温度性能的影响、对容器的热应力评估是比较重要的。同样地,为了确定反应堆上部的热负荷,需要对通过液态金属熔池覆盖气体传热所包括的自然对流和辐射传热的耦合过程进行合适表征。通过容器顶盖的贯穿件和保护气体中的结构件使环形对流更加复杂,导致顶盖和结构件上有较大的周向温度变化。覆盖气体的自然循环也会导致从冷却剂自由液面到覆盖气体的较冷区域产生冷却剂蒸气或者气溶胶的迁移。如果它们在这些位置沉积,则可能给相关部件的移动带来较大的难度(Velusamy, et al., 2010)。

RVACS 性能及其对反应堆冷却的影响通常采用系统分析程序来分析。如今,采用CFD 开展这些分析也是可行的(Wu, et al., 2015)。CFD 程序也适用于覆盖气体的传热传质分析,其三维特征可以提供较大的附加值。而用于程序验证的实验数据仍非常有限(Aithal, et al., 2016)。

基于高置信度的程序和实验数据对数值分析工具中的湍流模型进行验证和确认(V&V)是必需的。

**5) 化学控制及冷却剂与覆盖气体反应**

冷却剂和覆盖气体的化学反应控制是液态金属快堆的一个关键问题。杂质不仅有活化的可能性,还可能在腐蚀、传质或传热表面聚集污垢等方面产生影响,所以控制杂质的浓度十分关键。因此,冷却剂的化学控制不光包括氧控,还包括污染源项研究、质量传递、杂质过滤和俘获技术。在这种情况下,金属熔池内的流型对于混合及化学控制(如确保铅冷快堆的氧控)十分重要。多相物理模拟工具的开发和验证把这些相互作用纳入考虑是必要的。流型的评估是一个问题,实用方法论及化学控制测量技术的开发及验证是另外一个问题。

在欧洲,液态金属冷却反应堆的相关设计和研发(R&D)项目正在进行中。大部分的研究聚焦冷却剂运行过程的化学控制和净化(如氧控、氧传感器可靠性、冷却剂过滤、冷却剂净化、部件上的冷却剂清除)以及覆盖气体控制(如不同元素的放射性毒理学评估,向覆盖气体的迁移路径、充放)。比如,在意大利 ALFRED 国家研发计划(Tarantino, 2017)以及欧盟支持的 MYRRHA 欧洲联合研究项目中都提出了这个问题。

尽管现有的研发活动都与技术开发(如氧传感器与净化单元)相关,但是仍需要开展模型及实验的基础研究来解决金属熔池内的传质问题（如液态重金属的氧控以及液态金属冷却反应堆的净化问题）。这些专题与金属熔池热工水力和流型研究密切相关，同时模型研究还要考虑化学相互作用、杂质沉积以及传质。

**6) 容器内燃料储存**

当燃料组件从反应堆堆芯取出后，可在容器外或容器内进行储存。如果采用容器内储存，则在所有运行模式下乏燃料储存时的衰变热都需要通过反应堆冷却系统带走。一方面，需要始终保障储存的乏燃料组件的冷却；另一方面，必须评估附加的热源对整个系统行为的影响。

针对不同的反应堆堆型，已经采用系统热工水力和 CFD 程序开展了初步的模拟工作。为了对最终设计进行彻底的分析，还需要开展进一步的数值模拟工作，特别是在所有可能的运行模式下都要保证充足的冷却。这些模拟工作应该使用经过验证的软件来开展。

**2. 异常运行工况**

**1) 振荡**

池式液态金属冷却反应堆大型的容器内存有大体积、高密度的液态金属冷却剂。比如，地震导致的反应堆池中液态金属的振荡，在反应堆压力容器和部件上产生的动载荷就需要在反应堆设计阶段考虑。因此，准确预测这些载荷是比较重要的。

对此专题，国际上已经报道了一些采用缩比的实验装置和冷却剂模拟介质开展的实验和数值模拟研究，但数量有限。近期，Myrillas 等（2016）报道了关于缩比实验装置研发、建设和研究的情况，这些研究支持 CFD 模型的研发与验证，同时还考虑了不同尺寸及不同流体产生的尺寸效应。CFD 程序不断提高的模拟能力使得从单个机理模型的分析研究（对三维复杂几何模型的局限性）转变到振荡问题的数值模拟。这些方面已经提出了不同的模拟方法，如有限元法、有限体积法以及光滑粒子流体动力学。

基于相关实验数据对上述数值方法的验证是最关键的研发需求。一旦这种方式被验证，CFD 方法也可以用于其他相似的设计并具有合理的置信度。

**2) 射流与分层相互作用**（参见 6.2.4 节）

比如，从堆芯金属熔池上部或者从池下部的一个泵或换热器出来的射流将大幅影响或改变大腔室中的流型。射流将与池内可能的分层发生相互作用，从而改变液体与壁面或部件的接触区域，进而导致热振或疲劳问题。应当注意的是，对于正常运行工况热振与疲劳也是比较重要的，因为这是一个长期效应。

对于小比例的情况，近年来已经通过水或液态金属工质的实验成功地验证了射流行为的 LES 和直接数值模拟（DNS）。但是，这些数值方法的计算成本使得其现阶段还不能应用到大尺度，如模拟完整的堆芯出口区域或金属熔池本身的传热行为。这些情况下，RANS 模拟就成为唯一的选择。然而，这些模型还经常需要仔细的验证以便正确地复现射流的时均行为，而这些模型一般还不能提供脉动行为的信息。

在将来的一段时间内，RANS 模型仍然是预测液态金属冷却反应堆出口行为的最好方法，所以应该针对这些模型在液态金属冷却反应堆热工水力领域中开展更大范围的开发及验证。鉴于了解脉动信息的需要，总体上采用 RANS 模型与局部采用 LES 模型的耦合方法可能提供一种相对低成本全尺寸 LES 模拟的替代方案。相关的验证可通过液态金属或模拟流体的实验，或者采用针对 DNS 方法的数值计算来进行。除此之外，还需要研究混合 RANS-LES 模型的适用性。

#### 3) 气体夹带

在钠冷快堆中，气体夹带被认为是堆芯空泡的一个可能来源。因为铅的密度更高，在铅冷快堆中被认为不那么重要。首先，为了评估气体夹带的风险，必须评估多个气体源项，特别是在自由液面上气泡从涡旋中脱离的可能性；其次，这些气泡迁移到堆芯入口腔室的可能性也需要分析；最后，在堆芯入口腔室内的气体积聚也需要评估。

为此，有关气体夹带最前沿的研究正在法国开展。Tenchine 等（2014）综述了法国在这方面的研究现状。有迹象表明，法国在此期间的研究已经取得了足够的进展，并对实验和数值方法进行了研发与验证，使其可在不同的设计中进行应用。

采用两相 CFD 程序针对小尺度稳态涡的分析已经通过相似流体和液态金属流体的实验成功地得到验证。然而，液态金属冷却反应堆中涡的形成显现出间歇的趋势，所以正在将这个小尺度的分析从稳态涡扩展到不稳定涡。此外，在反应堆中，驱动形成的涡的主流尺度（约 10m）和涡自身尺度（约 1cm）之间存在大量的不同尺度的涡，所以要全面解决整个自由液面上的涡在现阶段还不太可行。事实上，已开展的研究集中于定义一个判据，使其能预测给定的大尺度流动（基于全尺度模拟）是否产生气体夹带涡。这类判据的研发和验证还在开展之中。

#### 3. 严重事故工况

对于所有核反应堆的安全评估，都需要考虑部分或整个堆芯熔化的堆芯损坏事故（Rakhi，Velusamy，2017）。为此，已经提出了各种不同的设计概念（如反应堆容器内部或外部的堆芯捕集器概念）和安全措施，并在反应堆的设计中加以考虑。所面临的挑战是如何评估这些设计概念和安全措施的冷却能力。

现阶段已经开发出若干个碎片床冷却的实验关系式并进行了验证，在一定程度上为熔融物与周边的液态金属之间的有效交换系数提供了数据。这些关系式已经被整合到整个一回路 CFD 单相模拟中，用来确定既定设计中从回热器到余热器之间的冷却路径。采用模拟流体获得的实验数据已经用于验证这些模拟（Kamide，2016）。

### 2.4.4 系统热工水力

系统热工水力（STH）也包括正常运行工况、异常运行工况和严重事故工况。

#### 1. 正常运行工况

#### 1) 一维程序验证

系统热工水力程序是反应堆瞬态分析的参考工具。对于轻水反应堆，已经开发和验证了多个系统分析程序，如反应堆瞬态和破口分析程序（RELAP）、TRACE 和反应堆事故工况下热工水力和安全评估程序（CATHARE）等。为了将其应用到液态金属冷却反应堆，其物理定律和本构关系必须适用于液态金属热工水力的特性。而且，集成在这些程序中的中子点动力学模型也经常需要修改，以便正确地预测液态金属冷却反应堆的功率变化。最后，液态金属冷却反应堆瞬态经常涉及三维现象（特别是池式设计），这对于系统程序的建模和验证都是较为困难的。

目前，一些系统热工水力程序能够模拟单相液态金属流体，部分程序甚至能够预测两相流（如CATHARE和TRACE）。它们的预测能力依赖于每个部件（如小组件、换热器和泵）的验证数据库，并随着反应堆设计的进展而不断得到扩展。

相较于轻水反应堆，针对液态金属冷却反应堆的一维系统程序验证所需的可用的数据库仍然是有限的，所以需要开展进一步的实验来完善和验证一维系统分析程序。在设计这些实验时，也同时需要考虑子通道程序、CFD程序以及耦合的热工水力程序的验证需要，从而尽可能充分地使用这些实验装置。

**2）换热器**

直接安装在液态金属快堆一回路上的换热器（如蒸汽发生器、中间换热器、余热排出换热器）需要创新的设计。因此，换热器是十分重要的，值得认真研究和评估，以确认满足要求。除设计确认以外，主要研究内容还涉及正常运行工况（如强迫、混合和自然对流）、运行瞬态工况及事故工况下的单元隔离需求、压降特点、部件行为。最近正在研发紧凑型换热器，目标是限制反应堆容器尺寸。螺旋管式蒸汽发生器就是其中之一，如Yuan等（2017）评估。另一种创新概念是在ALFRED（Frogheri, et al., 2013）中考虑使用的带有泄漏监控功能的双层套回流管式过热蒸汽换热器。这个概念可以使金属熔池中的铅与管内的水冷却剂实现双层物理隔离。

欧洲在提高一次侧系统换热器设计方面投入了很大的精力，提出了不同的解决方案，同时还完成了原型设计并在专门的实验设施上进行了测试。在意大利，套管回流管式蒸汽发生器已经完成制造并正在开展测试工作（Tarantino, 2017）；在法国主要还是考虑采用螺旋管式换热器。

换热器的创新设计需要采用实验和数值计算来验证。数值模型考虑了创新的几何结构（如内螺旋管、螺旋管，双壁面插入管等），并耦合一侧为液态金属，另一侧为水/蒸汽/过热蒸汽，也必须进行验证。建模不仅需要考虑传热行为，而且需要考虑强迫循环和自然循环下的压降，并与余热排出情景下的主系统行为评估相关。需要开展更多实验来验证创新设计（模拟正常和瞬态情景）及其模型。

**3）泵**

主循环泵设置在液态金属冷却反应堆的主金属熔池中，其部件需要保证非常高的可靠性和非常好的性能（以减少主系统尺寸）。对于重金属快堆，在结构材料与冷却剂之间较高的相对速度，使泵的叶轮处于严重的腐蚀-侵蚀工况，这在长期条件下可能难以承受。泵叶轮的材料必须满足一系列的设计要求，并进行专门的实验设施考验，如考验在液态金属池中长期暴露的能力（长期处于高达480℃及更高的温度），考验高的冷却剂相对速度（10m/s甚至20m/s）带来的腐蚀/侵蚀影响，以及长期条件下泵性能及可靠性示范考验。

目前，在意大利国家科技计划框架（Tarantino, 2017）中，正开展泵的测试和建模工作。现已经研发了三种不同原理的机械泵并正在进行测试，其中有一台立式泵是反应堆真实应用场景的原型泵。

需要针对新型的泵开展实验工作，以获取泵的特性参数作为安全评估的输入；同时也需要开展侵蚀、腐蚀以及冷却剂中气体空泡对泵材料影响相关的实验。

**4）启动加热系统**

启动用加热系统是非常重要的。轻水反应堆启动时不需要加热系统，但对液态金属冷却反应堆很有必要，因为液态金属冷却剂在室温下不是液体。需要关注和实验验证这些系统及其启动程序。

目前，应用于实验设施的加热技术主要包括设置在容器和管道外表面的加热元件（如加热丝）。对于实验回路/熔池来说高可靠性不是强制要求的，但是对于反应堆来说非常关键。因此，需要提出和改进不同的加热系统来提高这方面的性能。对于 ALFRED，目前问题比 ASTRID 和 MYRRHA 更加重要，其内部的加热系统正在评估中，将安装到堆芯周围的哑组件中。这个解决方案主要针对换料和维修阶段，而对其启动阶段主系统则使用热气体和/或者采用蒸汽发生器或余热排出换热器作为内部热源。可能会采用反应堆腔室来加热整个系统的解决方案，即使认为该方案不适合大型金属熔池，但也仍在考虑范围内。

需要针对设置在哑组件中的加热元件进行测试获得其元件性能，以作为运行和安全评估的输入。也需要针对这些部件开展长周期条件下的可靠性测试。需要通过建模来解决采用加热气体和/或者反应堆腔室进行加热的问题。

**2. 异常运行工况**

**1）一维程序的改进和自然循环稳定性**

在大部分液态金属冷却反应堆中存在的大型腔室会随着冷却剂速度降低过渡到分层状态，且通常在自然对流下形成完全的分层。这种情况下，它们的行为就很难用现有系统热工水力程序中的零维或一维模型来描述。与相邻结构（如内外部容器）的传热也难以预测。

关于自然循环稳定性问题，如 Roelofs 等（2015b）所述，正在开展相关的实验和模拟工作。显然，这些研究将有助于一维系统分析程序、子通道程序、CFD 程序以及耦合的多尺度热工水力分析程序的改进和验证。

在通常情况下，尽管为了模拟反应堆的瞬态行为，不可避免地需要采用精细模型（如 CFD 网格以及三维系统尺度网格），但简化模型已经在系统程序中成功得到应用，比如用于描述完整分层的热金属池的行为。对采用这些模型的算例来说，包括以合理的成本内计算长周期冷却瞬态（约 $10^6$s），采用复杂的、多尺度方法是完全不可行的。

**2）多尺度热工水力**

液态金属冷却反应堆向自然对流的过渡受到大量复杂的三维现象的影响，包括在热的和冷的金属熔池中的射流动力学与分层、堆芯子组件内和不同组件之间的再循环回路以及壳体区域的再循环回路。这些现象在系统热工水力尺度下很难建模分析。

因为一维分析程序及子通道程序在模拟液态金属冷却反应堆中经常发生的三维现象时能力有限，所以有必要采用合适的实验数据来研发和验证多尺度耦合热工水力程序。这种情况下，系统程序、子通道程序以及 CFD 程序都可能会耦合在一起，从而在保持合理计算成本的情况下达到预期的精度水平。

为了成功地实施涉及两个或多个程序的多尺度模拟，首先需要制订一个耦合策略来确保所有的程序计算反应堆整体状态的某一部分。这个耦合策略通常要定义不同程序之间的数据交换和通用的时间框架。它依赖于对一个或多个程序的深层次改造，这需要很多额外的研发工作。最后，这个策略对于验证实验和反应堆来说都应该有足够的通用性，以便能够定义验证数据库。

**3) 热工水力耦合中子物理学**

中子传递取决于多个因素，包括燃料与冷却剂温度。温度可以通过热工水力程序来计算，并作为中子学程序的输入来计算功率分布。反过来，功率分布也是热工水力程序的输入。所以，在反应堆瞬态计算中热工水力程序与中子学程序需要耦合起来。为此，大部分情况下只能采用具有有限的精度和空间分辨率的一维热工水力程序。

目前，在世界范围内为了提高反应堆设计的精度和空间分辨率，正在开发耦合的三维中子学程序（决定论及蒙特卡罗方法）和三维的热工水力程序（CFD或者子通道程序）。

需要继续开展用于瞬态分析的有效耦合方法的研发。除了耦合程序开发之外，还需要合适的实验数据对这些程序进行验证和确认。

**4) 钠水及钠空气的相互作用**

钠水反应的评估在钠冷快堆蒸汽发生器设计中占有重要地位。相对于假定钠完全发生反应的保守方法，精细化模型可以计算反应动力学，有望提供好的结果。同理，钠火风险的评估也可以通过更好地模拟钠与空气的反应动力学来改进。

钠与水或空气的相互作用是各个开发钠冷快堆国家的国家科技项目的一部分。

如今，大多数研发工作集中于获取新的实验数据，以期对现有的数值程序开展进一步更新和验证，或者开发和验证新的程序，如基于CFD的程序。

**5) 铅与水相互作用**

铅冷快堆采用池式反应堆设计，其蒸汽发生器（或换热器）设置在反应堆压力容器内部，这使得液态金属可能与二回路的冷却剂发生反应，所以这种反应堆从一回路到二回路的泄漏（如蒸汽发生器换热管破裂）需要在设计上和初步安全分析上都作为安全问题考虑。在假定蒸汽发生器换热管破裂（SGTR）情况下，需要考虑两个方面的问题：一是理解事故情境下的现象；二是研究如何预防和缓解事故后果，以降低一回路系统压力（Del Nevo, et al., 2016）。

在欧洲的合作项目中，铅基合金与水的相互作用已经被广泛地研究。实验中，在不同温度、不同破口形式、不同流速和不同压力工况下，将水注入液态金属池。还采用CFD和SIMMER程序对实验进行了数值模拟分析（Pesetti, et al., 2016a, b, 2017）。

在2020年之前，意大利国家科技计划准备针对该专题开展进一步的研究。这些研究将主要集中于扩大参数范围，特别是关于破口形式和验证基础。此外，其他领域的研究与主系统中的压力波传播、晃动、主系统中的蒸汽传递、蒸汽夹带以及堆芯与铅水的界面现象有关。针对破口/泄漏监测系统和换热管破裂缓解措施的实验研究也正在开展之中。

**3. 严重事故工况**

液态金属快堆安全壳热工水力不同于轻水反应堆。在轻水反应堆中，氢气的产生、分布以及燃烧扮演着重要的角色，但这些对液态金属冷却反应堆来说没那么重要。液态金属快堆安全壳热工水力涉及安全壳的温度和压力载荷，在所有的安全评估中都必须加以考虑。Herranz等（2018）解释了这一点，认为需要考虑在钠冷快堆中安全壳中的钠火风险。超反应性堆芯解体事故与燃料组件的高能破坏有关。高温燃料和液态钠的相互作用能导致蒸汽爆炸事故，使主系统产生破口，高温的液态金属钠也将注入安全壳。如果与氧气接触，钠将燃烧形成氧化钠颗粒，形成的气溶胶以及其化学上的演变将很大程度上产生放射性和化学方面的影响。

Perez 和 Gomez（2013）的研究表明，公众受辐照的可能性远低于现有在运和在建的核电站的设计限值。即便如此，可以预见在不远将来国际合作中也将把它考虑在内。Herranz 等（2018）研究表明，包括安全壳内钠火灾效应的模型正在研发中，且已经得到部分验证。尽管这些研究都已经很有价值，但仍需要开展进一步的研究。

关于钠冷快堆安全壳热工水力方面的挑战，Herranz 等（2018）认为对源项有潜在影响的主要现象仍然缺乏定量预估，比如钠喷射火焰的颗粒生成，钠与混凝土反应产生的衰变产物夹带，以及裂变产物因热化学行为产生的含钠气溶胶。此外，最关键的现象采用了大量的参数化模型来描述，还缺乏对这些现象的深入理解，不足以建立机理模型。现有的实验数据库也不足以确定可靠的模型参数，需要精心设计新的实验，以保证获得的关键数据具有足够的代表性、精度和可扩展性。

## 2.4.5 导则

在导则和数值模拟质量控制专题方面，已经确定了以下的挑战：

**1. 验证、确认和不确定度评估**

相对轻水堆来说，液态金属冷却反应堆的安全分析一大部分依赖于对所关注的事故瞬态进行数值模拟。为了评价这些模拟结果的质量，必须对计算工具的正确性进行检查。这些工具对每个瞬态物理现象预测的正确性必须根据大量的实验数据来评估。这些计算输出结果的不确定度也必须进行定量的评价。

已经研发了针对轻水反应堆方法论的验证和确认，以及不确定度评价方法。这些方法向液态金属冷却反应堆进行转化则相对简单。

现有程序和模型的应用需要更多的实验数据来评估。液态金属冷却反应堆有两个特殊的点需要关注：首先，复杂工具（如 CFD 或多尺度模拟）的应用；其次，缺乏大尺度整体效应的实验（相比较而言，轻水堆（LWR）冷却剂丧失事故（LOCA）分析有一些大尺度实验回路）。

**2. 计算流体力学**

对于 CFD 分析工程师来说，要完成一项高质量的 CFD 模拟任务并不容易，因为他必须要确保其模拟结果是可信的。尽管现实世界在时间和空间上是连续的，但计算机是在离散域工作的。即便为减少计算的时间和精力而引入了其他的假设来获得被研究问题所需要的信息，采用一级近似也是不可避免的。

多年来，已经开发出在 CFD 应用方面通用的最佳实践导则，并详细记载，其中绝大部分都是由 ECOFTAC 完成的（Casey，Wintergeste，2000）。这些准则需要针对液态金属流动的特殊需求进行更新和补充。

**3. 多尺度模拟**

尽管多尺度模拟方法相对容易原型化和验证，但它们的成功应用还是受到一致性、稳定性以及收敛性的制约。常规的建议可以为解决这些问题提供重要帮助。另外，大部分的研发工作倾向于集中到单个实验或者单个反应堆工况。这样，导则就可以提供更多通用的方法。

目前，暂无多尺度模拟导则相关的研究。多尺度耦合方法导则需要进一步研发和改进。对于液态金属这种不可压缩、单相流体来说，需要定义其算法适用性。

**4. 实验导则**

液态金属热工水力实验用于增强对机理现象的根本理解，验证部件和系统性能，以及验证模型及其在程序中应用等。根据这些目标的不同，需要满足不同的需求。在这个工作中主要涉及验证实验，对实验工况、限制条件以及实验结果不确定度的要求都很高。然而，开展液态金属热工水力实验的成本很高，而且仪表方面也存在挑战。如果针对目标现象进行合理地模化，使用透明或低熔点的模拟流体就可以提供一个解决方案。应当开发可在高温液态金属环境中应用的测量仪表，这些仪表应该与已经广泛应用在透明或低温流体的仪表达到同等水平的时空分辨率。

不仅一些欧洲项目，在经济合作与发展组织/核能机构（OECD/NEA，2015）以及IAEA正在开展的钠物理性质的联合研究项目中，都正在制订关于液态金属实验的比例模化、设计以及执行的通用导则。在验证方法和程序方面也有大量的文献。基于此，已经制订了关于设计和实验开展的导则。液态金属的测量仪表领域方面主要在超声及（电）磁测量技术方面取得了进展。

关于被所有实验科学家认可的液态金属实验应用的通用导则，开发和实施一个系统而实用的框架将是非常有益的。液态金属测量系统的研发需要持续加强，以提高其分辨率，并确定其精度和长期应用性能。

# 参 考 文 献

[1] Agrawal, M., Bakker, A., Prinkey, M. T., 2004. Macroscopic Particle Model: Tracking Big Particles in CFD. In: AlChE 2004, Annual Meeting Particle Technology Forum, Austin, USA.

[2] Aithal, S., Rajan, B. V., Balasubramaniyan, V., Velusamy, K., Chellapandi, P., 2016. Experimental validation of thermal design of top shield for a pool type SFR. Nucl. Eng. Des. 300, 231-240.

[3] Akimoto, H., Ohshima, H., Kamide, H., Nakagawa, S., Ezato, K., Takase, K., Nakamura, H., 2009. Thermal-hydraulic research in JAEA: Issues and future directions. In: NURETH13, Kanazawa, Japan.

[4] Andruszkiewicz, A., Eckert, K., Eckert, S., Odenbach, S., 2013. Gas bubble detection in liquid metals by means of the ultrasound transit-time-technique. Eur. Phys. J. Spec. Top. 220, 53-62.

[5] Arien, B., et al., 2004. Assessment of computational fluid dynamic codes for heavy liquid metals - ASCHLIM. EC-Con. FIKW-CT-2001-80121-Final Rep.

[6] Blom, D., Zuijlen, A., Bijl, H., 2015. Acceleration of strongly coupled fluid-structure interaction with manifold mapping. In: 11th World Congress on Computational Mechanics (WCCM XI), 5th European Conference on Computational Mechanics (ECCM V), 6th European Conference on Computational Fluid Dynamics (ECFD VI), Barcelona, Spain.

[7] Borrvall, T., Petersson, J., 2003. Topology optimization of fluids in Stokes flow. Int. J. Numer. Methods Fluids 41, 77-107.

[8] Bushan, S., ElFajiri, O., Jock, W. D., Walters, D. K., Lai, J., Hassan, Y., Jackson, R. B., Obabko, A., Merzari, E., 2018. Assessment of URANS, hybrid RANS/LES and LES models for the prediction of low-Pr turbulent flows. In: Proceedings of FEDSM2018, Montreal, Canada.

[9] Casey, M., Wintergeste, T., 2000. Best practice guidelines. In: ERCOFTAC Special Interest Group on "Quality and Trust in Industrial CFD".

[10] Chellapandi, P., Velusamy, K., 2015. Thermal hydraulic issues and challenges for current and new generation FBRs. Nucl. Eng. Des. 294, 202-225.

[11] Chellapandi, P., Chetal, S. C., Raj, B., 2009. Thermal striping limits for components of sodium cooled fast spectrum reactors. Nucl. Eng. Des. 239, 2754-2765.

[12] Choi, S.-K., et al., 2015. The Present State-of-the-Art Thermal Striping Studies for Sodium-Cooled Fast Reactors. NURETH-16, Chicago, USA.

[13] Degroote, J., Vierendeels, J., 2012. Multi-level quasi-Newton coupling algorithms for the partitioned simulation of fluid-structure interaction. Comput. Methods Appl. Mech. Eng. 225-228, 14-27.

[14] Del Nevo, A., Chiampichetti, A., Tarantino, M., Burgazzi, L., Forgione, N., 2016. Addressing the heavy liquid metal—water interaction issue in LBE system. Prog. Nucl. Energy 89, 204-212.

[15] Di Piazza, I., Magugliani, F., Tarantino, M., Alemberti, A., 2014. A CFD analysis of flow blockage phenomena in ALFRED LFR demo fuel assembly. Nucl. Eng. Des. 276, 202-215.

[16] Doolaard, H., Roelofs, F., Pacio, J., Batta, A., 2017. Experiment design to assess the interwrapper heat transfer in LMFR. In: NURETH-17, Xi'an, China.

[17] Frogheri, M., Alemberti, A., Mansani, L., 2013. The lead fast reactor: demonstrator (ALFRED) and ELFR design. In: FR13, Paris, France.

[18] GIF, 2002. A technology roadmap for generation IV nuclear energy systems. GIF002-00, US-DOE & GIF, USA.

[19] GIF, 2014. Technology Roadmap Update for Generation IV Nuclear Energy Systems. OECD, Paris, France.

[20] Glasbrenner, H., Gröschel, F., Grimmer, H., Patorski, J., Rohde, M., 2005. Expansion of solidified lead bismuth eutectic. J. Nucl. Mater. 343, 341-348.

[21] Guénadou, D., Tkatshenko, I., Aubert, P., 2015. Plateau facility in support to ASTRID and the SFR program: an overview of the first mock-up of the ASTRID upper plenum, MICAS. In: NURETH16, Chicago, USA.

[22] Guo, L., Morita, K., Tobita, Y., 2014. Numerical simulation of gas-solid fluidized beds by coupling a fluid-dynamics model with the discrete element method. Ann. Nucl. Energy 72, 31-38.

[23] Herranz, L., Lebel, L., Mascari, F., Spengler, C., 2018. Progress in modeling in-containment source term with ASTEC-Na. Ann. Nucl. Energy 112, 84-93.

[24] Hu, R., 2017. Development of a Reduced-Order Three-Dimensional Flow Model for Thermal Mixing and Stratification Simulation During Reactor Transients. Argonne National Laboratory (ANL), USA.

[25] IAEA, 1995. Absorber materials, control rods and designs of shutdown systems for advanced liquid metal fast reactors. IAEA Tecdoc 884, Vienna, Austria.

[26] IAEA, 1999. Status of liquid metal cooled fast reactor technology. IAEA Tecdoc 1083, Vienna, Austria.

[27] IAEA, 2012. Status of fast reactor research and technology development. Technical Report 474, ISBN 978-92-0-130610-4, Vienna, Austria.

[28] IAEA, 2014. Summary report. In: Technical Meeting on Priorities in Modelling and Simulation for Fast Neutron Systems. Vienna, Austria.

[29] IEA/NEA, 2015. Technology Roadmap Nuclear Energy 2015, Paris, France.

[30] IRSN, 2015. Review of Generation IV Nuclear Energy Systems. https://www.irsn.fr/EN/newsroom/News/Pages/20150427_Generation-IV-nuclear-energy-systems-safety-potentialoverview.aspx.

[31] Kamide, H., 2016. Progress of thermal hydraulic evaluation methods and experimental studies on a sodium-cooled fast reactor and its safety in Japan. Nucl. Eng. Des. 312, 30-41.

[32] Kamide, H., Hayashi, K., Isozaki, T., Nishimura, M., 2001. Investigation of core thermohydraulics in fast reactors—interwrapper flow during natural circulation. Nucl. Technol. 133, 77-91.

[33] Katsuyama, K., Nagamine, T., Matsumoto, S., Ito, M., 2003. Application of X-ray computer tomography for observing the deflection and displacement of fuel pins in an assembly irradiated in FBR. J. Nucl. Sci. Technol. 40, 220-226.

[34] Kayser, G., Charpenel, J., Jamond, C., Berthoud, G., Schleisiek, K., 1994. Main SCARABEE lessons and most

likely issue of the sub-assembly blockage accident. In: International Topical Meeting, Obninsk, Russia.

[35] Kennedy, G., Lamberts, D., Profir, M., Moreau, V., Van Tichelen, K., 2017. Experimental and numerical study of the MYRRHA control rod system dynamics. In: ICAPP 2017, Fukui and Kyoto, Japan.

[36] Kimura, N., Miyakoshi, H., Kamide, H., 2010. Experimental study on thermal stratification in a reactor vessel of innovative sodium-cooled fast reactor - mitigation approach of temperature gradient across stratification Interface. J. Nucl. Sci. Technol. 47 (9), 829–838.

[37] Longatte, E., Baj, F., Hoarau, Y., Braza, M., Ruiz, D., Canteneur, C., 2013. Advanced numerical methods for uncertainty reduction when predicting heat exchanger dynamic stability limits: review and perspectives. Nucl. Eng. Des. 258, 164–175.

[38] Maschek, W., Rineiski, A., Flad, M., Liu, P., Chen, X. N., Tobita, Y., Bandini, G., 2008. The SIMMER safety code system and its validation efforts for fast reactor application. PHYSOR 08, 2370–2378.

[39] Merzari, E., Obabko, A., Fischer, P., Halford, N., Walker, J., Siegel, A., Yu, Y., 2017. Largescale large eddy simulation of nuclear reactor flows: issues and perspectives. Nucl. Eng. Des. 312, 86–98.

[40] Myrillas, K., Planquart, P., Buchlin, J.-M., Schyns, M., 2016. Small scale experiments of sloshing considering the seismic safety of MYRRHA. Int. J. Hydrogen Energy 41, 7239–7251.

[41] Obabko, A., Merzari, E., Fischer, P., 2016. Nek5000 large-eddy simulations for thermalhydraulics of deformed wire-wrap fuel assemblies. ANS. 115.

[42] OECD/NEA CSNI, 2015. Assessment of CFD codes for nuclear reactor safety problems - revision 2. NEA/CSNI/R (2014) 12, Paris, France.

[43] OECD/NEA TAREF, 2011. Experimental facilities for sodium fast reactor safety studies. NEA No. 6908, Paris, France.

[44] Perez, F., Gomez, F., 2013. Containment Assessment for the ETDR/ALFRED. LEADER DEL018-2012, Madrid, Spain.

[45] Perez-Martin, S., Ponomarev, A., Kruessmann, R., Pfrang, W., 2014. Study of power and cooling criteria for selecting SA groups in the simulation of accidental transients in sodium fast reactors with SAS - SFR code. In: ICAPP2014, Charlotte, USA.

[46] Pesetti A., Del Nevo A., Forgione N., 2016a. Assessment of SIMMER-III code based on steam generator tube rupture experiments in LIFUS5/Mod2 facility. ICONE24, Charlotte, USA.

[47] Pesetti A., Del Nevo A., Forgione N., 2016b. Experimental investigation of spiral tubes steam generator rupture scenarios in LIFUS5/Mod2 facility for ELFR. ICONE24, Charlotte, USA.

[48] Pesetti, A., Del Nevo, A., Neri, A., Cati, S., Sermenghi, V., Valdiserri, M., Giannotti, D., Tarantino, M., Forgione, N., 2017. Experimental investigation in LIFUS5/Mod2 facility of spiral-tube steam generator rupture scenarios for ELFR. In: ICONE25, Shanghai, China.

[49] Pettigrew, M., Taylor, C., Fisher, N., Yetisir, M., Smith, B., 1998. Flow-induced vibration: recent findings and open questions. Nucl. Eng. Des. 185, 249–276.

[50] Piala, D., Tenchine, D., Li, S., Gauthe, P., Vasile, A., Baviere, R., Tauveron, N., Perdu, F., Maas, L., Cocheme, F., Hubert, K., Cheng, X., 2014. Overview of the system alone and system/CFD coupled calculations of the Phenix Natural Circulation Test within the THINS Project. In: THINS 2014 International Workshop, Modena, Italy.

[51] Planquart, P., Van Tichelen, K., 2017. Experimental investigation of accidental scenarios using a scale water model of a HLM reactor. In: NURETH17, Xi'an, China.

[52] Prill, D., Class, A., 2014. Semi-automated proper orthogonal decomposition reduced order model non-linear analysis for future BWR stability. Ann. Nucl. Energy 67, 70–90.

[53] Pylchenkov E. H. 1999. HLMC'98, Obninsk, Russian Federation, pp. 110–119.

[54] Rakhi, S. A., Velusamy, K., 2017. Integrated CFD investigation of heat transfer enhancement using multi-tray core catcher in SFR. Ann. Nucl. Energy 104, 256–266.

[55] Roelofs, F., 2009. Cross-cutting CFD support to innovative reactor design. In: ICAPP'09, Tokyo, Japan.

[56] Roelofs, F., Van Tichelen, K., Tenchine, D., 2013. Status and future challenges of liquid metal cooled reactor thermal-hydraulics. In: NURETH15, Pisa, Italy.

[57] Roelofs, F., Shams, A., Otic, I., Böttcher, M., Duponcheel, M., Bartosiewicz, Y., Lakehal, D., Baglietto, E., Lardeau, S., Cheng, X., 2015a. Status and perspective of turbulence heat transfer modelling for the industrial application of liquid metal flows. Nucl. Eng. Des. 290, 99–106.

[58] Roelofs, F., Shams, A., Pacio, J., Moreau, V., Planquart, P., Van Tichelen, K., Di Piazza, I., Tarantino, M., 2015b. European outlook for LMFR thermal hydraulics. In: NURETH16, Chicago, USApp. 7414–7425.

[59] Roelofs, F., Shams, A., Moreau, V., Di Piazza, I., Gerschenfeld, A., Planquart, P., Tarantino, M., 2016. Liquid metal thermal hydraulics, state of the art and beyond: the SESAME project. In: ENC 2016, Warsaw, Poland.

[60] Rogozhkin, S. A., Osipov, S. L., Shepelev, S. F., Aksenov, A. A., Sazonova, M. L., Shmelev, V. V., 2013. Verification calculations as per CFD FLOWVISION code for sodium-cooled reactor plants. In: FR13, Paris, France.

[61] Rouault, J., et al., 2015. Japan-France collaboration on the ASTRID program and sodium fast reactor. In: ICAPP 2015, Nice, France.

[62] Shams, A., 2017. Assessment and calibration of an algebraic turbulent heat flux model for high Rayleigh number flow regimes. In: ERMSAR-2017, Warsaw, Poland.

[63] Shams, A., Roelofs, F., Baglietto, E., Lardeau, S., Kenjeres, S., 2014. Assessment and calibration of an algebraic turbulent heat flux model for low-Prandtl fluids. Int. J. Heat Mass Transfer 79, 589–601.

[64] Sienicki, J., Wade, D., Tzanos, C., 2003. Thermal-hydraulic research and development needs for lead fast reactors. In: IAEA Tecdoc 1520, Theoretical and Experimental Studies of Heavy Liquid Metal Thermal-Hydraulics, Karlsruhe, Germany.

[65] SNE-TP, 2013. Strategic Research and Innovation Agenda. ISBN 978-2-919313-04-4.

[66] Song, C. H., Kim, K. K., Hahn, D. H., Lee, W. J., Bae, Y. Y., Hong, B. G., 2009. Thermal-hydraulic R&Ds for Gen-III+ and Gen-IV reactors at KAERI: issues and future directions. In: NURETH13, Kanazawa, Japan.

[67] Sosnovsky, E., Baglietto, E., Keijers, S., Van Tichelen, K., Cardoso de Souza, T., Doolaard, H., Roelofs, F., 2015. CFD simulations to determine the effects of deformations on liquid metal cooled wire wrapped fuel assemblies. In: NURETH16, Chicago, USApp. 2747–2761.

[68] Tarantino, M., 2017. International Collaboration on Gen-IV Nuclear Systems: Progress Activity. CSEA, Rome, Italy.

[69] Tarantino, M., Martelli, D., Barone, G., Di Piazza, I., Forgione, N., 2015. Mixed convection and stratification phenomena in a heavy liquid metal pool. Nucl. Eng. Des. 286, 261–277.

[70] Tenchine, D., 2010. Some thermal hydraulic challenges in sodium cooled fast reactors. Nucl. Eng. Des. 240, 1195–1217.

[71] Tenchine, D., Barthel, V., Bieder, U., Ducros, F., Fauchet, G., Fournier, C., Mathieu, B., Perdu, F., Quemere, P., Vandroux, S., 2012. Status of TRIO_U code for sodium cooled fast reactors. Nucl. Eng. Des. 242, 307–315.

[72] Tenchine, D., Fournier, C., Dolias, Y., 2014. Gas entrainment issues in sodium cooled fast reactors. Nucl. Eng. Des. 270, 302–311.

[73] Todreas, N., 2009. Thermal-hydraulic challenges in fast reactor design. Nucl. Technol. 167, 127–144.

[74] Vaghetto, R., Goth, N., Childs, M., Jones, P., Lee, S., Nguyen, D. T., Hassan, Y. A., 2016. Flow field and pressure measurements in a 61-pin wire-wrapped bundle. ANS. 115.

[75] Van Tichelen, K., 2012. Blockages in LMFR fuel assemblies. In: FP7 MAXSIMA, SCK. CENR-5433, Mol, Belgium.

[76] Van Tichelen, K., Mirelli, F., 2017. Experimental investigation of steady-state flow in the LBEcooled scaled pool facility E-scape. In: NURETH17, Xi'an, China.

[77] Velusamy, K., Chellapandi, P., Chetal, S., Raj, B., 2010. Overview of pool hydraulic design of Indian prototype fast breeder reactor. Sadhana 35, 97–128.

[78] Vogt, T., Boden, S., Andruszkiewicz, A., Eckert, K., Eckert, S., Gerbeth, G., 2015. Detection of gas entrainment into liquid metals. Nucl. Eng. Des. 294, 16–23.

[79] Weaver, D., Ziada, S., Au-Yang, M., Chen, S., Paidoussis, M., Pettigrew, M., 2000. Flowinduced vibrations in

power and process plant components progress and prospects. J. Pressure Vessel Technol. 122, 339-348.

[80] Wu, G., Jin, M., Chen, J., Bai, Y., Wu, Y., 2015. Assessment of RVACS performance for small size lead-cooled fast reactor. Ann. Nucl. Energy 77, 310-317.

[81] Yuan, H., Solberg, J., Merzari, E., Kraus, A., Grindeanu, I., 2017. Flow-induced vibration analysis of a helical coil steam generator experiment using large eddy simulation. Nucl. Eng. Des. 322, 547-562.

# 扩 展 阅 读

[1] Koloszar, L., Buckingham, S., Planquart, P., Keijers, S., 2017. MyrrhaFoam: a CFD model for the study of the thermal hydraulic behavior of MYRRHA. Nucl. Eng. Des. 312, 256-265.

# 第3章 液态金属热工水力实验概述

## J. Pacio
### 德国，卡尔斯鲁厄，卡尔斯鲁厄理工学院（KIT）

液态金属快堆（LMFR）的研发需要热工水力、冷却剂化学等许多学科领域新的实验数据，以评估其可行性和安全性，并验证理论模型。基于此，目前在世界范围内有许多实验装置正处于设计、建造或运行阶段。近期，IAEA（IAEA，2016）梳理了一份数据库，列出了14个国家超过150个实验装置，覆盖了SFR和LFR的实验系统。

这些实验装置通常通过学术期刊和会议文集的形式发表宝贵的实验数据。但是，可能由于液态金属实验装置有各自特定的运行要求，针对液态金属实验装置的设计、建造和运行方面的经验仍然非常有限。本章汇总了几家欧洲研究机构使用这些实验系统的经验，涵盖了从设计到运行、水介质模型研究以及液体金属专用仪表等几个方面。

原则上，液态金属热工水力实验可以与常温水介质实验相比较。一方面，对于一些典型的核心部件（如泵和阀门）和相关的基础设施，它们在运行和控制方面拥有相同的特性；另一方面，液态金属具有相对较高的运行温度和较好的热力学性质，表现出独特的运行和安全特性，如表3.1所列。

表3.1 液态金属和水在特征温度下的物性

| 名 称 | LBE | Pb | Na | $H_2O$ |
|---|---|---|---|---|
| 标况熔点/℃ | 125 | 327.5 | 97.8 | 0.0 |
| 标况沸点/℃ | 1654 | 1748 | 882 | 100 |
| 1bar及各温度下的物性（1bar，bar=$10^5$Pa）/℃ | 400 | 400 | 400 | 25 |
| 蒸汽压/Pa | $3.44×10^{-5}$ | $3.04×10^{-5}$ | $5.20×10^{-5}$ | $3.17×10^3$ |
| 密度/(kg·$m^{-3}$) | 10195 | 10580 | 855.8 | 997.1 |
| 动力粘度/(mPa·s) | 1.514 | 2.227 | 0.277 | 0.890 |
| 运动粘度/($mm^2$·$s^{-1}$) | 0.15 | 0.21 | 0.32 | 0.89 |
| 比定压热容(J·$kg^{-1}$·$K^{-1}$) | 142.9 | 146.7 | 1282.4 | 4182 |
| 热导率/(W·$m^{-1}$·$K^{-1}$) | 13.12 | 16.60 | 72.36 | 0.607 |
| 热扩散率/($mm^2$·$s^{-1}$) | 9.01 | 10.70 | 65.93 | 0.1455 |
| 普朗特数 | 0.0165 | 0.0197 | 0.0049 | 6.137 |

续表

| 名　称 | LBE | Pb | Na | H$_2$O |
|---|---|---|---|---|
| 热膨胀系数/K$^{-1}$ | 1.26×10$^{-4}$ | 1.21×10$^{-4}$ | 2.75×10$^{-4}$ | 2.57×10$^{-4}$ |
| 表面张力/(mN·m$^{-1}$) | 394.6 | 449.8 | 166.0 | 72.0 |
| 数据来源 | OECD（2015） | OECD（2015） | Sobolev（2010） | Wagner, Kretzschmar（2013） |

$Pr$ 是表征流体固有特性的无量纲数，在数值上等于分子运动粘度与热扩散率的比，从而影响速度和温度分布之间的耦合关系。液态金属的特点是 $Pr$ 很低，而且一般不可能通过水介质系统复现所有相关的传热过程。然而，对于其他无量纲数，如雷诺数 $Re$（与压降和流固耦合研究有关）和 $Ri$（与自然循环有关）占主导的流动条件，有可能通过采用水介质对原型进行研究。利用水介质的装置展现出一些应用方面的优势，比如在设备和材料选择上没有那么严苛，并且能够使用非侵入式的光学测量仪表（具体见3.1节）。

由于液态金属自身的物理性质，液态金属装置在设计（3.2节）、建造（3.3节）和运行（3.4节）方面存在额外的挑战。在任何运行工况下，都需要利用辅助加热和保温来维持液态金属始终处于液态温度范围以避免凝固。另外，一般情况下可以忽略沸腾。铅（Pb）和铅铋合金高密度的特点不仅影响装置的重量，而且对给定流速的惯性力有影响。相对于其他方面，这些因素在分析局部阻力损失、水锤现象时不可忽略。以结构比较紧凑的实验段为例，由于其较高的热导率 $\lambda$ 和热扩散率 $a$，要精确测量和获得温差数据，就需要更大的热流密度。

液态金属化学是未来需要考虑的，也是一个宽泛的研究课题，这超出了本章的范围。使用惰性气体环境，避免液态金属与空气或水接触并发生氧化，这可能是需要关注的主要安全问题（如钠火）。随着温度的提升，固体结构材料的退化也越发显著。为了达到与普通材料（如不锈钢）可接受的相容性，研发了基于控制溶解杂质数量（主要是氧）的解决方案。

对于液态金属系统实验，核心重点应放在仪表、高温运行、金属不透明性以及腐蚀环境上。通常情况下，直接使用基于水介质流动的方法开发系统是不可行的。从另一个方面来说，可以通过研究液态金属与外部磁场的交互作用来研发非接触式感应和射线测量等新技术，如3.5节所述。

# 参 考 文 献

[1] IAEA, 2016. LMFNS Database: Catalogue of Experimental Facilities in Support of Liquid Metal Fast Neutron Systems. https://nucleus.iaea.org/sites/lmfns/Pages/default.aspx.

[2] OECD, 2015. Handbook on Lead-Bismuth Eutectic Alloy and Lead Properties, Materials Compatibility, Thermal-Hydraulics and Technologies. OECD, Paris, France.

[3] Sobolev, V., 2010. Database of thermo-physical properties of liquid metal coolants for GEN-IV: sodium, lead, lead-bismuth eutectic (and bismuth). Technical Report SCKlCEN-BLG-1069.

[4] Wagner, W., Kretzschmar, H.-J., 2013. Properties of Water and Steam. Verein Deutscher Ingenieure (VDI): Heat Atlas, pp. 153-171.

## 3.1 棒束和池式水介质实验在液态金属冷却反应堆的应用

M. Rohde[1], P. Planquart[2], C. Spaccapaniccia[2], F. Bertocchi[1]

1. 荷兰，代尔夫特，代尔夫特理工大学，辐射科技系；
2. 比利时，圣海内叙斯罗德，卡尔曼流体动力学研究所，环境与应用流体动力学系

### 3.1.1 概述

液态金属冷却反应堆（LMR）热工水力实验通常是复杂、资源耗量大的，因此也是非常昂贵的。此外，液态金属（LM）是完全不透光的，这排除了观测某些现象（如沸腾）的可能性，也不能使用光学测量技术。

在这方面，水介质装置可以替代 LM 开展流动实验。水是透明的，在常温常压下是液态的，无毒，并且几乎无处不在。适用于水介质的设备（如泵、管道、传感器）也相对经济，特别是在前文所述的工况下。水介质流动测量精度（空间和时间）非常高，并且可利用光学测量技术，如激光多普勒测速（LDA）、粒子图像测速（PIV）和粒子跟踪测速（PTV）实现非侵入式测量。

只要是研究等温流动，采用水介质非常适用于模拟 LM 流动的实验，因为唯一需要模化的无量纲数是 $Re$，因此可以精确地研究扰流、二次流和流动脉动等现象。但是，如果自然对流起作用，由于 LM 非常低的 $Pr$ 使密度梯度扁平化，水介质装置就不太适用了。基于相同的原因，水介质装置在研究传热现象方面作用非常有限。

3.1.2 节从介绍设计实验所需的模化理论开始，然后说明实验技术。本节不能囊括全部的现象和技术（若达到此目的，需要专门写一本书），但是可以说明其中最重要的部分。3.1.3 节所关注的是 LMR 燃料棒束流动现象。3.1.4 节有针对性地介绍池式 LMR 的实验。

### 3.1.2 模化理论

对不可压缩流体，通用的连续性方程、动量守恒方程、能量守恒方程可写成矢量形式：

$$\frac{\partial \rho}{\partial t}+\nabla \cdot (\rho \boldsymbol{u}) = 0 \tag{3.1}$$

$$\frac{\partial \boldsymbol{u}}{\partial t}+\boldsymbol{u} \cdot \nabla \boldsymbol{u}=v-\frac{1}{\rho}\nabla p+\nabla(\nu \nabla \boldsymbol{u})+\frac{\boldsymbol{g}}{\rho} \tag{3.2}$$

$$\rho c_p\left(\frac{\partial T}{\partial t}+\boldsymbol{u} \cdot \nabla T\right)=\nabla(k \nabla T)+Q \tag{3.3}$$

如果金属池的几何结构可近似认为是轴对称的,速度主要为 $v$(轴向)和 $u$(径向)两个分量。在此假设下(Spaccapaniccia,2016),进一步假定能量守恒,稳态流动,并且由于密度是温度的单一变量,应用布西内斯克(Boussinesq)近似法,式(3.1)~式(3.3)变为

$$\frac{\partial u}{\partial x}+\frac{\partial v}{\partial y}=0 \tag{3.4}$$

$$u\frac{\partial u}{\partial x}+v\frac{\partial u}{\partial y}=-\frac{1}{\rho_0}\times\frac{\partial p_x}{\partial x}+\nu\frac{\partial^2 u}{\partial x^2}+\nu\frac{\partial^2 u}{\partial y^2} \tag{3.5}$$

$$u\frac{\partial v}{\partial x}+v\frac{\partial v}{\partial y}=-\frac{1}{\rho_0}\times\frac{\partial p_y}{\partial y}+\nu\frac{\partial^2 v}{\partial x^2}+\nu\frac{\partial^2 v}{\partial y^2}-g\beta(T_h-T_c) \tag{3.6}$$

$$u\frac{\partial T}{\partial x}+v\frac{\partial T}{\partial y}=a\left(\frac{\partial^2 T}{\partial x^2}+\frac{\partial^2 u}{\partial y^2}\right) \tag{3.7}$$

式中:$a$ 为流体的热扩散率。

下一步引入特征数使式(3.4)~式(3.7)中的变量无量纲化:

$$\begin{cases} X=\dfrac{x}{L},Y=\dfrac{y}{H},U=\dfrac{u}{U_{ch}},V=\dfrac{v}{V_{ch}} \\ P_x=\dfrac{p_x}{\rho_0 U_{ch}^2},P_y=\dfrac{p_y}{\rho_0 V_{ch}^2},\theta=\dfrac{T-T_c}{T_h-T_c} \end{cases} \tag{3.8}$$

式中:特征量 $L$、$H$ 分别为堆芯和换热器之间的水平距离与竖直距离;$U_{ch}$ 和 $V_{ch}$ 为特征速度,使用相同的速度以使压力无量纲化;$T_{ch}$ 和 $T_h$ 分别为回路达到的最低温度和最高温度。

用式(3.8)中的无量纲参数替换方程式(3.4)~式(3.7),得到无量纲化的传递方程:

$$\frac{U_{ch}}{L}\times\frac{\partial U}{\partial X}+\frac{V_{ch}}{H}\times\frac{\partial V}{\partial Y}=0 \tag{3.9}$$

如将分析对象限制在 $H/L$ 值接近于 1,并且认为水平速度分量 $U$ 与 $V$ 处于相同量级(不可压缩流体),数量级分析表明:

$$X\sim O(1),Y\sim O(1),V\sim O(1),U\sim V$$

所选的无量纲特征变量数值上可认为是 1,则无量纲连续方程变为

$$U_{ch}\sim L\frac{V_{ch}}{H} \tag{3.10}$$

把此式和无量纲参数代入 $y$ 动量方程和能量方程中,得到

$$\begin{aligned} U\frac{\partial V}{\partial X}+V\frac{\partial V}{\partial Y}=&-\frac{1}{\rho_0}\times\frac{\Delta P_{ch}}{V_{ch}^2}\times\frac{\partial P_y}{\partial Y} \\ &+\frac{\nu}{V_{ch}H}\left(\frac{H^2}{L^2}\times\frac{\partial^2 V}{\partial X^2}+\frac{\partial^2 V}{\partial Y^2}\right)-\frac{Hg\beta(T_h-T_c)}{V_{ch}^2}\theta \\ U\frac{\partial \theta}{\partial X}+V\frac{\partial \theta}{\partial Y}=&\frac{k}{\rho c_p V_{ch}H}\left(\frac{H^2}{L^2}\times\frac{\partial^2 V}{\partial X^2}+\frac{\partial^2 V}{\partial Y^2}\right) \end{aligned} \tag{3.11}$$

$$= \frac{a}{V_{ch}H}\left(\frac{H^2}{L^2}\times\frac{\partial^2 V}{\partial X^2}+\frac{\partial^2 V}{\partial Y^2}\right) \tag{3.12}$$

特征速度和特征压力的选取很大程度上取决于被分析的现象，因此强迫对流和自然对流工况需要区别对待。

**1. 池式强迫对流研究**

对于强迫对流，考虑一回路内的质量守恒，可以很容易地推算出一个典型的速度值：泵的功率决定了质量流量，质量流量是根据冷却剂热容和堆芯功率确定的，目的是确保温度上限保持在一定水平以下。在这种情况下，反应堆比例模化后出现在式（3.11）和式（3.12）中的无量纲参数群如下：

雷诺数　　　　　　　　　　$Re = \dfrac{V_{ch}H}{\nu}$

欧拉数　　　　　　　　　　$Eu = \dfrac{1}{\rho_0}\times\dfrac{\Delta P_{ch}}{V_{ch}^2}$

理查森数　　　　　　　　　$Ri = \dfrac{Hg\beta(T_h-T_c)}{V_{ch}^2}$

贝克莱数　　　　　　　　　$Pe = \dfrac{V_{ch}H}{a}$

几何相似比　　　　　　　　$A_R = \dfrac{H}{L}$

$Pr$ 没有在式（3.11）和式（3.12）中直接出现，但是由于它是 $Pe$ 和 $Re$ 的比值，因此它隐含在上述无量纲方程式之中。

**2. 池式自然对流研究**

在非能动热量导出工况下，由于加热功率（Welander, 1967）和冷却功率在水力回路中产生的浮力（阿基米德力）与回路中的摩擦阻力达到平衡，回路中建立了一个质量流量，其产生的压头可定义为（Todreas, Kazimi, 1990）

$$\Delta P_B = gH\beta\rho(T_h-T_c) \tag{3.13}$$

自然对流流动比较复杂，一般具有速度梯度大的特点，因此对于这种流动来说，特征速度 $V_{ch}$ 的预测是比较困难的（Ieda, et al., 1985）。因为在自然对流回路（NCL）系统中，浮力压头应与压降达到平衡（Todreas, Kazimi, 1990），因此特征速度 $V_{ch}$ 可以通过在所需的压降项和浮升力项之间建立平衡来得到：

$$\frac{Hg\beta(T_h-T_c)}{V_{ch}^2} = -\frac{1}{\rho_0}\times\frac{\Delta P_{ch}}{V_{ch}^2} = Eu \Rightarrow V_{ch} = \sqrt{\frac{Hg\beta(T_h-T_c)}{Eu}} \tag{3.14}$$

式中：$Eu$ 为欧拉数，表征压降。在自然对流回路中，流速、压降和浮升力不是相互独立的量，因此不可能知道确切的 $V_{ch}$ 和 $\Delta P_{ch}$。在严格的无量纲分析时，为了避免该问题，特征速度 $V_{ch}$（或者特征压降）的选取需 $Eu=1$。在本例中，$Eu=1$ 表明 $V_{ch}=(Hg\beta\Delta T)^{0.5}$。那么，就可用标准的动量和能量方程式（3.11）和式（3.12）替代 $V_{ch}$，得到下述适用于稳态的无量纲方程：

$$U\frac{\partial U}{\partial X}+V\frac{\partial U}{\partial Y} = -\frac{\partial P}{\partial X}+\sqrt{\frac{1}{Gr_H}}\left(\frac{H^2}{L^2}\times\frac{\partial^2 U}{\partial X^2}+\frac{\partial^2 U}{\partial Y^2}\right) \tag{3.15}$$

$$U\frac{\partial V}{\partial X}+V\frac{\partial V}{\partial Y}=-\frac{\partial P}{\partial Y}+\sqrt{\frac{1}{Gr_H}}\left(\frac{H^2}{L^2}\times\frac{\partial^2 V}{\partial X^2}+\frac{\partial^2 V}{\partial Y^2}\right) \quad (3.16)$$

$$U\frac{\partial \theta}{\partial X}+V\frac{\partial \theta}{\partial Y}=-\frac{\partial P}{\partial X}+\sqrt{\frac{1}{Pr\cdot Gr_H}}\left(\frac{H^2}{L^2}\times\frac{\partial^2 \theta}{\partial X^2}+\frac{\partial^2 \theta}{\partial Y^2}\right) \quad (3.17)$$

无量纲数群为

$$ND_1=A_R^2 Gr_H^{-\frac{1}{2}}, \quad ND_2=A_R^2(Pr\cdot Gr_H)^{-\frac{1}{2}} \quad (3.18)$$

式中：$Gr$ 为格拉晓夫数；$Pr$ 为普朗特数；$A_R$ 为几何相似比。它们分别可表示为

$$Gr=\frac{H^3 g\beta(T_h-T_c)}{V_{ch}^2}$$

$$Pr=\frac{v}{a}$$

$$A_R=\frac{H}{L}$$

**3. 燃料棒束研究**

设计常温常压的棒束实验台架，研究流场，并开展流致振动实验。实验结果将为 CFD 的验证提供有用的对比基准。由于不考虑传热，所以其模化更加简单。棒束的几何形状决定了流动特征参数的长度尺度（相关结构，详见 3.1.3 节），而这通常也是研究的目标。

节径比 $P/D$ 是决定棒束格架几何结构的参数。棒束整体以及子通道的等效水力直径取决于 $P/D$ 的值。一旦确定了几何结构，关注焦点就转移到了 $Re$，它表征了棒束设计的第二个约束条件。$Re$ 是实验关注的一个参数，因为它影响了研究现象的物理特性，而且是 CFD 模拟验证计算参考的基准。$P/D$ 和 $Re$ 共同决定了所需的流量，而流量对于回路驱动泵的选型很重要。

**4. 实验技术**

下面介绍主要的（光学）实验技术，包括实际应用过程中发现的一些应用问题。

**1）激光多普勒测速**

激光多普勒测速（LDA）是一种非侵入式的单点光学测量技术，适用于棒束流动实验。测量系统包含被布拉格元件分离的激光束，两束激光穿过透镜，使得两束激光在焦点处会聚。在此焦点处，两束激光形成带有干涉条纹的椭圆体区域，该区域即为测量区域（也可称为测量探针），并在其中检测示踪粒子的通过。图 3.1 给出了系统流程的说明。

干涉条纹间距可通过下式计算：

$$d_f=\frac{\lambda}{2\sin(\theta/2)}$$

式中：$\lambda$ 为激光波长；$\theta$ 为两束激光的夹角。

在流动中预置了粒子以使光发生散射；如果植入的粒子穿过椭圆体测量区域，光将被散射回去，波长也将发生偏移（多普勒效应；Doppler, 1842），并被光电探测器收集。在探测器内，光通过转换器被转换成电荷并被记录为电信号（多普勒闪烁）。由光

# 第 3 章 液态金属热工水力实验概述

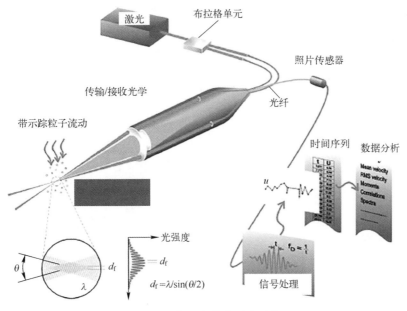

图 3.1 激光多普勒测速系统

（来源：Blocken, B., Stathopoulos, T., van Beeck, J.P., 2016. Pedestrian-level wind conditions around buildings: review of wind-tunnel and CFD techniques and their accuracy for wind comfort assessment. Build. Environ. 100, 50-81.）

电探测器记录的粒子散射光信号的"击打"频率 $f_b$ 与粒子的速度和干涉条纹间距成正比，因此可计算出垂直于激光束平面的粒子速度分量为

$$u = f_b \cdot d_f \tag{3.19}$$

由于仅能测量速度的模量，所以无法区分速度相同但是方向相反的两种粒子（存在方向不明确问题）。布拉格元件能够使其中一个激光器的激光产生一个以 $f_{ref}$ 为基准值的频移，这样干涉条纹能够以一定的速度移动。速度值可通过下式计算：

$$u = (f_b - f_{ref}) \cdot d_f$$

图 3.2（a）表明，光频的偏移意味着速度为 0 的取样对应非 0 的采集频率（与式 (3.19) 情况不同），并且反向速度可以通过"击打"频率的差异与正向速度区分开来。

最简易的激光多普勒测速系统仅包含一组激光束，并测量一个速度分量；两个速度分量可以通过不同颜色的两组激光束测量（一般属于同一个光电探测器）。而如果要测量三个分量，则需要新增一个光电探测器。但是，对于三个探针体的情况，至少有一个不完全与另外两个重叠，因为它属于另一个光电探测器且方向不同。这就可能产生虚拟粒子，而虚拟粒子将改变测量的结果（Boutier 等，1985）。

（1）不规则采样。

每个测量点都测量了运动粒子的瞬时速度分量，测量完成后可同步计算得到其平均值和均方根值。根据速度信号计算得到速度谱密度函数，这是研究湍流并揭示循环现象的关键因素，特别是在经常以周期性流动作为实验对象的棒束流动实验。快速傅里叶变换（FFT）是一种高效且应用广泛的谱密度函数估算方法，它需要规则的样本数据。但是，使用激光多普勒测速时，信号的时间间隔（两次检测到粒子的时间间隔）取决于

载有粒子的流体通过测量区域的时间，因此不是常数。有时可通过采用"采样-保持"算法处理原始速度信号来克服该问题，也就是说保持每个样本的速度恒定，直至测到下一个粒子；然后全部信号都是以恒定的时间间隔重新采样，进而应用 FFT 方法。但是，使用 FFT 后处理的"采样-保持"算法只有在数据采集频率较高的情况下才适用。如果数据采集频率低或者时间间隔差异过大，则会产生"白噪"现象，对频谱的影响会变得更大（Asrian, Yao, 1986），因为"保持"的时间越长，相对于真实值，重新采样信号的偏差就会越大。另外一种解决方案是先使用"打孔"方法计算速度的离散关联函数，然后应用傅里叶变换来计算频谱（Mayo, 1974；Tummers, Passchier, 2001）。

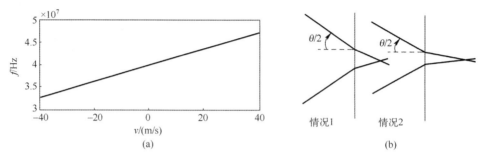

图 3.2 频移和探针体折射示例

注：如果中间介质密度较高（情况 2），光的折射率更大，那么此探针体将比密度低（情况 1）时长度更长。

（2）光线反射。

实验人员在棒束中开展 LDA 实验时，经常不得不处理来自与椭圆体测量区域接近的棒壁面的光线反射问题。在后处理软件中这种反射会把实际流体速度当作零速度信号来处理，这人为地降低了平均值也改变了均方根值。如果实际速度不接近于零，并且棒壁面没有接触到测量区域，则可以使用速度过滤器来消除反射对近零速度样本的影响，进而解决该问题或将该问题的影响最小化。

（3）光线畸变。

当激光进入棒束后，如斯涅尔（Snell）定律所预测的那样会发生光线折射，这可以通过使用与水具有相同折射率的棒束材料或者使用与其他部件折射率相同的工作介质（详见后文）使折射最小化。但无论采用哪种方式，折射总会影响两束激光从空气穿过不同媒介之后的夹角 $\theta$。如 Chang 等（2014）所述，这意味着改变 LDA 测量区域大小。测量长度可以用下式评估：

$$l_p = \frac{d_0}{\sin(\theta/2)}$$

式中：$d_0$ 为焦点处的激光束直径（Guenther, 1990）；$\theta$ 为光束夹角。$\theta$ 值通常是根据空气侧给出的，并且取决于媒介的折射率：随着媒介密度的增加，折射率也将增加，光束角减小，随之而来的是测量区域扩展至流体内的长度增加。在实验装置设计过程中必须考虑到这一点，因为在任何情况下，增长的测量区域都必须与装置的密集区域（如棒间隙）相匹配。

**2）粒子图像测速**

粒子图像测速（PIV）是一种用于流动测量的非侵入式光学测量技术，它可以利用激光束测量平面或体积内示踪粒子的速度场。PIV 系统一般包括一个双脉冲激光源,其发射平行激光束照射至光学器件(球面透镜、圆柱透镜或它们的组合体),然后在测量区域聚焦。两束激光脉冲的光因分散在流体中的示踪粒子而产生散射,并由一台图像捕捉装置(如 CCD 相机)显示在连续的两张图像(或者用于高速 PIV 测量的 CMOS 传感器)。当使用一台相机时,只能记录激光片测量区域内的粒子在该平面内的位移。使用两台不同定向的摄像机,粒子在平面外的位移也能够被捕捉到,该系统被称为立体 PIV;同时还需要满足沙伊姆弗勒(Scheimpflug)光学条件(图像平面、成像光学平面、拍摄对象平面位于同一条线上等)。关于 PIV 的全面性综述可参见 Adrian 和 Westerweel(2011)或 Raffel 等(2007)。图像被分割成几个检查窗,此时可利用光强的交叉相关性来计算粒子的位移,进而得到粒子速度,最终获得瞬时速度场的定量(和定性)分布图;也可以通过获取更多的图像来计算速度平均值和均方根值。图 3.3 给出了典型的 PIV 系统示意图。

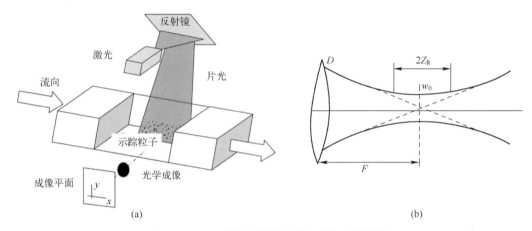

图 3.3　PIV 系统布局图和激光束片的俯视图

注:$D$—透镜直径;$F$—焦距;$w_0$—光束束腰;$2Z_R$—激光厚度变化不大于$\sqrt{2}Z_R$的间距。

粒子的散射情况可以用 Mye 的理论来描述:向前散射的光多于向后和向侧面反射的光。尽管如此,因为光学设备接入测量区域位置经常是受限的,图像往往要从与激光方向呈 90°夹角的位置记录,而不是从与光源(向前散射)在同一直线的位置。

粒子跟踪测速是一种低影像密度的特殊 PIV,被称为低粒子数密度 PIV(Adrian,1991)。

(1)光源要求。

两个激光脉冲只有很短的持续时间 $\delta t$(甚至是纳秒级),并且它们之间有 $\Delta t$ 的时间延迟。为了能比较好地进行关联分析,$\delta t$ 必须要足够短,使得在每张照片中移动粒子的图像看起来是"定格"的而不是光条纹。此要求可表述如下:

$$\delta t \ll \frac{\phi_p}{uM}$$

式中:$\phi_p$ 为图像中的粒子直径;$u$ 为粒子速度;$M$ 为放大因子,定义为图像中的物体尺寸与其实际尺寸之间的比例。

两幅图像之间能够接受的粒子位移也是一个关键参数，通常认为最佳成像位移上限是2~3个像素位移。对更大的位移，关联计算的效果不理想。后一种情况可通过调整对应的间隔时间$\Delta t$来实现。激光源可以是连续波（CW）也可以是脉冲波（PW）的；第一种一般比较经济，$\Delta t$是由相机快门的关闭频率决定的，适用于低速流动的PIV测量。脉冲激光源将能量聚集在一个脉冲中，因此在单位面积上能够比连续波激光源传递更多的能量。通常情况，一个脉冲波激光源包括两个Nd：YAG激光器（掺钕钇铝石榴石）独立发射两个脉冲（双头系统），这种类型的激光器可以实现持续10ns的脉冲时间和10~30Hz的重复频率。Nd：YLF（掺钕氟化钇锂）激光器可以达到更高的重复频率（约为1kHz），但是单次脉冲的能量较少。当以双头模式运行时，两束激光的重叠程度对获得良好的PIV测量结果至关重要。

（2）图像要求。

示踪粒子的图像在照片上显示为一个亮点，它的形状取决于粒子的几何形状和光的衍射作用（这是粒子图像质量的主要限制因素）。如果粒子的成像直径太小（小于1个像素），粒子在两帧图像之间的位移精度最大为1个像素（也称为像素锁定或峰值锁定效应），则图像是欠采样的。如果粒子影像扩展并大于1个像素，则可以通过相邻像素的光强度内插值替换目标粒子，以获得更好的亚像素精度。为了保证粒子影像始终处于聚焦状态，测量区域的激光带厚度必须小于相机的焦深。原则上，激光带的最薄部分（"束腰"，图3.3（b）中的$w_0$）是最适合开展测量的区域。但是，激光带带厚和束能在束腰及附近区域呈现出较大的空间梯度，这对测量是不利的。一种解决方案是，用一部分激光照亮与束腰位置接近但远不会出现这种空间梯度的测量区域。在棒束装置上使用PIV测量会受到壁面反射的影响，导致粒子影像无法从背光中明显地区分出来。在数据处理阶段，消掉所有记录图片的背景是可能的变通办法。另一种解决方案是，将棒壁面涂黑以限制背景的干扰，也可以在表面上使用若丹明（Rhodamine）荧光涂层，如Jones（2016）所述，这样来自壁面的反射光具有不同的波长，从而可以被滤除。

**3) 激光诱导荧光**

平面激光诱导荧光（LIF）测温技术可测量二维平面中的标量。该技术的实现需要使用荧光染料，并且依赖于其荧光强度与染剂温度和浓度的相关性。如果染剂与流体混合均匀，那么该技术可测量平面中的温度场。荧光信号使用前应在相同的实验温度范围进行标定，并用标定信号将荧光信号转化为温度信号。LIF需要一个可以照亮实验段的光源。为此，要使用激光源并采用合适的光学器件将激光束薄片化，以实现平面照明（图3.4（a））。激光源的波长应在染剂吸收光谱的范围内。配置适当滤镜的相机会记录射出的荧光强度。该技术的基础是荧光染剂或流体的荧光发射与温度之间较好的关联性。染剂分子首先被入射的光子激发并吸收光子的能量。图3.4（b）展示了吸收和发射光谱的实例。另外，吸收的能量将通过振动或碰撞的形式传递给其他分子，过程中能量部分或全部耗散。剩余的能量将再次以光子的形式发射出去。但相对于入射光，其波长更长（能量更低）。染剂溶液的温度越高，分子的动能越大，吸收的能量完全消散的概率越高。

结果是，随着流体温度的升高，发生二次发射的光子数目越少，减少了CCD传感器（图3.4（a））所能探测到的荧光信号。这种现象的控制方程（Tropea, et al.,

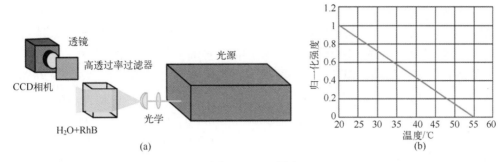

图 3.4　LIF 原理

2007）如下：

$$I_f = CI_L\chi_0(P,T)e^{-\frac{E_1}{K_B T}}\xi_{12}\Gamma(P,T)\Phi_{21}(P,T) \tag{3.20}$$

式中：$I_f$ 为激发强度；$I_L$ 为燃料溶液发出的荧光强度；$\chi_0$ 为考虑了热力学状态为 0 时的染料分子密度；$E_1$ 为通过玻耳兹曼分布描述的能量级别 1 的染料分子数；$\xi_{12}$ 为吸收并转变（从状态 1 转变为状态 2）的爱因斯坦概率；$\Gamma$ 为吸收和发射谱重叠；$\Phi_{21}$ 为自发发射和能量耗散机制发射的比值，即发射概率（荧光量子产率）；$C$ 为光学参数设置。当通过 CCD 传感器检测到的荧光信号通过了温度关联校准，就可以开始测量。图 3.4（b）的校准曲线给出了荧光强度与温度之间的关系。

**4）折射率匹配技术**

光学测量技术（如 LDA 和 PIV）的缺点之一是目标测量区域必须光线可达。由于光的折射，使用折射率与流体不同的透明固体壁面会产生问题。著名的 Snell 定律描述了折射现象：

$$n_1 \sin\theta_1 = n_2 \sin\theta_2$$

式中：$n_1$ 为材料 1 的折射率；$\theta$ 为与材料界面法线形成的入射角。

折射率与温度有关，并随着已纳入考虑的电磁辐射的频率改变而改变。只要接触界面是平的，就可以预测光的折射，并且可以相应地对设备进行校正。但是，当接触界面是倾斜的、弯曲的或相对较厚时，这样的预测会导致非常不准确的结果。界面越倾斜、弯曲越多、越厚，出射光对这些参数（如接触界面的折射率和几何形状）的不确定度就越敏感。

一种解决办法是使用既透明又非常薄的阻挡壁面（如在棒束结构中的棒壁面），使光的行进路线很难被干扰。但是，大多数情况下这对于弯曲和/或振动的应用工况是不可行的，因为没有既能满足薄、硬且强度又高的合适材料。针对此问题，另一种更加实用的解决办法是让流体和传输壁面的折射率相匹配，即让后者从光学角度上"消失"。实际上，有两种办法可以做到这一点：一是通过将固体的折射率与典型的"易于使用"的液体的折射率相近，如水；二是通过将液体的折射率与特定的透明固体材料折射率相匹配。两种方法都取决于研究的工况条件，将在下文简要描述。

（1）使流体匹配固体（F2S）。

使流体匹配固体方法的优点是可以使用非常透明的普通材料，比如不同类型的玻璃或 PMMA（聚甲基丙烯酸甲酯或有机玻璃或塑胶玻璃）。尽管有些类型的玻璃可能非常昂贵,如石英玻璃或蓝宝石玻璃,但仍然是非常透明且经济的。在施工阶段以及在金属与玻璃(应力)连接的部位,玻璃的脆性是一个挑战。玻璃一个突出的优点是它对许多液体都表现出化学惰性,这使得在选择适用的流体时具有便利性。另外,高分子材料(如 PMMA)虽容易处理,但是对一些有机化合物较敏感(如酒精)。玻璃和 PMMA 与水的折射率相差太大(23℃,对波长为 532nm 的绿光来说,$n_{PMMA}=1.493$,$n_{glass}=1.520$,$n_{water}=1.334$),因此必须使用其他液体。Hassan 和 Dominguez-Ontiveros(2008)全面综述了不同的折射率匹配(RIM)流体。一些与 PMMA 和玻璃折射率相近的 RIM 流体见表 3.2。

表 3.2  一些与 PMMA 和玻璃折射率相近的 RIM 流体

| 流体名称 | $n$ | 危害 | 易燃性 | 反应性 |
|---|---|---|---|---|
| 水 | 1.33 | 1 | 0 | 1 |
| 甘油 | 1.47 | 3 | 0 | 1 |
| NaI | 1.33~1.5(60%) | 2 | 0 | 1 |
| 矿物油 | 1.48 | 0 | 0 | 0 |
| 苯甲醇 | 1.54 | 2 | 1 | 1 |
| 酮油 | 1.52 | | | |
| 水杨酸甲酯 | 1.526 | 2 | 1 | 1 |
| 对异丙基甲苯 | 1.491 | 2 | 2 | 0 |

资料来源:Hassan, Y. A., Dominguez-Ontiveros, E. E., 2008. Flow visualization in a pebble bed reactor experiment using PIV and refractive index matching techniques. Nucl. Eng. Des. 238(11), 3080-3085.
注:水作为对比项列在表中,最后一列数字范围为 0~5。

F2S 的缺点是,在大容量装置中使用这些流体难度大并且/或者比普通水昂贵。流体可能易挥发、易燃或者对人有害,因此需要采取附加的措施,并且要限制其体积以保证措施可行。此外,由于测量区域尺寸(如热电偶的端部区域,LDA 两束激光的重叠区域或者 PIV 激光带的厚度)存在某个最小值,应用于大型装置其测量精度会变得更好。因此,与使用匹配流体相比,使用水(并找到相近的固体材料)通常更容易精确测量高 $Re$ 下具有充分发展长度的多棒束几何结构的内部流场。最近,Dominguez-Ontiveros 和 Hassan(2014)在相对较小的实验装置上用 F2S 技术开展了棒束实验,棒束子通道较小且没有发展段。他们使用对异丙基甲苯(1-甲基-4-(丙-2-基)苯),并与 PMMA 结合,借助 PTV 测定了棒束内部的速度场。

(2)使固体匹配流体(S2F)。

对于大型流动系统,由于水非常容易获取,并且不存在明显的健康或环境问题,因此水是一种非常好的流体工质。只要压力和温度适中,用于水系统的设备,如泵、管道和传感器都相对经济,而且容易获取。对液态金属冷却反应堆研究来说,由于水几乎只是用于流场测量,常温常压(1bar,20℃)条件就足够了。

折射率与水相近的固体并不很多，表3.3列出了一些与水折射率相近的RIM固体。除了折射率，表3.3中还给出了表征单位长度内光衰减程度的吸收系数，吸收系数定义为

$$\frac{I(d)}{I(0)} = 10^{-\alpha d}$$

式中：$I(0)$、$I(d)$分别为$x=0$和$x=d$出的光强（$d$为材料的厚度），$\alpha$为吸收系数。因此，吸收系数越大，材料越不透明。

表3.3 一些与水折射率相近的RIM固体

| 材　　料 | 折　射　率 | 吸收系数 |
| --- | --- | --- |
| 氟化乙烯丙烯共聚物 | 1.33（Hassan, Dominguez-Ontiveros, 2008） | 1.2（Mahmood, 2011） |
| 特氟龙 AF2400 | 1.29（Yang, et al., 2008） |  |
| 特氟龙 AF1601 | 1.31（Yang, et al., 2008） |  |
| 特氟龙 AF1300 | 1.31（Yang, et al., 2008） |  |
| 全氟树脂 | 1.34（Cyt, 2017） | 0.08（Wu, Knoesen, 2001） |

注：波长$\lambda = 532$nm，吸收系数是以10为底的对数。

据作者所知，文献中仅使用过氟化乙烯丙烯共聚物（FEP）制造过棒束的几何结构。Dominguez-Ontiveros 和 Hassan（2009）使用 FEP 测量 5×5 棒束结构的流场（与 PTV 结合）。Mahmood 等（2011）使用 LDA 开展了相似的实验。当 FEP 浸没入水中时，其对折射的影响（或更好：没有）如图3.5所示。但是，使用 FEP 有两个需要注意的问题：一是与非常透明的 PMMA 相比，FEP 对可见光的吸收系数比较大；二是由于其轻微的不透明性，必须使用较薄的箔片，这导致其结构强度降低，并且在流动中会受压力变化的影响。

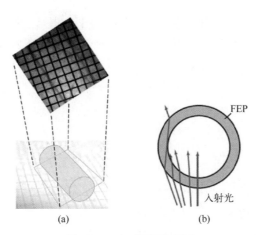

图3.5 FEP特性示意图

注：图（a）是一个带有正方形背景的FEP浸没管的照片，正方形没有因为固体材料而变形。
  图（b）定性地给出了不同入射角的光穿过一根FEP棒的有效厚度。可以很明显地发现，
    图（b）中左侧部分有比较大的有效厚度，因为管的边缘比其他位置透光度差。

① 吸收系数。

尽管这些材料的折射率与水相近,但其吸收系数相对较大。一个厚度为0.5cm的FEP板,衰减量为

$$1-\frac{I(0.5)}{I(0)}=10^{-1.2\times0.5}=75\%$$

因此,需要让内部壁面(棒束中的棒)越薄越好。例如,Dominguez-Ontiveros和Hassan(2009)使用的材料厚度为0.125mm,产生的衰减量约为4%。Mahmood等(2011)使用的材料厚度为0.25mm,产生的衰减量约为7%。但是,另外两个难点也需要考虑:一是对光学技术来说,当光被发射入装置,必须在散射后能够被检测到(如以数字图像或LDA激光束的形式)。因此,这就需要光至少穿过FEP壁面两次。但是,大多数实际情况穿过一根棒两次会导致光穿过FEP壁面四次。对0.25mm的壁厚,这意味着衰减已经达到25%。二是通常情况下,光不是垂直而是倾斜地穿过固体壁面。特别是对圆形几何结构来说,这会增大有效厚度,如图3.5所示。

② 薄壁。

为了限制FEP对光的吸收,必须要求壁面要薄,这就给棒的加工带来了困难。当FEP的厚度小于1mm时就变成一种柔性材料,并且当浸没在流动的水中时可能会发生移动。由于LMR燃料棒并不会以这种方式移动,因此这种柔性显然是不希望有的。Mahmood等(2011)利用了FEP被加热时会收缩的特性,他们将已经开好窗的较大尺寸的FEP管套在不锈钢管外,不锈钢和FEP管均在烤箱中加热形成坚固的整体。不锈钢管是铣过的,使得FEP与钢之间过渡较为光滑,由于棒两侧水产生的静压将会向内压迫FEP管,他们采取的另一项必要措施是通过向管内注水实现加压,确保FEP两侧的压力相同。应该注意的是,无论如何,管道都应该充满水,因为气体将产生不必要的折射。

**5) 流致振动**

对LMFR,低频振动(0~50Hz)被认为是燃料组件完整性的潜在风险之一,因此需要开展相关实验和理论研究。作为束流实验的一部分,在研究棒的流致振动(FIV,流体-结构相互作用(FSI)的特殊情况)行为时,可以用四阶偏微分方程来描述(Chen,1985):

$$EI\frac{\partial^4 x}{\partial z^4}+m_a\left(U^2\frac{\partial^2 x}{\partial z^2}+u\frac{\partial^2 x}{\partial t^2}\right)-\frac{1}{2}C_T\frac{m_a U^2}{D}\left(\frac{1}{2}l-z\right)\frac{\partial^2 x}{\partial z^2}+2m_a U\frac{\partial^2 x}{\partial z \partial t} \\ +\frac{1}{2}C_N\frac{m_a U}{D}\left(U\frac{\partial x}{\partial z}+\frac{\partial x}{\partial t}\right)+C_V\frac{\partial x}{\partial t}+m\frac{\partial^2 x}{\partial t^2}=g(x,t) \quad (3.21)$$

式中:$E$为棒的弹性模量;$I$为棒的惯性矩;$x$为棒的径向位移;$z$为棒的轴向坐标;$m_a$为附加质量系数,包含棒移动时流体产生的附加力;$C_m$为附加质量系数(Pettigrew,Taylor,1994),包含棒束围杆的约束效应;$U$为轴向平均流速;$C_T$为纵向粘性力系数(Hoerner,1965);$D$为棒的直径;$l$为棒的长度;$C_N=C_T$,为法向阻力系数;$C_V$为粘性阻尼系数(Sinyavskii, et al 1980);$g(x,t)$中考虑了随机湍流效应。

式(3.21)可以用Galerkin方法来求解,并给出振动的固有频率随速度的变化曲线。式(3.21)有助于根据棒的几何结构和材料来设计实验棒束。代尔夫特理工大学

正在为开展流致振动实验建设六边形棒束（SEEDS-1）实验装置，棒束的中心棒是挠性的，将用于研究沿棒存在间隙涡街引起的振动。挠性部分的长度必须要与相干结构的预期尺寸具有可比性，以能够预估中心棒的振动情况。SEEDS-1 的棒束几何结构和材料选取是根据式（3.21）和 De Ridder 等（2016）的 CFD 研究确定的。根据式（3.21）和 CFD 研究结果，连接件顺流长度预计设置为 7.35cm，挠性棒的长度设置为 10cm，材质为硅树脂。

## 3.1.3 燃料棒束实验

水介质棒束实验装置适用于研究液态金属冷却反应堆内发生的一系列流动现象。对于液态金属冷却反应堆而言，大多数流动现象并不是其特有的，因此相关文献中基于水介质实验技术和设备得到的大多数结论对于液态金属来说也是可用的。但液态金属具有较低的 $Pr$，导致无法使用水模拟其温度场分布，因此本节只描述与流动相关的实验现象。

**1. 平均流与湍流特性**

Eifler 和 Nijsing（1967）是最早开展棒束通道内平均流实验研究的人员之一，他们借助可移动的、孔径非常小（0.5mm）的皮托管，测量了沿棒束的轴向压降以及在距离壁面不同位置处的局部平均速度（图3.6）。

图 3.6 用于测量局部平均流速的实验通道

（来源：Eifler, W., Nijsing, R., 1967. Experimental investigation of velocity distribution and flow resistance in a triangular array of parallel rods. Nucl. Eng. Des. 5 (1), 22-42.）

Seale（1979）在测量流速中也使用了皮托管，但测量的是空气而不是水。Seale 将皮托管与温度传感器结合在一起，也可以分析热能的混合过程。显然，将探针（如皮托管）放入测量流体中会干扰流体流动，进而会影响实验结果。基于此原因，Rowe（1973）采用了一种当时非常新的技术，即激光多普勒测速（LDV 或 LDA 技术），很久以来，该技术被成功地应用于棒束通道的流速测量中（McIlroy, 2008；Mahmood, 2011）。除了使用 LDA 技术，McIlroy 等还使用了另一种光学测量技术——粒子图像测速技术，相关研究成果参见相关文献（如 McIlroy, et al., 2008）。光学测量技术（如 LDV、LDA 或 PIV）的不足之处在于要求燃料棒束的间隔必须是光线可达且是可预测的。由于光线不能穿过部件壁面（如金属棒等），并且在穿过两种不同折射率的透明材料（如水和有机玻璃）时会发生折射。前文给出了基于激光测速又可实现光学可达的测量技术，称为折射率匹配（RIM）技术。

由于从加热棒表面到冷却剂主流的能量传递主要取决于湍流涡，因此湍流显然是棒束通道内热工水力行为中非常重要的现象。棒束中湍流的研究可以追溯到20世纪70年代。Rowe等（1974）使用LDA技术不仅测量了棒束通道的平均流，还测量了棒束通道内轴向和径向上的湍流强度。大约在同一时期，Trupp（1973）、Trupp和Azad（1975）等也使用皮托管和热线风速仪测量了三角形排列棒束中空气中的湍流特性。他们还测量了轴向压力曲线，从而提出了与$Re$及$P/D$相关的壁面摩擦阻力系数关系式。近年来，Sato等（2009）模拟了液态金属冷却反应堆中棒束通道内的湍流流动，他们还使用PIV与RIM相结合的技术测量了垂直于流动方向平面上的速度分布。Dominguez-Ontiveros和Hassan（2014）利用PTV、RIM技术研究了3×3棒束通道内的湍流场，测量了棒束通道内的平均流速以及湍流强度（精度达11%）。目前，在SESAME项目（Roelofs, et al., 2015）支持下，Bertocchi和Rohde正开展一项研究，致力于使用LDA与RIM技术相结合的方法获得三角形排列的绕丝结构棒束内湍流的流动特性。

**2. 二次流**

湍流的不均匀性会引起有趣的附加流动现象，即二次流。Trupp和Azad（1975）尝试测量二次流，但由于二次流的流速相对于平均体积流速来说非常小（<1%），因此未能测量到。Vonka（1988）借助LDA技术通过实验确定了在不同$Re$下三角形排列的棒束中的二次流现象。他分析认为，二次流虽然在速度尺度上很小但仍可能极大地促进了热量的横向传递。Hosokawa等（2012）借助PIV和RIM技术也发现了二次流。以上实验发现的二次流的速度约为平均速度的1.5%。

**3. 周期性流量脉动**

除湍流和二次流现象外，棒束通道内还可能出现周期性流量脉动现象。Tapucu和Merilo（1977）在实验中研究了轴向压力变化的情况，该系统由两个平行的通道组成，两通道间由一个较长的横向间隙连通。在实验过程中他们发现两个通道之间的压力差呈现振荡状态，流体中的颗粒呈现出正弦曲线路径，其曲线波长可能与缝隙的间隙大小有关。Lexmond等（2005年）在类似的装置中进行了一项实验，该装置由两个平行的通道组成，并通过一个狭窄的间隙相互连接。测量结果也显示间隙两侧会出现涡旋（被Tavoularis（2011）称为间隙涡旋），且涡旋的流动方向与主流方向相同。Mahmood等在2009年及2011年开展了许多实验研究（LDA、PIV、RIM）以了解这种间隙涡旋对间隙宽度、$Re$以及其他参数的依赖性。图3.7显示了通过PIV测量获得的间隙涡旋。

此外，他们使用盐示踪剂研究了两通道之间的混合情况，发现涡旋对于横流混合的贡献与仅通过湍流进行的混合的贡献大致在相同数量级。涡流是由于轴向速度曲线中存在流动拐点而形成的，与导致涡旋或湍流的不稳定性相似。涡旋在间隙的两侧交替出现并相互作用，好像由相连的齿轮组成。通过这种方式，形成交替的、横向对齐的涡旋能够将能量从一侧传输到另一侧。值得注意的是，由于其振荡的规律性，无法通过利用时间平均信号检测到流量脉动现象。

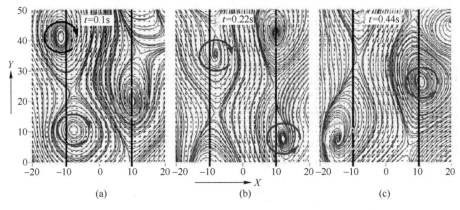

图 3.7　三个实例中出现的间隙涡旋图

注：此形状有助于跟踪各个涡旋，在使用 PIV 在两个通过间隙相互连通的两个平行通道组成的设置上获得。

（来源：Mahmood, A., Rohde, M., van der Hagen, T. H. J. J., 2009. Contribution of large-scale coherent structures towards the cross flow in two interconnected channels. In: Proceedings of NURETH-13, Kanazawa, Japan.）

**4. 流体-结构相互作用**

尽管与直觉想象不同，与棒束平行方向的流动会产生棒的横向移动，就像核反应堆中的棒束通道内的流动一样。这种流体-结构相互作用现象称为流致振动，或被进一步分类为失稳诱发激励或者外部诱发激励。第一种激励指的是流动中存在不稳定性，例如周期性的流量脉动或钝体后面的涡旋消散；第二种激励是指流动或压力的脉动，主要是湍流或外部施加的流量振荡引起的（Païdoussis, 2004）。Païdoussis（1966）的研究表明，棒束通道中两端固定的软棒会发生弯曲并振荡，其程度取决于施加到棒上的应力和流体的流速。图 3.8 为软棒发生弯曲及振荡时的临界速度与应力的函数。其振荡频率可以采用目测记录。

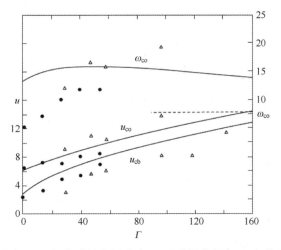

图 3.8　弯曲时的临界速度 $u_{cb}$、振荡时的临界速度 $u_{oc}$ 以及振荡频率 $w_{co}$ 与作用于棒的应力 $\Gamma$ 的函数

（来源：Païdoussis, M. P., 1966. Dynamics of flexible slender cylinders in axial flow part 2. Experiments. J. Fluid Mech. 26 (4), 737-751.）

棒束流动中的棒束行为是相当复杂的。Ridder 等（2015）基于 Modarres-Sadeghi 等（2008）的实验结果对单根悬浮杆在圆柱形通道中的运动行为进行了综述。在极低的速度下，杆停留在通道的中心。当速度增加时，湍流将导致杆以较小的幅度振动。当速度再次增加时，振动幅度将增加，并且在某一特定的速度下，杆将以较大的幅度弯曲到一侧。当速度进一步提高时，圆柱体将重新定位在通道的中心。当速度再次增加到一定程度时，杆开始在中心位置附近摆动。上述过程如图 3.9 所示。

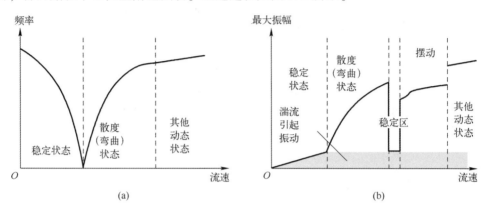

图 3.9　圆柱形管道内柔性杆振动频率、最大振幅与流动速度关系

（来源：Ridder, J. D., Doare, O., Degroote, J., Tichelen, K. V., Schuurmans, P., Vierendeels, J., 2015. Simulating the fluid forces and fluid-elastic instabilities of a clamped-clamped cylinder in turbulent axial flow. J. Fluids Struct. 55, 139-154.）

显然，棒束通道内的棒束的行为将更加复杂。上文中所述的流量脉动与 DeRidder（2016）中的影响相近。

在水介质装置中，轴向流动引起的棒束振动会受到一系列实验技术的限制，这可以通过多种实验技术来实现棒束位移的记录，Pauw 等（2013 年）应用了大量不同的技术来确定燃料棒的变形和振动，例如应变仪（Basile, et al., 1968）、加速度计（Takano, et al., 2016）、激光多普勒测速计（Choi, et al., 2004）和网格方法（Badulescu, et al., 2009）；也可以使用基于非侵入式激光散斑照相技术来测量平面内的平移、旋转或振动（Keprt, Bartonek, 1999）。Fabert 等（2014）将该方法应用于燃料包壳振动测量，获得了微米量级的振幅。

**5. 绕丝的影响**

绕丝的主要作用是作为燃料隔架，以防止燃料棒束中的燃料棒因膨胀和弯曲而相互接触。如果燃料棒彼此接触，则可能局部流速降低而导致局部传热恶化。目前研究的问题是，位于燃料棒之间的绕丝如何影响流场，并进而影响传热和堆芯压降。表 6.6 介绍了为解决该问题而进行的各种实验。几十年来，已经对混合、摩擦系数、包壳温度等进行了广泛的实验。最近，通过使用粒子图像测速和折射率匹配技术对水环境下含绕丝棒束几何结构中的流场进行了详细的实验。不过，由于没有绕丝的确切位置的记录，因此无法与计算流体力学结果进行比较（Sato, et al., 2009）。近期，Shams 等（2015）完成的计算流体力学结果揭示了一个非常复杂的流动过程，其中主流沿绕丝的螺旋路径流动。液态金属的高导热性以及低 $Pr$ 的综合作用导致温度场看起来要比速度场简单很多。

**6. 横向混合**

如前所述,由于液态金属的普朗特数($Pr \approx 0.01$)远小于水的普朗特数($Pr$ 为 1~10),液态金属冷却燃料棒束中的温度场不能够在水环境装置中进行模拟。尽管如此,过去仍进行了许多实验。从描述完整性角度考虑,这里也简要提及所应用的实验技术。Lee 等(2015)使用网格传感器研究确定了水介质装置中的横向混合。通过注入盐作为能量的代表性标量,可以测量棒束几何结构中从某一高度处盐沿径向扩展过程。最初,这项技术是由 Prasser 等(1998)发明的。Ylonen 等(2011)、Bulk 等(2013)和 Buskermolen(2014)将该技术应用于棒束几何结构中。这项技术的缺点:一是传感器会影响到流体流动本身(也称为侵入技术);二是分辨率受到限制,因为金属网格密度不能太大。

这些缺点可以通过非浸入测量技术来克服。近年来,Wang 等(2016)将激光诱导荧光与示踪剂 Rhodamine B 结合使用。结合折射率匹配技术,可以通过将荧光强度(以灰度值表示)转换为浓度来测量横向混合。然而,Wang 等不能给出这种转换的精确度,也就是被测浓度场的精确度。图 3.10 给出了其中的一项测量结果。

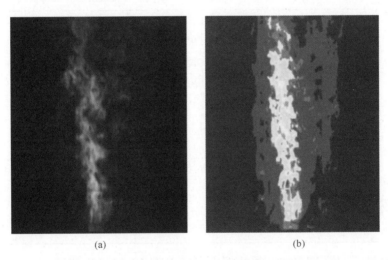

图 3.10 由激光诱导荧光技术重建的棒束几何结构中的瞬时浓度场(见彩插)
(a)测得的荧光强度;(b)重建的浓度场。

(来源:Wang, X., Wang, R., Du, S., Chen, J., Tan, S., 2016. Flow visualization and mixing quantification in a rod bundle using laser induced fluorescence. Nucl. Eng. Des. 305, 1-8.)

## 3.1.4 池式实验

热工水力分析是反应堆设计和安全分析的关键。使用系统程序或 CFD 工具可以处理很多不同热工水力分析中的难题。虽然通过 CFD 程序模拟多物理现象的能力在不断提高,然而使用水介质装置来研究一回路的热工水力特性仍是一个非常有效的工具。此外,一维系统程序并不总适合分析池式反应堆。在 CFD 模拟中,一些复杂的物理现象可能会被有意或无意地忽略。因此,需要建立一个物理模型来提供所需的信息以及为 CFD 或系统程序提供必要的验证数据。

在法国、日本、德国和印度，为了钠冷快堆发展已经进行了水介质装置的研究（Tenchine，2010），其研究的重点是上腔室和下腔室的整体热工水力特性（表3.4）。

CEA已经建立了EFR热池水装置（COLCHIX，比例为1:8）和EPR热池水装置（JESSICA，比例为1:3）两个水介质装置，用于研究稳态和瞬态工况堆芯上部区域的流场。同时也测量随着上腔室的温度变化，堆芯上部区域温度的变化。EFR冷水池装置（COCO，比例为1:10）用来研究下腔室的热工水力特性。日本钠冷快堆（JSFR）的水介质装置（比例为1:10）已经建成，用于研究自然循环下衰变热的消除，其目的是通过进行首次装置测试解决自然循环运行工况中的问题。德国已经搭建了EFR的水模型（RAMONA，比例为1:20）和NEPTUN（比例为1:5）水介质装置来模拟钠的流动，通过这两种不同的缩比参数来研究缩比的影响。针对各种实验需求，例如热工水力研究（包括速度测量），搭建了用于热工水力研究的缩比装置（SAMRAT）（比例为1:4），它可用于研究自由液面脉动、气体夹带、热分层和热纹振荡现象（快速增殖反应堆原型）。

表3.4 用于核反应堆的现有装置清单（Spaccapaniccia，2016）

| 装置 | 比例 | 反应堆 | 相似性 | 参考文献 |
| --- | --- | --- | --- | --- |
| COLCHIX | 1:8 | EFR | $Ri$，$10Pe$，$Re$ 匹配/适应 | Tenchine（2010） |
| JESSICA | 1:3 | EFR | $Re$ 匹配/适应 | Tenchine（2010） |
| COCO | 1:10 | EFR | $Ri$，$10Pe$，$100Re$ | Tenchine（2010） |
| RAMONA | 1:20 | EFR | $Ri$，$Pe$，$Eu$ | Hoffman 等（1985） |
| | | | $Re$ 匹配/适应 | Ieda 等（1985） |
| NEPTUN | 1:5 | EFR | $Ri$，$Pe$，$Eu$ | Hoffman 等（1985） |
| | | | $Re$ 匹配/适应 | Ieda 等（1985） |
| SAMRAT | 1:4 | PFBR | $Ri$，$10Pe$，$100Re$ | Padmakumar 等（2013） |
| AQUARIUM | 1:10 | JSFR | $Ri$，$Pe$ 匹配/适应，$Re$ 匹配/适应 | Ushijima 等（1991） |

最近，CEA确认了四个水介质模型来支持ASTRID和SFR项目（Guenadou，et al.，2015）。其中，比例1:6的MICAS装置（图3.11（a））专门用于研究内部容器（热腔室）的流动状态，包括程序验证、工程设计和研发工作。

液态金属冷却反应堆上、下腔室中不同的热工水力难题可以通过使用水介质装置来解决：

在上腔室中，可以测量正常运行工况以及事故工况下整体速度场和温度分布。可以通过测量不同位置的速度分布和温度分布，识别出流动不稳定和热分层的存在。水介质装置实验也可用于检测自由表面的振荡，这种振荡可能会导致浸没在堆芯上部腔室中的不同结构产生热疲劳。水介质装置实验还可以研究靠近换热器入口的自由液面上的涡流形成，以及可能存在的气体夹带。探究气泡或颗粒从反应堆堆芯逸出的行为，并将其用于验证事故工况的CFD模拟结果。最后，还可以测量非对称情况下的流型。

在下腔室中，水介质装置将提供有关转动泵产生的涡流耗散的重要数据，用于测量三维流动的流型，并验证或调整CFD模拟。低速高湍流的滞止区也容易被识别，并且

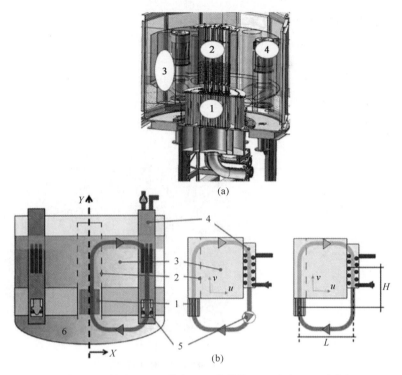

1—堆芯；2—堆腔；3—上腔室；4—换热器；5—叶片；6—下腔室。

图3.11 CEA 的 MICAS 模型示意图（Guenadou, et al., 2015），以及池式反应堆一次回路主要组件（a）和自然对流回路（b）（Spaccapaniccia, et al., 2017）

可用于分析非对称条件下的流型。如果发生事故，还可以注入气泡和颗粒（比水轻或重）来研究浮选或倾析。

**1. 池式实验的模化**

在透明流体中进行池式实验时，模化主要要求如下：

（1）应保留原型设备的整体特性；
（2）应能够复现主要的热工水力行为现象；
（3）水介质装置的模化比例应足够大，能够反映原型反应堆的详细特征；
（4）研究自然对流时，还必须保持浮力和压力损失之间的平衡；
（5）必须保持加热和冷却之间的平衡；
（6）合理的建设成本。

图3.11（b）展示了典型的液态重金属回路的主要部件。在正常运行工况下，泵驱动铅铋合金穿过堆芯棒束、围筒，最后经过换热器以强迫对流换热形式实现堆芯热量的导出。在停堆之后，堆芯会因放射性同位素的自发衰变产生衰变热。衰变热为额定功率的10%。即便在泵发生故障情况下，衰变热应可通过自然对流非能动地导出（无须借助任何移动或转动部件）。因此，使用透明流体进行池式实验时所关注的热工水力现象为：

（1）在正常工作条件下，通过强迫对流排出堆芯的热量；
（2）停堆后，可通过自然循环非能动地导出堆芯热量。

所关注的问题是用相同的水介质装置来模拟以上两种传热机制。描述这一现象的无量纲数（NDN）可通过描述一回路动量和能量传递方程的无量纲分析得到。

**2. MYRRHA 液体流动基础实验装置**

MYRRHA 液体流动基础实验装置（MYRRHABELLE）由一个完整的有机玻璃构成，比例为 MYRRHA 一回路原型设计（版本1.2）的 1/5（Spaccapaniccia et al., 2015）。该装置是在冯·卡门研究所设计和建设的。

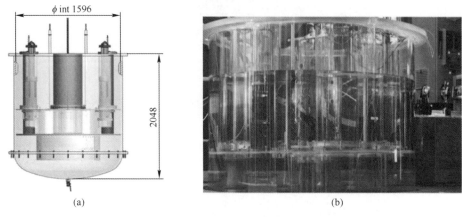

图 3.12　模型的整体尺寸和 MYRRHABELLE 模型的上腔室

该装置遵循了 MYRRHA 的容器内设计思路，将上腔室和下腔室与分隔两个腔室的隔板相结合（图 3.12（a））。它配备了 16 个电加热器以模拟堆芯（最大加热功率为 48kW），两个泵像 MYRRHA 设计一样浸没于水中，并设置 4 个水冷式换热器位于上腔室（每个制冷量为 12kW）。水介质装置的自由液面压力为 1atm。此装置的额定流量为 5.6L/s。测试期间的最大温差为 30℃。基于这些参数，在进行水介质实验时可以模拟介于 0.01~1000 的 $Ri$（图 3.13（a））。在自然对流工况中，假设在实际规模的液态重金属反应堆中自然衰变功率为 5MW，则 MYRRHA 与 MYRRHABELLE 的速度比估计为 3，温度比为 4，时间比为 0.6。

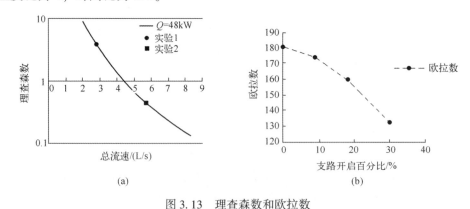

图 3.13　理查森数和欧拉数
（a）理查森数随流速的变化；（b）欧拉数随支路开启百分比的变化。

图 3.12（b）为水介质模型中一个薄的片激光照射得到的上腔室图片。从其背景中

可以看到，用于模拟堆芯热源的加热元件，锯齿状的馈送电缆从自由液面引出。电缆位于堆芯上部围筒，从图中可以识别出围筒上的孔。在图片的前部可见一个铜制热交换器，在图片左侧还可以分辨出一部分被浸没的泵。

通过测量总压损失和在堆芯处增设阻力件的方法来满足欧拉相似性，同时考虑换热器和堆芯区域的压力损失，并用一个滑动的闸门来控制堆芯旁流。

### 3. MYRRHABELLE 的粒子图像测速技术

图 3.14 给出了 MYRRHABELLE 装置中的 PIV 测量段示意图以及相应的热电偶位置。热电偶探头安装在围筒壁上的每个出口和腔室内部，以及位于围筒与换热器之间的中间位置。Nd：YAG 双脉冲激光器用于从装置顶部照射所需的测试区域，而双帧相机用于记录粒子图像测速示踪粒子的连续图像。

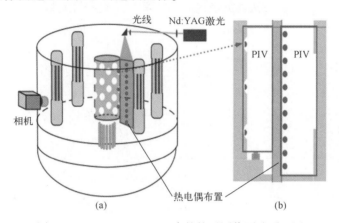

图 3.14 MYRRHABELLE 中的粒子图像测速平面图

#### 1）额定工况

上腔室中的流场采用 PIV 技术来测量。已经针对不同的 $Ri$ 和自然对流工况进行了测量。上部围筒出口处的典型速度值和 RMS 值如图 3.15（a）所示。在同一张图像中测量了通过 4 个孔的流量分布，可给出良好的整体流动结构、速度分布和湍流强度的定量信息，但分辨率较低。还可以清楚地识别出上部围筒出口处不同的射流。可以从这些测量结果中提取质量流量和射流的出口角。例如，通过第一个孔的流量就远小于通过第二个孔和第三个孔的流量。

#### 2）自然对流

测量开始后不同时间段得到的 PIV 测量结果如图 3.15（b）所示。同时，图中还给出了热电偶测得的分层前端位置和换热器入口处的 PIV 结果。当分层为 1 级时，从顶孔流出的羽流因浮力作用垂直朝自由液面方向上升。在第 15min，从两个最上面的孔流出的羽流仍相对于腔室具有较高的温度特征。第 51min，腔室完全达到分层；但是羽流仍能够到达自由液面位置。离开顶孔的羽流方向几乎是水平的。图 3.15（b）显示了在第 51min，羽流从换热器流出并重新流入腔室的情形。

在 MYRHHABELLE 上腔室中开展的这些实验活动验证了在非能动热量导出工况下两种从堆芯和换热器之间的流动过程，其中一个流动形成了自然对流的回路，从堆芯流经换热器并从下腔室返回到堆芯，另一个流动则在围筒和换热器之间的上腔室空间内进行再循环。

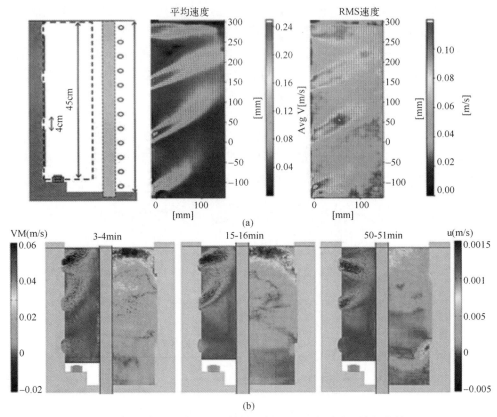

图 3.15 上部围筒出口处的 PIV 结果示例，以及从测试开始起在第 4min、16min 和 50min 时的速度场分布（见彩插）

## 3.1.5 小结

本节使用透明的水介质开展实验，为 LMR 给出了有价值的信息，包括：
（1）可视化流场；
（2）定量表征燃料棒束流场特性；
（3）定量表征池内流动热工水力特性。
通过水介质模拟实验获得的数据也可用于：
（1）识别和确认可能被 CFD 或系统程序所忽略的物理现象；
（2）为 CFD 验证提供实验数据；
（3）基于模化准则，将实验结果推广到 LMR 原型。

# 参 考 文 献

[1] Adrian, R. J., 1991. Particle-image techniques for experimental fluid mechanics. Ann. Rev. Fluid Mech. 23, 261-304.

[2] Adrian, R. J., Westerweel, J., 2011. Particle Image Velocimetry. Cambridge University Press, Cambridge.

[3] Adrian, R. J., Yao, C. S., 1986. Power spectra of fluid velocities measured by laser Doppler velocimetry. Exp. Fluids 5 (1), 17-28.

[4] Badulescu, C., Grediac, M., Mathias, J. D., Roux, D., 2009. A procedure for accurate one-dimensional strain measurement using the grid method. Exp. Mech. 49 (6), 841-854.

[5] Basile, D., Faure, J., Ohlmer, E., 1968. Experimental study on the vibrations of various fuel rod models in parallel flow. Nucl. Eng. Design 7 (6), 517-534.

[6] Boutier, A., Pagan, D., Soulevant, D., 1985. Measurements accuracy with 3D laser velocimetry. NASA STI/Recon Technical Report A 86.

[7] Bulk, F. P., Rohde, M., Portela, L. M., 2013. An experimental study on cross-flow mixing in a rod-bundle geometry using a wire-mesh. In: Proc. 15th Int. Topl. Mtg. Nuclear Reactor Thermal Hydraulics (NURETH-15), Pisa, Italy. 339.

[8] Buskermolen, M., 2014. Experimental Study of the Structure of a Passive Scalar in Turbulent Flows Using a Wire-Mesh Sensor: Pipe Flow and Rod-Bundle Axial Flow (Ph. D. thesis). Technische Universiteit Delft. Available from: http://resolver.tudelft.nl/uuid: 01819980-f63c-42b0-8522-ac29ae4c4144.

[9] Chang, S. K., Kim, S., Song, C. H., 2014. Turbulent mixing in a rod bundle with vaned spacer grids: OECD/NEA-KAERI CFD benchmark exercise test. Nucl. Eng. Des. 279, 19-36.

[10] Chen, S. S., 1985. Flow-induced vibration of circular cylindrical structures. ANL Report.

[11] Choi, M. H., Kang, H. S., Yoon, K. H., Song, K. N., 2004. Vibration analysis of a dummy fuel rod continuously supported by spacer grids. Nucl. Eng. Des. 232 (2), 185-196.

[12] Cytop catalog. http://www.bellexinternational.com/products/cytop/pdf/cytop-catalog-p8.pdf.

[13] De Ridder, J., Degroote, J., Vierendeels, J., van Tichelen, K., 2016. Vortex-induced vibrations by axial flow in a bundle of cylinders. In: Proc. FIV 2016, The Netherlands.

[14] Dominguez-Ontiveros, E. E., Hassan, Y. A., 2009. Non-intrusive experimental investigation of flow behavior inside a 5×5 rod bundle with spacer grids using PIV and MIR. Nucl. Eng. Des. 239 (5), 888-898.

[15] Dominguez-Ontiveros, E., Hassan, Y. A., 2014. Experimental study of a simplified 3×3 rod bundle using DPTV. Nucl. Eng. Des. 279, 50-59.

[16] Doppler, C., 1842. Über das farbige licht der doppelsterne und einiger anderer gestirne des himmels. Abhandlungen der k. böhm, Gesellschaft der Wissenschaften.

[17] Eifler, W., Nijsing, R., 1967. Experimental investigation of velocity distribution and flow resistance in a triangular array of parallel rods. Nucl. Eng. Des. 5 (1), 22-42.

[18] Fabert, M., Gallais, L., Pontillon, Y., 2014. On-line deformation measurements of nuclear fuel rod cladding using speckle interferometry. Prog. Nucl. Energy 72, 44-48.

[19] Guénadou, D., Tkatshenko, I., Aubert, P., 2015. Plateau facility in support to ASTRID and the SFR program: an overview of the first mock-up of the ASTRID upper plenum, MICAS. NURETH-16, Chicago, IL, USA.

[20] Guenther, R. D., 1990. Modern Optics. Wiley and Sons, New York, NY.

[21] Hassan, Y. A., Dominguez-Ontiveros, E. E., 2008. Flow visualization in a pebble bed reactor experiment using PIV and refractive index matching techniques. Nucl. Eng. Des. 238 (11), 3080-3085.

[22] Hoerner, S. F., 1965. Fluid-Dynamic Drag: Practical Information on Aerodynamic Drag, Brick Town, NJ.

[23] Hoffman, H., Marten, K., Weinberg, D., Freai, H., Rust, K., Ieda, Y., Kamide, H., Oshima, H., Ohira, H., 1985. Summary report of RAMONA investigations into passive decay heat removal. KIT Open Technical Report, Report Number: FZKA-5592.

[24] Hosokawa, S., Yamamoto, T., Okajima, J., Tomiyama, A., 2012. Measurements of turbulent flows in a 2×2 rod bundle. Nucl. Eng. Des. 249, 2-13.

[25] McIlroy, H., Zhang, H., Hamman, K., 2008. Design of wire-wrapped rod bundle matched index-of-refraction experiments. http://www.osti.gov/scitech/servlets/purl/926346.

[26] Ieda, Y., Kamide, H., Ohshima, H., Sugawara, S., Ninokata, H., 1985. Strategy of experimental studies in PNC on natural convection decay heat removal. In: IAEA-IWGFR Specialists' Meeting on "Evaluation of Decay Heat Removal by Natural Convection".

[27] Jones, K. L., 2016. Benchmark Experiments for Natural Convection in Nuclear Fuel Rod Bundles (Ph. D. thesis). Utah State University.

[28] Keprt, J., Bartonek, L., 1999. Measurement of small deformations by laser speckle interferometry. Acta UP Fac. Rer. Nat. 38, 115-125.

[29] Lee, D. W., Kim, H., Ko, Y. J., Choi, H. S., Euh, D. J., Jeong, J. Y., Lee, H. Y., 2015. Measurements of flow mixing at subchannels in a wire-wrapped 61-rod bundle for a sodium cooled fast reactor. Transactions of the Korean Nuclear Society Spring Meeting, Jeju, Korea.

[30] Lexmond, A. S., Mudde, R. F., Van der Hagen, T., 2005. Visualization of the vortex street and characterization of the cross flow in the gap between two subchannels. In: Proceedings of the 11th International Topical Meeting on Nuclear Reactor Thermal-Hydraulics, pp. 2-6.

[31] Mahmood, A., 2011. Single-Phase Crossflow Mixing in a Vertical Tube Bundle Geometry. An Experimental Study (Ph. D. thesis). Technische Universiteit Delft, Delft, The Netherlands.

[32] Mahmood, A., Rohde, M., Van der Hagen, T., 2009. Contribution of large-scale coherent structures towards the cross flow in two interconnected channels. In: Proc. 13th Int. Topl. Mtg. Nuclear Reactor Thermal Hydraulics (NURETH-13), Kanazawa, Japan.

[33] Mahmood, A., Rohde, M., Vander Hagen, T., Mudde, R. F., Ikeno, T., 2011. An experimental study on the identification of flow patterns responsible for crossflow in a vertical tube bundle geometry. In: Proc. 14th Int. Topl. Mtg. Nuclear Reactor Thermal Hydraulics (NURETH-13).

[34] Mayo, W. T., 1974. A discussion of limitations and extensions of power spectrum estimation with burst counter LDV systems. In: Proceedings of the Second International Workshop on Laser Velocimetry, 1, pp. 90-101.

[35] Modarres-Sadeghi, Y., Païdoussis, M. P., Semler, C., Grinevich, E., 2008. Experiments on vertical slender flexible cylinders clamped at both ends and subjected to axial flow. Philos. Trans. R. Soc. Lond. A 366 (1868), 1275-1296.

[36] Padmakumar, G., Vinod, V., Pandey, G. K., Krishnakumar, S., Chandramouli, S., Vijaykumar, G., Prasad, R. R., Mourya, R. K., Madankumar, P., Shanmugasundaram, M., Ramakrishna, V., 2013. SADHANA facility for simulation of natural convection in the SGDHR system of PFBR. Prog. Nucl. Energy 66, 99-107.

[37] Païdoussis, M. P., 1966. Dynamics of flexible slender cylinders in axial flow part 2. Experiments. J. Fluid Mech. 26 (4), 737-751.

[38] Païdoussis, M. P., 2004. Fluid-Structure Interactions. Academic Press, London.

[39] Pauw, B. D., Vanlanduit, S., Tichelen, K. V., Geernaert, T., Chah, K., Berghmans, F., 2013. Benchmarking of deformation and vibration measurement techniques for nuclear fuel pins. Measurement 46 (9), 3647-3653.

[40] Pettigrew, M. J., Taylor, C. E., 1994. Two-phase flow-induced vibration: an overview. J. Press. Vessel Technol. Trans. ASME 116 (3), 233-253.

[41] Prasser, H.-M., B€ottger, A., Zschau, J., 1998. A new electrode-mesh tomograph for gas-liquid flows. Flow Meas. Instrum. 9 (2), 111-119.

[42] Raffel, M., Willert, C., Wereley, S., Kompenhans, J., 2007. Particle Image Velocimetry: A practical Guide. Springer, New York, NY.

[43] Ridder, J. D., Doare, O., Degroote, J., Tichelen, K. V., Schuurmans, P., Vierendeels, J., 2015. Simulating the fluid forces and fluid-elastic instabilities of a clamped-clamped cylinder in turbulent axial flow. J. Fluids Struct. 55, 139-154.

[44] Roelofs, F., Shams, A., Pacio, J., Moreau, V., Planquart, P., van Tichelen, K., Di Piazza, I., Tarantino, M., 2015. European outlook for LMFR thermal hydraulics. In: Proc. 16th Int. Topl. Mtg. Nuclear Reactor Thermal Hydraulics (NURETH-16), Chicago, IL, USA.

［45］ Rowe, D. S., 1973. Measurement of Turbulent Velocity, Intensity and Scale in Rod Bundle Flow Channels (Ph. D. thesis). Oregon State University.

［46］ Rowe, D. S., Johnson, B. M., Knudsen, J. G., 1974. Implications concerning rod bundle crossflow mixing based on measurements of turbulent flow structure. Int. J. Heat Mass Transf. 17 (3), 407-419.

［47］ Sato, H., Kobayashi, J., Miyakoshi, H., Kamide, H., 2009. Study on velocity field in a wire wrapped fuel pin bundle of sodium cooled reactor. detailed velocity distribution in a subchannel. In: Proc. 13th Int. Topl. Mtg. Nuclear Reactor Thermal Hydraulics (NURETH-13).

［48］ Seale, W. J., 1979. Turbulent diffusion of heat between connected flow passages part 1: outline of problem and experimental investigation. Nucl. Eng. Des. 54 (2), 183-195.

［49］ Shams, A., Roelofs, F., Komen, E. M. J., 2015. High-fidelity numerical simulation of the flow through an infinite wire-wrapped fuel assembly. In: Proc. 16th Int. Topl. Mtg. Nuclear Reactor Thermal Hydraulics (NURETH-16), Chicago, IL, USA.

［50］ Sinyavskii, V. F., Fedotovskii, V. S., Kukhtin, A. B., 1980. Oscillation of a cylinder in a viscous liquid. Prikl. Mekh. 16, 62-67.

［51］ Spaccapaniccia, C., 2016. Experimental of Natural Internal Convective Flows. PhD thesis, Universite' Libre de Bruxelles, Belgium.

［52］ Spaccapaniccia, C., Planquart, P., Buchlin, J. M., Greco, M., Mirelli, F., Van Tichelen, K., 2015. Experimental results from a water scale model for the thermal-hydraulic analysis of a HLM reactor. NURETH-16, Chicago, IL, USA.

［53］ Spaccapaniccia, C., Planquart, P., Buchlin, J. M., 2017. Measurements Methods for the analysis of Nuclear Reactors Thermal Hydraulic in Water Scaled Facilities. ANIMMA, Liege.

［54］ Takano, K., Hashimoto, Y., Kunugi, T., Yokomine, T., Kawara, Z., 2016. Subcooled boiling-induced vibration of a heater rod located between two metallic walls. Nucl. Eng. Des. 308, 312-321.

［55］ Tapucu, A., Merilo, M., 1977. Studies on diversion cross-flow between two parallel channels communicating by a lateral slot. II: Axial pressure variations. Nucl. Eng. Des. 42 (2), 307-318.

［56］ Tavoularis, S., 2011. Rod bundle vortex networks, gap vortex streets, and gap instability: a nomenclature and some comments on available methodologies. Nucl. Eng. Des. 241 (7), 2624-2626.

［57］ Tenchine, D., 2010. Some thermal hydraulic challenges in sodium cooled fast reactors. Nucl. Eng. Des. 240 (5).

［58］ Todreas, N. E., Kazimi, M. S., 1990. Nuclear System II: Elements of Thermal Hydraulic Design. Taylor and Francis, New York.

［59］ Tropea, C., Yarin, A. L., Foss, J. F., 2007. Springer Handbook of Experimental Fluid Mechanics. Springer, Berlin.

［60］ Trupp, A. C., 1973. The Structure of Turbulent Flow in Triangular Array Rod Bundles (Ph. D. thesis). University of Manitoba.

［61］ Trupp, A. C., Azad, R. S., 1975. The structure of turbulent flow in triangular array rod bundles. Nucl. Eng. Des. 32 (1), 47-84.

［62］ Tummers, M. J., Passchier, D. M., 2001. Spectral analysis of biased LDA data. Meas. Sci. Technol. 12, 1641-1650.

［63］ Ushijima, S., Takeda, H., Tanaka, N., 1991. Image processing system for velocity measurements in natural convection flows. Nucl. Eng. Des. 132 (2).

［64］ Vonka, V., 1988. Measurement of secondary flow vortices in a rod bundle. Nucl. Eng. Des. 106 (2), 191-207.

［65］ Vonka, V., 1988. Turbulent transports by secondary flow vortices in a rod bundle. Nucl. Eng. Des. 106 (2), 209-220.

［66］ Wang, X., Wang, R., Du, S., Chen, J., Tan, S., 2016. Flow visualization and mixing quantification in a rod bundle using laser induced fluorescence. Nucl. Eng. Des. 305, 1-8.

［67］ Welander, P., 1967. On the oscillatory behaviour of a differentially heated fluid loop. J. Fluid Mech. 29 (1).

［68］ Wu, L. M., Knoesen, A., 2001. Absolute absorption measurements of polymer films for optical waveguide applications

by photothermal deflection spectroscopy. J. Polym. Sci. Part B Polym. Phys. 39 (22), 2717-2726.
［69］Yang, M. K., French, R. H., Tokarsky, E. W., 2008. Optical properties of Teflon® AF amorphous fluoropolymers. J. Micro/Nanolithogr. MEMS MOEMS 7, 033010.
［70］Ylönen, A., Bissels, W.-M., Prasser, H.-M., 2011. Single-phase cross-mixing measurements in a 4×4 rod bundle. Nucl. Eng. Des. 241, 2484-2493.

## 扩 展 阅 读

［1］Blocken, B., Stathopoulos, T., van Beeck, J. P., 2016. Pedestrian-level wind conditions around buildings: review of wind-tunnel and CFD techniques and their accuracy for wind comfort assessment. Build. Environ. 100, 50-81.

## 3.2 液态金属实验装置设计

M. Tarantino, I. Di Piazza, D. Martelli,
D. Rozzia, R. Marinari, A. Pesetti, P. Lorusso
意大利，布拉西莫内，ENEA，核聚变与核安全防护部，
实验工程处

### 3.2.1 概述

自20世纪90年代以来，欧洲主要的研究机构和工业界在研发液态重金属（HLM）冷却的新型核能系统上达成了深度合作共识。这不仅为了提供能源，同时也为了提高核能的可持续性、安全性和可靠性，同时考虑防扩散和实体防护，并降低成本。

一般来说，放射性废物管理和减少放射毒性至关重要。钚等锕系元素是乏燃料中毒性最大和衰变周期最长的部分，所以关键点应该是将钚等锕系元素嬗变成具有较低放射毒性的同位素。

此外，考虑到提高核安全水平，传统类型的反应堆蕴藏着巨大的能量，要求增加安全系统和纵深防御屏障的数量（Toshinsky, et al., 2011）。很明显，这些措施只是降低了发生严重事故的概率并缓解事故后果，当大量能量释放时并不能完全消除事故后果。

在反应堆中，巨大的能量存储在冷却剂中，一旦一回路密封失效，就会导致冷却剂泄漏，之后防护屏障损坏将导致放射性释放到环境。

福岛核事故后，核电站失控再次引发了公众舆论，因此有必要通过可信的论证来证明未来的反应堆能够避免发生灾难性事故，从而获得公众的认可。

为了达到这个目的，需要最大限度地研发能够从根本上消除可能导致堆芯严重损坏的解决方案，考虑核电厂降级条件下应对极端事件的可能性。

对于铅冷快堆，可以预期，能够通过论证来满足上述两条基本设计目标。实际上，选择铅作为一次侧冷却剂在安全和简化设计方面有很多正面的效应，包括：铅与水或空气之间不发生放热反应，为消除中间回路提供了有利条件，进而可减少电厂用地；铅的高沸点（1bar，1749℃）降低了冷却剂沸腾导致的堆芯空泡的风险；堆芯损毁后，相对于燃料积聚，高密度冷却剂有助于燃料弥散，进而降低了燃料在一次侧系统特别是反应堆容器底部积聚，从而再次临界可能性，因此很可能不需要堆芯捕集器；铅的蒸气压低，可以在较低的一次侧压力（低于大气压力）下运行反应堆，进而降低了反应堆容器的壁厚；高热容显著增加了冷却系统相关事故发生后的反应时间，比如，丧失热阱工况；在600℃高温下，铅呈现出能够与碘和铯形成化合物的特性，此特性降低了事故期间燃料组件向容器/安全壳释放挥发性裂变产物的源项；铅能够有效地屏蔽伽马射线；铅的慢化作用允许燃料棒之间更大的间隙，进而降低了堆芯压降（1~2bar）；简单的流道设计和较低的堆芯压降耦合，强化了冷却剂在一次侧建立自然循环导出堆芯热量的能力，从而降低了比如失流事故期间堆芯超温的风险。

但是，针对铅冷核能系统技术的研发必须要指出的是，目前技术的工艺水平尚未得到全面验证。其中，最具挑战并需要全面分析的工作是结构材料的相容性、冷却剂化学、燃料组件和池内热流体动力学。很明显，对于前两个，新的材料组合产生了未知的问题和研究课题。需要说明的是，适用于水或钠介质的专用设计工具和模型并不能简单地应用于铅介质。

为了完成设计、支持执照申请，并开始此类系统的建设，相应的研发工作是必要的。这些工作需要攻克那些与设计有关的技术卡关项，这也是铅冷快堆研发的核心课题。

铅冷快堆技术的问题已经被分解为下述几个方面的课题（Agostini，Del Nevo，2011；Hering et al.，2011；Vermeeren et al.，2011；Juricek et al.，2011；Vála et al.，2011；Cinotti，2011）：

(1) 材料研发和冷却剂物理化学；
(2) 堆芯完整性，运动机构、仪表、运行、在役检查和维修相关研究；
(3) 蒸汽发生器的功能和安全；
(4) 热流体学；
(5) HLM泵可靠性；
(6) 仪表；
(7) 先进燃料和辐照测试；
(8) 中子物理。

**1. 液态金属池内热流体学**

据Tarantino等（2015）研究，与池内热流体学相关的有两个研究目标：一是收集相关几何结构和边界条件（BC）的实验数据，来提升对部件和系统现象及过程认识；二是收集并形成支撑软件研发和验证的数据库，以预测与设计或安全相关的现象及过程。

下述课题清单（不限于）是在部件和系统层级确认的：
(1) 强迫对流，包括混合、层流（及热应力）、滞止区域、液面振荡；

(2) 过渡至浮力驱动的流动;
(3) 自然对流,包括压降、液面振荡;
(4) 流体和结构的相互作用;
(5) 热疲劳问题;
(6) 地震模拟实验。

**2. 燃料组件热流体学**

燃料组件热流体学的目的是研发格架或绕丝几何结构的组件,为燃料棒和冷却剂的传热提供最优的选择(Di Piazza et al., 2016)。此外,燃料组件应表现出具有承受辐照、高温、机械载荷以及在腐蚀环境下保持刚度特性和几何结构变化均极小的特性。研究领域包括燃料组件在各种运行工况下的热工水力特性。

出于设计目的,应测试燃料组件的基本热工水力参数(如压降、流动分布、速度场和包壳温度分布)和几何特征,如燃料格架、子通道几何尺寸和定位格架。

还应通过实验研究下列课题(不限于),以支撑铅冷快堆系统的发展:
(1) 强迫对流和自然对流传热(含过渡流动);
(2) 子通道流量分配;
(3) 包壳温度分布和热点;
(4) 压降;
(5) 流体与结构的相互作用;
(6) 流致振动;
(7) 格架与棒体间的磨损;
(8) 燃料组件弯曲。

**3. 整体效应实验**

整体效应实验数据原则上应适用于原型核电站(Martelli, et al., 2015)。因此,如果实验装置设计、初始和实验的边界条件设置是经过合理的模化得到的,就不会影响假定事故场景下的关键物理进程,并可推广到原型。这种评估决定了其数据能否应用于核电厂的安全分析。

另外,整体效应实验是支撑计算机程序研发和可靠性验证的基础,这些程序将用来模拟假定事故场景中的核电厂行为:通常情况下,这是监管的要求。计算机程序可应用于核电厂的事故分析,这包括隐含的假定,即这些程序能够适用于从实验装置推广到核电厂时按比例放大的现象和过程。但是,按照不同的缩比比例,如几何比例,来表征某些设施或者核电厂,并不能保证其可以复现缩比后实验台架的通用瞬态的程序,就必然能够以相同瞬态的计算精度来计算核电厂的相同瞬态。

这些因素表明,整体效应实验必然是十分复杂的工作,它涉及下述研究的目标和领域:
(1) 关注系统级的,并与设计、安全和运行问题相关的现象和过程;
(2) 模拟和分析很宽的事故谱;
(3) 事故管理程序;
(4) 部件实验;
(5) 模化问题;

（6）建立可支撑执照申请的数据库；
（7）程序评估和验证。

### 3.2.2 大型液态重金属池设计

下面介绍一种大型池式实验装置的概念设计，该设计阶段的主要目标是支撑铅冷快堆的发展，至少包含前文提到的部分未解决的问题。

此概念设计基于以下约束条件：

（1）不采用机械泵驱动冷却介质流动，而是采用气体强化驱动循环。

（2）热功率为1MW。为达到此功率，采用电加热棒组成的燃料棒束模拟体。

（3）采用一种新型的刺刀管束式蒸汽发生器作为热阱，命名为液态重金属高压水冷管（HERO），采用高压水作为二次侧冷却剂。

关于概念设计中的流道设置（图3.16），LBE经燃料棒束模拟体向上流动，穿过上升段，并通过向上升段内注气驱动气体强化自然循环，到达上部的分离器，然后向下流动并通过HERO液态重金属高压水冷管。这对于几乎所有液态重金属池式反应堆都是典型的功能要求。

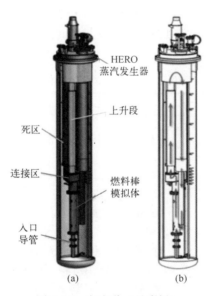

图3.16 主流道（见彩插）

### 3.2.3 气体强化循环

为了驱动LBE的流动，在上升段底部适当位置预装一个喷嘴注入氩气，以强化LBE冷却剂的上升循环，并达到稳定的气体注入—强化循环的流动状态，如Benamati等（2007）和Tarantino等（2011）所描述的那样。

喷嘴安装位置如图3.17所示。在上升段顶部，分离器使LBE和之前注入的氩气分离，氩气被收集到覆盖气体中。通过该技术，探索铅柱的静态不平衡，利用上升段气泡的浮升力有可能增加池内流体主循环的驱动力。

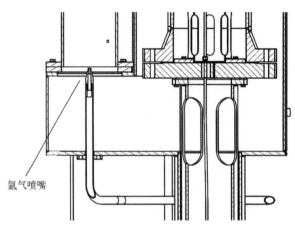

图 3.17 喷嘴安装位置

## 3.2.4 堆芯模拟体设计

燃料棒束模拟体是由电加热棒束组成的,额定功率为 1MW。模拟体由被六边形格架包裹的 37 根电加热棒组成,相邻棒节径比 $P/D=1.8$(表 3.5 和图 3.18)。设计该部件的目的是,在 LBE 冷却剂平均流速为 1m/s 的工况下,冷却剂温度提升幅度为 100℃/m,加热棒最大表面热流为 $1MW/m^2$。

表 3.5 燃料棒束模拟体几何参数

| | |
|---|---|
| 棒直径 $D$/mm | 8.2 |
| 中心距 $P$/mm | 14.76 |
| $P/D$ | 1.8 |
| 活性区长度 $L$/mm | 1000 |

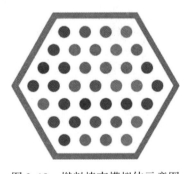

图 3.18 燃料棒束模拟体示意图

单根加热棒的外径为 8.2mm,总长度为 1885mm,其中只有中间的 1000mm 被设计为活性区,其上游和下游长度分别作为发展段和混流段。棒束被三个定位格架固定在六边形几何框架内,格架分别位于活性区域和非活性区域之间,以及活性长度中间位置。另外,上层格架和下层格架分别设置在燃料组件模拟体的进口和出口位置。六边形的燃料棒束模拟体被放置在一个圆柱形罩内,会形成一个充满 LBE 的滞止空间。利用一个安装在进料管中的文丘里流量计来测量通过燃料棒束模拟体的 LBE 质量流量(图 3.19)。

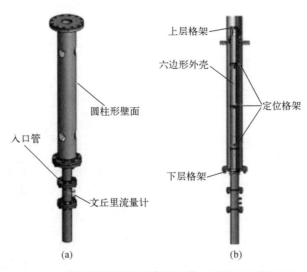

图 3.19　进料管和燃料棒束模拟体三维视图和剖面图

### 1. CFD 堆芯模拟体（CS）设计

燃料棒束模拟体设计和预分析一般采用 CFD 方法，并研发三维几何结构域来复现棒束模拟体的细节。几何结构域包含了进出口长度为 350mm 的非活动区域，以及三个格架来保持棒束和围板的相对位置，如图 3.20 所示。设计阶段已经考虑了尽可能降低格架的阻力系数，目前提出的格架结构如图 3.21 所示。棒束还包含一个底脚格架，用于紧固棒底部并限制机械振动，如图 3.22 所示。该格架设计也考虑了在可能的情况下能尽量降低压损。

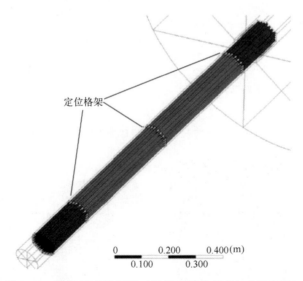

图 3.20　燃料棒束轴视图（发热区域为红色）（见彩插）

### 2. 数值计算的建模

这里所述的数值模拟采用的是通用的数值分析程序 ANSYS CFX18（ANSYS，2018），在整个计算域求解稳态传输方程。考虑到几何结构的对称性，可使用侧面旋转

60°的边界作为计算域,生成空间离散域,为高 Re 实验的模拟提供合理的精度。其中第一个节点的 $y^+$ 约为 1,并开展了网格独立性检查,以确定合理的网格离散度,最终选择了 $1.1×10^7$ 的网格开展了后续计算,如图 3.23 所示。

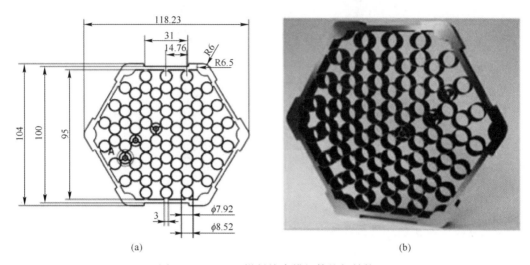

图 3.21 CIRCE 燃料棒束模拟体格架结构

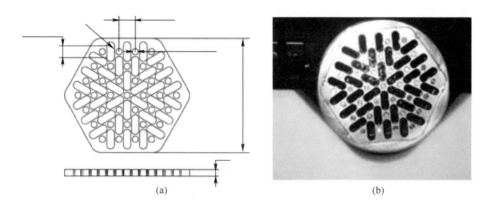

图 3.22 安装在 CIRCE 燃料棒束下层格架示意图

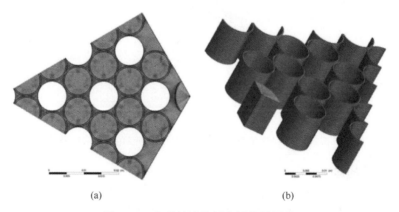

图 3.23 生成的流体域和固体域网格

为了平衡计算精度和鲁棒性,择优选取了剪切应力传递(SST)k-omega 湍流模型。

选取额定的壁面热流($1MW/m^2$)和额定的质量流量(70kg/s)开展模拟。质量流量是通过气举增强循环能够得到的最大流量,折算后燃料组件模拟体流速为1m/s。受整个台架的热功率限制,首次调试试验计划在低温下运行,因此入口温度设置为定值286℃。

**3. CFD 计算结果**

图 3.24 给出了中间格架上游 20mm 界面的温度分布,发现边通道有低温区,在边通道中间位置出现温度最低值。由于燃料棒模拟体传递给与六边形边界附近流体的热流较低,因此外部子通道与内部子通道的温度云图有本质差异。

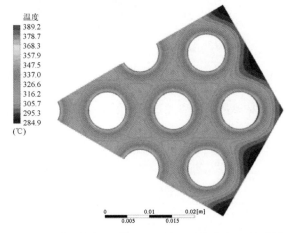

图 3.24 中间格架上游 20mm 界面温度分布(见彩插)

图 3.25 给出了棒 1 表面沿 $z$ 轴方向的温度分布,在棒加热区末端达到最高温度 420℃;可明显地观察到,由于中间格架的存在,产生了 10℃ 的温度梯度峰值。

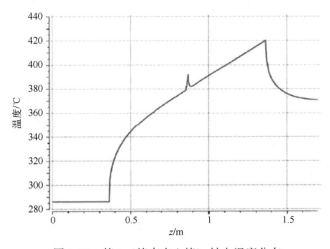

图 3.25 棒 1(棒束中心棒)轴向温度分布

图 3.26 显示了中间格架上游 20mm 界面的速度分布。速度场符合预期,并且证明了棒束的可冷却性。二次流与棒束设计无关,因此这里未给出。

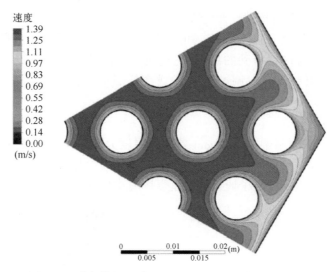

图 3.26　中间格架上游 20mm 界面速度分布（见彩插）

压降是设计棒束的重要参数。图 3.27 给出了沿含有三个格架的 FPS 棒束主轴向 $z$ 的压力分布。

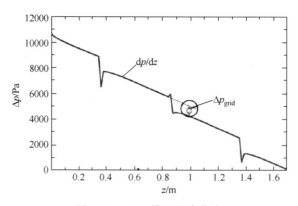

图 3.27　CFD 模型压降曲线

注：燃料棒压降斜率 $dp/dz$ 和格架压降 $\Delta p_{grid}$ 突出显示。

FPS 的总压降小于 0.11bar（未计入下部格架压降），单个格架的压降约为 1500Pa；基于此，格架的局部压降可以估算为 $K_{grid}=0.3$。CFD 作为预测工具，可以用来研究燃料棒束模拟体的热工水力特性，并评估最重要的设计参数。

## 3.2.5　蒸汽发生器设计

下面将介绍蒸汽发生器热工水力设计。蒸汽发生器是管壳式换热器，包含双层逆流刺刀式管束。这种创新性刺刀式管束的目的是提高电站的安全，降低水与铅/铅铋合金反应的可能性。得益于水与铅/铅铋合金的双层物理隔离，并且可通过监控环形空间内惰性气体压力，来监控冷却剂是否因压力而发生泄漏。

热流体（铅铋合金）走壳程，冷流体（高压水）走管程。蒸汽发生器主要运行参数要求数见表 3.6。

表 3.6 蒸汽发生器主要参数要求

| 一 次 侧 | 说 明 | 二 次 侧 | 说 明 |
| --- | --- | --- | --- |
| 流体 | LBE 壳侧 | 流体 | 水双层刺刀式管束管侧 |
| 结构材料 | AISI 304 | 结构材料 | AISI 304 |
| LBE 壳侧换热 | 与水对流 | 管间距 | 三角形排列 $P/D=1.42$ |
| LBE 质量流速/(kg/s) | 39.4 | 水质量流速/(kg/s) | 0.33 |
| LBE 入口温度/℃ | 480 | 水入口温度/℃ | 335 |
| LBE 出口温度/℃ | ≈400 | 水出口温度/℃ | ≈400 |
| 运行压力/bar | — | 运行压力/bar | 172 |
| 详细特征 | 有效长度 6m | 详细特征 | 双层管间泄漏可监测 |

假定高温侧 LBE 的入口温度为 480℃，进出口温差为 80℃，燃料棒束模拟体向 LBE 提供的功率为 450kW，可以得到额定运行工况下的 LBE 流量，并代入热平衡方程：

$$Q_{FPS} = \dot{m}_{LBE} c_{p,LBE} \Delta T_{LBE} \tag{3.22}$$

式中：$Q$ 为热功率；$\Delta T$ 为温差；$m$ 为质量流量；$c_{p,LBE}$ 为 LBE 的比定压热容，其估算公式如下（OECD，2015）：

$$c_{p,LBE} = 160 - 0.024 \times T \tag{3.23}$$

其中：$T$ 的单位是开（K）。

如果 LBE 平均温度为 440℃，计算得到 142.9J/(kg·K)。因此，为了满足稳态运行，LBE 质量流量为 39.4kg/s。

蒸汽发生器主要由下述几个部分组成：

(1) 7 个刺刀管，每个刺刀管由 4 个同轴管组成，如图 3.28 所示（主要尺寸见表 3.27）；主体长度约为 7360mm，活性区长度为 6000mm。给水从内层管顶部边缘注入，向下流入后，沿由第一层管和第二层管构成的环形流道向上流（水流通道见图 3.29）。内层管和第一层管的管壁之间填充空气作为绝热材料。第二层管和第三层管之间填充的是 AISI 316L 粉末并且用氦气加压来监控可能发生的破裂和泄漏。7 根管采用三角形排列固定在六边形边围板内（图 3.28（b））。

表 3.7 单管设计参数

| 名 称 | 内径/mm | 外径/mm | 壁厚/mm | 材 料 |
| --- | --- | --- | --- | --- |
| 给水管 | 7.09 | 9.53 | 1.22 | AISI 304 |
| 给水管间隙 | 9.53 | 15.75 | 3.11 | 空气 |
| 给水管外套管 | 15.75 | 19.05 | 1.65 | AISI 304 |
| 环形上升段间隙 | 19.05 | 21.18 | 1.07 | 水 |
| 第二层管 | 21.18 | 25.4 | 2.11 | AISI 304 |
| 环形间隙 | 25.4 | 26.64 | 0.62 | AISI 316 粉末 |
| 第三层管 | 26.64 | 33.4 | 3.38 | AISI 304 |

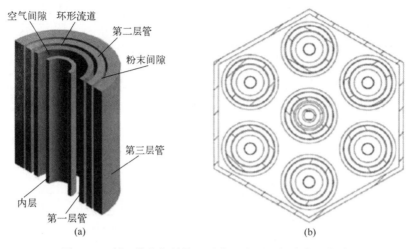

图 3.28 刺刀管几何结构以及在六边形边框内布置方式

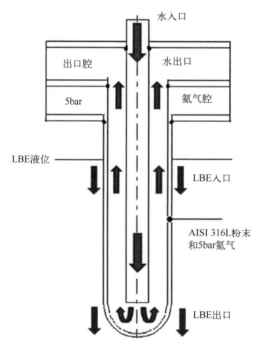

图 3.29 刺刀管方案图

（2）氦气腔（图 3.30）位于 CIRCE S100 顶部法兰外侧，腔内氦气保持加压状态。蒸汽腔位于氦气腔上方，容纳过热蒸汽并包络给水管（图 3.30）。5 个六边形定位格架确保 7 根管维持其位置。六边形围板内设置有格架（保证边框和外管壁之间的流道），长度为 6795mm，其内壁面和外壁面横向断面高度分别为 126mm 和 132mm。通过在围板上设置 6 个孔来实现 LBE 入口，并位于液面以下的分离器内部。圆柱形外壳体与六边形围板同心。六边形围板与外壳体之间的缝隙内填充空气，以减少液态金属熔池和蒸汽发生器管束之间的传热。

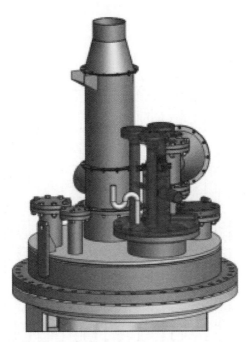

图 3.30　主容器顶部法兰视图（见彩插）
注：蒸汽发生器用蓝色突出显示。

**1. RELAP5 建模**

为了从热工水力角度描述刺刀管的设计特点，并且获得它的稳态和瞬态特性，采用 4.3.4 版本的 RELAP5-3D© 热工水力系统程序建立了包含蒸汽发生器二次侧回路的一维模型。

HERO 蒸汽发生器的节点设置方案如图 3.31 所示，图中展示了组合节点中最重要的部分，具体包括逐个对 HERO 蒸汽发生器刺刀管进行了建模（图 3.30 蓝色），共 672 个体节点；7 个下降段建模成 7 个管道组件，而 7 个环形区域建模成 7 个环形组件；蒸汽腔由 150 个支路组成，可以从 7 个管中收集蒸汽；使用 LBE 等效通道（管道 403）模拟蒸汽发生器的壳侧。

随时间变化量（TMDPVOL）401 用来设置 LBE 入口温度，TMDPJUN 402 设置 LBE 的质量流量，TMDPVOL 405 代表 LBE 出口。

蒸汽发生器入口处的热水被热源加热，该热源模拟的是安装在蒸汽发生器二次侧上游的预热器；整个管线的水压由位于蒸汽发生器下游的阀组控制。用一个设置在卸放管末端的 TMDPVOL 定义蒸汽释放的环境条件（10℃ 和 1atm）。

与其他管线相同，每组刺刀管的 7 个下降段均被认为是与环形区域隔热（绝热）。

通过 7 个热构件实现刺刀管组的环形区域和 LBE 等效通道之间的热连接。对于每个管组，热构件都代表了第二层管和第三层管以及双层套管之间的 AISI 316L 粉末和氦气夹层。根据 RELAP5-3D（2018）报告，计算中采用的夹层的热导率是温度的函数，其拟合方程式如下：

$$C_{\text{AISI-powder-He}} = 5\times10^{-6}T^2 + 8\times10^{-4}T + 1.3981 \tag{3.24}$$

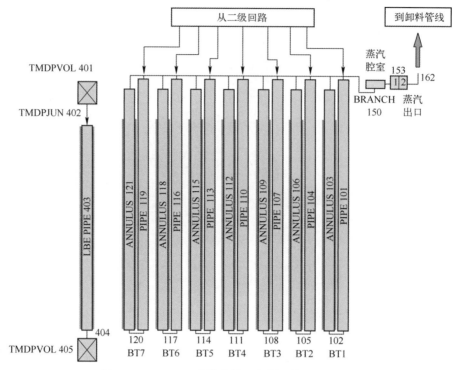

图 3.31 RELAP5 建模中的 7 个刺刀管（见彩插）

**2. 结果**

本节介绍使用 RELAP5-3D© 初步分析得到的主要结果。

LBE 和水的温度，以及达到稳态后的蒸汽质量分数如图 3.32 所示。可以注意到，LBE 温度沿有效长度段而降低，直到出口温度约为 410℃，对应导出的热功率约为 410kW。在管侧，水首先达到饱和温度；然后，发生汽化（进入两相区），最终，在环形上升段的末端产生过热蒸汽，温度约为 390℃。刺刀管组出口的质量含气率非常接近 1。图 3.33 给出了沿刺刀管下降段和环形上升段的压力曲线，额定工况下总压降约为 2.5bar。

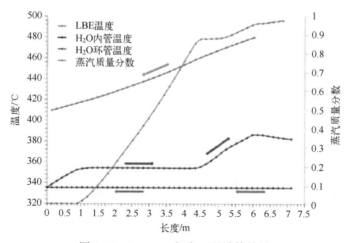

图 3.32 RELAP5 额定工况计算结果

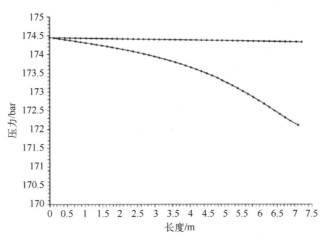

图 3.33 刺刀管内压降

## 3.2.6 实验段压降

本节介绍了在强迫循环工况下,主通道实验段压降的分析计算。对于稳态闭式循环工况,根据动量传递方程(Rozzia,2014),可以得到下述关系式:

$$\Delta p_{DF} = \Delta p_{fric} \tag{3.25}$$

式中:$\Delta p_{DF}$ 为强迫循环驱动力;$\Delta p_{fric}$ 为沿回路的总摩擦压降。

对于气举增强循环工况,驱动力可表示为

$$\Delta p_{DF} = \Delta \rho g H_r = (\bar{\rho}_{LBE} - \bar{\rho}_{r,TP}) g H_r \tag{3.26}$$

式中:$H_r$ 为上升段高度;$\rho_{LBE}$ 为 LBE 的平均密度;$\rho_g$ 为空气平均密度;$\rho_{r,TP}$ 为上升段内的两相流密度,可通过平均空泡 $\alpha$ 份额折算,即

$$\rho_{r,TP} = \bar{\alpha}\bar{\rho}_g + (1-\bar{\alpha})\bar{\rho}_{LBE} \tag{3.27}$$

$\Delta \rho$ 可以表示为

$$\Delta \rho = \bar{\rho}_{LBE} - \bar{\rho}_{r,TP} = \bar{\rho}_{LBE} - [\bar{\alpha}\bar{\rho}_g + (1-\bar{\alpha})\bar{\rho}_{LBE}] = \bar{\alpha}(\bar{\rho}_{LBE} - \bar{\rho}_g) \approx \bar{\alpha}\bar{\rho}_{LBE} \tag{3.28}$$

由于气体平均密度远小于 LBE 平均密度 $\rho_{LBE}$,因此假定忽略气体的平均密度 $\rho_g$,则 $\Delta P_{DF}$ 可表示为

$$\Delta p_{DF} = \bar{\alpha}\bar{\rho}_{LBE} g H_r \tag{3.29}$$

当上升段长度为 3.8m 时,得到压降值为 38kPa。

沿回路的总体压降可以通过下式估算:

$$\Delta p_{fric} = \frac{1}{2} \times \frac{\dot{M}^2}{\rho_{eff} A_{eff}^2} K_{eff} \tag{3.30}$$

式中:$\dot{M}$ 为 LBE 质量流速;$A_{eff}$ 为有效流通面积;$\rho_{eff}$ 为有效 LBE 密度;$K_{eff}$ 为有效压降系数。

有效流通面积和密度已分别被设置为与燃料组件模拟体流通面积和沿回路流动 LBE 平均密度相等。

有效阻力系数可表示为

$$K_{eff} = \sum_i K_{eff,i} \tag{3.31}$$

式中：$K_{\text{eff},i}$ 为第 $i$ 个构件（进料管、燃料组件模拟体、装配空间、上升段、蒸汽发生器等）计算得到的阻力系数，与 $A_{\text{eff}}$ 和 $\rho_{\text{eff}}$ 有关。每个 $K_{\text{eff},i}$ 可由下式估算：

$$K_{\text{eff},i} = \left( f_i \frac{L_i}{D_{h,i}} + \sum_l k_{i,l} \right) \frac{\rho_{\text{eff}}}{\rho_i} \times \frac{A_{\text{eff}}^2}{A_i^2} \tag{3.32}$$

式中：$A_i$、$D_{h,i}$、$L_i$ 分别为第 $i$ 个构件的流通面积、水力学直径和水力学长度；$\rho_i$ 为在第 $i$ 个构件内的 LBE 密度；$k_{i,l}$ 为考虑第 $i$ 个构件的局部压降阻力系数（如入口效应、变向、节流和格栅）；$f_i$ 为达西－维斯巴赫（Darcy-Weisbach）因子，根据通过第 $i$ 个构件的流型采用丘吉尔（Churchill）关联式（Rozzia，2014）估算得到，即

$$f = 8 \left[ \left( \frac{8}{Re} \right)^{12} + \frac{1}{(A+B)^{3/2}} \right]^{1/12} \tag{3.33}$$

$$A = \left[ 2.457 \ln \left( \frac{1}{(7/Re)^{0.9} + 0.27(\varepsilon/D_h)} \right) \right]^{16} \quad B = \left( \frac{37530}{Re} \right)^{16} \tag{3.34}$$

计算选取的有效参数如下：

$A_{\text{eff}} = 0.00603 \text{m}^2$，$\rho_{\text{eff}} = 10271.2 \text{kg/m}^3$，$\dot{M} = 39.4 \text{kg/s}$

有效压降系数则是下述压降系数的和：

$$\begin{aligned} K_{\text{eff}} = & K_{\text{eff,IFC}} + K_{\text{eff,FC}} + K_{\text{eff,FM}} + K_{\text{eff,FPS}} + K_{\text{eff,IHW}} \\ & + K_{\text{eff,LGA}} + 3K_{\text{eff,SGr}} + K_{\text{eff,R}} + K_{\text{eff,SGBT}} \end{aligned} \tag{3.35}$$

$$K_{\text{eff,IFC}} = 0.27 (\text{Idelchick}, 2005)$$

$$K_{\text{eff,FC}} = 0.06 (\text{Rozzia}, 2014)$$

$$K_{\text{eff,FM}} = 1.75$$

$$K_{\text{eff,FPS}} = 2.45 (\text{Rozzia}, 2014)$$

$$K_{\text{eff,IHW}} = 0.18 (\text{Idelchick}, 2005)$$

$$K_{\text{eff,LGA}} = 1.54 (\text{Idelchick}, 2005)$$

$$K_{\text{eff,SGr}} = 0.24 (\text{Idelchick}, 2005)$$

$$K_{\text{eff,R}} = 0.019 (\text{Rozzia}, 2014)$$

$$K_{\text{eff,SGBT}} = 3.3 (\text{Rozzia}, 2014)$$

式中：$K_{\text{eff,IFC}}$——进料导管入口位置压降系数；

$K_{\text{eff,FC}}$——进料管沿程压降系数（不考虑局部压降）；

$K_{\text{eff,FM}}$——文丘里流量计内部压降系数；

$K_{\text{eff,FPS}}$——沿燃料组件模拟体压降系数（不考虑局部压降）；

$K_{\text{eff,IHW}}$——六边形围板入口压降系数；

$K_{\text{eff,LGA}}$——下部格栅压降系数；

$K_{\text{eff,SGr}}$——格架压降系数；

$K_{\text{eff,R}}$——沿上升段压降系数（不考虑局部压降）；

$K_{\text{eff,SGBT}}$——沿刺刀管蒸汽发生器壳程压降系数（不考虑局部压降）。

根据式（3.35）计算得到 $K_{\text{eff}} = 10.3$，因此，回路整体压降可用式（3.30）估算得到：

$$\Delta p_{\text{fric}} = \frac{1}{2} \times \frac{\dot{M}^2}{\rho_{\text{eff}} A_{\text{eff}}^2} K_{\text{eff}} = 21.5 (\text{kPa}) \tag{3.36}$$

该值小于最大可用的驱动力。

## 3.2.7 结束语

本节列举了大量液态金属实验装置设计过程中需要解决的典型问题,旨在支持新型核能系统的技术研发。设计过程中必须考虑跨学科、数值工具和方法论之间的交叉联系。

如前面章节所述,与液态金属应用相关的固有特性(如高热导率不透明、高密度、低润湿性)决定了本概念设计。

总之,需要强调的是,本节探讨的只是工作中十分有限的一部分。在液态金属装置的概念设计阶段,有一些因素需要特别考虑,例如仪表安装、进料和卸料操作、冷却剂调节、冷却剂化学和控制、主要部件的更换或维修,以及空间管理(用于实验装置改造等)等。这些因素均可能对最终结果的实现产生重大影响,如果没有得到充分考虑,它们很可能将危及所有的努力。

最后需要说明的是,虽然概念设计是由研究机构完成的,但是相关工业领域的合作伙伴在项目初期就介入其中仍然特别重要,特别是建设含有原型部件(如燃料组件模拟体和刺刀管式蒸汽发生器,以前从未建造过)的大型实验装置,如何更合理地管理整个项目、确定进度计划、分配预算和人力资源、确定工业供应链、制订采购进度计划以及制订安装和调试节点等。

# 参 考 文 献

[1] Agostini, P., Del Nevo, A., 2011. Report on future needs and for clear infrastructure road map supporting LFR system development. ADRIANA Project Deliverable D3.2, EURATOM FP7 Grant Agreement no. 249687.

[2] ANSYS, 2018. ANSYS 18 User Manual. https://www.ansys.com/.

[3] Benamati, G., Foletti, C., Forgione, N., Oriolo, F., Scaddozzo, G., Tarantino, M., 2007. Experimental study on gas-injection enhanced circulation performed with the CIRCE facility. Nucl. Eng. Des. 237 (7), 768-777.

[4] Cinotti L., 2011. Oral Presentation at the ADRIANA Project Workshop, ENEA, Bologna, Italy.

[5] Di Piazza, I., Angelucci, M., Marinari, R., Tarantino, M., Forgione, N., 2016. Heat transfer on HLM cooled wire-spaced fuel pin bundle simulator in the NACIE-UP Facility. Nucl. Eng. Des. 300, 256-267.

[6] Hering, W., Schyns, M., Boersma, T.C., Vermeeren, L., 2011. Infrastructure road map and future needs for innovative systems development focused on instrumentation, diagnostics and experimental devices. ADRIANA Project Deliverable D5.2, EURATOM FP7 Grant Agreement no. 249687.

[7] Idelchick, I.E., 2005. Handbook of Hydraulic Resistance, third ed. Begell House.

[8] Juricek, V., Vermeeren, L., Kochetkov, A., Santagata, A., 2011. Report on future needs and infrastructure road map supporting zero power reactors development. ADRIANA Project Deliverable D7.2, EURATOM FP7 Grant Agreement no. 249687.

[9] Martelli, D., Forgione, N., Di Piazza, I., Tarantino, M., 2015. HLM fuel pin bundle experiment in CIRCE pool facility. Nucl. Eng. Des. 292, 76-86.

[10] OECD, 2015. Handbook on Lead-Bismuth Eutectic Alloy and Lead Properties, Materials Compatibility, Thermal-Hydraulics and Technologies. 2015 edition, OECD/NEA No. 7268, OECD, Paris, France.

[11] RELAP5-3D, 2018. https://relap53d.inl.gov.

[12] Rozzia, D., 2014. Experimental and Computational Analyses in Support to the Design of a SG Mock-Up Prototype for

LFR Technology Applications. UniPi PhD thesis, Pisa, Italy.

[13] Tarantino, M., Agostini, P., Benamati, G., Coccoluto, G., Gaggini, P., Labanti, V., Venturi, G., Class, A., Liftin, K., Forgione, N., Moreau, V., 2011. Integral circulation experiment: thermal-hydraulic simulator of a heavy liquid metal reactor. J. Nucl. Mater. 415 (3), 433-448.

[14] Tarantino, M., Martelli, D., Barone, G., Di Piazza, I., Forgione, N., 2015. Mixed convection and stratification phenomena in a heavy liquid metal Pool. Nucl. Eng. Des. 286, 261-277.

[15] Toshinsky, G. I., Komlev, O. G., Tormyshev, I. V., 2011. Effect of potential energy stored in reactor facility coolant on NPP safety and economic parameters. In: ICAPP 2011. Paper 11465.

[16] Vála, L., Latge, C., Agostini, P., Poette, C., Hering, W., Vermeeren, L., Juríček, V., Prahl, J., 2011. E-valuation of existing research infrastructure for long-term vision of sustainable energy. In: ADRIANA Project Deliverable D8.2, EURATOM FP7 Grant Agreement no. 249687.

[17] Vermeeren, L., Rini, M., Roth, C., Knol, S., Marek, M., Girault, N., Horvath, A., 2011. Report on future needs and infrastructure road map supporting irradiation facilities and hot labs development. ADRIANA Project Deliverable D6.2, EURATOM FP7 Grant Agreement no. 249687.

## 3.3 液态金属实验装置建设

J. Pacio, M. Daubner, F. Fellmoser, W. Hering,
W. Jäger, R. Stieglitz, T. Wetzel
德国卡尔斯鲁厄，卡尔斯鲁厄理工学院（KIT）

本节给出了 KIT 在液态金属实验装置建设方面的相关经验，内容涉及实验装置设计和运行的相关内容。此外，作为补充，本节内容还借鉴了其他单位的相关经验。

### 3.3.1 概述

实际上，实验设备通常分为两个互补的部分，即实验装置和实验段。本节中，实验装置是指为某项具体实验创造基础条件和特定环境的设施，并提供实验接口；而实验段是指安装在实验回路中将进行精细测量的部分。

研究内容的不同使实验装置的设计变得简单，针对不同的实验目的可分别建设独立的实验装置，而不是建设一个实验装置实现多个目标。例如，最高运行温度的确定应根据实验的具体要求尽可能地降低。同时，实验装置建设时必须考虑后续实验段的安装。

在 KIT，4 个研究所建设了多个液态金属实验装置，研究内容涵盖了多个学科。如图 3.34 所示，4 个学院分别为核能技术研究所（IKET）、中子物理和反应堆技术研究所（INR）、脉冲功率与微波技术研究所（IHM）、应用材料与材料工艺研究所（IAM-WPT）。

由图 3.34 可知，KIT 的研究涉及多个研究方向和多种液态金属。本节的内容聚焦于热工水力相关的研究，主要由 IKET 和 INR 开展。研究重点主要放在铅铋合金和钠的相关特性。

**1. 液体（液态金属）实验装置的一般特性**

除应用场合不同而造成的特殊因素之外，图 3.34 中所列的实验装置在建设过程中均需考虑以下内容：

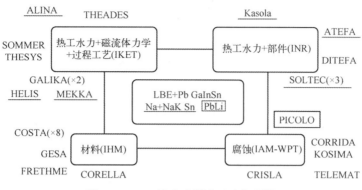

图 3.34　KIT 液态金属实验台架概览

（1）液态金属装置需要设置化学（预）处理系统。

（2）无可避免地，液体需要存储在容器中，所以必须要依据相应的工业标准（如 DIN-EN-13445）进行压力容器的设计、建设和报批。

（3）根据实验装置的重量和尺寸，要进行合理结构设计，其他相关设备也需要一并考虑，如地基、行车和脚手架等。

（4）根据应用场合不同，相关部件可以分成主要部件和辅助部件。

（5）测量系统需使用先进的数据采集系统，监控实验装置运行的全部相关参数。

（6）控制系统要采用一些独立的设备（如阀门开度）去控制并获得目标参数（如流量）。

（7）关于附加的基础设施，重点是提供功率和为测控系统供电的电气系统。

原则上，以上所列特性通常适用于全部的液体系统实验装置。以水作为参照标准，液态金属的特殊性质将于下文介绍。

**2. 液态金属的特殊性质及其对实验装置的影响**

相较于水等其他液体，建设液态金属实验装置受限于液态金属本身的一些特性。下面将介绍液态金属的物理性质、化学性质和材料相容性，重点关注 LBE 和 Na。

**1）物理性质**

LBE、Na 和水的相关热物性列于表 3.1。较大的物性差异对液态金属实验装置的设计、建设和运行产生重要影响。

LBE 和 Na 在很宽的参数范围内均为液态，这产生两方面的影响：一方面是需要采用辅助加热和保温措施，以确保在所有的运行状态下不发生凝固；另一方面是液态金属可以运行在较低的压力下而不会发生沸腾。

LBE 等液态重金属的密度很大，使得装置的自重很大，需要进行静力学分析。此外，对于给定的流体速度 $u$，其惯性力（正比于 $\rho u^2$）要比水大得多。因此，必须关注压力损失和水锤效应。

与水相比，液态金属有较低的比定压热容 $c_p$ 或体积热容（$\rho c_p$）。随着加热功率的投入和调节，液态金属的体积流速会发生相应的变化。

液态金属具有高热导率 $\lambda$ 和热扩散系数 $a$,这意味着如果想要精确地测量紧凑型实验段的温度差异,则需要更大的热流密度。不过,对于给定的功率输入,液态金属装置的温度梯度会更低,瞬态工况下装置的热应力会降低。

一般来讲,热膨胀系数 $\beta$ 会随温度的升高而增大,300℃的液态金属与1bar、25℃状态下水的热膨胀系数($2.57\times10^{-4}$)相近。这种特性需要在设计膨胀箱的尺寸时着重考虑,同时也将会影响自然循环时的浮力特性。

液态金属极大的表面张力 $\sigma$ 使其很难润湿固体表面。鉴于固体表面内可能会滞留气体,回路的清洗就十分关键(如对于传热实验)。对于两相流,大的表面张力产生的气泡尺寸更大。

**2) 化学反应**

钠属于碱金属,可与水、空气(氧气和水蒸气)、二氧化碳以及酒精等有机溶液发生放热反应(Addison,1984)。与水的反应会产生氢气,从而引发更大的能量释放。因此,钠装置的建设必须避免此类反应。当前已有实用的钠金属使用导则(Kottowski,1981)。特殊情况下,建设一个液态金属装置还必须考虑以下方面:

(1) 设置一个充料罐,可以存储装置全部的液态金属,并用于应急情况下的实验装置排空,减少液态金属外泄,降低事故后果。相应地,还必须制订详细的充料和排空的操作步骤。

(2) 运行过程中避免与空气直接接触,使用保护气(如氩气)系统。

(3) 虽然不是出于安全考虑,但是金属中溶解的杂质(如氧气)对腐蚀有着关键的影响。根据应用场合的不同,实验装置运行过程中需要对杂质进行移除或总量控制。可充分利用溶解度与温度的关系,设置一个冷阱区域用来析出杂质。

LBE并不会发生快速的放热化学反应,但是其毒性必须给予关注,并且氧含量对LBE的影响很大。因此,上述各方面特点通常也适用于液态重金属实验装置。

**3) 腐蚀特性(与固体材料的相容性)**

因为流动的液态金属对于固体的腐蚀特性涉及不同物理现象,如溶解、磨损、脆化、蠕变加速,所以腐蚀特性是涉及面非常广的研究领域。腐蚀特性研究的最新进展已超出了本节的覆盖范围,在此不做详细介绍,有兴趣的读者可以参阅OECD于2015年出版的《液态重金属手册》(OECD,2015)。这里仅就一些通用的液态金属装置建设导则总结如下:

(1) 金属材料的降解速度随温度的上升而变得明显,所以设计要遵循的一个简单原则,就是在满足需求的条件下,尽可能降低设计温度,这样可以把多数部件(如泵、阀门等)都设置在冷管段。

(2) 液态金属对于一些常规的过渡金属有相对较高的溶解度,包括铝(Al)、铜(Cu)、银(Ag),不锈钢的部分成分(如铬(Cr)和镍(Ni))将会被液态金属浸出。此外,由于溶解度随温度上升而增大,实验回路中热管段溶解的金属可能会在冷管段析出和沉降。一般情况下,液态钠对钢的腐蚀没有液态重金属(如LBE)那么严重。

如果可能,装置设计和建设过程中应该尽量避免使用上述材料,但是实际上通过现有的技术手段的进展可加强不锈钢材料的性能。尤其是对氧含量的控制,可以在不锈钢壁面上形成一层保护性的氧化膜，可以防止内部元素浸出。基于 KIT 的经验，1.4571 奥氏体钢[①]可以满足 LBE 介质长期运行的需求（Schroer, et al., 2011）。

根据每种氧化物化学稳定性的研究（Schroer, Konys, 2007）可知，氧控技术仅用于特定的温度范围。对于更高的温度范围，当超过了液态金属冷却反应堆假定的运行条件（该条件下有必要研究燃料与冷却剂反应）或在非高压情况下，可以使用难熔金属（W、Mo 和 Ta）、陶瓷、石英玻璃等材料（Heinzel et al., 2017）。

值得注意的是，相关的固体材料不但包括结构材料（如管道和容器），还包括所有与液态金属接触的表面。所以，需考虑密封、仪表、泵的叶轮等材料。对于特殊的情形，如薄壁的设备，可以考虑使用防腐蚀的涂层技术。

## 3.3.2 热工水力回路装置

回顾实验装置和实验段的区别，实验装置是提供合适的入口"条件"，以及特定的实验（下一节将主要介绍）接口。对于热工水力研究，无论是稳态还是瞬态研究，"条件"通常包括流量、温度、压力和加热功率。为了满足这些条件，通常回路中需要使用泵和换热器，并配置相关的测量手段。

在 KIT，多数实验装置都是回路式的，对于特定的实验段也可以开展池式研究。下面将主要介绍 KIT 两个代表性的回路实验装置，即 THEADES（LBE）和 KASOLA（Na）。

**1. 主设备**

一个热工水力实验回路通常都需要提供流量的设备（如泵）和热功率的设备（加热器和冷却器）。

**1）泵**

为了获得实验所需的条件，泵必须能提供足够的流量和压头。基于不同的物理现象可以有多种不同的设计，最终通常会采用最便捷的方式。随着流体介质和参数范围的变化，选择自然也会跟着变化。

由于液态金属介质自身的导电特性，它们可以由电磁力进行驱动。比如，在外部运动磁场的作用下，液态金属可以感应产生体积力（Molokov, 2007）。这种设计有很多优点，最主要的优势在于流体的通道可以避免使用动密封，提升了设备的可靠性，并降低了维护成本。液态金属的流动特性也可以通过改变频率进行良好的调节。不过，电磁泵的整体效率是很低的（Na 比 LBE 稍高一些）。虽然对于实验研究而言，通常不考虑能源的费用，但是产生的大量余热对温度控制提出了新的要求。

鉴于电磁泵的优良特性，KIT 液态金属回路中采用了多种电磁泵。如图 3.35 所示，它们拥有不同的结构形式：

（1）平面流道（平面直线感应泵（FLIP））每边各有一组线圈。在 KIT，这种形式的泵应用于 ALINA（Na）、CORRIDA（LBE）和 TELEMAT（Pb）实验装置。

（2）环形流道（圆柱直线感应泵（ALIP））内部为核心，外部为线圈。在 KIT，这种形式的泵应用于 KASOLA（Na）、THESYS（LBE）和 MEKKA（NaK）实验装置。

---

[①] 1.4571 奥氏体钢即美标 316Ti。——译者

（3）Ω形流道（永磁泵（PMP））使用旋转的永磁体。在 KIT，这种形式的泵应用于钠回路材料与腐蚀测试台架 SOLTEC（Na）和分离器测试台架（DITEFA）（GaInSn）实验装置上。

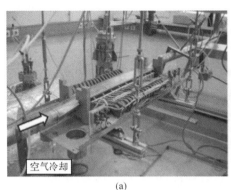
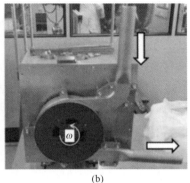

图 3.35　KIT 使用的电磁泵
(a) ALINA 装置（Na）使用的 FLIP；(b) DITEFA 装置（GaInSn）使用的 PMP。

除电磁泵之外，液态金属也可以使用常规的方法驱动，如机械泵。这种选择的主要优势在于水介质系统泵的大量使用经验和成熟的商业市场。现有的产品即可提供大流量和高扬程。但是，机械泵的动部件密封和腐蚀问题还需要得到妥善解决。

考虑到 LBE 的高密度特性，必须关注以下模化准则（Grote，Feldhusen，2012）。所有的惯性力（如在轴承处）都与密度和速度的平方成正比（$\rho u^2$）。轴上的扭矩与密度和转速的平方成正比（$\rho \omega^2$）。因为 LBE 的密度 $\rho$ 很大，以上考量使得泵在运行时的转速 $\omega$ 不可以太高，以保证泵部件的机械完整性。然而，这将导致流量（正比于 $\omega$）和扬程（正比于 $\omega^2$）的减小。高温下的传动和密封问题可以通过使用液下泵（如 THEADES 实验装置）来解决。

如果高度足够，液体可以通过密度差引起的浮力进行驱动，如自然循环加热实验。更进一步，注入气体可以增加浮力，即所谓的"气举"概念。虽然这项技术尚未在 KIT 应用，但是欧洲核能机构（ENEA）在 CIRCE 实验装置上有大量的使用经验（Benamati et al.，2007）。

**2）换热器**

换热器是实验回路中非常关键的设备，可以作为最终热阱、再热器或者是布满测点的实验段。在 KIT 的相关实验装置中，换热器类型包括了液态金属/液态金属换热器、液态金属/空气换热器、液态金属/油换热器。

除了换热过程的规范外，换热器的尺寸选择受机械和材料的影响（Shah，Sekulić，2003）。管式换热器是最通用的换热器，尺寸范围广，并且可以运行在较高的温度和压力条件下。KIT 大多使用管壳式换热器，而双层套管换热器适用于低功率密度条件的实验使用，或者在反应堆设计中使用可以缓解蒸汽发生器换热管破裂事故。

关于液态金属管壳式换热器的尺寸，由于液态金属的高热导率，因此，多数情况下传热阻力主要取决于另一侧的介质，尤其是使用气体（如空气）冷却时。对于这种不平衡传热的情形，可以使用翅片来增强换热，但是在高温条件下的机械稳定性、压降、污垢等问题使得对小部件不适合增加翅片。如果让气体流通在管侧,那么可以获得更高的流速,以获得更高的换热系数,适用于更平衡和紧凑的设计。KIT 的很多实验装置都采用这种设计,图 3.36 中 THEADES(LBE 介质)实验回路中的主换热器即是一个例子。

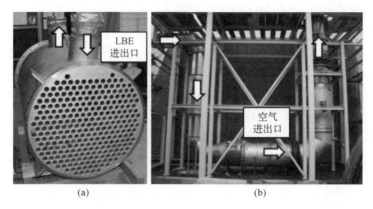

图 3.36　THEADES 实验回路使用的 LBE/空气管壳式换热器

此外,实验装置中的换热器是温差最大的设备,要关注瞬态过程(如预热过程)导致的热膨胀和机械应力。

**3)仪表**

实验装置在运行和控制过程中,一些积分量(如流量和压差等)均需尽可能地精确测量。大体来说,在考虑了液态金属特性的前提下,应用于空气和水介质测量的技术也可以应用于液态金属。除较高的运行温度外,液态金属与固体材料的相容性(腐蚀)和 LBE 的高密度特性等均会限制相关测量技术的应用,同时也对相关材料提出了更高的要求。

针对液态金属的测量技术已有详细的分析(OECD,2015;Schulenberg,Stieglitz,2010;Buchenau et al.,2011)。接下来将对液态金属的流量测量和压差测量技术进行概述。

**4)流量**

运行过程中测量的精度和可重复性是仪表选型最关键的原则,测量信号的实验验证或校准至关重要。

应优先考虑应用于空气和水的测量技术,其具有丰富的使用经验并且容易采购。水介质的仪表标定可以在工厂或由供应商完成,通过物性和无量纲参数(如 $Re$)的模化分析给出液态金属的相关系数。这些可应用于液态金属流量测量的现有技术及其优、缺点如下:

(1)压差式流量计原理基于流量正比于 $\rho u^2$,如文丘里或阿努巴流量计,需要测定不同压差下的标定常数。文丘里流量计喷嘴的压降较低,但是液态金属高速流动对于喷嘴的腐蚀必须要加以关注。虽然一些工业标准(如 DIN-EN-5167)规范了其生产制造,但是需要注意的是该类流量计研发本来针对的应用场景是大直径、高 $Re$ 的情况。因此,若要使用此类流量计,还需要进行验证。

(2)涡街流量计的原理是测量障碍物后方的振荡涡旋产生频率以确定流量,通常正比于 Re。由于此种物理现象需要超过某个最小临界 Re 的条件下才能发生，低于某个流量值时就不能使用，所以此种方法不适用于低速测量。根据 KIT 的使用经验，此种方法在液态金属环境中测量效果良好。存在的主要问题是高温条件下材料的相容性。

（3）科里奥利流量计利用流体在振荡管道中流动时产生与质量流量成正比的科里奥利力的原理测量。这种力仅与质量和频率有关，与流体的物理性质（如密度和黏度）无关。因此，此种测量方法可以直接从水应用于液态金属，而且其精度比上述的其他方法要高。实际使用过程中的主要技术问题是 LBE 材料的相容性和高密度。相较而言，钠要好得多。

作为替代方案，利用液态金属高电导率的特性研发了一些新的测量方案。比较典型的例子是电磁流量计（基于外部磁场）和超声波流量计（基于流速与压力传播的关系）。在此不做过多介绍，具体可参见相关论文（Eckert et al.，2017）。

对于新的测量方案，一方面，它们的好处是非接触式测量，并且可以解决低流速问题；另一方面，测量信号与运行温度密切相关（Schroer et al.，2011），使得标定变得相对复杂。

**5）差压**

热工水力实验装置中的差压测量主要用于直接获得摩擦阻力，或者通过差压间接测量液位或流量信息。可用于高温高压条件下的高精度（高于 0.1%）、多量程的差压计在技术上已十分成熟，并均可通过商业渠道获得。

对于液态金属的特殊应用，最主要的问题在于液态金属可能发生凝固从而损坏弹性膜片。为了消除这方面的风险，可以使用矿物油作为中间介质来传导压力，再将信号传递至传感器。在油侧该技术解决方案可由许多压力计供应商提供，在液态金属侧需要研发一套通过薄膜将压力信号传递给油的盒内解决方案，如图 3.37 所示。

图 3.37 使用中间介质的压差传感器

这里，还需要关注的是残留气体、氧化物颗粒的存在，以及在全部的容器或辅助管线上的防凝固措施。同水回路类似，必须配备一套管道净化系统。因 LBE 高密度的特点，必须考虑辅助管线内产生的流体静压头（与温度相关）。一般而言，如果温度保持恒定，那么静压头可作为偏差值考虑。

**2. KIT 实例**

图 3.38 和图 3.39 给出了 KIT 建设的两个代表性的液态金属实验装置实例 THEADES

(LBE) 和 KASOLA (Na)。

THEADES (LBE) 和 KASOLA (Na) 均是大型热工水力回路，用以对原型尺寸部件进行测试。主要的部件包括储料罐、泵、换热器和保护气体系统。LBE 和 Na 回路的设置大体上相同，不同之处是 LBE 回路中设置了氧控系统（图 3.38），而 Na 回路中设置了冷阱区域（图 3.39）。

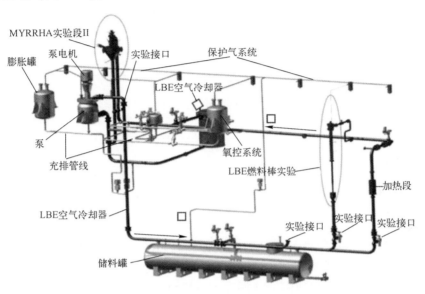

图 3.38　KIT 的 THEADES (LBE) 实验装置：热工水力研究及加速器驱动装置（ADS）设计

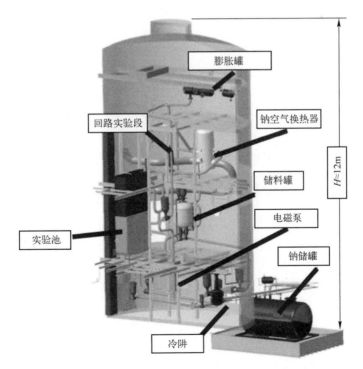

图 3.39　KIT 的 KASOLA (Na) 实验装置：卡尔斯鲁厄钠实验室

回路中的实验段均是竖直方向的，相关接口也为竖直方向，即相关流动也是竖直方向。后文将介绍相关研究中的代表性实验段。实验装置的主要参数如表3.8所列。

表3.8 THEADES（LBE）和KASOLA（Na）实验装置主要参数对比

| 参　数 | THEADES | KASOLA |
|---|---|---|
| 工作介质 | LBE | Na |
| 温度范围/℃ | 200～450 | 150～550 |
| 最大流量/（m³/h） | 47（137kg/s） | 150（37kg/s） |
| 最大压头/bar | 5.9 | 4.0 |
| 泵类型 | 离心泵 | ALIP |
| 最大实验段长度/m | 3.4 | 6.0 |
| 最大加热/冷却功率/kW | 500 | 400 |
| 液体装量/L | 4000（42000kg） | 7000（6500kg） |
| 主管道尺寸（内径） | DN100（102.3mm） | DN100（109.1mm） |
| 压力等级/bar | 10 | 6 |
| 安装流量计类型 | 电磁、阿努巴、涡街、文丘里 | 电磁、科里奥利 |

回路中液态金属的温度既不可以过低（防止在可能的低温位置发生凝固），又不可以过高（防止发生严重的腐蚀），这使得LBE的运行温度范围比Na要窄。

KASOLA实验装置底部使用了环形直线感应泵以驱动Na向上流动，而THEADES实验装置则在顶部位置使用了离心泵驱动LBE向下流动。这种布置差别的原因与前文讨论的泵的特性有关。

环形直线感应泵没有运动部件，而离心泵则必须进行密封，而密封在低压条件下更容易实现（对于LBE，1m的高度即是1bar）。在两个装置中，泵和多数阀门均布置在冷管段，即空气冷却器的下游。

此外，上述装置并没有采用简单的矩形回路建设，因为其设计除考虑了向上流动外，还兼顾了不同几何形状的实验段。这些设计对实验装置的布局有重要影响，比如，要增加额外的辅助管线、阀门、仪表，以及实验接口本身。在THEADES实验装置顶部开展了自由液面的实验，进行加速器驱动系统（如MYRRHA）散裂靶相关研究。在KASOLA装置上还增设了一个接口，用于开展扁式的金属池模拟器研究。

## 3.3.3　热工水力实验段

在相同的温度条件下，液态金属与水最大的热工水力特性差异在于更高的热导率（是水的20～150倍）和更大的热扩散系数（是水的50～500倍），见表3.1。这意味着，对于给定的几何形状和热功率，其温度梯度更小，更难测量。

为了获得可测量的温差，液态金属热工水力实验段需要运行在较高热流下。更紧凑的制造会引入新问题，如制造公差、密封和电绝缘。此时，通常需要折中处理，并拓宽制造和仪表应用能力的限制范围。在KIT已制造了热流密度达到1.0MW/m²的实验段。

由于液态金属热工水力实验需要考虑相对温差，为了获得更高的精度和良好的重复性，实验装置的基础条件需要进行改善。以下将对此进行介绍。

**1. 可重复的运行工况**

为了达到相应的测量精度要求,必须考虑以下内容:

(1) 与其他流体类似,用于测量的实验段要能够复现速度和温度场分布,以获得精确的测量结果。这意味着,在阀门和连接件之后、实验段之前,必须留有足够的长度以使流动充分发展。对于连续的非平面弯曲的特殊情况,可以使用整流器,以消除二次流动,并缩短必要的充分发展所需的长度。

(2) 通常情况下,外界壁面应为绝热边界条件。由于绝对的绝热是不可能的,所以关键的是热损失可以保持恒定。为此,必须关闭实验段的辅助加热器,使壁面的温度分布只取决于实验段内部的条件。

(3) 与前一点相关,应该注意的是,一些变量的瞬态变化比其他变量具有更长的特征时间。一般来说,确认所有相关变量达到稳态条件是很重要的。

(4) 实验段内存在的气泡或氧化物颗粒会导致测量不可重复。因此,必须使用净化和过滤系统来解决相关问题,必要时可在实验开展期间多次使用。

**2. 仪器现场校准及数据采集链**

使用热电偶(TC)进行局部温度测量时需要特别关注公差和弱电信号。

首先,由于液态金属实验涉及的温差相对较小,因此需要非常精确的测量,可能还需要进行额外的校准。热电偶采用字母代码区分型号,在确定的允差范围内,根据温度/电压对应表确定温度值。对于液态金属热工水力实验来说,K 型和 N 型是首选,因为它们具有较高的灵敏度和较大的温度范围。在工业标准 DIN-EN-60584 中,定义了两个公差等级。例如,对于 TC,400℃下的 K 型和 N 型的公差分别为±3.0K 和±1.6K。这意味着,即使有最好的可用公差,测量的温度分布可能也没有物理意义,尤其是在低热流密度条件下。需要注意的是,这些公差指的是绝对温度,而 TC 间的温差及其重复性更好。但是,在任何情况下都需要仔细校准,这将在本节后面讨论。

其次,基于塞贝克效应,TC 产生的电信号在 0~500℃ 范围内(K 型)为 0~20mV。虽然这个范围对于测量在技术上是可以接受的,但需要较高的精度。塞贝克系数均值大约为 $40\mu V/K$,直接转化为电压测量系数则为 $0.025K/\mu V$,代表了电压测量的敏感度。因此,也必须考虑模拟-数字转换器的分辨率和数据采集卡的温度漂移等相对较小的影响。此外,还必须过滤噪声信号,特别注意两个来源:

(1) 适当的屏蔽可以减少电磁噪声的影响,特别是对于已知的干扰源,如电磁泵。一个复杂的场景是,TC 直接位于大电流电加热器的壁面上。如果应用条件允许,可以使用滤波器来提高信号质量。

(2) 冷端补偿可以使用一个电子冰点。如果全部通道不使用同一个参考温度,或参考温度在数据采集期间不恒定,那么均可能产生额外的噪声。

虽然这些问题通常是温度测量的最佳实践指南(BPG),但对于液态金属实验,由于测量的温差很小,使得以上的影响显得更为重要。

同时,液态金属的高热扩散系数 $a$ 特性使其可以开展现场的相对校准。在流量足够大的非加热实验中,所有 TC 位置的温度应该是相同的,测量的差异可以解释为相对偏移量。通过估算外保温壁面的热损失和热平衡,可以得到所有情况下均可认为是等温的最小流速。在多个温度水平重复这一操作,可以对每个 TC 进行经验性的拟合(Pacio et al., 2014; Pacio et al., 2016)。

对于其他仪器,例如具有电流输出(4~20mA)的流量计和压差表,对电压信号的需求较少,其可以在任意需要的范围转化为电压信号。此外,在处理温度时通常有必要调节零点漂移量。

**3. KIT 的部分实例:棒束(LBE)和后向台阶(Na)**

本小节介绍 KIT 的两个液态金属热工水力实验段,侧重于实验装置建设方面,而不是科学研究(由其他部分介绍)。两个实验都进行了细致的测量,以对数值模拟结果进行验证。

第一个例子是绕丝六边形 19 棒束,代表了液态金属快堆燃料组件的几何结构,安装在 THEADES 铅铋回路中。在欧洲 FP7 项目研发框架内正在开展的 MAXSIMA 项目中,对正常工况和假定的堵流事故工况下的传热和压降进行了研究(Pacio et al., 2016)。图 3.40 给出了组件的一些详细信息。

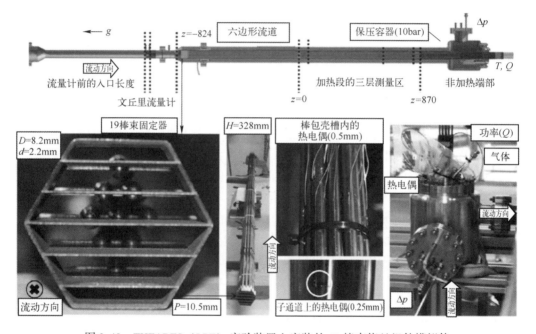

图 3.40　THEADES(LBE)实验装置上安装的 19 棒束绕丝组件模拟体

第二个例子是后向台阶实验段,安装在 KASOLA 钠回路中。这个几何结构是研究突扩现象的标准例题。欧洲正在开展的 H2020 框架下的 SESAME 项目中,在堆芯出口处就发现了这种现象(Jäger, 2016)。图 3.41 给出了该实验段的详细信息。

虽然这两个实验段的几何结构不同,但它们的建造呈现出一些共同的特征,可以作为液态金属实验装置的代表特性。具体如下:

(1)在加热区域的上游安装相对较长的流动发展段,以获得可重复的、充分发展的速度剖面。对于两个燃料组件,分别考虑了 2.5 倍绕丝螺距 $H$ 的轴向距离和 55 倍水力直径的后向台阶。对于后者,安装了 60%孔隙率的整流器,以避免从圆形通道到矩形通道的偏心过度引起二次流。

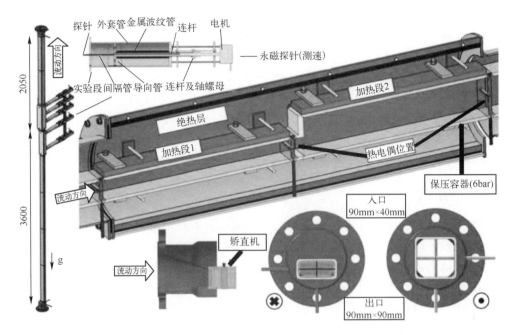

图 3.41 KASOLA（Na）实验装置上安装的后向台阶实验段

（2）实验段必须能够维持与实验装置其余部分相同的运行条件，这对机械强度有一定的考验。这种考验通常来自机械设计和热工水力设计之间的差异。对于燃料棒束，为了减少轴向热传导，六边形通道的外壁需要尽可能地薄。为此，在通道外安装了一个充满静态 LBE 的压力容器以维持装置的压力条件，这种操作仅在六边形通道壁面上产生摩擦压降。

（3）施加的热流密度高达 $1.0\mathrm{MW/m^2}$（代表反应堆名义满功率条件），以获得足够大的温度梯度，使温度的测量更加精确。高热流密度对于电加热元件提出了挑战，因其必须尽可能地紧凑。为了提升高温下的加热元件的电绝缘性能，最好是在较低的电压和较高的电流下工作，即低电阻设计。这种方法受到制造公差的限制，且必须为所有铜线提供足够的空气冷却。

在这两个实验段中都布置了大量的局部测点。针对实验段不同的几何特征，采用了不同的方法：

如图 3.40 所示，在燃料棒束实验段布置了以下两种类型的局部测点：

（1）为了测量所选定的位置三个不同深度处的壁面温度，直径为 0.5mm 的 TC 安装在宽度和深度相同的凹槽内（加工在加热棒的外壳上）。此外，在选定的子通道中心布置了更细的 TC（0.25mm），以获得更加精准的测量，并由绕丝进行支撑。为了不干扰流速剖面，信号电缆被小心地铺设并收集在容器顶部的连接处。如前所述，与 TC 具有相同金属材质的延长线将信号传输到电子冰点和数据采集系统。

（2）差压测量探头位于六角形通道的一侧，并连接到相应的传感器上。这些结果具有良好的重复性，与经验关联式符合良好（Pacio et al., 2016）。

如图 3.41 所示，后向台阶实验段局部测点布置如下：

(1) 几个 0.5mm 的 TC 安装在流道中的固定位置。在薄金属片上钻出小洞，并折叠形成十字形状，可以安装大量 TC，并且对流动的影响很小（宽度小于 1mm，Jäger，2016）。

(2) 在一个角上的 5 个位置（两个在台阶的上游，三个在下游），传感器可以穿过流道以获得速度和温度分布。每个传感器包括一个用于速度测量的永磁探头和一个 0.25mm 的 TC。在两个电极之间放置有一个小磁铁（2mm×2mm×1mm），液态金属流动时电极间会产生电压，并与速度和磁场的矢量积成正比。考虑到通道的特征尺寸（90mm×40mm），仪器仪表对速度和温度分布的影响可以忽略不计。

### 3.3.4 结论

随着人们对液态金属冷却技术兴趣的日益增长，近年来开展了大量的液态金属实验研究，用以验证机理模型，缩小理论研究与实验数据之间的差距。几十年来，KIT 在设计、建造和运行液态金属实验装置方面积累了丰富的经验，包括 Na 和重金属（LBE 和 Pb）相关的各种科学问题。本节总结了这些经验，并重点聚焦于热工水力研究。相关实验装置在建设时分为实验装置和特定实验用途的实验段。

将液态金属实验装置与更常见的水系统相比，在许多方面有一些共同的特点。例如，压力容器的设计制造需要遵循相同的工业标准，而且实验装置都需要电气和土建工程等相关基础设施的支持。此外，对于水和液态金属的高温运行，均须考虑结构热膨胀和保温。其他共同点是：二者都需要进行详尽的风险评估，以及相关的控制、监视和警报系统。虽然这可以被认为是一个运行方面的问题，但它们必须在设计和施工阶段给予充分考虑。

在其他许多方面，液态金属的特殊性质影响着实验装置的设计和建造，而水或其他常规流体则不需要这些额外的关注。

在其众多物理性质中，熔点（必须避免凝固）、密度（大的惯性和流体的重量，特别是 LBE 和 Pb）、高热导率和热扩散系数扮演着关键的角色，尤其是对加热实验段的建造。

对于 Na 和其他碱金属来说，它们与水和空气等常见物质的化学反应需给予安全方面的关注。实验装置建设过程中必须考虑采取适当的措施（如使用保护气体和充料箱），以降低运行风险。

液态金属与固体材料的相容性是一个涉及面广泛，并正在进行研究的课题。根据目前的技术水平，可以选择用于与流体接触的结构（管道和容器）和其他表面（如密封和测量）的材料范围是有限的（对于 Na 来说没有 LBE 那么严重）。氧控技术方案的研发提升了不锈钢材料的性能，使之能够应用于液态金属冷却反应堆的温度范围内。而对于更高的温度，使用陶瓷、难熔金属或玻璃（作为涂层）是最合适的解决方案。

关于热工水力实验装置，3.3.2 节给出主要部件（泵和热交换器）和仪表（流量和压差）的一些指南。然而，应该注意的是大多数设计和施工细节取决于实验装置的运行参数（温度、流量、压头和热功率）。对于实验研究，有时为了操作方面可能会牺牲效率，如使用电磁泵。根据 KIT 的运行经验，THEADES（LBE）和 KASOLA（Na）实

# 第3章 液态金属热工水力实验概述

验装置均使用电磁泵。

以上讨论了用于热工水力研究的加热实验段在建设过程中需要关注的一些事项。在这方面，液态金属的特殊性质意味着需要高精度的测量和紧凑的结构以实现更高热流密度。特别强调了需要获得可重复的运行条件，并对仪器就地校准（特别是温度测量）方法进行了描述。以 THEADES（LBE）装置的绕丝燃料组件和 KASOLA（Na）装置的后向台阶实验段作为两个实例进行了介绍。一些结构方面的特殊设计仅适用于被研究的几何结构条件下，并不能外推到其他系统。因此，本节主要概述了液态金属实验装置和实验段建设中面临的典型挑战，并提供了一些实例。

## 参 考 文 献

［1］ Addison, C., 1984. The Chemistry of Liquid Alkali Metals. Wiley, Chichester, UK.
［2］ Benamati, G., Foletti, C., Forgione, N., Oriolo, F., Scaddozzo, G., Tarantino, M., 2007. Experimental study on gas-injection enhanced circulation performed with the CIRCE facility. Nucl. Eng. Des. 237, 768-777.
［3］ Buchenau, D., Eckert, S., Gerbeth, G., Stieglitz, R., Dierckx, M., 2011. Measurement technique developments for LBE flows. J. Nucl. Mater. 415, 396-403.
［4］ Eckert, S., et al., 2017. Liquid metal flow meters. In: VKI Lecture Series: Thermohydraulics and chemistry of liquid metal cooled reactors, St. Genesiusrode, Belgium.
［5］ Grote, K.-H., Feldhusen, J. (Eds.), 2012. Dubbel: Taschenbuch f€ur den Maschinenbau. Springer.
［6］ Heinzel, A., Hering, W., Konys, J., Marocco, L., Litfin, K., Mueller, G., Pacio, J., Schroer, C., Stieglitz, R., Stoppel, L., Weisenburger, A., Wetzel, T., 2017. Liquid metals as efficient high-temperature heat-transport fluids. Energy Technol. https://doi.org/10.1002/ente.201600721.
［7］ Jäger, W., 2016. BFS experiment: instrumentation and setup. Karlsruhe Institute of Technology, Karlsruhe, Germany, SESAME Project, Report MS4.
［8］ Kottowski, H. (Ed.), 1981. Safety Problems Related to Sodium Handling in Liquid Metal Fast Breeder Reactors and Large Test Facilities: Lectures From a Course at Ispra (Italy). Publishers, Harwood Academic.
［9］ Moreau, R., 2007. In: Molokov, S., Moffat, H. (Eds.), Magnetohydrodynamics. Springer, The Netherlands.
［10］ OECD, 2015. Handbook on Lead-Bismuth Eutectic Alloy and Lead Properties, Materials Compatibility, Thermal-Hydraulics and Technologies. OECD Publishing, Paris, France.
［11］ Pacio, J., Daubner, M., Fellmoser, F., Litfin, K., Marocco, L., Stieglitz, R., Taufall, S., Wetzel, T., 2014. Heavy-liquid metal heat transfer experiment in a 19-rod bundle with grid spacers. Nucl. Eng. Des. 273, 33-46.
［12］ Pacio, J., Daubner, M., Fellmoser, F., Litfin, K., Wetzel, T., 2016. Experimental study of heavyliquid metal (LBE) flow and heat transfer along a hexagonal 19-rod bundle with wire spacers. Nucl. Eng. Des. 301, 111-127.
［13］ Schroer, C., Konys, J., 2007. Physical chemistry of corrosion and oxygen control in liquid lead and lead-bismuth eutectic. Forschungszentrum Karlsruhe, Report FZKA7364.
［14］ Schroer, C., Wedemeyer, O., Novotny, J., Skrypnik, A., Konys, J., 2011. Long-term service of austenitic steel 1.4571 as a container material for flowing lead-bismuth eutectic. J. Nucl. Mater. 418, 8-15.
［15］ Schulenberg, T., Stieglitz, R., 2010. Flow measurement techniques in heavy liquid metals. Nucl. Eng. Des. 240, 2077-2087.
［16］ Shah, R., Sekuli_ć, D., 2003. Fundamentals of Heat Exchanger Design. Wiley, Hoboken.

## 3.4 液态金属实验装置的运行

G. Kennedy[1], I. Di Piazza[1,2], S. Bassini[1]
比利时,莫尔,SCK·CEN;
意大利,布拉莫西莫内,ENEA,核聚变与核安全防护部,
实验工程处

一般来说,液态金属实验装置及其相关部件的运行不应与常规系统的运行有很大的不同。然而,正如本章开头所介绍的,液态金属的相对高温和物理性质使其在运行和安全方面有些特别之处。因此,本节基于现有实验装置的运行经验,向液态金属实验装置的使用人员(包括新用户)介绍装置运行相关典型且特殊的关注点。遵守良好的运行规范对人员安全十分重要,既可以保护实验装置的基础设施,又能产生高质量、有代表性、可重复的实验数据。

不仅是液态金属实验装置所专有,在许多系统工程的运行过程中均习惯性地需要制定功能性规范(FPS)。该规范并不描述系统执行的细节,而是描述系统在正常运行期间和非设计场景条件下应该如何工作。FPS还定义了用户和软件系统之间的交互,并反过来定义或形成操作步骤。

定义系统状态和模式是描述系统功能的常用方法。图3.42给出了一个简化的、可应用于液态金属实验装置的模式和状态流程图。参照状态流程图,可以确定典型的通用状态和参数,将其列入表中,如表3.9所列。

表3.9 液态金属实验装置的典型通用状态

| 模 式 | 充料箱 | | | 实验回路 | | |
| --- | --- | --- | --- | --- | --- | --- |
| | 空/满 | 温度 | 填充气体 | 空/满 | 温度 | 填充气体 |
| 停机 | 满 | 室温 | 氩气 | 空 | 室温 | 空气/氩气 |
| 维护 | 满 | 高于熔点 | 氩气 | 空 | 室温 | 空气/氩气 |
| 冷停机(氩气) | 满 | 200℃ | 氩气 | 空 | 室温 | 氩气 |
| 热停机(氩气) | 满 | 200℃ | 氩气 | 空 | 200~400℃ | 氩气 |
| 热停机(氩气) | 空 | 200℃ | 氩气 | 满 | 200~400℃ | 氩气 |
| 运行 | 空 | 200℃ | 氩气 | 满 | 200~400℃ | 氩气 |

使用状态和模式方法(图3.42),允许为每个状态定义唯一的功能需求。为了使这些状态独立存在,这些状态之间还必须存在转换(序列)。例如,充液、卸放、吹扫(气体环境调节)、冷却剂循环启动和关闭、紧急关闭(如在泄漏的情况下)、加热和冷却等均是典型的转换过程,适用于液态金属实验装置。系统的设定还要允许系统的控制人员或设计人员定义触发转换过程的需求,即转换设定触发和互锁。根据系统的复杂程度和软/硬件的选择(如手动阀或控制阀),这些触发可以设置为手动或自动,也可以是两者兼备。手动触发需要用户在可编程逻辑控制器(PLC)中输入。自动触发由带有

适当设定值的仪表反馈来启动。

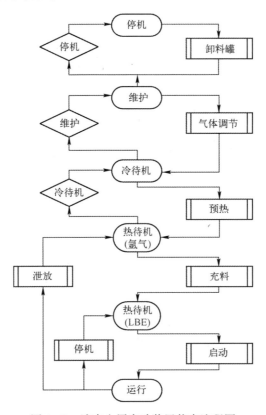

图 3.42 液态金属实验装置状态流程图

系统状态定义、转换过程和相关的操作步骤无疑是每个实验装置专有的。然而，一些通用的状态定义和转换过程在不同的液态金属实验装置间是类似的。

上述的系统状态和转换构成了后几节中通用操作描述的基础。

## 3.4.1 预氧化

当腐蚀性液态金属（如 LBE 或 Pb）作为主要工艺流体时，实验装置在首次充料前建议进行预氧化。预氧化的目的有两点：一是在可能与冷却剂接触的所有金属表面上建立一个保护性的氧化层；二是清除金属表面在制造过程中可能残余的油污。在实验装置运行过程中，如果液态金属中的氧含量始终保持在规定的限值内，那么保护层可防止钢合金中元素的溶解。

预氧化通常是将实验装置的相关部件预热到 250~450℃，并在空气环境中维持 24~48h。温度上限通常受实验装置中已经安装的设备和仪表的最高运行温度所限制。为了加强氧化效果，可以使氧化表面周围空气流动起来。对于实验装置的竖直部分，可以通过打开实验装置顶部和底部开口，建立起空气的自然循环。如果水平部分较长，则可能需要强迫的空气循环。

氧化尽管能提高结构耐腐蚀性，但是大大降低了 HLM 对部件的润湿性。对于润湿性要求较高的测量设备，如超声多普勒测速仪（UDV）探头（因接触声阻增大）和某些类型的电磁流量计（由于接触电阻增大），在实验装置氧化后其性能会变差。此类设备应在氧化前从实验装置中暂时拆除，或相关表面在实验装置氧化后进行机械或化学处理以去除局部的氧化层。

## 3.4.2　LBE 熔化及首次充料

LBE 通常以铅铋锭的形式运输，这些铅铋锭必须经过熔化才能注入到实验装置中。对于需要大量 LBE 的大型实验装置，建议使用专用的熔化容器（熔料罐），并采用分批充料。分批充料通常是一个重复操作的过程，在熔料罐中熔化一些铅铋锭，必要时对熔料罐中铅铋自由液面的氧化物进行机械清除，并将熔化的铅铋从熔料罐的底部注入到实验装置中。从熔料罐底部注入的方式减少了将浮在铅铋液面上方的固体氧化物引入实验装置的可能性。因此，这个过程需要在熔料罐和实验装置之间的充料管道上安装一个阀门，反复地熔料、充料，直至实验装置充满为止。为了精确地获得填充至实验装置中的 LBE 体积，可以对熔料罐进行称重，通过重量差确定每批的 LBE 填充量。根据熔融铅铋的温度和密度，可通过计算获得熔融铅铋的体积。还有一个办法是通过预先安装的液位传感器，通过卸料罐[①]内的液位差确定填充的 LBE 体积。连续液位测量可通过激光、声波测距仪或浮子液位传感器，非连续液位测量可以采用易于制造且价格低廉的电接点探针。

如果熔料罐是开放的，操作人员就需要采取必要的安全措施，如穿戴全脸防护罩、合适的长袖手套和防护围裙，以防液态金属的飞溅。一个安全措施是给熔料罐增设一个可移动的旋臂式盖子。铅铋的熔化过程应在尽可能低的温度下进行以减少氧化，同时要保证铅铋不发生局部的凝固。对于 LBE 来说，合适的温度范围为 150~180℃，对于纯铅，合适的温度范围为 380~400℃。重惰性气体（如氩气）可以充满在自由液面上方以减少氧化，但这并非是强制性的（注意，氩气是窒息性的，并且比空气重）。在熔化过程中和熔化后，铅铋锭中的固有杂质和产生的氧化物会漂浮到自由液面上，故可以使用机械的方式去除，如使用金属网勺。为了避免氧化物的移动和扩散，氧化物的去除应尽量减小对熔融物产生扰动。

熔料罐中的充料管线和实验装置中的充料接口部分（通常是卸料罐和相关连接的管道），在使用熔料罐第一次充装液态金属前均应进行预热。理想情况下，实验装置的预热温度不应与所充入的液态金属温度相差太大，这是为了减少对实验装置管道和相关部件的热冲击。在选择合适的熔融温度和实验装置预热温度时，应充分考虑充料过程中局部冷凝的风险。与实验装置的充卸料罐相连的充料管道或相关附属管道，建议尽可能少安装仪表或敏感部件。这不仅是为了避免实验装置和熔融金属之间温差而引起热冲击，也是为了防止可能的 HLM 自由落体撞击到精密仪器或传感器。在线过滤器可以安装在专用的充料管道上，以过滤可能存在的固体氧化物或其他杂质。

在第一次充装 LBE 之前，实验装置无疑要进行清洗和干燥。在通过水压实验后，务必做好排水工作，并使用伴热的方法进一步干燥，同时用真空抽出水汽。涉及保护气

---

　① 充料罐和卸料罐通常为一个容器，实验开始前通过该容器进行充料，实验结束后或应急情况下通过该系统进行卸料，并存储铅铋。——译者

体的实验装置，如膨胀罐（一般是回路的最高点）和卸料罐（一般是回路的最低点），通常设置有真空接口，真空接口的位置应能始终防止工艺介质（LBE/水）进入气体系统。

### 3.4.3 气体环境调节程序（惰性气体）

气体环境调节是一个过渡性的步骤，使用惰性气体排出实验装置的空气，以有效降低系统启动加热前氧气的浓度。该程序用于减少系统被预热时液态金属被氧化的可能性，需在任何预热或充料启动之前完成。一个易于实现的预防措施是系统和预热程序联锁，以确保气体环境调节已经在进行任何预热之前完成。在运行过程中，实验装置维持在某种惰性气体超压保护的状态，在这种情况不需要气体环境调节。此外，气体环境调节程序也可以作为泄漏测试的手段。监测剩余气体压力随时间的变化有助于检验实验装置的密封性能，但要考虑到温度变化引起的压力变化。

使用惰性气体净化管路系统的方法有很多种，如压力净化和真空净化。如果系统（容器、管道和部件）的设计能够承受真空，那么真空吹扫特别适用于具有多个死区的系统（Kinsley，2001）。相对于同样的氧浓度净化方式，真空净化方式消耗的惰性气体量也较少。真空净化首先用真空泵抽走实验装置中的空气，然后使用惰性气体冲洗实验装置。这个过程（抽真空和用惰性气体冲洗）重复进行，直到达到所需的氧气浓度。经过 $k$ 次清洗循环（抽真空和冲洗）后的氧气浓度为

$$x_k = x_0 \left( \frac{P_L}{P_H} \right)^k \tag{3.37}$$

式中：$x_0$ 为初始氧气浓度；$P_L$、$P_H$ 分别为循环中的最高压力和最低压力。

在 SCK·CEN，LBE 实验装置的气体环境调节通常包括三个真空净化循环，即所谓的三次冲洗。

### 3.4.4 预热

对实验装置的预热通常采用电阻式伴热带，安装在容器、管道和部件的外部。预热程序需在液态金属进入实验装置之前完成。预热程序使实验装置从冷待机状态过渡到热待机状态。需要注意的是，在气体环境调节程序完成之前，预热操作需处于联锁状态，不能进行预热。

如 3.4.2 节所述，为避免充料过程中的热冲击，实验装置伴热温度设定值应与 LBE 充装的温度接近。当提高温度设定值时，升温速率也不宜过高。过高的升温速率可能导致局部温度不均匀，并造成热应力，这将对某些组件不利，特别是氧传感器等陶瓷组件。位于 SCK·CEN 的 LBE 实验装置通常将升温速率限制在 1℃/min 以内。

为避免实验装置充料过程中 HLM 的升温速率过高，特别是在初始启动期间或插入新的试验件（或实验段）之后（OECD，2015），还需采取其他的措施。合金元素在 HLM 中的溶解度随温度的升高而迅速增大。而高温情况下 HLM 中的氧浓度通常远远低于其溶解度。因此，如果不进行预氧化处理，在 HLM 升温速率过快（316L 奥氏体钢，温度在 500℃以上）的条件下，钢合金中的元素将快速溶解。因此，建议控制加热速率或分阶段加热，以便建立保护性的氧化层（适当的人为氧控制）。

### 3.4.5 LBE 充料

卸料箱一般设置在实验装置的最低处，以便在重力的作用下完成卸放。图3.4.2 给出了一个典型的液态金属实验装置的卸料箱设计。在这种情况下，实验装置的充料过程是通过用氩气等惰性气体对充料箱①的加压来完成的。可通过延长充料/卸放喷嘴到卸料箱中完成，如图3.43所示，即浸入管。

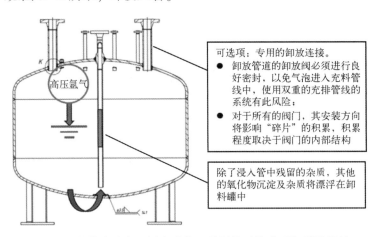

图 3.43 安装在液态金属实验装置最低位置的典型卸料罐设计

这种浸入管的设置确保了当充料箱管的气体压力增加时，LBE 只能从充料箱的底部进入实验装置。因此，在充料过程中，漂浮的氧化物和杂质一直漂浮在充料箱中。然而，共用一根管道进行充料和卸放有一个缺点：在卸放期间和卸放之后浸入管内可能存在局部的氧化物/碎片的堆积，在下一个充料过程中，这些碎片会被重新引入实验回路中。

这将取决于实验装置的运行历史，包括 LBE 的氧浓度、LBE 的温度，以及卸放之前的混合和夹带水平。

为了避免上述的充料管道和卸放管道中可能出现的氧化物积聚，可以使用专用的充料管道和卸放管道。卸放管道不应该是一个浸入管，而是一个传统上的喷嘴连接结构。SCK·CEN 的先进快堆技术腐蚀研究（CRAFT）实验装置即采用这种专用的充料管道和卸放管道。但是，它也存在一些问题：双管道的方法要求在每条管道上都要装有一个专用的截止阀。因此，在充料过程中，充料箱被加压到一个相对较高的压力，通过充料管道对实验装置充料。在 SCK·CEN 的 CRAFT 实验装置中发现，卸放管道的截止阀并不能完全关闭，使气体从加压的充料箱再次回流到实验装置中。这种阀门泄漏会导致氩气泄漏到实验回路中，使得实验回路中出现气体积累。回路中的 LBE 也会缓慢释放，任何截止阀都会产生这种现象。此类截止阀的泄漏可能是阀座区域周围的碎片/氧化物堆积造成的，从而阻碍了阀塞/阀座接口的完全密封。因此，需仔细考虑阀门的选型和安装方向，优先选择垂直方向的卸放截止阀。

---

① 与前述的卸料罐为同一容器，因不同阶段功能不同，名称有所差异。——译者

在充料箱向实验装置充料完成后，建议（如果可能）将充料箱的压力保持在略低于充料所需的压力，即小于实验装置所需的静态压头。这样做可以降低卸放过程中的 LBE 流速，这对于具有较大静压头的系统来说意义重大（参见 3.4.8 节中的卸放步骤）。

## 3.4.6 泵的启动和关停

在任何流体系统中，泵的启动和关停等瞬态过程都是非常重要的。液态金属实验装置中泵的工作原理与任何传统的液体泵系统并没有太大的不同，应遵循泵的一般运行守则，如使用前给泵充填流体，遵守汽蚀余量（NPSH）要求以及泵的最低流速和流量要求等，并确保泵不会在流体没有充满的情况下工作。

泵的启动和关停程序取决于许多因素，例如：系统布局，泵的额定流量、功率以及启动/关停期间产生的压头。根据设计要求，泵一般应以满足启动要求的最小扭矩或功率启动。这对于 LBE 之类的 HLM 来说非常重要，因为泵的功率与流体密度成正比。图 3.44 为不同比转速下的泵剖面图。一般来说，径向型和混流型（离心泵）的低、中比转速泵（比转速小于 5000）在关停附近的功率要求最低，随着流量的增加，所需功率也随之增加。因此，常见的情况是泵启动时关闭或部分关闭出口阀。但是，如果泵电动机的大小已经调整到能够补偿跳动工况条件（在泵曲线的右侧），则可以在打开阀门的情况下启动泵。

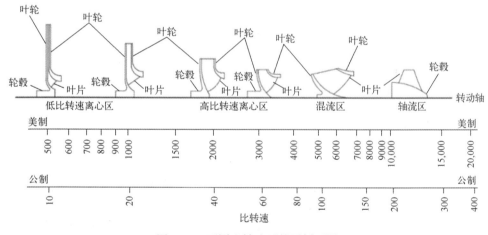

图 3.44 不同比转速下的泵剖面图

与之相反，高比转速的立式轴流离心泵在闭阀状态下达到最高功率，而安装的电动机功率通常不能覆盖该点所需的功率。鉴于此，轴流泵启动时必须打开出口阀，从而使系统中的压降逐渐增加到所需的运行压头。

因此，大多数液态金属实验装置在启动前会完成回路充料。虽然每个实验装置会有所不同，但对于具有高密度流体的 HLM 实验装置，建议采用一定程度的软启动（逐渐增加泵转速）。尽管变频器主要用于改善过程控制，但使用变频器可以减少启动电流，用最低的电流满足最高的扭矩需求。它在启动过程中提供了与软启动器类似的功能。

需要注意的是，对于某些特殊类型的泵，如永磁泵，对泵的启动程序则没有严格的要求。然而，磁力泵对于温度过热非常敏感。

### 3.4.7 冷却

与加热的步骤类似，在明确冷却程序时应仔细考虑 LBE 冷却过程的影响，避免在各部件中产生过高的温度梯度。由于伴热控制设计和部件热惯性的差异，太快的冷却速率可能造成某些部分比其他部分冷却速度更快，从而导致低温报警，自动卸放，甚至局部凝固。

### 3.4.8 卸放

卸放可以通过两种典型但不同的操作程序：手动启动，或由一个或多个条件触发的自动紧急卸放操作。因此，建议在实验装置中安装自动卸放阀，以满足实验装置自动卸放的需要。对于一些实验装置，使用远程控制阀可能是一个比较安全的选择。

手动卸放首先要打开卸放阀门，使 LBE 在重力的作用下非能动地排放至卸料箱。应预先采取必要的操作以减少回路和卸料箱之间的驱动压差，从而降低从回路流入卸料箱的 LBE 流速。这些操作应包括：确保 LBE 泵已停止运行（卸放步骤要与泵的运行进行联锁），减少回路中的保护气体压力，增加卸料罐中的保护气体压力（不可过高，否则可能导致无法进行卸放操作）。通常，可以先满足以下先决条件/联锁机制再启动卸放操作：

（1）关闭所有的泵（强迫循环）；
（2）关闭所有的能动式换热器，以避免液态金属在热交换器中发生凝固；
（3）打开所有阀门（除了卸放阀），否则可能会妨碍实验装置的完全卸放。

在卸放过程中，卸料箱内的气体压力将会上升，可以通过与实验装置顶部连通以平衡压力。卸放管道的尺寸和卸料箱的通气管道尺寸将影响实验装置的卸放时间，因此，如果需要在要求的目标时间内完成卸放操作，就应该考虑这些因素。

启动自动/紧急卸放操作均需要若干判据，其中的典型判据见表 3.10。

表 3.10 可能需要紧急卸放条件典型例子

| 条 件 | 检 测 | 原 因 |
| --- | --- | --- |
| LBE 温度低 | 两个以上热电偶温度低于设定值（150℃） | 伴热失效/冷却过度 |
| LBE 液位低 | 上部液位低于设定值 | LBE 泄漏 |
| 保护气气压低 | 保护气压低于设定值 | 膨胀箱泄压 |

阀门失效位置的选择应考虑所要进行的实验类型和预期失效的频率，其中失效是指失去电源或失去高压气源。对于可能受到卸放操作影响的长期实验，更适合使用故障关闭阀门。如果有需要，则可以采取一些措施，例如，气动阀门使用备用气源、电动阀门使用不间断电源（UPS），在失去动力后仍可继续操作故障关闭阀。

早期俄罗斯运行 LBE 实验装置的经验表明，避免卸放 LBE 实验装置时使之与空气连通，以避免氧化和杂质污染实验装置。对于大多数研究机构或实验装置来说，永远不卸放 LBE 实验装置并不完全适用。在任何情况下，实验回路中的液态金属凝固均会导致杂质在实验装置壁面上的结晶。期望的状态是杂质的结晶发生在卸料箱内。此外，打开实验装置更换部件或实验段是很难避免的，因此，应该建立相关的操作规程，尽量减少在实验装置非运行或维护期间的氧化反应。操作规程应规定，无论设备是热态还是冷态，当回路中没有液态金属时，实验装置均应始终维持惰性气体（最好是氩气）环境。当更换部件、仪表或实验段时，实验装置中轻微的正压氩气将减少氧气的进入。频繁操作或拆卸的实验段处建议安装阀门或盲法兰。

LBE 实验装置经过卸放操作后，再次开展实验的结果通常会有所不同。SCK·CEN 的 COMPLOT 装置最新的运行经验表明，卸放（或打开）LBE 实验装置会对实验结果产生影响。图 3.45 为同一部件（本例中为燃料组件模拟体）在不同时间条件下，压降随流量变化关系的三条实验曲线。

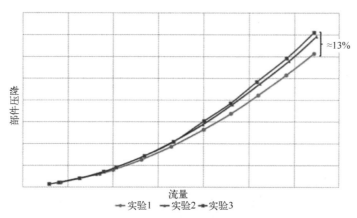

图 3.45 某部件的三次试验中压降与流量的关系曲线

注：压降的变化是每次实验的回路充排引起的。

从图 3.45 可以看出，各次实验之间的部件压降有所增加，在最大流速下增加约 13%。造成压降增加的原因是在每两次实验之间 COMPLOT 装置的回路进行了卸放及填充。此外，在实验 1 和实验 2 中间，实验回路被打开过，目的是替换实验段上游的超声波传感器。卸放和充料使系统的自由液面产生了升降，可能会导致漂浮的氧化物和杂质沉积在部件上，特别是结构复杂的部件（如一些实验段）。所以，建议在完成实验前不要对实验装置进行卸放。应该指出的是，卸放操作并不是引起压降变化的唯一原因。

## 3.4.9 实验装置运行过程的一般关注事项

本节首先介绍 SCK·CEN 的一些 LBE 实验装置的运行经验反馈，然后介绍仪表、组件构成以及调试操作。

**1. LBE 凝固：阀门操作与驱动**

液态金属系统通常使用波纹管密封阀门以进行隔离或过程控制。波纹管密封阀门的设计是最适合液态金属的，包括一个内部波纹管，焊接到阀杆和阀盖上。当阀杆移动时，波纹管保持密封，与采用压盖填料的传统阀门设计相比，可以显著降低泄漏概率。

然而，这些阀门使用的波纹管必须相对较薄，如只有零点几毫米的厚度，以保证灵活性。由于 LBE 凝固过程中体积会发生变化，应避免液态金属在阀体/阀盖的密闭空间内凝固，损坏脆弱的波纹管。如果某些原因凝固不可避免，则应采取特殊的预防措施确保阀门不会被操作，以免波纹管受力过大。自动阀门应设置联锁，以保证它们不会在接近熔点的设定值以下动作。建议这个设定值对于 LBE 为 150℃，对于 Pb 为 380℃。

**2. 压力脉动**

压力脉动或液锤是由流体速度突然变化引起的压力瞬变，即流体动量的变化。压力脉动现象不仅存在于液态金属中，也存在于许多流体系统中。但是，LBE（以及其他所有 HLM）的高密度使得液锤现象成为 HLM 实验装置设计和运行中的一个重要考虑因素。当阀门关闭过快，或泵启动时下游管道卸放，或泵突然停止运行，都会发生液锤现象。其结果是产生的压力波可能会大大超出正常工作压力，导致严重的振动、管道应变，甚至管道或部件的破裂失效。

压力脉动发生后，产生的最大压力上升（潜在冲击）可由乔科夫斯基（Joukowski）方程确定，该方程假定无摩擦管道回路中的阀门瞬间关闭（Thorley, 2004）。乔科夫斯基方程如下：

$$\Delta P = \rho \times c \times \Delta V \tag{3.38}$$

式中：$\Delta P$ 为冲击压力上升（Pa）；$\rho$ 为流体密度（kg/m³）；$c$ 为压力波速度（m/s）；$\Delta V$ 为流体速度的变化（m/s）。

阀门瞬间关闭的假设对于压力上升的估计是保守的。为了更精确地估计，需要开展更多的分析。压力波的速度以及因此产生的波幅也取决于管道的约束特性、管道材料的模量和液体的弹性模量。压力波速度与管道弹性特性相关，压力升高与流体密度成正比。考虑到 LBE 的高密度，在初始流速和管道设计相同的情况下，LBE 实验装置中瞬间关闭阀门产生的压力上升大约为水介质实验装置的 10 倍。为了更好地理解这一点，可考虑两个相同的 1in（1in = 2.54cm）40 钢管，每个钢管的出口都有一个阀门。其中一根管道流有初始流速为 1m/s 的 LBE，另一根管道流有初始流速为 1m/s 的水。在阀门瞬间关闭的情况下，采用乔科夫斯基方程估计 LBE 和水实验装置可能产生的压力上升分别为 156bar 和 14.6bar。

许多技术手段，如设置减压装置，可用来防止或减少压力冲击的影响。简单的操作建议是确保阀门关闭能够缓慢进行。例如，在 SCK·CEN 的 COMPLOT 装置中，空气流量限制器安装在气动执行器的出风口处，以限制空气流量。与阀门供应商确认阀门的关闭时间，并在实验装置调试期间验证或调整阀门的关闭时间。

**3. 仪表**

LBE 的物性和较高的运行温度通常需要使用远程密封隔膜压力变送器。这些变送器利用安装在腔内的薄壁柔性膜片，将被测介质与传感器分开。膜片和传感器之间的空间使用传递介质（通常是耐高温油）填充。当被测介质压力发生脉动时，脉动将通过柔性膜片传给传递介质，再通过传递介质的液压变化传递给传感器。

考虑到仪表的上述特性，在使用远程密封隔膜压力变送器时，需关注以下几个方面：

（1）防止气泡在压力测量系统内滞留。在充液过程中，隔膜腔内必须完全充满液态金属。建议采用专用的充排管道，并从底部进行充装，从顶部排气。图3.46（a）为隔膜腔的示意图，其下方为充排管，上方为排出管。如图3.46（b）所示，可以将管路和阀门连成网状，形成多个压力分接点，以减少所需的压力变送器数量。这样做虽然可以减少成本，但是这种小直径管道容易引起气体积聚。在LBE主泵运行时保持冲洗阀打开，隔膜腔内可以建立液态金属流，以保证可能积聚的气体能完全排出。

（2）对压力测量系统的不同部件要分别进行独立伴热。上述推荐的充排管道以及从主工艺管道（或实验段）到压力测量隔膜的连接大多采用直径较小的管道（8~12mm）。这些管道的伴热布置和分组加热控制对避免可能的液态金属凝固是非常重要的，因为液态金属凝固将会导致压力测量的错误。例如，将较大部件（如阀门或隔膜法兰）的加热元件与小管的加热元件组合在一起共同控制将会引起不同的热响应，并最终在压力传感管中凝固。对于具有不同热惯性的部件，建议采用独立伴热。

（3）将高压和低压隔膜安装在同一标高上。对于使用两个膜片的差压变送器，高压膜片和低压膜片应安装在同一标高上，以避免产生静压差。在进行实验测试之前，差压变送器应在无流量的条件下进行零点设置。此外，建议每个隔膜腔进行独立伴热，并配备专门的温度监测热电偶和比例积分微分（PID）控制回路。这是为了防止热损失的不同而引起的两个膜片之间的温差，从而可能影响压力测量。

（4）避免液态金属在隔膜腔内凝固。凝固过程中体积的变化会对薄壁膜片造成损伤。

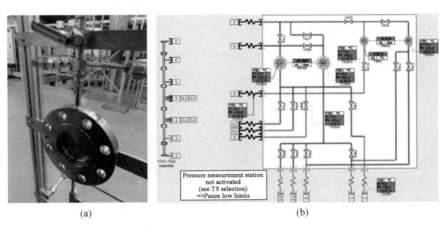

图3.46 集成前带有充排接口的隔膜腔和典型的
单膜片多路压力测量系统PLC截图

**4. 系统性能监控**

在新建实验装置的调试期间，建议尽可能地完成系统和部件的基准性能确认。这至少包括两个方面：一是确认每一个部件或系统按照预期设计或设备规范运行；二是建立一个寿期起点（BOL）的性能基准，用于后续的对比和性能监控。部件性能基准包括泵的性能（泵的特性曲线和效率）、整个系统的曲线特性、过滤器压降特性和换热器换热量特性。

在部件循环实验（COMPLOT）装置的调试过程中，通过系统性能曲线识别了阀门执行器在装配上的故障。如图3.47所示，系统性能曲线的理论值和实验值的差异表明，系统中有明显的、额外的、非预期的压力损失。进一步的调查发现，当执行器开度为100%时，阀门实际上只打开了大约50%，导致$C_v$值为50而不是预期的236。系统的此类特性可以帮助进行故障诊断和长期的性能监控。

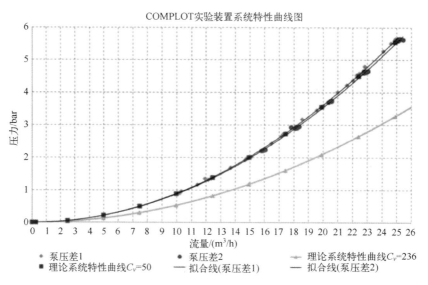

图3.47　COMPLOT装置系统曲线的理论值和
实验值对比图——阀门安装失误诊断

除了上面讨论的基准性能测试和监控外，最好能将所有活动记录在实验装置日志中。这是有用的，例如，可以查看每个特定实验的实验操作步骤或系统状态，或者保留系统运行时间以及实验装置维护的日志。

系统性能方面需要关注的其他方面如下：

（1）泵加热性能：管道的摩擦损失和泵内的水力损失将转化为热能。该能量的大小由泵的功率、效率以及回路的热损失确定，这个加热的速度可能会很可观，成为一个重要的热源。如果没有安装主动温度控制或控制不当，就将很难获得稳定的流体温度。

（2）液态金属实验装置运行的高温条件通常意味着管道可能会发生明显的热膨胀，这就需要柔性管道支架，如弹簧吊架和膨胀接头。建议对管道支架进行例行检查，以确保系统能够持续得到良好的支撑。

（3）氩气是HLM实验装置中常用的惰性气体。由于氩气比空气重，是一种窒息物，所以在这些实验装置或附近工作时应该小心。应在密闭空间内，尤其是低高度的密闭空间安装声光报警器，以在氧气不足时提醒工作人员。

## 3.4.10　设备/实验段的清洁

由于Pb/Bi氧化物、腐蚀产物和其他杂质的沉积，随着时间的推移，在热交换器/蒸汽发生器或实验段处可能会形成堵塞，从而影响HLM实验装置的热工水力特性。此类堵塞或表面沉积可能会影响热工水力实验的结果。因此，在开展重复试验之前需要清洗部件甚至整个实验装置。建议经常对管道和部件进行可视化分析（如内窥镜检查），以检查实验装置的状态，以此考虑是否采取清洁措施。

在 HLM 环境下工作的部件可以使用合适的化学腐蚀剂来清除残留的 Pb/Bi 金属和 Pb/Bi 氧化物。Pb/Bi 金属和 Pb/Bi 氧化物的典型腐蚀剂是醋酸（$CH_3COOH$）或硝酸（$HNO_3$）水溶液，能够形成可溶的 Pb/Bi 醋酸盐或 Pb/Bi 硝酸盐，在水溶液中被迅速去除（Pruksathorn，Damronglerd，2005；Gholivand et al.，2010；Saito et al.，2004）。一般来说，使用乙酸的同时，还同步使用过氧化氢（$H_2O_2$），以加快浸出速度。以 Pb 为例，使用乙酸或硝酸水溶液浸出的反应如下：

(1) $2Pb+O_2$(空气)$+4CH_3COOH \rightarrow 2Pb(CH_3COO)_2+2H_2O$（非常慢）
(2) $Pb+H_2O_2+2CH_3COOH \rightarrow Pb(CH_3COO)_2+2H_2O$（快）
(3) $H_2O_2 \rightarrow H_2O+1/2O_2$（气体）（继发反应）
(4) $PbO+2CH_3COOH \rightarrow Pb(CH_3COO)_2+H_2O$（快）
(5) $3Pb+8HNO_3 \rightarrow 3Pb(NO_3)_2+2NO$（气体）$+4H_2O$（如果硝酸被稀释了，则反应快）
(6) $PbO+2HNO_3 \rightarrow Pb(NO_3)_2+H_2O$（快）

大型部件（如阀门、实验段和膨胀箱）的清洗是在含有酸性水溶液（$CH_3COOH+H_2O_2$ 或 $HNO_3$）的专用池中安全地进行的。液态 Pb/Bi 实验中使用专用的部件清洗系统的一个例子是位于 Brasimone 的 ENEA 的大型设备清洗平台（PLAnt for Cleaning of large Equipment，PLACE），如图 3.48 所示。该厂房配有一个由 316 不锈钢制造的水池，用于放置相关部件以进行清洗；另有两个高密度聚乙烯（HDPE）容器，一个用于存放待用溶液，另一个用于存放废液；并在废液箱和清洗池之间设置了外部泵，用于液体的输送。废液箱是用来储存已经使用但没有完全用尽的液体，可以重复使用。清洗池还配有喷嘴，用水清洗部件。一般情况下，在 ENEA 的 PLACE 中使用 $CH_3COOH/H_2O_2$（20%（质量分数）+20%（质量分数）+水）或 $HNO_3$（10%~20%（质量分数）+水）的稀释溶液，以避免产生气体和过多的热量。事实上，上述的反应（2）、（4）、（5）、（6）是高放热的，根据反应（3），当使用 $CH_3COOH+H_2O_2$ 时，热量促进了 $H_2O_2$ 的分解。对于实验室小部件的清洗（如小型氧传感器），也可以使用 1∶1∶1 比例的 $CH_3COOH+H_2O_2+$乙醇经典混合溶液。图 3.49 为热工水力实验后，使用 $CH_3COOH+H_2O_2$ 混合溶液对 NACIE-UP 回路膨胀箱内剩余 Pb/Bi 的清洗情况。

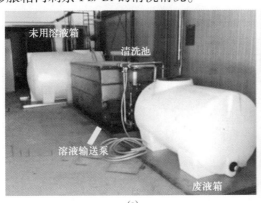
(a)

(b)

图 3.48 使用酸性水溶液清洗大型部件残留 Pb/Bi 的 PLACE 实验装置

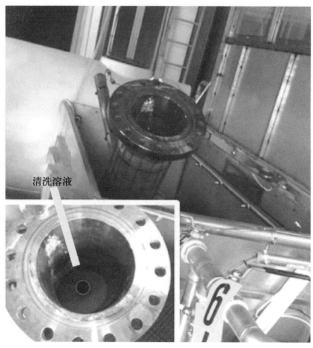

图 3.49 使用酸性水溶液（$CH_3COOH+H_2O_2$）清洗
NACIE-UP 实验装置中膨胀箱中的残留 Pb/Bi

有时，不仅特定的部件需要清洗，整个实验装置也需要清洗。在这种情况下，整个实验装置的清洗可以应用特定的充注程序来完成。在这种情况下，建议使用稀释的 $CH_3COOH+H_2O_2$ 或 $HNO_3$ 溶液，以避免产生气体和过多的热量，防止清洁产生的混合物释放到实验装置外部。如果实验装置是一个回路，建议使用酸性水溶液进行循环以获得良好的清洗效果，如图 3.50 所示，可以使用外部泵以进行循环。清洗后，用水洗去实验装置上残留的酸性液体。

图 3.50 ENEA（Brasimone）的铅腐蚀（LECOR）实验装置回路
循环清洗（使用 $CH_3COOH+H_2O_2$）（见彩插）

注：清洗液从膨胀罐进入，从排放管线流出，使用外部循环泵进行循环清洗。

## 3.4.11 总结

鉴于每个液态金属实验装置均有独特的特性和不同实验要求,不能为所有的液态金属实验装置编制完全通用的运行操作程序。然而,上述这些说明可作为液态金属实验装置的运行指南,并提示了运行此类实验装置时需要关注的一些事项。液态金属冷却剂在系统内凝固的事实,要求人们采取措施防止液态金属冷却剂凝固以及对敏感部件的损害。HLM 的高密度意味着 HLM 实验装置的系统负载明显高于常规系统。部件的支撑、管道柔性分析、轴承载荷和高惯性力是需要考虑的设计和运行因素。应该避免 HLM 速度的快速变化,因此,涉及阀门关闭和泵的启停的瞬态操作程序是非常重要的,要认真编制。建议进行系统的氧控,一方面防止 HLM 氧化物在部件壁面上的沉积及其可能导致的堵塞,另一方面防止与液态金属接触的钢管和仪表中的合金元素发生溶解。

## 参 考 文 献

[1] Gholivand, K., Khosravi, M., Hosseini, S. G., Fathollahi, M., 2010. A novel surface cleaning method for chemical removal of fouling lead layer from chromium surfaces. Appl. Surf. Sci. 256, 7457-7461.

[2] Kinsley Jr., G. R., 2001. Properly purge and inert storage vessels. Chem. Eng. Prog. 97 (2), 57-61.

[3] OECD, 2015. Handbook on Lead-Bismuth Eutectic Alloy and Lead Properties, Material Compatibility, Thermal-Hydraulics and Technologies. OECD-NEA, Paris, France.

[4] Pruksathorn, K., Damronglerd, S., 2005. Lead recovery from waste frit glass residue of electronic plant by chemical-electrochemical methods. Korean J. Chem. Eng. 22 (6), 873-876.

[5] Saito, S., Sasa, T., Umeno, M., Kurata, Y., Kikuchi, K., Futawaka, M., 2004. Technology for cleaning of Pb-Bi adhering to steel. Basic test. JAERI-Tech2004-074.

[6] Thorley, A. R. D., 2004. Fluid Transients in Pipelines, second ed. John Wiley and Sons Ltd, Bury St Edmunds, United Kingdom ISBN: 978-1-860-58405-3.

## 3.5 液态金属冷却反应堆冷却剂的测量技术

T. Wondrak, S. Franke, N. Krauter, S. Eckert

德国,德累斯顿,流体动力学研究学院,磁流体动力学系,亥姆霍兹研究中心

### 3.5.1 概述

液态金属作为核反应堆冷却剂的优点是沸点高、热容适当和熔点低。通常使用钠、铅或铅铋合金(Weeks, 1971; Sakamoto et al., 2013; Cinotti et al., 2011)。这些液体不透明,因此使得光学检测方法和测量技术不可用。此外,由于高温,适合使用非接触式

的测量技术。液体的化学组分（如氧含量）和流动特性很重要，因为它们直接影响传热特性，并直接影响系统的冷却特性。例如，如果反应堆堆芯的一个子通道被阻塞，周围的构件将会过热，可能会导致燃料组件发生破裂并将部分燃料释放到冷却回路中。以 MYRRHA 项目开发的池式反应堆为例（Engelen, et al., 2015），下腔室的流道结构显著影响堆芯的冷却效果。此外，为了探测沸腾或液态金属中夹带的气体，需要采用两相流测量技术。以上这些考量均说明了流动测量的重要性和必要性。

本章简要介绍流量、局部流速和气泡探测的最新测量技术。有关液态金属测量技术的全面综述参阅 OECD 编制的 LBE 手册（2015）。

首先介绍两种基于超声的测量技术：一种是通过超声多普勒测速仪（UDV）来测量速度分布；另一种是通过超声传输时间技术（UTTT）来检测气泡的位置和大小。下一节将介绍几种基于电磁感应原理来测量流速或局部流速的方法，包括瞬态涡流流量计（TEC-FM）和非接触感应流层析成像（CIFT）。

### 3.5.2 超声测量方法

基于超声的液态金属检测方法的原理是将超声波脉冲发射至液态金属中，检测由微粒或气泡界面反射的回声，根据液态金属中的声速可以确定超声发射器与散射物体之间的距离（飞行时间法）。根据这一原理，UDV 可以实时地测量高空间分辨的速度信息，UTTT 可以检测液态金属中的气泡位置和直径。超声方法是非浸入性的，但并不是非接触的，因为从超声变送器到被测流体需要一个连续的声音传输路径。

UDV 的测量原理如图 3.51 所示。超声变送器发出的超声波脉冲沿着与扩展变送器一致的方向传播到流体中。部分超声脉冲能量被悬浮在液体中的微粒散射。反射信号包

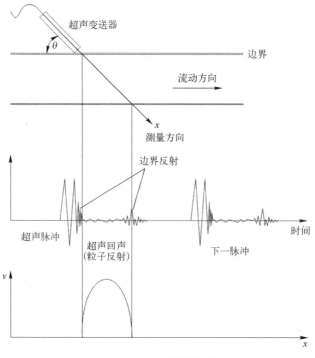

图 3.51　UDV 的测量原理

含沿超声波束的速度剖面的全部信息,由同一变送器接收。已知液体中声速,根据脉冲信号发射与接收到的反射信号之间的时间差,即可确定散射粒子在测量通道上的位置。散射粒子在测量空间内的运动将导致两个连续的脉冲信号之间发生小的时间差别。通过两个连续脉冲信号的相关分析,即可获得速度信息。超声频率的选择取决于所需的测量深度和可能的最大速度。使用的频率通常为 1~8MHz。一个需关注的关键项是传感器和被测液体之间的声耦合,这是由传感器端部的润湿条件决定的。此外,为了从流体中获得可靠的速度信息,必须保证散射粒子浓度的平衡性。一方面,非常高的粒子浓度衰减了端部区域的信号,使声波无法传播到更大的测量深度;另一方面,在一定的测量深度内散射粒子浓度过低,无法获得流速信息。

在应用于物理和流体工程领域之前,超声多普勒技术最早由 Takeda(1986,1991)率先应用于医学领域。Takeda(1987)探究了使用 UDV 测量液态金属速度剖面的可行性,他在室温下测量了水银中的速度剖面。Brito 等(2001)提出了在液态镓中应用 UDV 的测量方法。Eckert 和 Gerbeth(2002)发表了一篇关于"热态"液态金属的论文,该技术成功应用于 150℃ 左右的液态钠。改进的高温 UDV 传感器根据图 3.52 安装的特殊装置能够测量高达 230℃ 的流体。图 3.53 给出了在 SCK·CEN 的 COMPLOT 装置中开展的 LBE 流动的 UDV 测量结果。在亥姆霍兹德累斯顿研究中心(HZDR)的液态金属连续铸造模型(LIMMCAST)实验装置上,对 SnBi 回路开展了类似的测量。结果表明,该方法能够可靠地测量液态金属管道内流动剖面;但一般情况下声信号能量较低,因为超声传播必须要通过不锈钢管壁,所以超声传播路径需要仔细考量。

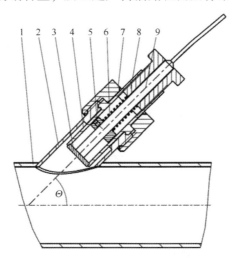

1—流道边界;2—套筒;3—声波传递的前膜片;4—探头插座;5—探头导管;
6—弹簧;7—套筒螺帽;8—滚花螺母;9—传感探头。
图 3.52 基于声波原理测量管道内 LBE 流动情况的 UDV 传感器

当温度超过 230℃ 时,必须使用波导技术(Eckert et al.,2003)。在这个方法中,声波能量在一个螺旋的由不锈钢箔组成的结构中传播。足够长的波导保护压电陶瓷在居里温度点[①]以下。可以证明,该技术可用于 600℃ 以下的熔融物。

---

① 居里温度点是指磁性材料中自发磁化强度降至 0 时的温度,此处即为压电陶瓷失效的温度。——译者

关于 UDV 使用的最新进展，采用了几个线性超声阵列，可以在一个具有高时空分辨率的二维测量平面上测量两个部件的流动特性（Franke，et al.，2013）。

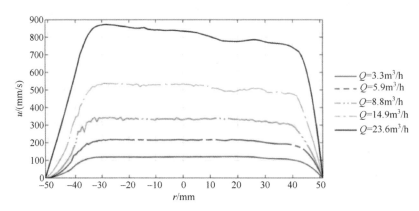

图 3.53　COMPLOT 装置上测量得到的不同流速下 LBE 流动的速度剖面

与 UDV 类似的一种测量技术，即超声传输时间技术，其原理基于脉冲波，将通过脉冲传输时间确定的反射体作为气泡进行评估，该方法可确定两相流中气泡的位置和直径（Andruszkiewicz，et al.，2013）。通常使用 10~15MHz 的超声频率来实现较高的空间分辨率。为了推算出气泡的直径，在容器壁相对的两侧各安装了一个超声传感器，测量气泡到两边界的距离。图 3.54 给出了典型的传感器布置。通过安装多对传感器可以检测出气泡的轨迹和直径。为了验证这一技术，采用 UTTT 测量了水中单个氩气气泡，并用高速摄像机对气泡进行了同步记录。气泡直径的变化与气泡轴线的倾斜度均符合良好（Richter et al.，2015）。在 GaInSn 共晶合金中，通过 X 射线透视法记录了气泡（Ratajczak et al.，2017），也得到了类似的结果。此外，还研究了静态水平磁场对气泡上升的影响（Richter et al.，2017）。如果磁场强度增加，气泡几乎沿直线上升。为了检测气泡链和气泡群，超声传感器必须重新排列，以覆盖整个容器的水平截面。

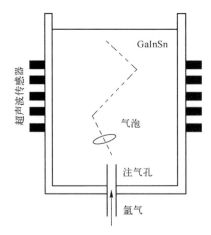

图 3.54　装有 5 对超声波传感器的容器示意图
（为测量单个气泡上升路径和直径）

## 3.5.3 感应测量技术

非接触式流动测量技术利用电磁感应原理（液态金属具有高导电特性，电导率量级为 1MS/m）。这些测量技术的基础是麦克斯韦方程与磁流体动力学近似原理（Davidson, 2001）。通常情况下，将外部产生的磁场作用于流体，并在流体外部测量磁场的扰动，该扰动或是电导率变化引起的，或是液态金属在磁场中移动引起的。前者可以用于液位或气泡检测（Gundrum, et al., 2016），也是互感层析成像（MIT）技术的关键原理，它能够检测管道一个截面的电导率分布（Ma, et al., 2005）；后者可以用来测量流量，甚至可以用来求解流动的空间分布。

现有的流量传感器是涡流流量计，如相位流量计（Priede, et al., 2011），用于测量励磁线圈和接收线圈之间的相移；又如洛伦兹力测速（LFV）（Thess, et al., 2006），用于测量靠近通道的永磁体上的机械力。如果流动金属的温度发生变化，这些流量计的校准就会变得困难，因为测量不仅取决于流速，而且取决于与温度相关的液体的电导率。瞬态涡流流量计提供了一种方法可以显著降低流体电导率对测量结果的影响（Forbriger, Stefani, 2015）。其基本思想是在液态金属内部建立一个涡流系统，并与液态金属具有相同的运动速度。通过跟踪它的运动，可以直接测量流动速度。图 3.55（a）给出了可以安装在流体容器或管道外壁上的 TEC-FM 传感器的外观示意图。发射线圈通过打开或关闭一个恒定的电流在介质中形成涡流环。通过测量三个检测线圈的电压来跟踪该环的磁极位置，就可以直接从磁极的运动中得到平均流速。

一种新的浸入式的 TEC-FM 和相位传感器，传感器线圈放置在一个不锈钢套管中，以防与液态金属直接接触，可以测量传感器周围的流量，且传感器可以放置在燃料组件上方的反应堆容器中以探测局部阻塞（Krauter, Stefani, 2017）。图 3.55（b）为浸入式 TEC-FM 传感器示意图，该传感器由两个励磁线圈和两个检测线圈组成。两个浸入式传感器都在 GaInSn 和 Na 中进行了测试。此外，浸入式相移传感器也在 LBE 中进行了测试。

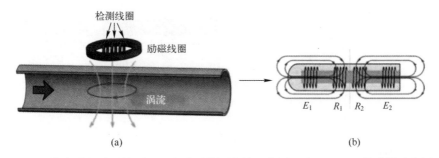

图 3.55　带有单个励磁线圈和三个检测线圈的外置非浸入式 TEC-FM 传感器示意图，以及带有两个励磁线圈和两个检测线圈的浸入式 TEC-FM 传感器示意图

非接触感应流层析成像用于测量速度的空间分布（Stefani et al., 2004），它可以通过测量一个或多个外部施加磁场的流动感应扰动来重建液态金属中的整体三维流场。通过这些测量，利用适当的正则化技术，求线性反问题，重建流场结构。除了合适的反问题数学模型外，该技术的挑战还在于如何可靠地测量比外加磁场小 3~5 个数量级的微

小流致磁场。因此，这需要一个非常稳定的电流源来产生励磁磁场，并且需要具有高动态范围和线性响应的磁场传感器。Wondrak 等（2010，2011）使用磁通门探头和静态励磁磁场重构了连铸机模具内的流场，并与同步开展的 UDV 测量结果吻合良好。图 3.56 给出了连铸机模型的示意图和重构的速度场。在改进 Rayleigh-Bénard 装置中对随时间变化流动行为的成功测量表明，CIFT 适用于 20mm/s 左右的低速情况（Wondrak et al.，2018）。使用超低频率（1Hz 量级）的交流励磁磁场，可以将流动感应磁场与环境噪声分离，以抑制非需求的噪声信号（如铁磁材料的移动或传感器系统附近电流的转换）。通过对经过强静态磁场修正的连铸机模型进行流动重构，证明了由梯度感应线圈和交流励磁组成的新型测量系统的鲁棒性（Ratajczak et al.，2016）。对于池式反应堆，CIFT 可用于监测金属池中的全局流动，以检测流动不稳定性。在初期的数值可行性研究中，CIFT 用于监测欧洲缩比池式实验（ESCAPE）装置的下腔室流动。结果表明，由两个泵产生的射流以及进入堆芯的流动都是可以重建的。

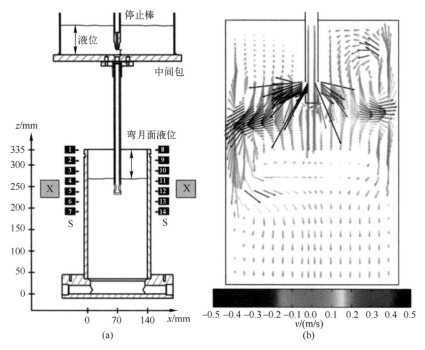

图 3.56 （a）装有 1 个励磁线圈和 14 个磁场探头的模具示意图，以及模具（b）瞬时速度场重构结果①

## 3.5.4 结论

近年来，已经开发出了各种各样的测量技术，可以测量局部流动结构（如利用 UDV 测量）、局部速度（如利用 TEC-FM 测量）、整体流动结构（如利用 CIFT 测量）和空间气泡分布（如利用 UTTT 测量）。大多数传感器已经在 Na、Pb 或 LBE 中进行了测量。其中一些可用于监测和连续监控液态金属冷却反应堆的实际状态。

---

① 中间包是短流程炼钢中用到的一个耐火材料容器，用于分配钢水至各个结晶器中。——译者

## 参 考 文 献

[1] Andruszkiewicz, A., Eckert, K., Eckert, S., Odenbach, S., 2013. Gas bubble detection in liquid metals by means of the ultrasound transit-time-technique. Eur. Phys. J. Special Topics 220, 53–62.

[2] Brito, D., Nataf, H. C., Cardin, P., Aubert, J., Masson, J. P., 2001. Ultrasonic Doppler velocimetry in liquid gallium. Exp. Fluids 31, 653–663.

[3] Cinotti, L., Smith, C. F., Sekimoto, H., Mansani, L., Reale, M., Sienicki, J. J., 2011. Lead-cooled system design and challenges in the frame of Generation IV International Forum. J. Nucl. Mater. 415, 245–253.

[4] Davidson, P. A., 2001. An Introduction to Magnetohydrodynamics. Cambridge University Press, Cambridge.

[5] Eckert, S., Gerbeth, G., 2002. Velocity measurements in liquid sodium by means of ultrasound Doppler velocimetry. Exp. Fluids 32, 542–546.

[6] Eckert, S., Gerbeth, G., Melnikov, V. I., 2003. Velocity measurements at high temperatures by ultrasound Doppler velocimetry using an acoustic wave guide. Exp. Fluids 35, 381–388.

[7] Engelen, J., Aït Abderrahim, H., Baeten, P., De Bruyn, D., Leysen, P., 2015. MYRRHA: preliminary front-end engineering design. Int. J. Hydrog. Energy 40, 15137–15147.

[8] Forbriger, J., Stefani, F., 2015. Transient eddy current flow metering. Meas. Sci. Technol. 26, 105303.

[9] Franke, S., Lieske, H., Fischer, A., Büttner, L., Czarske, J., Räbiger, D., Eckert, S., 2013. Twodimensional ultrasound Doppler velocimeter for flow mapping of unsteady liquid metal flows. Ultrasonics 53, 691–700.

[10] Gundrum, T., Büttner, P., Dekdouk, B., Peyton, A., Wondrak, T., Galindo, V., Eckert, S., 2016. Contactless inductive bubble detection in a liquid metal flow. Sensors 16, 63.

[11] Krauter, N., Stefani, F., 2017. Immersed transient eddy current flow metering: a calibration-free velocity measurement technique for liquid metals. Meas. Sci. Technol. 28, 105301.

[12] Ma, X., Peyton, A., Binns, R., Higson, S., 2005. Electromagnetic techniques for imaging the cross-section distribution of molten steel flow in the continuous casting nozzle. IEEE Sensors J. 5, 224–232.

[13] OECD, (Ed.), 2015. Handbook on Lead-Bismuth Eutectic Alloy and Lead Properties, Materials Compatibility, Thermal-Hydraulics and Technologies. second ed. OECD, Paris, France.

[14] Priede, J., Buchenau, D., Gerbeth, G., 2011. Contactless electromagnetic phase-shift flowmeter for liquid metals. Meas. Sci. Technol. 22, 055402.

[15] Ratajczak, M., Wondrak, T., Stefani, F., 2016. A gradiometric version of contactless inductive flow tomography: theory and applications. Phil. Trans. R. Soc. A 374, 2070.

[16] Ratajczak, M., Hernández, D., Richter, T., Otte, D., Buchenau, D., Krauter, N., Wondrak, T., 2017. Measurement techniques for liquid metals. IOP Conf. Ser. Mater. Sci. Eng. 228, 012023.

[17] Richter, T., Eckert, K., Yang, X., Odenbach, S., 2015. Measuring the diameter of rising gas bubbles by means of the ultrasound transit time technique. Nucl. Eng. Des. 291, 64–70.

[18] Richter, T., Keplinger, O., Strumpf, E., Wondrak, T., Eckert, K., Eckert, S., Odenbach, S., 2017. Measurements of the diameter of rising gas bubbles by means of the ultrasound transit time technique. Magnetohydrodynamics 53, 383–392.

[19] Sakamoto, Y., Garnier, J.-C., Rouault, J., Grandy, C., Fanning, T., Hill, R., Chikazawa, Y., Kotake, S., 2013. Selection of sodium coolant for fast reactors in the US, France and Japan. Nucl. Eng. Des. 254, 194–217.

[20] Stefani, F., Gundrum, T., Gerbeth, G., 2004. Contactless inductive flow tomography. Phys. Rev. E 70, 056306.

[21] Takeda, Y., 1986. Velocity profile measurement by ultrasound Doppler shift method. Int. J. Heat Fluid Flow 7, 313–318.

[22] Takeda, Y., 1987. Measurement of velocity profile of mercury flow by ultrasound Doppler shift method. Nucl.

Technol. 79, 120-124.

[23] Takeda, Y., 1991. Development of an ultrasound velocity profile monitor. Nucl. Eng. Des. 126, 277-284.

[24] Thess, A., Votyakov, E. V., Kolesnikov, Y., 2006. Lorentz force velocimetry. Phys. Rev. Lett. 96, 164501.

[25] Weeks, J. R., 1971. Lead, bismuth, tin and their alloys as nuclear coolants. Nucl. Eng. Des. 15, 363-372.

[26] Wondrak, T., Galindo, V., Gerbeth, G., Gundrum, T., Stefani, F., Timmel, K., 2010. Contactless inductive flow tomography for a model of continuous steel casting. Meas. Sci. Technol. 21, 045402.

[27] Wondrak, T., Eckert, S., Gerbeth, G., Klotsche, K., Stefani, F., Timmel, K., Peyton, A. J., Terzija, N., Yin, W., 2011. Combined electromagnetic tomography for determining two-phase flow characteristics in the submerged entry nozzle and in the mould of a continuous casting model. Metall. Mater. Trans. B 42, 1201-1210.

[28] Wondrak, T., Pal, J., Galindo, V., Stefani, F., Eckert, S., 2018. Visualization of the global flow structure in a modified Rayleigh-B_enard setup using contactless inductive flow tomography. Flow Meas. Instrum. 62, 269-280. https://doi.org/10.1016/j.flowmeasinst.2017.08.001.

# 第4章 液态金属系统热工水力

N. Forgione[1], D. Castelliti[2], A. Gerschenfeld[3],
M. Polidori[4], A. Del Nevo[5], R. Hu[6]

1. 意大利，比萨，比萨大学，土木与工业工程系；2. 法国，萨克雷，CEA；3. 比利时，莫尔，SCK·CEN；4. 意大利，博洛尼亚，ENEA，FPN-SICNUC-SIN；5. 意大利，卡姆尼亚诺，ENEA，FSN-ING-PAN；6. 美国，伊利诺伊州，莱蒙特，阿贡国家实验室，核能科学与工程部

## 4.1 液态金属对流传热

液态金属相较于非金属流体（如水），最主要的区别之一是具有很高的热导率，比非金属流体高两个数量级（比如水的热导率约为 0.6W/(m·K)，而液态钠的热导率约为 80W/(m·K)）。这将影响普朗特数（$Pr$），$Pr$ 一般用于表征动量扩散与热量扩散之比：

$$Pr = \frac{v}{\alpha} = \frac{c_p \mu}{k} \tag{4.1}$$

对于液态金属，$Pr$ 相对较低（0.0001~0.02），这意味着相较于传热速率，动量传递的速率较小。

通常来说，在压水堆（PWR）的典型热力学条件下，水的 $Pr \approx 1$。而液态金属的 $Pr$ 一般远小于1（图4.1）。

(1) 液态铅（计划在 ALFRED 和 SEALER 中应用），$Pr \approx 0.0175$；
(2) 液态钠（将在 ASTRID 反应堆中应用），$Pr \approx 0.0022$；
(3) 液态铅铋共晶合金（在 MYRRHA 中应用），$Pr \approx 0.02$。

由于液态金属的低 $Pr$ 特征，其速度场和温度场分布并不近似（图4.2），因而基于雷诺比拟的湍流传热模型无法在液态金属中应用。

本节将主要分析上述差别在液态金属湍流普朗特数和对流传热评估方面的结果，并给出了一些关联式。

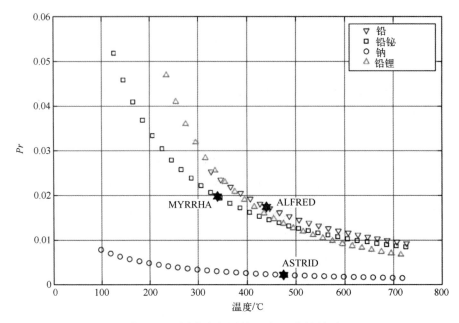

图 4.1 不同液态金属的 $Pr$ 与温度的关系

(来源:Sobolev,V.,2011. Database of thermophysical properties of liquid metal coolants for GEN-IV. SCK-CEN, Mol, Belgium.)

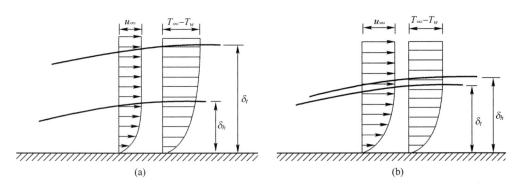

$\delta_h$—流动边界层厚度;$\delta_t$—热边界层厚度。

图 4.2 流动边界层与热边界层对比

(a) 液态金属;(b) 非金属流体(如水)。

## 4.1.1 湍流普朗特数

在湍流中,壁面处的剪切力是分子剪切力和湍流剪切力两部分之和:

$$\tau_w = \mu \frac{\partial w}{\partial y}\bigg|_{y=0} + \rho \varepsilon_m \frac{\partial w}{\partial y}\bigg|_{y=0} = \rho(v+\varepsilon_m)\frac{\partial w}{\partial y}\bigg|_{y=0} \quad (4.2)$$

式中:$\varepsilon_m$ 为动量传输的涡流扩散系数(湍流运动黏度)。

同样地,壁面处热流也是分子和湍流传热两部分之和:

$$q''_w = k\frac{\partial T}{\partial y}\bigg|_{y=0} + \rho c_p \varepsilon_q \frac{\partial T}{\partial y}\bigg|_{y=0} = \rho c_p (\alpha + \varepsilon_q)\frac{\partial T}{\partial y}\bigg|_{y=0} = \rho c_p \left(\alpha + \frac{\varepsilon_m}{Pr_t}\right)\frac{\partial T}{\partial y}\bigg|_{y=0} \qquad (4.3)$$

式中：$\varepsilon_q$ 为热量传输的涡流扩散系数，$Pr_t$ 为湍流普朗特数，定义为热量和动量涡流扩散系数之比。

在 CFD 程序中，通常假设 $Pr_t$ 为常数，其范围为 0.85~1，而这对液态金属中并不适用。事实上，对于液态金属，$Pr_t$ 主要受 $Re$ 和分子 $Pr$ 影响，而距离壁面的距离对其影响则很小（Chen, et al., 2013）。从最早由 Aoki（1963）提出的模型开始，已开发出液态金属湍流 $Pr$ 模型：

$$\frac{1}{Pr_t} = 0.014 Re^{0.45} Pr^{0.2} \left[1 - \exp\left(-\frac{1}{0.014 Re^{0.45} Pr^{0.2}}\right)\right] \qquad (4.4)$$

Cheng 和 Tak（2005）提出了液态金属在圆形管道中的湍流 $Pr$ 模型：

$$Pr_t = \begin{cases} 4.12, & Pe \leqslant 1000 \\ \dfrac{0.01Pe}{[0.018Pe^{0.8} - (1.6 + 9 \cdot 10^{-4}Pe)]^{1.25}}, & 1000 < Pe \leqslant 2000 \\ \dfrac{0.01Pe}{(0.018Pe^{0.8} - 3.4)^{1.25}}, & 2000 < Pe \leqslant 6000 \end{cases} \qquad (4.5)$$

以上两个模型中，$Pr_t$ 都是以 $Pe$ 的关联式给出，从图 4.3 可以看出 $Pe$ 对于湍流 $Pr$ 的影响。

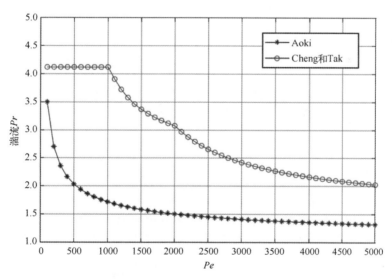

图 4.3  Aoki 以及 Cheng 和 Tak 关系式下湍流 $Pr$ 分布

## 4.1.2 对流传热关联式

圆管内流动液态金属的对流传热关联式可以由湍流 $Pr$ 的关系式分析得来（Taler, 2016）。也可以由实验得来，如 Lyon（1951）以及 Seban 和 Shimazaki（1950）关系式：

$$Nu = 7.0 + 0.025 Pe^{0.8} (\text{恒热流}) \qquad (4.6)$$

$$Nu = 5.0 + 0.025Pe^{0.8} \text{（恒壁温）} \tag{4.7}$$

在快堆堆芯中，液态金属在复杂的燃料棒束中流动，因此确定$Pe$、栅格几何、节径比$P/D$、定位隔架或绕丝扰动对于对流传热系数的影响至关重要。相关文献中给出了许多关系式，例如：Ushakov等（1977）针对三角形加热棒栅格开发了传热关系式，并由Zhukov等（2002）定型并应用于BREST。Mikityuk（2009）全面综述了液态金属在圆形加热棒束中流动的对流传热关系式，在该项工作中他还给出了一套新的适用于三角形或正方形栅格排列的无定位格架棒束的传热关系式。近些年，El-Genk和Schriener（2017）综述了可用于液态碱金属和LBE在棒束中行流动的实验数据以及对流传热关系式，并称液态碱金属对流传热关系式适用于LBE，其不确定度在±20%以内。

Kazimi和Carelli（1976）关系式是一个重要的棒束传热关系式，被引入到RELAP5/3D程序（2009）。该关系式是基于多组以钠、汞以及钠钾合金作为工质的实验得来的。

表4.1中给出了前述所有关系式及其适用范围，由这5套液态金属在竖直三角形栅格加热棒束中的传热关系式可以得到$Nu$与$Pe$的函数关系，具体如图4.4所示。

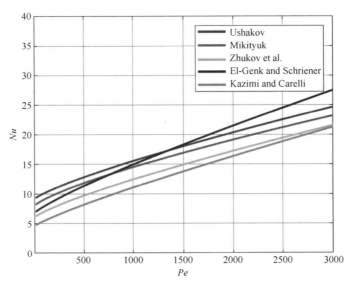

图4.4 不同液态金属在竖直加热棒束中对流传热关系式中的$Nu$（$P/D$=1.3，三角形栅格排布）（见彩插）

表4.1 圆柱形加热棒束对流传热关系式

| 公　　式 | $P/D$ | $Pe$ | 栅　格 | 参考文献 |
| --- | --- | --- | --- | --- |
| $Nu = 7.55 \dfrac{P}{D} - 20\left(\dfrac{P}{D}\right)^{-13} + 0.041\left(\dfrac{P}{D}\right)^{-2} Pe^{0.56+0.19\frac{P}{D}}$ | 1.2~2.0 | 1~4000 | 三角形 | Ushakov et al. |
| $Nu = 7.55 \dfrac{P}{D} - 20\left(\dfrac{P}{D}\right)^{-13} + 0.041\left(\dfrac{P}{D}\right)^{-2} Pe^{0.56+0.19\frac{P}{D}}$ | 1.25~1.46 | 60~2000 | 三角形 | Zhukov et al. |
| $Nu = 7.55 \dfrac{P}{D} - 14\left(\dfrac{P}{D}\right)^{-5} + 0.007 Pe^{0.64+0.246\frac{P}{D}}$ | 1.2~1.5 | 10~2500 | 正方形 | Zhukov et al. |

续表

| 公　式 | P/D | Pe | 栅　格 | 参考文献 |
|---|---|---|---|---|
| $Nu=0.047\left[1-\exp\left(-3.8\left(\dfrac{P}{D}-1\right)\right)\right](Pe^{0.77}+250)$ | 1.1~1.95 | 30~5000 | 三角形/正方形 | Mikityuk |
| $Nu=\left(10.7\dfrac{P}{D}-7.1\right)+0.024\left[1-\exp\left(-10.4\left(\dfrac{P}{D}-1\right)\right)\right]Pe^{0.85}$ | 1.06~1.95 | 4~4000 | 三角形 | El-Genk and Schriener |
| $Nu=4.0+0.33\left(\dfrac{P}{D}\right)^{3.8}\left(\dfrac{Pe}{100}\right)^{0.86}+0.16\left(\dfrac{P}{D}\right)^{5.0}$ | 1.1~1.4 | 10~5000 | 三角形 | Kazimi and Carelli |

## 4.2 系统热工水力程序中的流体动力模型

从数学角度来看,有两种方式可以解决给定广延量有限守恒的概念:

(1) 在欧拉方法中,主要对通过精细定义的控制体的不同性质进行评估,该方法中流体可以因对流和扩散现象而流入或流出控制体。

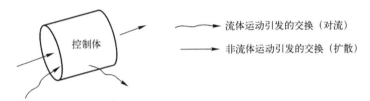

(2) 在拉格朗日方法中,主要对给定控制质量发展成或者迁移入系统过程中其不同性质进行评估,该方法中不会发生质量传输。

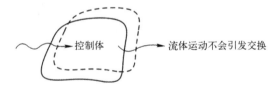

一般而言,拉格朗日方法更为人熟知(如其在热力学中有着广泛的应用),但是在 STH 及 CFD 程序中常采用欧拉方法。此外,无论对于哪种方法,当有两相条件时问题都将更加复杂。产生两相条件可以是系统中出现同工质气相,或者存在不可凝气体。

对于两相流,每个空间位置在给定时间点每一相均可能存在,因而情况更为复杂,其通常由相密度函数来表征(Todreas,Kazimi,2012):

$$\alpha_k(\boldsymbol{r},t)=\begin{cases}1, & \text{在 }t\text{ 时刻 }\boldsymbol{r}\text{ 中存在 }k\text{ 相}\\0, & \text{在 }t\text{ 时刻 }\boldsymbol{r}\text{ 中不存在 }k\text{ 相}\end{cases} \quad (4.8)$$

当地 $k$ 相(液相 $k=f$,气相 $k=g$)守恒方程的瞬态格式为

$$\underbrace{\dfrac{\partial}{\partial t}(\rho_k\psi_k)}_{\text{时间变化}}=\underbrace{-\nabla\cdot(\rho_k\psi_k\boldsymbol{w}_k)}_{\substack{\text{流体运动引起的}\\\text{对流(热)}}}\underbrace{-\nabla\cdot\boldsymbol{J}_{\psi,k}}_{\text{扩散}}+\underbrace{\rho_k S_{\psi,k}}_{\text{体积源}} \quad (4.9)$$

式中:强度性质 $\psi_k$、扩散率 $\boldsymbol{J}_{\psi,k}$ 以及源项 $S_{\psi,k}$ 的表达式由具体的守恒方程(表4.2)确定。

表 4.2 微分流体输运方程的具体项

| 质量守恒 | $\psi_k = 1$ | $\boldsymbol{J}_{\psi,k} = 0$ | $S_{\psi,k} = 0$ |
|---|---|---|---|
| 动量守恒 | $\psi_k = \boldsymbol{w}_k$ | $\boldsymbol{J}_{\psi,k} = p_k \overleftrightarrow{\boldsymbol{I}} - \overleftrightarrow{\tau}_k$ | $S_{\psi,k} = \boldsymbol{g}$ |
| 能量守恒 | $\psi_k = u_k + w_k^2/2$ | $\boldsymbol{J}_{\psi,k} = \boldsymbol{q}'' + (p_k \overleftrightarrow{\boldsymbol{I}} - \overleftrightarrow{\tau}) \cdot \boldsymbol{w}_k$ | $S_{\psi,k} = \dfrac{q'''}{\rho_k} + \boldsymbol{g} \cdot \boldsymbol{w}_k$ |

注：双箭头表示为张量，三撇表示为体功率密度。

要在 STH 代码中使用，这些方程必须服从以下两个方面：

（1）时间平均，以过滤湍流引起的脉动；

（2）空间平均，根据面积平均变量进行操作，并得到这些方程的一维形式。

从理论上讲，微分守恒方程在求平均的过程中会丢失局部瞬时信息，因此，有必要进行以下工作：

（1）重新引入湍流脉动影响的信息；

（2）重新引入局部梯度和相关通量的信息。

要解决这些问题，还必须对相位守恒方程加以补充，具体如下：

（1）表示质量、动量和能量在气液界面上连续的"阶跃条件"；

（2）热力学变量之间的状态关系（状态方程（EOS））；

（3）用于评估特定项（摩擦系数、对流换热系数等）的本构关系。

在 STH 程序中使用一维方程，它们是在一个具有不透水壁和可变界面的短管道上方空间对三维守恒方程进行平均得到的（图 4.5）。

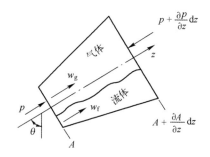

图 4.5 流道中一维流体基本控制体积

例如，Relap5 1D STH 程序（RELAP5/MOD.3.3，2003）中使用的守恒方程通常如下所述：

连续方程为

$$\frac{\partial}{\partial t}(\alpha_k \rho_k) + \frac{1}{A} \times \frac{\partial}{\partial z}(\alpha_k \rho_k w_k A) = \Gamma_k \quad (k=\mathrm{f},\mathrm{g}) \tag{4.10}$$

为了保证在气液界面处的总体连续性，要求液相质量产生项等于气相质量产生项的相反数（$\Gamma_\mathrm{f} = -\Gamma_\mathrm{g}$）。

动量方程为

$$\alpha_k\rho_k\frac{\partial w_k}{\partial t}+\frac{1}{2}\alpha_k\rho_k\frac{\partial w_k^2}{\partial t}=-\alpha_k\frac{\partial p}{\partial z}-\alpha_k\rho_k g\cos\theta-\frac{1}{2}\alpha_k\rho_k\frac{f_{k,w}}{D}w_k|w_k| \\ +\Gamma_k(w_{k,i}-w_k)+F_{k,i}+F_{k,vm} \quad (k=f,g) \tag{4.11}$$

式中：下标 i 代表相界面；下标 w 代表壁面。一些 STH 程序中还考虑了当两相间存在相对加速度时存在的"虚拟质量效应"（$F_{k,vm}$ 项），其一般仅在速度接近流体内的声速时才较为重要。

能量方程为

$$\frac{\partial(\alpha_k\rho_k u_k)}{\partial t}+\frac{1}{A}\times\frac{\partial(\alpha_k\rho_k u_k w_k A)}{\partial z}=-p\frac{\partial\alpha_k}{\partial t}-\frac{p}{A}\times\frac{\partial(\alpha_k u_k A)}{\partial z} \\ +q_{k,w}+q_{k,i}+\frac{1}{2}\alpha_k\rho_k\frac{f_{k,w}}{D}w_k^2|w_k| \quad (k=f,g) \tag{4.12}$$

式中：$u_k$ 代表 k 相的内能；$q_{k,w}$ 和 $q_{k,i}$ 分别代表同时考虑相界面质量传递相关能量时 k 相的壁面热量传输率和界面热量传输率。

如果气体中包含有不可凝气体，还需要添加不可凝气体的质量守恒方程：

$$\frac{\partial}{\partial t}(\alpha_g\rho_{nc})+\frac{1}{A}\times\frac{\partial}{\partial z}(\alpha_g\rho_{nc}w_g A)=0 \tag{4.13}$$

式（4.13）中假定不可凝气体与气相具有相同的速度和温度，在能量和动量方程中，不可凝气体与气相同视为道尔顿混合气体。

在式（4.9）中，需要采用本构关系的经验关系式求解界面传输的质量 $\Gamma_i$、壁面摩擦项 $F_w$、界面摩擦项 $F_i$、壁面热流密度 $q_w$、界面热流密度 $q_i$ 以及虚拟质量项 $F_{k,vm}$。

## 4.3 系统热工水力程序中采用的液态金属热力学物性

在覆盖多种工质而开发的 STH 程序中，一般要求热力学物性以温度和压力的函数形式给出。在通常应用条件下，考虑到液态金属的热力学物性与压力弱相关且常常仅考虑液相，因而液态金属的热力学物性通常仅以温度的函数给出。鉴于此，在 STH 程序中所使用的热力学物性函数需要进行重构以体现温度和压力的共同影响。

此外，还需要考虑气相热力学性质的重构，主要目的是考虑不凝结气体存在的影响，不凝气体可以作为覆盖气，且可以与液态金属冷却剂中的气相混合。

本章节后续内容将介绍意大利比萨大学将铅、铅铋、铅锂以及钠的热力学物性加入到 RELAP5/Mod3.3 软件中的过程。

### 4.3.1 液相

Sobolev（2011）研究发现，在核能领域液态金属的密度、比定压热容和声速可以在 $P_{ref}=10^5$ 的参考压力下以温度的函数给出。从上述三种性质出发，所有的热力学性质都可以分析和重构为温度和压力的函数（Kolev，2011）。

典型情况下，大气压力（参考压力 $P_{ref}$）下的液态金属密度是温度的线性函数：

$$\rho_{l,ref}(T)=r_0+r_1 T \tag{4.14}$$

在一些情况下，在 STH 程序中则采用以多项式形式给出的比容关系式而不是直接采用密度关系式：

$$v_{1,\mathrm{ref}}(T) = b_0 + b_1 T + b_2 T^2 + b_3 T^3 \tag{4.15}$$

类似地，定压比热容的关系式可以表示为温度的三阶多项式：

$$c_{\mathrm{pl},\mathrm{ref}}(T) = d_0 + d_1 T + d_2 T^2 + d_3 T^3 \tag{4.16}$$

在 Sobolev 的研究中，液态金属的声速通常可以表示为温度的二阶多项式函数：

$$w_{\mathrm{sl},\mathrm{ref}}(T) = c_0 + c_1 T + c_2 T^2 \tag{4.17}$$

液态金属比容一般与压力弱相关，因此可假定其与温度为线性相关：

$$v_1(T,p) = v_{1,\mathrm{ref}}(T) + F_1(T)(p - p_{\mathrm{ref}}), \quad F_1(T) = \left(\frac{\partial v_1}{\partial p}\right)_T \tag{4.18}$$

由于假定比容对压力的偏导仅是温度相关的函数，因而可按照下式计算：

$$\left(\frac{\partial v_1}{\partial p}\right)_T = -v_1^2\left(\frac{1}{w_{\mathrm{sl}}^2} + \frac{T\beta_1^2}{c_{\mathrm{pl}}}\right) = -v_{1,\mathrm{ref}}^2\left(\frac{1}{w_{\mathrm{sl},\mathrm{ref}}^2} + \frac{T\beta_{1,\mathrm{ref}}^2}{c_{\mathrm{pl},\mathrm{ref}}}\right), \quad \beta_{1,\mathrm{ref}} = \frac{1}{v_{1,\mathrm{ref}}}\frac{dv_{1,\mathrm{ref}}}{dT} \tag{4.19}$$

然后

$$\left(\frac{\partial v_1}{\partial p}\right)_T = F_1(T) = \frac{v_{1,\mathrm{ref}}^2}{w_{\mathrm{sl},\mathrm{ref}}^2} - \frac{T\dot{v}_{1,\mathrm{ref}}^2}{c_{\mathrm{pl},\mathrm{ref}}}, \quad \dot{v}_{1,\mathrm{ref}} = \frac{dv_{1,\mathrm{ref}}}{dT} = b_1 + 2b_2 T + 3b_3 T^2 \tag{4.20}$$

再次对温度求导，可得到如下关系式：

$$\begin{aligned}\dot{F}_1(T) &\equiv \frac{dF_1(T)}{dT} = \frac{d}{dT}\left(\frac{\partial v_1}{\partial p}\right)_T \\ &= -\frac{2v_{1,\mathrm{ref}}\dot{v}_{1,\mathrm{ref}}w_{\mathrm{sl},\mathrm{ref}} - 2\dot{w}_{\mathrm{sl},\mathrm{ref}}v_{1,\mathrm{ref}}^2}{w_{\mathrm{sl},\mathrm{ref}}^3} \\ &\quad -\frac{(\dot{v}_{1,\mathrm{ref}}^2 + 2T\dot{v}_{1,\mathrm{ref}}\ddot{v}_{1,\mathrm{ref}})c_{\mathrm{pl},\mathrm{ref}} - T\dot{v}_{1,\mathrm{ref}}^2\dot{c}_{\mathrm{pl},\mathrm{ref}}}{c_{\mathrm{pl},\mathrm{ref}}^2}\end{aligned} \tag{4.21}$$

式中

$$\ddot{v}_{1,\mathrm{ref}} \equiv \frac{d^2 v_{1,\mathrm{ref}}}{dT^2} = 2b_2 + 6b_3 T \tag{4.22}$$

$$\dot{w}_{\mathrm{sl},\mathrm{ref}} \equiv \frac{dw_{\mathrm{sl},\mathrm{ref}}}{dT} = c_1 + 2c_2 T \tag{4.23}$$

$$\dot{c}_{\mathrm{pl},\mathrm{ref}} \equiv \frac{dc_{\mathrm{pl},\mathrm{ref}}}{dT} = d_1 + 2d_2 T + 3d_3 T^2 \tag{4.24}$$

最后，比容对温度的偏导可表示为

$$\left(\frac{\partial v_1}{\partial T}\right)_p = \dot{v}_{1,\mathrm{ref}} + \dot{F}_1(T)(p - p_{\mathrm{ref}}) \tag{4.25}$$

热膨胀系数和可压缩等温系数可按照其定义计算：

$$\beta_1(T,p) \equiv \frac{1}{v_1(T,p)}\left(\frac{\partial v_1}{\partial p}\right)_p \Rightarrow \beta_1(T,p) = \frac{\dot{v}_{1,\mathrm{ref}}(T) + \dot{F}_1(T)(p - p_{\mathrm{ref}})}{v_1(T,p)} \tag{4.26}$$

$$\kappa_1(T,p) \equiv -\frac{1}{v_1(T,p)}\left(\frac{\partial v_1}{\partial p}\right)_T \Rightarrow \kappa_1(T,p) = -\frac{F_1(T)}{v_1(T,p)} \tag{4.27}$$

类似的推导可用于获得以温度和压力函数形式表示的液相的比焓、比内能以及比熵。

## 4.3.2 气相

原则上，在 STH 程序中，同样需要获知冷却剂的气相性质。除了钠，其它在核领域可作为冷却剂的液态金属（如铅或铅铋）的沸点温度均非常高，只有在危及反应堆结构材料完整性的极端严重的条件下才可能达到沸腾。因而对于这些液态金属，"气相状态"仅需存在不可凝气体时加以考虑。

在目前工作中，液态金属气相可使用范德瓦尔斯状态方程：

$$p = \frac{RT}{v_v - b} - \frac{a}{v_v^2} \tag{4.28}$$

式中

$$a = \frac{27 R^2 T_c^2}{64 p_c}, \quad b = \frac{RT_c}{8 p_c}, \quad v_{v,c} = 3b \tag{4.29}$$

该状态方程可通过迭代以求解比容。

热膨胀系数由下式给出：

$$\beta_v(T,p) = \frac{1}{v_v}\left(\frac{\partial v_v}{\partial T}\right)_p = \frac{v_v - b}{v_v T - \frac{2a}{R}\left(\frac{v_v - b}{v_v}\right)^2} \tag{4.30}$$

等温压缩系数由下式确定：

$$\kappa_v(T,p) = -\frac{1}{v_v}\left(\frac{\partial v_v}{\partial p}\right)_T = \frac{-1}{v_v\left[\frac{2a}{v_v^3} - \frac{RT}{(v_v - b)^2}\right]} \tag{4.31}$$

从前述热力学性质出发，可以温度和压力函数的形式建立气相的比定压热容、比内能以及比熵等参数（Kolev，2011）。

## 4.4 RELAP5/Mod3.3 程序改进及应用

### 4.4.1 RELAP5/Mod3.3 程序改进

自 21 世纪初，比萨大学就参与到专用 RELAP5 程序的开发中。该专用程序可以模拟液态金属冷却系统。比萨大学联合 ANSALDO 和 ENEA，针对液态金属冷却的加速器驱动系统中应用 RELAP5/Mod3.2β 程序开展了一些模拟工作。研究人员修改了该程序以模拟铅冷及铅铋冷却系统的热工水力特性。在这些模拟工作中，该程序的独立版本以及与普渡先进反应堆堆芯模拟体（PARCS）多群反应堆中子动力学程序耦合的版本均得到了应用（Oriolo, et. al., 2000；Ambrosini, et. al., 2000）。

在 2002 年，在 ENEA（Brasimone）开展的针对液态重金属反应堆中 LBE 化学和技术层面的 CHEOPE 实验后续验证中应用了 RELAP5/Mod3.2β 版本的程序。对比结果表明，实验和数值模拟结果有较好的一致性，支撑了该程序对于 LBE 强迫和自然循环模拟能力的验证（Agostini et al.，2002）。2006 年，基于 ENEA（Brasimone）的 LBE 池式装置 CIRCE 开展了一些相关的实验工作，其中包括了注入气体强化循环实验。

在 2007 年，比萨大学还在 RELAP5/Mod3.3 程序中引入了铅和 LBE 的热力学性质，添加了新的粘度、热导率以及表面张力等性质数据。其后升级后的 RELAP5/Mod3.3 程序被扩展应用于 ENEA（Brasimone）液态重金属核能系统研究领域中，尤其是针对回路式自然循环实验（NACIE）装置（Coccoluto et al.，2011）和池式 CIRCE 装置（Tarantino et al.，2013）这两个主要 LBE 装置进行了复现建模，以研究正常工况（气体强化循环）和瞬态工况（如向自然循环转换和 ULOF 等）下的相关热工水力现象。

2012 年，比萨大学启动了 RELAP5/Mod3.3 程序改进与 CFD Fluent 程序（Martelli et al.，2017）耦合的研究工作。2016 年，为了合理推进该项工作，研究人员在 RELAP5/Mod3.3 程序改进中引入了在可获得的最新科学文献中包括纯钠、纯铅、铅铋共晶以及铅锂共晶合金等液态金属物性数据。

需要特别说明的是，研究人员根据 OECD/NEA（2015），采用前文给出的物性关系，回顾了用于获得单相和两相条件按下温度、压力、比容、比内能、热膨胀系数、等温压缩率、比定压热容以及比熵等性质的物性方程。采用这些物性关系可针对特定工质得到外部热力学物性，而更新的导出性质数据（如热导率、动力粘度及表面张力等）则可直接在程序中获取。此外，根据 4.1.2 节中提及的 Seban、Shimazaki、Cheng 和 Tak 关系式以及 Ushakov 和 Mikityuk 关系式，在程序中分别引入了特定的液态金属在管中和燃料组件中流动的对流传热关系式。特别地，当选用液态金属作为工质时，可以在输入文件中对热构件设定特定的对流边界条件。

### 4.4.2　在 NACIE 装置的应用

**1. 装置介绍**

NACIE 装置用于开展热工水力和流体力学实验研究，来研发原型燃料组件模拟体中的压降和传热关系式（Coccoluto et al.，2011）。

NACIE 系列实验旨在支撑四代核电厂的设计以及 CFD 和 STH 程序的评价和开发。该装置为矩形回路，包含两根竖直的 2.5in 不锈钢（AISI 304）管道分别作为上升段和下降段，二者通过同样规格的水平管道相连。如图 4.6 所示，热源（燃料组件模拟体）安装在上升段管道的底部，下降段管道顶部通过法兰与换热器相连。热源由两根电加热棒组成，额定热功率为 43kW，热源长度为 0.89m。

回路总高度，即上、下水平管轴线之间间距为 7.5m，回路宽度为 1m；回路 LBE 最大装量在 1000kg 量级，设计温度及压力分别高达 550℃ 和 10bar。该装置可在自然和强迫循环两种条件下运行，而且可研究由强迫循环向自然循环的转换过程。

对于自然循环运行工况，热源（燃料组件模拟体）与热阱（换热器（HX））间高度差约为 5.7m，可以提供足够的压头，以保证合适的 LBE 自然循环质量流量。对于强迫循环运行工况，可通过采用气举技术提升回路中 LBE 的质量流量。在上升段内插入了一根内径为 10mm 的管道经膨胀箱上的法兰连接至氩气供给管线，而在管道的下部安装有喷嘴，可向上升段中注入氩气以增强回路自然循环。气体注入系统能够在 5.5bar

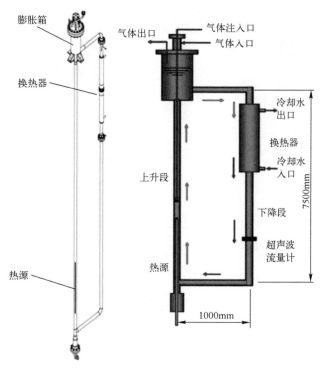

图 4.6 NACIE 布置图

的注入压力下提供 1~20NL①/min 流量的氩气。氩气流入到上升段中并在气体膨胀容器中随冷却剂向上流入到覆盖气体中而被分离，而 LBE 则经由上部水平管流回至换热器中。在上述气举增强循环和自然循环条件下，最大的 LBE 质量流量可分别达到 20kg/s 和 5kg/s。图 4.7 中给出了 ENEA（Brasimone）液态金属实验室的 NACIE 装置照片。

在等温强迫循环条件下，下降段 LBE 与上升段 LBE/氩气混合工质之间的密度差可表示为

$$\Delta \rho = \rho_1 - \bar{\rho}_m = \rho_1 - [\rho_1(1-\alpha) + \alpha \bar{\rho}_g] = \alpha(\rho_1 - \bar{\rho}_g) \tag{4.32}$$

式中：$\rho_1$ 为下降段中 LBE 的密度；$\bar{\rho}_m$ 为上升段中两相混合工质的平均密度，其由空泡份额 $\alpha$ 定义；$\bar{\rho}_g$ 为上升段中气体的平均密度。

气体密度与压力密切相关，而压力主要由气体以上的 LBE 液柱质量决定，而随着气体在上升段中上升，其压力也随之改变。由于气体注入管线贯穿整个上升段后才从上升段底部将气体注入，因此可合理假设上升的气体与液态金属处于热平衡状态。为了简化模型，假定气体平均密度 $\bar{\rho}_g$ 为上升段平均压力（$z = H_R/2$ 处的压力）下计算得到的密度。考虑到空泡份额相对较小，平均压力可近似为

$$\bar{p} = p_0 + \rho_1 g \frac{H_R}{2} \tag{4.33}$$

式中：$p_0$ 为覆盖气体压力。

压差可表示为

---

① NL 是指 0℃、1atm 下气体的体积——译者

图 4.7 NACIE 装置（ENEA 提供）

$$\Delta p_{DF} = \alpha(\rho_1 - \bar{\rho}_g)gH_R \tag{4.34}$$

引入流体干度 $x$ 和滑速比 $S$，分别定义为

$$x \equiv \frac{\dot{m}_g}{\dot{m}_g + \dot{m}_1}, \quad S \equiv \frac{w_g}{w_1} = \frac{1-\alpha}{\alpha} \times \frac{x}{1-x} \times \frac{\rho_1}{\rho_g} \tag{4.35}$$

则式（4.34）可以写为

$$\Delta p_{DF} = \frac{(\rho_1 - \bar{\rho}_g)gH_R}{1 + S\frac{1-x}{x} \times \frac{\bar{\rho}_g}{\rho_1}} \tag{4.36}$$

流路总摩擦压降为

$$\Delta p_{fric} = \frac{1}{2}\left[\sum_i \left(f_{lo}\frac{L}{D_e}\rho_1\bar{w}^2\right)_i + \sum_j (K\rho_1\bar{w}^2)_j + \Phi_{lo}^2 f_{lo}\frac{H_R}{D_{e,R}}\rho_1\bar{w}^2\right] \tag{4.37}$$

式中：中括号内第一项代表单相段沿程摩擦压力损失（通常可忽略）；第二项代表形变处（如突缩/扩、阀门以及孔板等）局部压力损失；第三项代表两相段沿程压力损失（通常可忽略）。

第一项和第三项可由特征长度、当量直径、流型以及摩擦系数决定。引入液相流量并假设恒定上升段横截面积为 $A_R$，式（4.37）可写为

$$\Delta p_{fric} = \left[\sum_i \left(f_{lo}\frac{L}{D_e}\right)_i + \sum_j K_j + \Phi_{lo}^2 f_{lo}\frac{H_R}{D_{e,R}}\right]\frac{\dot{m}_1^2}{2\rho_1 A_R^2} \approx K_t \frac{\dot{m}_1^2}{2\rho_1 A_R^2} \tag{4.38}$$

考虑到相较于流体局部阻力，单相段和两相段沿程压降可以忽略，而在湍流条件下 $K_t$ 与质量流量无关。

此外，在试验条件下，可假设

$$\Delta p_{\mathrm{DF}} = \frac{(\rho_1 - \bar{\rho}_\mathrm{g})gH_\mathrm{R}}{1 + S\frac{1-x}{x} \times \frac{\bar{\rho}_\mathrm{g}}{\rho_1}} \approx \frac{(\rho_1 - \bar{\rho}_\mathrm{g})gH_\mathrm{R}}{S\frac{\dot{m}_1}{\dot{m}_\mathrm{g}} \times \frac{\bar{\rho}_\mathrm{g}}{\rho_1}} \tag{4.39}$$

因此，有

$$\underbrace{\frac{(\rho_1 - \bar{\rho}_\mathrm{g})gH_\mathrm{R}}{S\frac{\dot{m}_1}{\dot{m}_\mathrm{g}} \times \frac{\bar{\rho}_\mathrm{g}}{\rho_1}}}_{\Delta p_{\mathrm{DF}}} = \underbrace{K_\mathrm{t}\frac{\dot{m}_1^2}{2\rho_1 A_\mathrm{R}^2}}_{\Delta p_{\mathrm{fric}}} \tag{4.40}$$

重新整理式（4.40）可得

$$\dot{m}_1 = \sqrt[3]{\frac{2(\rho_1-\bar{\rho}_\mathrm{g})gH_\mathrm{R}\rho_1^2 A_\mathrm{R}^2}{SK_\mathrm{t}\bar{\rho}_\mathrm{g}} \cdot \dot{m}_\mathrm{g}} \Rightarrow \underline{\dot{m}_1} \cong \mathrm{const} \cdot (\underline{\dot{m}_\mathrm{g}})^{0.33} \tag{4.41}$$

进一步地，一次侧 LBE 与二次侧水通过设计热负荷 30kW 的低压（约 1.5bar）逆流式水换热器相互耦合，换热器由 3 根不同厚度、有效长度约为 1.5m 的套管组成（图 4.8）

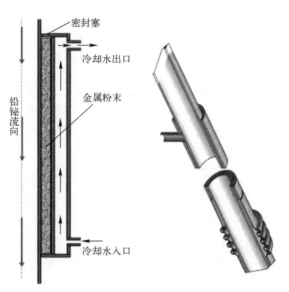

图 4.8　NAICE 装置换热器（ENEA 提供）

LBE 向下流入换热器的内管，而水在中间管和外管之间的环隙内向上流动，从而实现逆流换热。

内管和中间管之间的环隙填充不锈钢粉末，实现 LBE 与水间的热耦合并减小管壁的热应力（LBE 与水之间的热梯度主要分布于热阻最大的粉末层）。通过空冷器维持二回路水温在其沸点以下。

**2. NACIE 装置 RELAP5 模型及应用：等温和 ULOF 瞬态**

图 4.9 中给出了 NACIE 装置的 RELAP5/Mod3.3 模型，主要包含了代表矩形一回路的数条管道和连接，膨胀箱和气体注入系统则由其他部件模型（环腔和支路）搭建。通过合适的时间相关的控制体节点和连接件来设置边界条件。

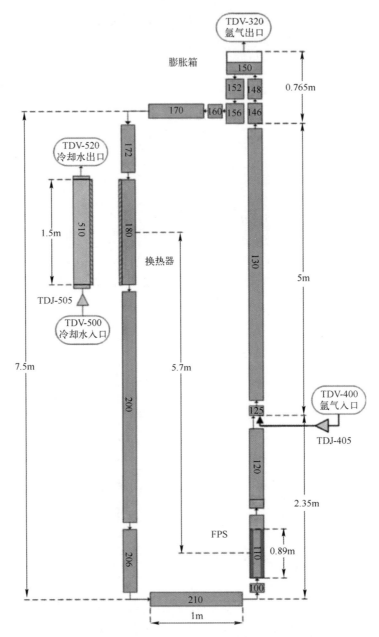

图 4.9 NAICE 装置 RELAP5 模型节点图

如图 4.9 所示,液态金属按逆时针方向流经各回路部件。

针对等温实验,开展了不同氩气注入流量下装置中建立的自然循环 LBE 流量分析,试验过程逐步增加或减小氩气流量。

图 4.10 给出了实验与 RELAP5 计算中燃料棒模拟体(FPS)出口处 LBE 质量流量的对比情况,注入氩气后,LBE 质量流量增大至约 7.7kg/s(氩气流量为 2NL/min)并在数分钟内达到稳态。氩气流量在 0.5h 内维持恒定,然后增大至 4NL/min,而 LBE 质量流量随之增大至约 9.2kg/s。类似地,其后氩气流量逐渐增大(5NL/min→6NL/min→

8NL/min→10NL/min），当其增大到 10NL/min 时，LBE 质量流量增加至 13kg/s～14kg/s。

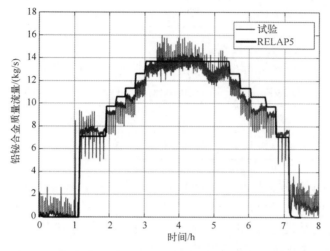

图 4.10　铅铋合金质量流量—时间趋势图（第 206 号实验）

在实验的下一个阶段，梯度减小气体注入流量，与实验数据相比，LBE 质量流量的计算值比实验值偏高近 12%。计算值与实验数据比较吻合，液态金属流量和注入氩气流量的整体关系与前文中功率规律的理论预测符合，如图 4.11 所示。

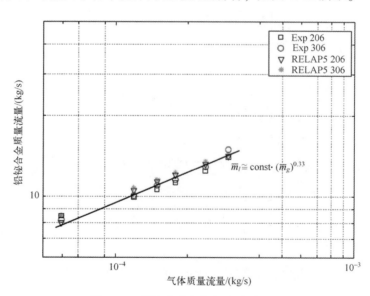

图 4.11　铅铋流速与氩气流速对比图

NACIE 模型还在后续的 ULOF 类事故场景下进行了测试。表 4.3 中汇总了该类事故序列的实验过程。在 RELAP5 模拟中以 1.28h，氩气流量（5NL/min）作为边界条件，随着氩气注入 LBE 开始形成循环（强化循环）；0.5h 后，启动 FPS 以向系统提供加热功率，而换热器带热能力随后建立。

表 4-3  303 实验中事件序列

| 时间/h | 动　作 | 描　述 |
|---|---|---|
| $t_0 = 0.0$ | 开始实验 | 铅铋回路静态，初始温度为 284℃ |
| $t_1 = 1.28$ | 氩气源投用 | 启动氩气注入，流量设置为 5NL/min |
| $t_2 = 1.78$ | FPS 投用 | 启动燃料棒模拟体，功率为 21.5kW |
| $t_3 = 1.86$ | HX 投用 | 启动换热器，二次侧水流量为 0.42m³/h |
| $t_4 = 5.85$ | 氩气源关闭 | ULOF 事故，切断氩气 |
| $t_5 = 7.60$ | FPS 和 HX 关闭 | 切断 FPS 供电和 HX 给水 |

为了模拟 ULOF 事故，切断氩气的注入（$t = 5.85$h），4h 后（确保稳态循环充分建立）LBE 循环仅由浮升力驱动（自然循环）。RELAP5 模拟中 FPS 启动前整个绝热回路的初始 LBE 温度被设定为 284℃，对应实验建立过程中维持 LBE 温度的外部加热丝作用。其后，通过分别设定外部空气温度和传热系数（对应回路保温）为 20℃ 和 $1W/(m^2 \cdot K)$，计入向环境的散热。随着 FPS 和 HX 启动后，系统温度开始提升至 335℃ 的平均温度（$t = 3.5$h），其后温度下降至近稳定状态（平均温度为 320℃）。可以看出，温度趋势反映了加热功率变化（图 4.12 和图 4.13），而为了获得对应的温度趋势，在 RELAP5 模型中精确设定了 FPS 实验功率的变化。

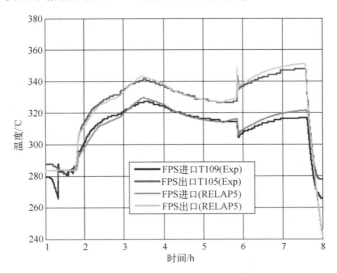

图 4.12　燃料组件（热源）进出口铅铋温度趋势图

在强化循环工况中，压缩氩气注入系统，测量得到的质量流量（图 4.14）在均值为 13kg/s 的范围脉动。而通过热平衡计算得到的质量流量约为 12kg/s，这与 RELAP5 模型的估算值接近。

ULOF 事故在解除回路气体注入时（$t = 5.85$h）发生的，入口/出口温度突然下降/上升约 10℃，而后呈上升趋势直至在 320℃ 和 348℃ 达到新的平衡值（不到 2h 后），系统达到新的稳态。在新建立的自然循环稳态条件下，LBE 质量流量下降至约 5kg/s，实验结果与RELAP5计算结果吻合良好。随后（$t=7.6h$）切断FPS和HX，向环境散热而造成温度下降，同时LBE质量流量缓慢下降至零。图4.12中给出了FPS入口和出口温度，实验结果与RELAP5计算结果仍符合良好。

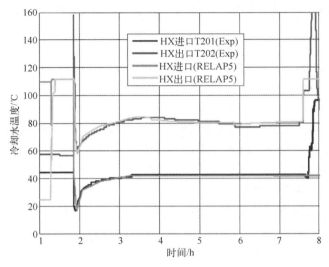

图4.13　换热器（冷源）进出水温趋势图

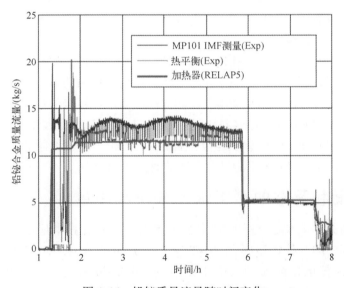

图4.14　铅铋质量流量随时间变化

虽然在ULOF事故瞬态早期存在较小的差异，RELAP5模拟还是较为精确地复现了实验温度曲线以及由强迫循环向自然循环的转换过程。图4.13给出了HX二次侧水入口及出口温度的实验和计算值，实验中水入口温度在RELAP5中被设定为边界条件在HX投用期间（1.86~7.6h）复现，因此仅有出口温度为RELAP5计算值。图4.13所示结果表明，RELAP5计算获得的水出口温度与实验结果符合良好。

## 4.5 SESAME 项目中采用的其他系统热工水力程序

### 4.5.1 反应堆事故工况下热工水力分析和安全评估程序

反应堆事故工况下热工水力分析和安全评估程序（CATHARE）是系统热工水力程序，主要应用于轻水反应堆安全分析和事故场景下操作策略的评估。该程序也用于制订操作程序，并为核电厂许可提供支持。从 1979 年开始开发此程序，它是由 CEA、IRSN、EDF、AREVA NP 共同合作的成果。

类似于 RELAP5，CATHARE 程序主要采用两相模型（液相和气相）处理一维流动条件下流体的热工水力问题。该程序求解两相的质量、动量和能量守恒方程中的液相和气相比焓、液相和气相速度、压力以及空泡份额 6 个主要变量，同时还能进一步地使用可选的方程来处理不可凝气体（最多 4 种）和放射性产物（最多 12 种）。此外，程序中还提供了用于考虑两相间以及每相与壁面间的质量、动量和热量交换的封闭关系。

在程序的质量和能量守恒方程中，针对空间离散采用有限体积法进行离散；在动量守恒方程中，采用有限差分法进行离散。在零维和一维模块中，时间离散采用隐式数值方法进行离散；而对于包含界面交换项、压力项和对流项的三维单元则采用半隐式离散方法。系统求解采用基于牛顿-拉弗森（Newton-Raphson）迭代的计算方法。程序具有较好的鲁棒性和可靠性，实现了精确性与计算时效性之间较好的平衡，进而为其在轻水堆系统中的扩展应用提供了便利。事实上，程序数值求解器具有通用性，其现有的前、后处理工具也可以在很多应用中使用。程序的基本模型特征，如有换热器的回路、各类水力学元素、阀门以及壁面等均非常完善，均可应用于通用的模拟计算中，因而通过同样严格的质量保证程序后，新功能将作为独立选项集成在特定的标准程序版本中。

近年来，CATHARE 程序已经被改进用来处理多种流体的计算（Geffraye, et al., 2009）。作为 ENEA 和 CEA 的特定合作课题，铅和铅铋热力学性质（OECD/NEA, 2015）已经被引入 CATHARE 程序中并已面向用户开放使用。

### 4.5.2 泄漏和瞬态的热工水力分析程序包

破口和瞬态的热工水力分析（ATHLET）程序包是覆盖核电厂运行工况、事故和严重事故系列程序中的一款程序（ATHLET User's Manual, 2016）。该程序主要用于轻水堆预期和异常的核电厂瞬态、大中小破口的分析，旨在通过一个项目覆盖压水堆（PWR）和沸水堆（BWR）的设计基准事故和堆芯未降级的超设计基准事故等全事故谱分析。

ATHLET 程序包由数个能够模拟轻水堆运行中不同现象的多个基本模块组成，通过连接基本的热流体动力学元素，即热流体和热导体，对系统进行建模模拟。在 ATHLET 程序中，采用向前欧拉/向后欧拉方法，即通用性的非线性一阶常微分方程组的求解方法来处理时间进程。ATHLET 在德国以及国际上得到了广泛应用，它不仅适用于欧洲反应堆设计，而且适用于俄罗斯的反应堆设计。ATHLET 程序还可进一步通过使用 Pb、LBE 和 Na 等工质扩展应用于四代反应堆概念，其适用的版本为 ATHLET 3.1A, Patch2,

该版本程序具有先进的热工水力学特征和模块化的程序架构,并且自带前后处理工具,具有可移植性、物理模型与数值方法能够分离等特征。

### 4.5.3 核电厂热工水力响应评估程序

核电厂热工水力响应评估程序(SPECTRA)是由 NRG 开发的用于核电厂热工水力分析的系统性分析程序(Stempniewicz,2016)。该程序适用于轻水堆、液态金属快堆、高温堆(HTR)以及熔盐堆(MSR),可用于包括冷却剂丧失事故、运行瞬态以及其他核电厂热事故的分析。其模型包括多维两相流、非平衡热力学、固体结构瞬态导热以及嵌装有蒸汽/水/不可凝气体模型的通用传热传质包(包括自然和强迫循环、冷凝和沸腾)。用户可以分别定义流体物性以及传热关系式,从而不必对程序进行修改即可进行包括液态金属以及多种熔盐冷却剂的分析。程序中点堆动力学模型中配置了同位素迁移模型用于计算重要同位素浓度(如 Xe-135)。其放射性颗粒迁移包能够处理放射性裂变产物链、裂变产物释放、气溶胶迁移、沉降以及再悬浮。针对该程序,利用国际标准算例和国际上程序间对比计算,开展了大量验证和确认。对于液态金属的应用,重要的对比计算主要有 Phenix、ASTRID 与 EBR-II 钠冷反应堆间的对比计算以及欧洲铅快堆(ELFR)与 CIRCE 铅铋冷却装置间的对比计算。该程序可作为通用的 PWR、BWR 以及 NRG 低通量研究堆的基础热工水力程序。

### 4.5.4 SAS4A/SASSYS-1 程序

SAS4A/SASSYS-1 程序是由美国阿贡国家实验室(ANL)开发并用于液态金属冷却反应堆功率及流动瞬态热工水力及安全分析(Rui Hu,2017;Fanning, et al.,2017)。自 20 世纪 60 年代末的 SAS1A 第一代程序算起,SAS 系列程序在近几十年内得到了持续应用和开发,代表了美国能源部在先进快堆安全分析鉴定方面的能力。

SAS4A/SASSYS-1 程序可针对一次回路和中间传热系统的响应等全厂动力学进行综合分析。此程序允许用户在大量的内嵌模型中进行选择,使得建模保持较好的灵活性。SASSYS-1 可评估设计基准事故的安全裕度以及超设计基准事故的事故后果,而 SAS4A 则可分析由极低概率先导事故和单个或多个安全系统失效造成的冷却剂沸腾和燃料包壳失效的严重事故。尽管 SASSYS-1 和 SAS4-A 程序起初分别为独立开发程序,但二者拥有相同的程序架构、类似的数据管理策略以及相同的堆芯通道模型。在 20 世纪 80 年代,ANL 将二者集成为 SAS4A/SASSYS-1 程序。

SAS4A/SASSYS-1 可与诸多的分析和优化工具进行耦合,如 STAR-CCM+、Dakota、RAVEN、SAM 以及 PDC(PDC 是用于超临界二氧化碳布雷顿循环能量转换系统建模分析的阿贡核电厂动力学程序)。在 20 世纪 80 年代,为了验证全厂非能动安全响应,基于 EBR-II 实验开发了一些对比计算模型。其中两项停堆工况下余热排出试验(17 和 45R)是 ANL 牵头的 IAEA 研究项目的基础。目前,美国能源部(DOE)和 ANL 正在准备基于 1986 年建设的快中子通量实验台架(FFTF)开展进一步的非能动安全验证实验。

其独有的特点如下:

(1)用于瞬态评估的单棒特征通道模型;

（2）详细的燃料组件热工水力子通道模型；

（3）支持钠、钠钾合金、铅及铅铋等液态金属冷却剂以及其他单相冷却剂；

（4）可模拟非能动热量导出和固有安全的全厂冷却剂系统模型；

（5）可模拟燃料熔化、棒内行为、棒失效以及棒外燃料扩散与凝固的氧化和金属燃料模型；

（6）可计算燃料和包壳共晶体形成以及包壳失效的附加金属燃料模型；

（7）可按照一阶扰动理论处理反应性反馈效应的反应堆点堆动力学模型；

（8）高精度的衰变热模型；

（9）内嵌模块支持美国核学会（ANS）的标准衰变热性能；

（10）内嵌模块支持衰变热移出回路中的替代冷却剂；

（11）支持输入卡文件行注释；

（12）支持耦合第三方计算流体力学工具（如 STARCCM+）以反映大空间热分层；

（13）支持耦合反应堆空间动力学的 DIF3D-K；

（14）详细的反应堆和电厂控制系统。

# 参 考 文 献

[1] Agostini, P., Bertacci, G., Gherardi, G., Bianchi, F., Meloni, P., Nicolini, D., Ambrosini, W., Forgione, N., Fruttuoso, G., Oriolo, F., 2002. Natural circulation of lead-bismuth in a one-dimensional loop: experiments and code predictions. In: ICONE10, Arlington, USA.

[2] Ambrosini, W., Oriolo, F., Bocci, S., Fruttuoso, G., Forasassi, G., 2000. Modifica e messa apunto del codice di neutronica 3-D PARCS per Analisi Termoidrauliche di Best-Estimate di Sistemi sottocritici con Sorgente di Spallazione. RL 029/00, Universita' di Pisa, Italy.

[3] Angelucci, M., Martelli, D., Barone, G., Di Piazza, I., Forgione, N., 2017. STH-CFD codes coupled calculations applied to HLM loop and pool systems. Sci. Technol. Nucl. Ins. 2017, 1-13. Article ID 1936894.

[4] Aoki, S., 1963. Consideration on the heat transfer in liquid metals. Bull, Tokyo. Inst. Tech. 54, 63-73.

[5] ATHLET User's Manual, 2016. ATHLET/Mod. 3.1 Cycle A, GRS (mbH), Germany.

[6] Chen, F., Huaia, X., Caia, J., Li, X., Menga, R., 2013. Investigation on the applicability of turbulent-Prandtl-number models for liquid lead-bismuth eutectic. Nucl. Eng. Des. 257, 128-133.

[7] Cheng, X., Tak, N., 2005. Investigation on turbulent heat transfer to lead-bismuth eutectic flows in circular tubes for nuclear applications. Nucl. Eng. Des. 236, 385-393.

[8] Coccoluto, G., Gaggini, P., Labanti, V., Tarantino, M., Ambrosini, W., Forgione, N., Napoli, A., Oriolo, F., 2011. Heavy liquid metal natural circulation in a one-dimensional loop. Nucl. Eng. Des. 241, 1301-1309.

[9] El-Genk, M.S., Schriener, T.M., 2017. A review of experimental data and heat transfer correlations for parallel flow of alkali liquid metals and lead-bismuth eutectic in bundles. Nucl. Eng. Des. 317, 199-219.

[10] Fanning, T.H., Brunett, A.J., Sumner, T. (Eds.), 2017. TheSAS4A/SASSYS-1 safety analysis code system. Nuclear Engineering Division, Argonne National Laboratory, USA. ANL/NE-16/19.

[11] Geffraye, G., Antoni, O., Farvacque, M., Kadri, D., Lavialle, G., Rameau, B., Ruby, A., 2009. CATHARE 2 V2.5_2: a single version for various applications. In: NURETH-13, Kanazawa City, Japan.

[12] Hu, R., 2017. A fully-implicit high-order system thermal-hydraulics model for advanced non-LWR safety analyses. Ann. Nucl. Energy 101, 174-181.

[13] Kazimi, M. S., Carelli, M. D., 1976. Heat transfer correlation for analysis of CRBRP assemblies. Westinghouse Report, CRBRP-ARD-0034.

[14] Kolev, N. I., 2011. Multiphase Flow Dynamics 1. Springer-Verlag, Berlin, Germany.

[15] Lyon, R. N., 1951. Liquid metal heat transfer coefficients. Chem. Eng. Prog. 47, 75-79.

[16] Martelli, D., Forgione, N., Barone, G., di Piazza, I., 2017. Coupled simulations of the NACIE facility using RELAP5 and ANSYS FLUENT codes. Ann. Nucl. Energy 101, 408-418.

[17] Mikityuk, K., 2009. Heat transfer to liquid metal: data and correlation for tube bundles. Nucl. Eng. Des. 239, 680-687.

[18] OECD/NEA, 2015. Handbook on Lead-Bismuth Eutectic Alloy and Lead Properties, Materials Compatibility, Thermal-Hydraulics and Technologies. OECD/NEA, Paris, France.

[19] Oriolo, F., De Varti, A., Fruttuoso, G., Leonardi, M., Bocci, S., Forasassi, G., 2000. Modifiche del Codice RELAP5 versione MOD3.2β per la Simulazione di Sistemi Refrigerati conleghe di Pb o Pb-Bi. RL 031/00. Universita' di Pisa, Italy.

[20] Polidori, M., 2010. Implementation of Thermo-Physical Properties and Thermal-Hydraulic Characteristics of Lead-Bismuth Eutectic and Lead on CATHARE Code. ENEA Technical Report NNFISS – LP1 – 001, RdS/2010/51, Italy.

[21] RELAP5/Mod.3.3, 2003. RELAP5/Mod.3.3 Code Manual, Volume II. Appendix A: Input Requirements, Nuclear Safety Analysis Division.

[22] Seban, R. A., Shimazaki, T. T., 1950. Heat transfer to a fluid flowing turbulently in a smooth pipe with wall at constant temperature. Trans. Am. Soc. Mech. Eng. 73, 803-809.

[23] Sobolev, V., 2011. Database of thermophysical properties of liquid metal coolants for GEN-IV. SCK-CEN, Mol, Belgium.

[24] Stempniewicz, M. M., 2016. SPECTRA Sophisticated Plant Evaluation Code for Thermal-Hydraulic Response Assessment, Version 3.61, Volume 1 – Program Description, Volume 2 – User's Guide, Volume 3 – Subroutine Description, Volume 4 – Verification and Validation. NRG report K6202/MSt-160830, Arnhem, The Netherlands.

[25] Taler, D., 2016. Heat transfer in turbulent tube flow of liquid metals. Procedia Eng. 157, 148-157.

[26] Tarantino, M., Gaggini, P., Di Piazza, I., Agostini, P., Forgione, N., Martelli, D., Barone, G., 2013. CIRCE experimental report. ENEA-Ricerca Sistema Elettrico, ADPFISS-LP2-027, Italy.

[27] Todreas, N. E., Kazimi, M. S., 2012. Nuclear Systems, Vol. 1: Thermal Hydraulic Fundamentals. CRC Press, Boca Raton, FL.

[28] Ushakov, P. A., Zhukov, A. V., Matyukhin, N. M., 1977. Heat transfer to liquid metals in regular arrays of fuel elements. High Temp. 15, 868-873.

[29] Zhukov, A. V., Leonov, V. N., et al., 2002. An experimental study of heat transfer in the core of a BREST-OD-300 reactor with lead cooling on models. Therm. Eng. 49 (3), 175-184 (translated from Teploenergetika).

# 扩 展 阅 读

[1] RELAP5-3D©, 2009. RELAP5-3D© Code Manual Volume IV: Models and Correlations. INEEL-EXT-98-00834, Vol. IV, Revision 3.0.

# 第5章 液态金属冷却反应堆子通道分析

## X. Cheng
德国，卡尔斯鲁厄，卡尔斯鲁厄理工学院（KIT）

## 符号表

| | | |
|---|---|---|
| $A$ | area | 面积（$m^2$） |
| $c_p$ | specific heat | 比定压热容（$J/kg \cdot K$） |
| $D$ | rod diameter | 燃料棒直径（m） |
| $D_h$ | hydraulic diameter | 水力直径（m） |
| $D_w$ | wire diameter | 绕丝直径（m） |
| $E$ | energy flow rate | 能量流率（J/s） |
| $f$ | friction coefficient | 摩擦系数 |
| $f_m, f_M, f_H$ | correction factor for mixing coefficients | 混合系数修正因子 |
| $G$ | mass flux | 质量流速（$kg/(m^2 \cdot s)$） |
| $h$ | specific enthalpy | 比焓（J/kg） |
| $H$ | wire pitch | 绕丝螺距（m） |
| $HTC_N$ | normalized heat-transfer coefficient | 归一化传热系数 |
| $k$ | pressure-drop coefficient of DC flow | 导向横流压降系数 |
| $k_s$ | pressure-loss coefficient of spacer | 定位格架压降系数 |
| $l$ | length scale | 长度（m） |
| $l_t$ | turbulent mixing length | 湍流交混长度（m） |
| $m$ | mass flow rate | 质量流量（kg/s） |
| $Nu$ | Nusselt number | 努塞尔数 |
| $P$ | pitch | 棒中心距（m） |
| $p$ | pressure | 压力（Pa） |
| $Pe$ | Peclet number | 贝克莱数 |
| $Pr$ | Prandtl number | 普朗特数 |
| $q$ | heat flux | 热流密度（$W/m^2$） |
| $Q$ | power | 功率（W） |
| $Re$ | Reynolds number | 雷诺数 |
| $s$ | gap width | 棒间距（m） |
| $T$ | temperature | 温度（℃） |

续表

| | | | |
|---|---|---|---|
| $u$ | velocity | 速度（m/s） | |
| $u_e$ | effective velocity | 有效速度（m/s） | |
| $V$ | volume | 体积（m³） | |
| $x, y, z$ | coordinates | 坐标（m） | |
| 希腊字母 | | | |
| $\alpha$ | heat-transfer coefficient | 传热系数（W/(m²·K)） | |
| $\beta$ | mixing coefficient | 交混系数 | |
| $\mu$ | dynamic viscosity | 动力粘度（Pa·s） | |
| $\theta$ | relative angle position to gap | 与棒间距最小处的相对角度 | |
| $\varepsilon$ | blockage ratio | 堵塞率 | |
| $\varepsilon_M$ | turbulent edge viscosity | 湍流边缘粘度（Pa·s） | |
| $\lambda$ | thermal conductivity | 热导率（W/(m·K)） | |
| $\rho$ | density | 密度（kg/m³） | |
| $\zeta$ | local pressure-loss coefficient | 局部阻力系数 | |
| $\tau$ | shear stress | 剪切应力（N/m²） | |
| 下标 | | | |
| B | bulk | 主流 | |
| H | energy/enthalpy | 能量/焓 | |
| m | mass | 质量 | |
| M | momentum | 动量 | |
| $i, j$ | ID number of subchannels | 子通道编号 | |
| $K$ | ID number if axial nodes | 轴向节点编号 | |
| W | wall | 壁面 | |
| 上标 | | | |
| ' | transversal exchange due to turbulent fluctuation | 湍流脉动引起的横向交混 | |
| * | transversal exchange due to directed cross flow | 定向横流引起的横向交混 | |

## 5.1 子通道热工水力概述

数十年来，子通道热工水力（SCTH）方法是核反应堆堆芯或燃料组件热工水力行为分析中最为广泛应用的数值方法。预计在未来几十年内，SCTH 方法仍将是堆芯或燃料组件中热工水力行为的重要分析方法。

### 5.1.1 液态金属冷却反应堆燃料组件结构

SCTH 分析方法既可应用于整个反应堆堆芯，也可应用于某一组燃料组件。因燃料组件结构、冷却剂物性和热工水力条件不同，不同类型的反应堆对 SCTH 方法有不同的要求。现有绝大多数液态金属冷却反应堆（LMR）的燃料组件采用六边形布置，如图 5.1 所示。

在 LMR 中，燃料棒束被封装在组件盒中。不同燃料组件盒之间没有质量和动量的横向交混。不同燃料组件盒的入口和出口分别在下腔室和上腔室处相连通。一盒燃料组件中包含三种不同的子通道，即内通道、边通道和角通道，如图 5.1 所示。

与 LWR 相比，LMR 燃料组件设计有更小的流动面积与燃料面积比，以优化快中子的利用率。与正方形燃料格架相比，六边形燃料组件格架在相同的节径比 $P/D$ 下可实现更小的流动面积与燃料面积比。如图 5.2 所示，对于直径 8.0mm 的燃料棒（燃料芯块直径为 7mm）来说，流动面积与燃料面积之比约为 1 时，六边形格架的节径比约为 1.27，而正方形格架的节径比约为 1.17。这将导致棒间空隙小于 1mm，这给燃料组件的制造，尤其是燃料棒定位带来了挑战。

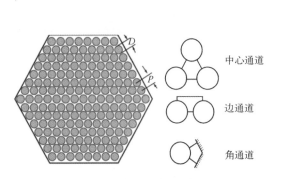

图 5.1 六边形燃料组件及其子通道

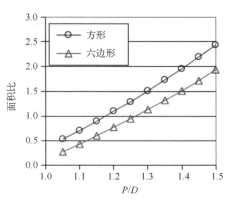

图 5.2 两种燃料格架的流体与燃料面积比随节径比变化曲线

六边形燃料组件有格架或绕丝两种燃料棒定位方法，如图 5.3 所示。定位格架广泛应用于轻水堆燃料组件和其他燃料棒间距较大的燃料组件中。考虑到制造加工的偏差和燃料棒的潜在弯曲，业界公认定位格架适用的最小棒间距为 1.0~1.5mm。而对于节距更小的燃料组件，通常建议使用绕丝来定位燃料棒。在每根燃料棒外表面都螺旋式缠绕一根金属绕丝。该绕丝会接触相邻的燃料棒，因此绕丝的直径与棒间距尺寸相当。对于较大的棒间距的情况，不建议使用绕丝工艺，因为金属丝会阻塞流道导致较高的压降。此外，通常大量的由不锈钢制成的结构材料，不利于中子利用的经济性。

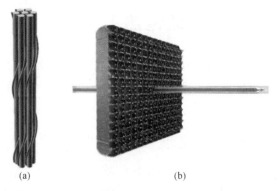

图 5.3 采用不同定位方式的燃料棒束
(a) 绕丝；(b) 格架。

图 5.4 给出了液态金属冷却反应堆中的燃料棒的结构。燃料棒的活性区长度比压水堆燃料棒的短得多，较短的活性区增大了中子泄漏，这使堆芯在冷却剂质量减少的情况下保持负反应性。燃料棒呈圆柱形，自内而外由三部分组成，即燃料芯块、气隙和包壳。包壳由不锈钢制成，厚度约为 0.5mm。包壳与氧化物燃料之间的气隙充填氦气，厚度约为 0.1mm。对于 SFR，可采用钠充填间隙，以减小间隙内外的温度差异。

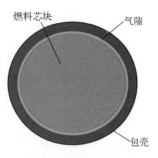

图 5.4 燃料棒横截面

## 5.1.2 液态金属冷却剂

液态金属作为冷却剂使用应当具有良好的导热性能、低中子吸收率，或具有较好中子经济性、与燃料和结构材料具有化学相容性。

核反应堆中作为液态金属冷却剂使用最多的是液态钠、铅或铅铋合金。表 5.1 总结了不同冷却剂的热物性参数。

表 5.1 不同冷却剂的热物性参数

| 冷却剂 | $T/℃$ | $\rho/(kg/m^3)$ | $\mu/(Pa \cdot s)$ | $c_p/(J/(kg \cdot K))$ | $\lambda/(W/(m \cdot K))$ | $T_m/℃$ | $T_s/℃$ |
| --- | --- | --- | --- | --- | --- | --- | --- |
| Na | 450 ($p=0.1$MPa) | 844 | $2.3×10^{-4}$ | 1272 | 71.2 | 98 | 883 |
| Pb | 450 ($p=0.1$MPa) | 10520 | $2.0×10^{-3}$ | 147 | 17.1 | 327 | 1743 |
| PbBi | 450 ($p=0.1$MPa) | 10150 | $1.4×10^{-3}$ | 146 | 14.2 | 125 | 1638 |
| $H_2O$ | 300 ($p=16.0$MPa) | 722 | $0.87×10^{-4}$ | 5750 | 0.544 | — | — |
| He | 500 ($p=6.0$MPa) | 3.70 | $3.74×10^{-6}$ | 5193 | 0.302 | — | — |

资料来源：Kirillov, P. L., 2007. Thermal-Physical Properties of Materials for Nuclear Engineering. Moscow. ISBN 978-5-86656-207-7.

钠具有最高的热导率、较高的比热容，传热特性优异，但较低的沸点限制了钠工质的运行上限温度。此外，钠与氧气可发生剧烈的化学反应，因此对安全措施要求较高。铅相比于钠，其熔点较高且化学活性（指与氧反应）相对稳定，但其高熔点要求整个系统有较高的温度（>350℃）。此外，液态铅对其他结构材料（例如包壳材料）具有腐蚀性。LBE 相对于纯铅的主要优势是其熔点低（约 125℃），与钠接近。它的主要缺点是比铅更具腐蚀性且价格高昂；此外，铋金属吸收中子后会产生钋元素。

## 5.1.3 堆芯热工水力分析的任务

堆芯或燃料组件热工水力设计的主要标准是在正常运行工况和某些假定事故工况条件下可安全导出堆芯释放的热量。热量导出能力通常是用在最高燃料温度和最高包壳温度条件下得出的定量参数来表征。

在水冷反应堆中，沸腾危机将导致包壳和燃料的温度超过设计预期，因此临界热流密度与实际热流密度之比是水冷反应堆的主要设计准则。在液态金属冷却反应堆中，冷却剂处于液相单相状态，并且在正常运行条件和事故条件下均不发生沸腾，因此包壳温度可由单相传热方程决定：

$$T_{\text{clad}} = T_{\text{coolant}} + \frac{q}{\alpha} \tag{5.1}$$

式中：$q$ 为热流密度；$\alpha$ 为传热系数。

包壳表面最高温度直接影响其力学性能（应力极限）和包壳腐蚀行为，因此液态金属冷却反应堆热工水力设计的关键任务之一是可靠地预测传热系数。此问题将在下一节进行详细讨论。

反应堆热工水力分析的主要任务包括：

(1) 在正常和事故条件下，冷却剂的流动传热特性、燃料元件传热特性以及冷却剂与燃料元件之间的相互作用；

(2) 在正常运行条件下，对燃料组件和反应堆堆芯进行分析和设计优化，并确定运行参数和安全裕量；

(3) 评估堆芯对假定事故工况的瞬态响应，评估安全特性并优化安全系统。

针对反应堆堆芯或燃料组件分析的数值方法可以分为三类。根据不同的需要，热工水力分析对象可以有不同的尺度，可以是整个反应堆堆芯、燃料组件或者子通道，如图 5.5 所示。

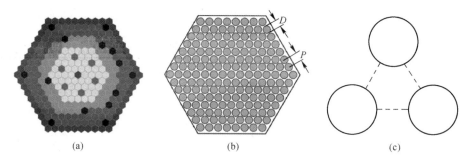

图 5.5　几何尺度及数值分析方法
(a) 堆芯；(b) 燃料组件；(c) 子通道。

与之对应的三种数值分析程序为 STH 程序、CFD 程序和 SCTH 程序。STH 程序是一维分析程序，该程序将整个反应堆堆芯视为一个或几个流动通道。该方法广泛应用于核电站整个冷却系统的热工水力分析，其中反应堆堆芯只是其分析范围的一部分。该方法侧重于整个复杂冷却系统的动态行为，仅提供反应堆堆芯或燃料组件中热工水力参数的平均值，但这通常不能满足设计需求。

与 STH 方法相比，CFD 侧重于微小尺度的现象，例如针对燃料元件、金属绕丝和燃料组件格架等几何特征均进行精细建模，研究其周围的湍流及传热。由于对存储和计算时间有很高的要求，因此大部分情况下该方法仅适用于单个燃料组件的一部分，甚至是单个子通道的一部分。在当前阶段，将 CFD 方法直接应用于堆芯整体分析设计仍难以实现。

SCTH 方法是堆芯和燃料组件的热工水力设计中应用最广泛的方法。该方法将每个燃料组件都划分为大量独立的流动通道，即所谓的子通道。通过这种方法可以获得在每个子通道上平均的热工水力参数，并且可以识别出高温子通道或高温燃料元件。

## 5.2 子通道热工水力分析

子通道热工水力分析的主要策略是计算每个子通道中所需热工水力参数的平均值。因此，根据分析的要求，子通道的定义或划分起着重要的作用，并且可能因情况而异。划分子通道的常规方法是定义其边界。通常，一个子通道的边界由固体表面（如燃料包壳表面或燃料组件盒表面）以及固体表面之间的狭窄空间组成。类似于图 5.1 中所示的六边形燃料组件，正方形燃料组件同样具有三种类型的子通道，即中心通道、边通道和角通道，如图 5.6 所示。中心通道位于燃料组件的内部，其边界由燃料棒表面和燃料棒之间的间隙组成。

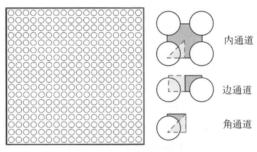

图 5.6 方形燃料组件及其子通道

对于图 5.1 中的六边形子燃料组件，每个中心通道接触 3 根燃料棒，每根燃料棒 1/6 的表面属于该子通道，因此中心通道总计对应 1/2 根燃料棒表面。边通道和角通道的边界由燃料棒表面和燃料组件盒的内表面构成。边通道也对应 1/2 根燃料棒表面，而角通道仅对应 1/6 根燃料棒表面。容易得出六角形燃料组件中的子通道总数为

$$N_{sc} = 2N_R + 4 \tag{5.2}$$

对于图 5.6 中的正方形燃料组件，每个中心通道接触 4 根燃料棒，每根燃料棒 1/4 的表面属于该子通道，因此中心通道对应 1 根燃料棒表面。边通道对应 1/2 根燃料棒表面，而角通道对应 1/4 根的燃料棒表面。因此，正方形燃料组件中的子通道总数为

$$N_{sc} = (\sqrt{N_R} - 1)^2 + 4(\sqrt{N_R} - 1) + 4 \tag{5.3}$$

除了每个子通道中热工水力参数的平均值外，大多数子通道热工水力程序还求解燃料棒内的导热方程，以获取燃料棒的温度分布。对于此问题，从简单的一维方法到复杂的三维方法都是可行的。本章侧重于流体热工水力参数的计算。

### 5.2.1 基本方程

如上一节所述，对于 SCTH 分析，将一个燃料组件划分为大量的子通道。在垂直于冷却剂主流方向的 $x$-$y$ 平面中，每个子通道表示一个网格。在冷却剂主流方向上（$z$ 坐标），总长度分为 $N_z$ 个网格。图 5.7 展示了

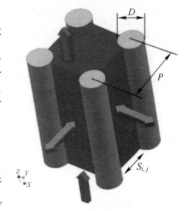

图 5.7 SCTH 程序中的一个控制体

SCTH 程序中的一个控制体。从网格结构的角度来看，可以将子通道分析视为三维方法，在 $x$-$y$ 平面中使用特殊的粗网格。

但是，子通道分析程序仅求解主流方向（$z$ 坐标）上的守恒方程。子通道（或 $x$-$y$ 平面中的相邻网格）之间的质量、动量和能量的横向交混考虑为 $z$ 方向守恒方程的外加源项。在下文方程中，下标 $K$ 表示轴向节点的标识号，$i$ 和 $j$ 表示 $x$-$y$ 平面子通道的编号，下标 in 为控制体轴向入口，out 为控制体轴向出口，int 为两个相邻子通道界面处的质量交换。控制体的守恒方程将在下文列出。

**1. 质量守恒**

$$\dot{m}_{K,\text{out}} - \dot{m}_{K,\text{in}} + \dot{m}_{K,\text{int}} = 0 \tag{5.4}$$

式中：$\dot{m}_{K,\text{in}}$ 为进入控制体的轴向质量流量；$\dot{m}_{K,\text{out}}$ 为离开控制体的轴向质量流量；$\dot{m}_{K,\text{int}}$ 为通过界面进入相邻子通道的横向质量流量。

通过控制体界面的质量流量由两部分组成，即非定向交混产生的质量流速 $G'$ 和定向横流交混产生的质量流速 $G^*$，由下式表示：

$$\dot{m}_{K,\text{int}} = \sum_J s_{i,j} \Delta z \cdot (G'_{i,j} - G'_{j,i}) + \sum_J s_{i,j} \Delta z \cdot G^*_{i,j} \tag{5.5}$$

式中：$\Delta z$ 为控制体的高度；$s_{i,j}$ 为子通道 $i$ 和 $j$ 的间隙宽度。

控制体的尺寸和通量会随轴向节点变化而变化，简洁起见，在此方程式和后续方程式的右侧部分均省略了下标 $K$。有关横向质量交换在下文将做进一步讨论。

**2. 动量守恒**

类似地，主流方向上的动量方程如下：

$$\begin{aligned}
& (p_{K,\text{in}} - p_{K,\text{out}}) \cdot A - \left(f\frac{\Delta z}{D_h} + \xi\right)_{K,i} \frac{|G_{K,i}|G_{K,i}}{2 \cdot \rho_{K,i}} \cdot A - V\rho g \\
& = \frac{\dot{m}_{K,\text{out}} G_{K,\text{out}}}{\rho_{K,\text{out}}} - \frac{\dot{m}_{K,\text{in}} G_{K,\text{in}}}{\rho_{K,\text{in}}} + \sum_J s_{i,j} \Delta z (G'_{i,j} \cdot u_{K,i} - G'_{i,j} \cdot u_{K,j}) \\
& + \sum_J s_{i,j} \Delta z \cdot G^*_{i,j} \cdot u^*_{i,j}
\end{aligned} \tag{5.6}$$

式（5.6）等号左侧的三项分别是压力、流动阻力和体积力；右侧的前两项分别是从控制体流出、流入的流体动量，后两项描述了子通道之间的动量交换是由非定向交混和定向横流交混引起的。其中，$p_{K,\text{in}}$ 和 $p_{K,\text{out}}$ 分别为控制体的轴向入口和出口处的压力；$A$ 为子通道横截面积；$f$ 为摩擦系数；$D_h$ 为水力直径，$\xi$ 为局部堵塞率；$G_{K,i}$ 为子通道 $i$ 中的轴向质量流速；$V$ 为控制体体积；$\rho$ 为流体密度；$g$ 为重力加速度；$u_{K,i}$ 和 $u_{K,j}$ 分别为子通道 $i$ 和 $j$ 中的轴向速度。

横流速度为

$$u^*_{i,j} = u_i, \quad G^*_{i,j} \geq 0 \tag{5.7}$$

或者

$$u^*_{i,j} = u_j, \quad G^*_{i,j} < 0 \tag{5.8}$$

**3. 能量守恒**

能量守恒方程可写成

$$Q = E_{K,\text{out}} - E_{K,\text{in}} + E_{K,\text{int}} \tag{5.9}$$

外部源项考虑了流体与燃料棒表面之间的热量传递：

$$Q = A_F \cdot \alpha_F (T_F - T) \tag{5.10}$$

式中：$A_F$ 为传热面积；$\alpha_F$ 为燃料棒表面传热系数；$T$ 为温度。

与动量交换类似，子通道间能量交换是由非定向交混和定向横流交混引起的：

$$E_{K,\text{int}} = \sum_J s_{ij} \Delta z \cdot (G'_{ij} \cdot h_{K,i} - G'_{ji} \cdot h_{K,j})$$
$$+ \sum_J s_{ij} \Delta z \cdot G^*_{ij} \cdot h^*_{ij} + \sum_J s_{ij} \Delta z \cdot \lambda_{\text{eff}} (T_i - T_j) \frac{1}{l_{ij}} \tag{5.11}$$

横流的焓 $h^*$ 由下式确定：

$$h^*_{ij} = h_i, \quad G^*_{ij} \geqslant 0 \tag{5.12}$$

或者

$$h^*_{ij} = h_j, \quad G^*_{ij} < 0 \tag{5.13}$$

## 5.2.2 封闭模型

为了求解上面列出的方程组，需要提供摩擦系数 $f$、局部阻力系数 $\zeta$、传热系数 $\alpha$ 和横向质量通量 $G'$ 和 $G^*$ 使方程封闭。

**1. 压降**

在控制体中，总压降由加速压降、重位压降、摩擦压降和局部压降四个部分组成。前两项可以通过几何参数和密度变化来精确计算，后两项则需要封闭方程求解。

摩擦压降通常定义如下：

$$\frac{\Delta p_f}{\Delta z} = f \frac{1}{D_h} \times \frac{\rho u^2}{2} \tag{5.14}$$

需要确定摩擦因子 $f$ 来计算摩擦压降，对于裸棒束，建议采用以下关系式（Todreas，Kazimi，2012）：

$$f_b = \frac{1}{Re^n} \left[ a + b_1 \left( \frac{P}{D} - 1 \right) + b_2 \left( \frac{P}{D} - 1 \right)^2 \right] \tag{5.15}$$

式中：$n = 1.0$ 适用于层流，$n = 0.18$ 适用于湍流；系数 $a$、$b_1$ 和 $b_2$ 取决于燃料组件布置方式和子通道类型（Todreas，Kazimi，2012）。

对于 $Re > 100000$ 的高雷诺数条件，实验测量结果表明，与子通道相同的水力直径的圆管的摩擦系数也适用于裸棒束通道中（Todreas，Kazimi，2012）。圆管中的摩擦系数关系式为（Colebrook，1939）

$$\frac{1}{\sqrt{f}} = 1.74 - 2\log\left\{ \frac{2\delta}{D_h} + \frac{18.7}{Re\sqrt{f}} \right\} \tag{5.16}$$

在许多子通道分析程序中，给出了摩擦系数的一般形式：

$$f_b = \frac{a}{Re^n} \tag{5.17}$$

式中系数 $a$ 和指数 $n$ 由用户自行给出。

为了计算绕丝棒束中的摩擦压降，Rehme（1973a）给出的关系式被广泛认可，其表达式为

$$\frac{\Delta p_f}{\Delta z} = f_a \frac{P_b}{P_t} \times \frac{1}{D_h} \times \frac{\rho u_e^2}{2} \tag{5.18}$$

式中：$P_b$ 为不包括盒壁的元件润湿周长；$P_t$ 为包括盒壁的组件总湿周长；$u_e$ 为考虑了绕丝扫掠效果的有效速度，且有

$$u_e = u \cdot \left\{ (P/D)^{1/2} + \left[ 7.6 \times \frac{D_W}{H} (P/D)^2 \right]^{2.16} \right\}^{1/2} \tag{5.19}$$

修正的摩擦因子由下式确定：

$$f_a = \frac{64}{Re_m} + \frac{0.0816}{Re_m^{0.133}} \tag{5.20}$$

式中

$$Re_m = \frac{\rho \cdot u_e \cdot D_h}{\mu} \tag{5.21}$$

对于带有定位格架的棒束，格架处的压降按局部压降计算，局部压降系数由下式计算得出（Rehme，1973b）：

$$\Delta p_{sg} = k_s \cdot \varepsilon^2 \cdot \frac{\rho u^2}{2} \tag{5.22}$$

式中：$\varepsilon$ 为阻塞率；系数 $k_s$ 取值稍微受雷诺数影响，其值为 6~7。

**2. 传热**

与具有高 $Pr$ 的常规流体（如水）相比，低 $Pr$ 的液态金属的热传递特征在于分子导热的贡献很大。在公开文献中，有大量的关系式可用（Cheng, et al., 2006）。多数采用如下关系式：

$$Nu = a + b \cdot Pe^n \tag{5.23}$$

式中：$a$、$b$ 和 $n$ 是系数。

过去，对不同的液态金属进行的实验研究，包括钠钾（NaK）、汞、LBE 与钠。NaK、汞与 LBE 的分子 $Pr$ 彼此接近，介于 0.01~0.03，而钠的 $Pr$ 要小得多，约为 0.006。根据 NaK 中的传热实验数据，Skupinski 等（1965）指出以下等式与实验数据一致性最佳：

$$Nu = 4.82 + 0.0185 Pe^{0.827} \tag{5.24}$$

Sleicher 等（1973）通过实验研究了在不同边界条件下（均匀热流密度或均匀壁温），NaK 在管道中的局部传热系数。研究发现，在均匀壁温情况下，传热系数比在均匀热流情况下的低。在均匀热流密度条件下，推荐使用以下关系式：

$$Nu = 6.3 + 0.0167 Pe^{0.85} \cdot Pr^{0.08} \tag{5.25}$$

Ibragimov 等（1960）报道了 LBE 在圆管内流动传热测试结果。基于壁面温度测量数据，以下关系式与实验结果吻合良好：

$$Nu = 4.5 + 0.014 Pe^{0.8} \tag{5.26}$$

苏联的科学家收集了大量的关于汞、NaK、LBE 和 Na 的实验数据。Kirillov 和 Ushakov（2001）建议在 LBE 流动中采用下式：

$$Nu = 4.5 + 0.018 Pe^{0.8} \tag{5.27}$$

图 5.8 比较了通过上述不同关系式计算出的 $Nu$。由图可以看出，这些关系式的计

算结果存在较大偏差。

不同传热关系式之间的差异主要是关系式使用的实验数据差异引起的。Kirillov（1962）在查阅了公开文献中的大量传热实验数据后指出，有关液态金属传热的实验数据通常彼此不一致。迄今为止，差异的原因尚不明确。

Cheng 等（2006）对不同关系式进行了系统化的评估。在与实验数据和 CFD 结果进行比较的基础上，提出了适用于管内液态金属流动的公式：

$$Nu = A + 0.018Pe^{0.80} \quad (5.28)$$

式中

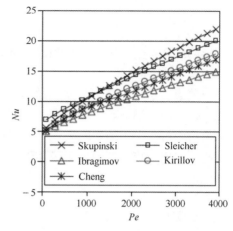

图 5.8 不同传热关系式的计算结果比较

$$A = \begin{cases} 4.5 & ,Pe \leq 1000 \\ 5.4 - 9 \times 10^{-4}, Pe & 1000 < Pe \leq 2000 \\ 3.6 & ,Pe > 2000 \end{cases} \quad (5.29)$$

以及适用于棒束通道内流动的公式：

$$Nu = a + b \cdot Pe^{0.86} \quad (5.30)$$

式中

$$a = 6.66 + 3.126 \frac{P}{D} + 1.184 \left(\frac{P}{D}\right)^2 \quad (5.31)$$

$$b = \begin{cases} 0.0109 & ,Pe \leq 2000 \\ 0.0155/(2.5 - 0.0005Pe)^{0.86} & ,2000 < Pe \leq 3000 \\ 0.0155 & ,Pe > 3000 \end{cases} \quad (5.32)$$

**3. 横向交混**

对于液态金属在燃料组件中流动的横向交混，分为五种不同的机理，如表 5.2 所列，有两种属于定向交混，有三种属于非定向交混。

表 5.2 子通道间横向交混形式

| 类 型 | 机 理 |
| --- | --- |
| 定向交混 | 导向横流 |
|  | 扫掠流动 |
| 非定向交混 | 湍流交混 |
|  | 流动散射 |
|  | 大尺度振荡 |

**1）定向横流交混**

（1）导向横流。

导向横流是两个相邻子通道之间的压力差引起的，从压力较高的子通道流向压力较低的子通道。通常，它采用与局部水力阻力相同的处理方式：

$$\Delta p_{ij} = k_{ij} \frac{G_{ij}^{*2}}{2\rho} \tag{5.33}$$

局部压降系数 $k_{ij}$ 取决于棒束的几何形状和流动条件，通常由 SCTH 软件用户指定。

(2) 扫掠流动。

扫掠流动是结构件（如金属绕丝）引起的，由其几何结构导致平均速度方向发生变化。在液态金属冷却反应堆中，扫掠流动是横向交混的主要贡献者，将能量从一个子通道输送到另一个子通道，并使燃料组件中的温度分布更加均匀。通常，假定扫掠流速与轴向流速成正比，而与金属绕丝螺距成反比：

$$\frac{G_{ij}^* s_{ij} H}{m_{ij}} = C_w \tag{5.34}$$

根据实验测量结果，系数 $C_w$ 取决于几何参数，其值为 0.2~0.4（在整个金属绕丝范围内取螺距的平均值）。Cheng 和 Todreas（1982）提出以下公式：

$$C_w = 0.562 \left(\frac{P-D}{P/\sqrt{3}}\right)^{-0.5} \left(\frac{A_r}{A_s}\right)^{0.5} \frac{H}{\sqrt{\pi^2 (D+D_w)^2 + H^2}} \frac{(P-D)(D+D_w)}{A_s} \tag{5.35}$$

$$A_s = \frac{\sqrt{3}}{4} P^2 - \frac{\pi D^2}{8} \tag{5.36}$$

$$A_r = \frac{\pi \left(P - \frac{D}{2}\right)^2 - \frac{\pi D^2}{4}}{6} \tag{5.37}$$

在上述模型中，对于所有轴向高度都采用相同的扫掠流速，而与绕丝和棒间隙的相对位置无关。为了研究扫掠流动在轴向上的变化，Wantland（1974）假设扫掠流向与螺旋线方向一致。最大扫掠速度发生在金属丝穿过棒间隙当地位置，并且金属丝的影响随其与棒间隙的增加而降低。对于距离绕丝较远位置（大于 60°），绕丝引起的扫掠流量可忽略不计。因此，提出以下关系式：

$$\frac{G_{ij}^* s_{ij} H}{m_{ij}} = C_s \frac{\pi (D+D_W) s_{ij}}{A_i} \times \frac{[1+\cos(3\theta)]}{2}, \quad |\theta| \leq 60° \tag{5.38}$$

上面讨论的模型主要是通过高度简化的假设和非常有限的实验数据得出的。最近，SESAME 项目开展了 CFD 分析，研究扫掠流动的机理及其对各种参数的敏感度。结果表明，存在改进扫掠流动模型的必要性（Wang，Cheng，2017）。

基于 CFD 计算结果和机理研究，Wang 和 Cheng（2017）提出了一种新的扫掠流动模型。根据该模型，认为扫掠流动是螺旋绕丝的尾流效应引起的周向压差驱动的。当流体流过金属丝时，金属丝的上表面和下侧之间的压力差会驱动流体流过间隙。根据力学平衡原理，平衡驱动力的阻力为表面摩擦力。间隙位置上表面摩擦产生的压力梯度可以通过摩擦力方程来估算。摩擦引起的压力梯度应等于驱动力的梯度。因此，可得出以下半经验关系式（Wang，Cheng，2017）：

$$\frac{G_{ij}^* s_{ij} H}{m_{ij}} = \frac{\cos\left(\theta - \frac{\pi}{3}\right)}{\frac{C}{\cos\alpha \cdot \left(\frac{P}{D} - 1\right)} + \frac{H}{\pi P}} \tag{5.39}$$

图 5.9 比较了 CFD 结果、式（5.39）的新模型以及式（5.38）的 Wantland 模型。可以看出，Wantland 模型与 CFD 模拟结果之间存在很大的差异，新关系式与 CFD 模拟结果符合较好。

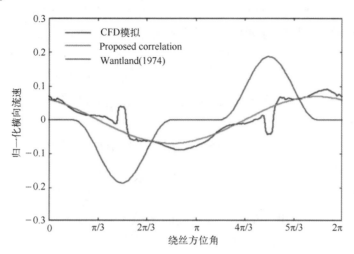

图 5.9 归一化轴向横流分布图

**2) 非定向交混**

（1）湍流交混。

湍流交混描述了速度、温度或焓等热工水力参数变化引起的湍流脉动引起的横向交混，如图 5.10 所示。

为了描述湍流交混，引入系数 $\beta$，该系数定义是间隙中速度脉动的幅度与两个子通道中主流速度平均值的比值：

$$\beta = \frac{|u'_{ij}|}{\overline{u}_{ij}} \quad (5.40)$$

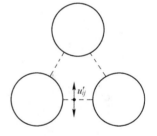

图 5.10 棒间隙处的速度脉动

尽管速度脉动是无方向性的，并且控制体内通过边界的流体体积净交换量为零，但子通道之间通过边界存在质量、动量以及焓的净交换，其在子通道分析程序中表示如下：

$$m'_{ij} = \beta_m \cdot \overline{u}_{ij} \cdot (\rho_i - \rho_j) \cdot s_{ij} \quad (5.41)$$

$$M'_{ij} = \beta_M \cdot \overline{u}_{ij} \cdot (u_i \rho_i - u_j \rho_j) \cdot s_{ij} \quad (5.42)$$

$$H'_{ij} = \beta_H \cdot \overline{u}_{ij} \cdot (h_i \rho_i - h_j \rho_j) \cdot s_{ij} \quad (5.43)$$

式中：$\beta_m$、$\beta_M$ 和 $\beta_H$ 分别为质量、动量和能量的湍流交混系数。

由于无法通过实验直接确定它们，因此常规子通道分析程序通常采用一个系数 $\beta$ 代替这三个系数。该常规系数 $\beta$ 是由速度脉动的测量值得出的混合系数，或者是由子通道中的焓分布导出的热扩散系数。子通道间质量、动量和能量的净交换量由下式定义：

$$m'_{ij} = u'_{ij} \cdot \left( \frac{\partial \rho}{\partial l} \cdot l_{t,m} \right) \cdot s_{ij} \cdot \Delta z \quad (5.44)$$

$$M'_{ij} = u'_{ij} \cdot \left[ \frac{\partial (\rho \cdot u)}{\partial l} \cdot l_{t,M} \right] \cdot s_{ij} \cdot \Delta z \quad (5.45)$$

$$H'_{ij} = u'_{ij} \cdot \left[ \frac{\partial (\rho \cdot h)}{\partial l} \cdot l_{t,H} \right] \cdot s_{ij} \cdot \Delta z \tag{5.46}$$

式中：$l_{t,m}$、$l_{t,M}$ 和 $l_{t,H}$ 是未知的，分别代表质量、动量和能量的等效湍流交混长度。同时，流过间隙处的密度、动量和焓的梯度也是未知的。为使式（5.44）~式（5.46）可用于子通道分析程序，梯度与交混长度的乘积可用以下关系式表示：

$$\frac{\partial \rho}{\partial l} \cdot l_{t,m} = f_m \cdot (\rho_i - \rho_j) \tag{5.47}$$

$$\frac{\partial (\rho \cdot u)}{\partial l} \cdot l_{t,M} = f_M \cdot (\rho_i u_i - \rho_j u_j) \tag{5.48}$$

$$\frac{\partial (\rho \cdot h)}{\partial l} \cdot l_{t,H} = f_H \cdot (\rho_i h_i - \rho_j h_j) \tag{5.49}$$

将式（5.40）、式（5.47）~式（5.49）代入式（5.44）~式（5.46）中可得

$$m'_{ij} = f_m \cdot \beta \cdot \overline{u_{ij}} \cdot (\rho_i - \rho_j) \cdot s_{ij} \cdot \Delta z \tag{5.50}$$

$$M'_{ij} = f_M \cdot \beta \cdot \overline{u_{ij}} \cdot (\rho_i u_i - \rho_j u_j) \cdot s_{ij} \cdot \Delta z \tag{5.51}$$

$$H'_{ij} = f_H \cdot \beta \cdot \overline{u_{ij}} \cdot (\rho_i h_i - \rho_j h_j) \cdot s_{ij} \cdot \Delta z \tag{5.52}$$

将式（5.50）~式（5.52）与式（5.41）~式（5.43）相比较，可得

$$\beta_m = f_m \cdot \beta \tag{5.53}$$

$$\beta_M = f_M \cdot \beta \tag{5.54}$$

$$\beta_H = f_H \cdot \beta \tag{5.55}$$

三个未知的修正因子 $f_m$、$f_M$ 和 $f_H$ 可通过 CFD 仿真结果来确定。以横向焓交换为例，在湍流脉动作用下通过间隙传递出的热量为

$$H'_{ij} = q'_{ij} \cdot s_{ij} \cdot \Delta z \tag{5.56}$$

式中：$q'_{ij}$ 为湍流热通量，是通过 CFD 模拟计算得出的。

结合式（5.56）与式（5.52）得

$$f_H = \frac{q'_{ij}}{\beta \cdot \overline{u_{ij}} \cdot (\rho_i h_i - \rho_j h_j)} \tag{5.57}$$

式（5.57）右侧所有参数均可由 CFD 模拟获得。因此，修正因子 $f_H$ 也可由 CFD 仿真获得。Shen 等（2015）指出，焓的有效交混系数的修正因子 $f_H$ 远小于 1.0。

在获得焓的修正因子 $f_H$ 后，能量的有效湍流交混长度 $l_{t,H}$ 可由式（5.49）确定。假设液态金属的密度和焓均与温度呈线性关系，即热膨胀系数和比热容是恒定的，则子通道中密度和焓的分布保持一致。因此，可以合理地假设质量的有效湍流交混长度 $l_{t,m}$ 与能量的有效湍流交混长度 $l_{t,H}$ 相同。结合式（5.50）可确定质量的修正因子 $f_m$。

动量的修正因子 $f_M$ 的确定方式与能量的修正因子类似。类似于式（5.57），由于湍流脉动而通过间隙的动量交换修正因子为

$$f_M = \frac{\tau}{\beta \cdot \overline{G_{ij}} \cdot (u_i - u_j)} \tag{5.58}$$

式（5.58）中 $\tau$ 由 CFD 模拟给出：

$$\tau = -\rho \cdot \overline{u' \cdot v'} = \rho \cdot \varepsilon_M \cdot \frac{\partial u}{\partial y} \tag{5.59}$$

(2) 流动散射。

流动散射是嵌入燃料组件中的构件（如定位格架）引起的，它们会干扰流动并通常会增大流体的湍流强度。因此，对其处理方式与前文对湍流交混采用的方式相同，通过修改湍流交混系数来加以考虑。流动散射的影响取决于通道内构件的结构、子通道的结构以及热工水力条件。在设计中，相关影响通常需通过实验测定。因此，在子通道分析程序中，用户必须通过湍流交混系数来定义流动散射的影响。

(3) 大尺度振荡。

在液态金属冷却反应堆（尤其是钠冷快堆）中，燃料组件的定位格架排列非常紧密。实验研究表明，紧密排列的棒束中的横流交混与松散排列的棒束具有完全不同的特性。如图5.11所示，流动脉动或流动振荡现象导致紧密排列棒束中强烈交混。在这种振荡流的作用下，涡旋在长度方向上近周期性地被输送。被输送的涡旋之间的相互作用导致动量传递增加，并且增强交混作用。流动振荡在很大程度上取决于子通道的结构，研究人员通过实验研究（Rehme，1992）和CFD数值模拟（Yu, Cheng, 2012）对其进行了复现。遗憾的是，由于缺乏对物理过程的了解和可靠的模型，在大多数子通道分析程序中都没有考虑大尺度振荡的现象。

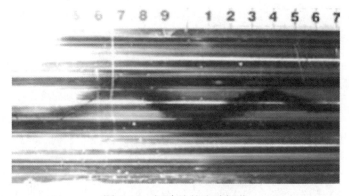

图5.11 间隙处的流动振荡

在某些LMR中，在不使用绕丝的情况下，排列紧密的棒束通道中也可能发生大尺度振荡。研究人员使用非稳态雷诺平均纳维斯托克斯（URANS）方法通过CFD三维分析获得了两种不同排列的棒束中的振荡数据。这两种排列分别为$P/D=1.06$的三角形排列和$P/D=1.12$的正方形排列（4根燃料棒），如图5.12所示（Yu, Cheng, 2012）。数值结果表明，流动振荡逐渐发展成稳定的振荡（振荡的幅度、形状和频率达到恒定或准恒定值）。数值结果与实验数据吻合良好。未来的研究需求在于：①根据几何和热工水力参数建立振荡的振幅和频率模型；②将振荡与质量、动量和能量交换的横向源项耦合；③在子通道程序中添加相关源项。

**4. 壁面温度分布**

子通道程序可求解每个子通道中热工水力参数的平均值，大多数子通道程序还可结合传热模型计算固体燃料元件的温度。为此，需引入第三类边界条件，即子通道中的流体温度和传热系数。子通道程序通常不能获取沿着燃料元件表面周向的传热变化，此变化可能还很明显（Cheng, Tak, 2006）。通常间隙区域处的传热效率不如面向子通道中

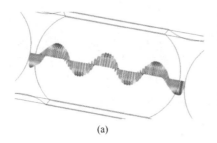 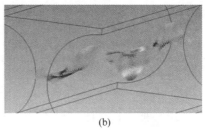

图 5.12 间隙处振荡的三维图形

(a) 三角形排列棒束（$P/D=1.06$）；(b) 正方形排列棒束（$P/D=1.12$）。

心的区域。图 5.13 分别显示了六边形组件和正方形组件中棒束周向相对表面温度分布，冷却剂为 LBE。相对表面温度定义为燃料棒表面温度和流体主流温度之间的温差与最大温差之比，即 $T_W-T_B/(T_W-T_B)_{max}$。

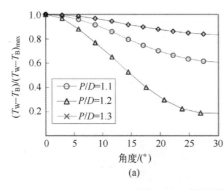 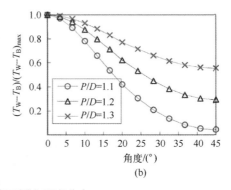

图 5.13 燃料棒表面周向温度分布

(a) 六边形燃料布置；(b) 正方形燃料布置。

在紧密的三角形格架中（$P/D=1.1$），棒间隙处的传热系数仅约为中心区域传热系数的 20%。随着节径比的增加，这种不均匀性迅速减小。在节径比为 1.3 的三角形排列通道中，局部传热系数的不均匀性约为 15%。正方形格架比三角形格架有更强的不均匀性。节径比为 1.3 时，其不均匀性仍高达 40%。

在燃料组件设计中，通常需应用一些工程经验关系式，这些关系式仅给出整个燃料棒表面的总体平均传热系数，而没有考虑局部传热的不均匀性。这种平均方法应用于紧密排列的燃料组件计算时将出现较大偏差。此平均方法可以很好地应用于具有较大的节径比的情况，例如，$P/D>1.3$ 的三角形格架，$P/D>1.6$ 的正方形格架，其不均匀度小于 10%。因此，对于紧密布置或半紧密布置的燃料组件，例如在液态金属冷却反应堆中，需要在子通道热工水力程序中考虑周向传热的不均匀分布。

Yang 等（2013）对传热不均匀分布进行了理论和数值研究。他们从守恒方程出发，引入简化的假设，得到了守恒方程的解析解，研究表明局部传热系数取决于 7 个无量纲数，即

$$\frac{\alpha}{\bar{\alpha}}=f\left(\theta, Re, Pr, \frac{P}{D}, \frac{R_f}{R_{cd}}, \frac{\lambda_f}{\lambda_{cd}}, \frac{\lambda_f}{\lambda_c}\right) \tag{5.60}$$

之后，对常规的正方形和六边形燃料组件中的三种典型子通道（中心通道、边通

道和角通道）进行了 CFD 分析。CFD 分析结果表明，影响局部传热的最重要参数是角度 $\theta$，节径比 $P/D$，普朗特数 $Pr$ 以及包壳与冷却剂的热导率。基于理论分析和 CFD 仿真，提出了矩形棒束的关系式：

$$\mathrm{HTC}_N = 1 - \frac{\cos(4\theta)}{1 + 42.7\left[c\left(\dfrac{P}{D}-1\right)\right]^{1.82} Pr^{0.24}\left(\dfrac{\lambda_{\mathrm{clad}}}{\lambda_{\mathrm{coolant}}}\right)^{0.23}} \tag{5.61}$$

内通道的系数 $c$ 为 1.0，边通道和角通道的系数 $c$ 为 0.712。对于六边形棒束，给出以下关系式：

$$\mathrm{HTC}_N = 1 - \frac{\cos(6\theta)}{1 + 613.1\left(\dfrac{P}{D}-1\right)^{2.66} Pr^{0.24}\left(\dfrac{\lambda_{\mathrm{clad}}}{\lambda_{\mathrm{coolant}}}\right)^{0.23}} \tag{5.62}$$

在这里，$\mathrm{HTC}_N$ 代表本地 HTC 与平均 HTC 之比，即 $\dfrac{\mathrm{HTC}(\theta)}{\mathrm{HTC}}$。根据式（5.61）和式（5.62），在冷却剂 $Pr$ 较大的情况下，不均匀性会更强，也就是说，不均匀性在 LFR 中比在 SFR 中更为重要。

图 5.14 给出了 Phenix 反应堆燃料组件中燃料棒表面的温度分布。此分析使用了稳态和瞬态燃料棒束的多通道分析（MATRA）程序，分析中考虑了一个燃料组件的 1/12 的区域。图 5.14（a）给出了子通道和燃料棒的划分和编号。子通道热工水力程序计算结果表明，燃料组件出口处的冷却剂平均温度为 574℃。式（5.62）计算的结果也显示在图 5.14 中，即"三维模型"所示。可以看出，温差约为 4℃，相对较低。因此，在 SFR 设计分析中通常会忽略这种不均匀性。但必须指出的是，LFR 中的不均匀性可能数倍于 SFR。

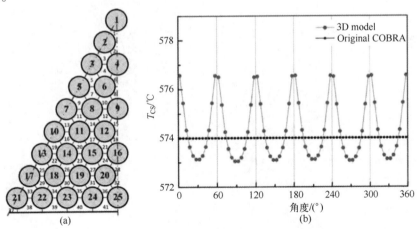

图 5.14 Phenix 堆燃料组件子通道分析结果
（a）子通道划分；（b）温度分布。

## 5.2.3 分析实例

基于欧洲实验性电子加速器驱动系统的初步设计研究（PDS-XADS）项目框架，提出了一种 LBE 冷却反应堆的堆芯方案（Carluec, et al., 2002）。作为示例，开展了子通道分析,以阐明 SCTH 程序的目标和功能。该分析使用 SCTH 分析程序 MATRA,该程序最初由韩国原子能研究院开发并发布,并将其应用范围扩展到了液态金属冷却反应堆(Cheng, 2006)。

本节选择的 LBE 冷却反应堆堆芯有 45 个燃料组件,总热功率为 51MW。在每个燃料组件中有 91 根燃料棒,燃料棒直径为 6.55mm,节距为 8.55mm,燃料组件采用典型的六边形布置方式。燃料组件的冷却剂入口温度为 300℃,出口平均温度为 500℃。表 5.3 给出了 MATRA 程序中使用的模型。

表 5.3　MATRA 程序中使用的模型

| 现　　象 | 封闭方程 |
| --- | --- |
| 摩擦压降 | 式 (5.18)~式 (5.21) |
| 传热 | 式 (5.30)~式 (5.32) |
| 导向横流 | 式 (5.33),其中 $k_{ij}=0.5$ |
| 扫掠流动 | 式 (5.34)~式 (5.37) |
| 湍流交混 | $\beta=\beta_m=\beta_M=\beta_H=0.02$ |
| 大尺度振荡 | 未考虑 |

图 5.15 是一个燃料组件划分为多个子通道,以及子通道和燃料棒的编号示意,共有 186 个子通道,与式 (5.2) 计算一致。

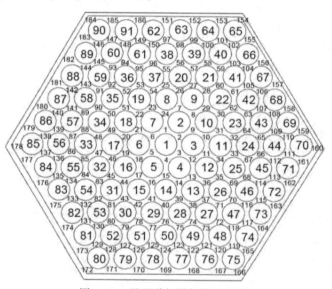

图 5.15　子通道与燃料棒的编号

全部 186 个子通道中,堆芯活性区顶部处冷却剂温度如图 5.16 所示。在每根燃料组件中出现几个冷却剂温度峰值,最高温度达 520℃。热子通道中的温升与整个燃料组件的平均温升之比为 1.1。

图 5.17 给出了全部 91 根燃料元件的包壳内、外表面上的温度。在编号为 FP-6、FP-17、FP-33、FP-56 和 FP-85 的燃料元件上观察到 5 个温度峰值。最高包壳外表面温度高达 550℃。因此,需要关注包壳材料的腐蚀情况。

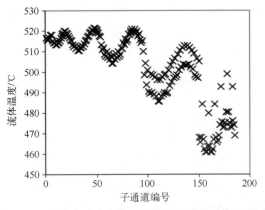

图 5.16　不同子通道中燃料组件顶部处的冷却剂温度

图 5.18 给出了全部 91 根燃料元件的最高温度。由图可以看出，燃料元件温度峰值出现在与包壳温度峰值相同的燃料元件中，其值高达 2100℃。显然，氧化物燃料的熔化温度（$PuO_2$ 约为 2400℃）的安全裕度很低。应针对各种瞬态工况进行安全分析，以评估反应堆堆芯的安全性。

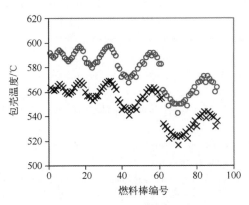

图 5.17　全部燃料元件的包壳温度
注：○表示内表面；×表示外表面。

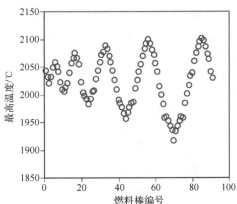

图 5.18　燃料元件的最高温度

# 参 考 文 献

[1] Carluec, B., Abderrahim, H. Aid, M€uller, A. C., 2002. The European Program, 3rd Int. Workshop on Utilization and Reliability of High-Power Proton Accelerators, Santa Fe, NM, May 12-16.

[2] Cheng, X., 2006. Subchannel analysis of fuel assemblies of European experimental ADS, Nucl. Technol., vol. 154, no. 1, pp. 52-68, 2006.

[3] Cheng, X., Tak, N. I., 2006. CFD analysis of thermal-hydraulic behavior of heavy liquid metals in sub-channels, Nucl. Eng. Des., vol. 236, no. 18, pp. 1874-1885, 2006.

[4] Cheng, S. K., Todreas, N., 1982. Hydrodynamic models and correlations for bare and wirewrapped hexagonal rod bundles-bundle friction factors, sub-channel friction factors and mixing parameters. Nucl. Eng. Des. 92 (1982), 227-251.

[5] Cheng, X., Batta, A., Tak, N. I 2006. Investigation on turbulent heat transfer to lead-bismuth eutectic flows in circular tubes for nuclear applications, Nucl. Eng. Des., vol. 236, no. 4, pp. 385-393, 2006.

[6] Colebrook, C. F., 1939. Turbulent flow in pipes, with particular reference to the transition region between the smooth and rough pipe laws. J. ICE 11 (4), 133-156.

[7] Huber, K., 2017. A Multiscale Method for Mixed Convection Systems: Coupled Calculations With ATHLET and OpenFOAM of the PHENIX NCT. PhD thesis, Karlsruhe Institute of Technology (KIT).

[8] Ibragimov, M., Subbotin, V. I., Ushakov, P. A., 1960. Investigation of heat transfer in the turbulent flow of liquid metals in tubes. Atomnaya Energiya 8 (1), 54-56.

[9] Kirillov, P. L., 1962. The summary of experimental data on heat transfer in liquid metals. Atomnaya Energiya 13, 481-484.

[10] Kirillov, P. L., Ushakov, P. A., 2001. Heat transfer to liquid metals: specific features, methods of investigation, and main relationships. Therm. Eng. 48 (1), 50-59.

[11] Rehme, K., 1973a. Simple method of predicting friction factors of turbulent flow in non-circular channels. Int. J. Heat Mass Transf. 16, 933.

[12] Rehme, K., 1973b. Pressure drop correlations for fuel element spacers, Nucl. Technol. Vol. 17, pp. 15-23, 1973.

[13] Rehme, K., 1992. The structure of turbulence in rod bundles and the implications on natural mixing between the subchannels, Int. J. Heat Mass Transf., Vol. 35, No. 2, pp. 567-581, 1992.

[14] Shen, D. H., Liu, X. J., Cheng, X., 2015. Development of turbulent mixing model for SubChannel analysis. In: 7th China-Korea Workshop on Nuclear Reactor Thermal-Hydraulics, WORTH-7, Kunming, Yunnan, China, October 14-17, 2015.

[15] Skupinski, E., Tortel, J., Vautrey, L., 1965. Determination des Coefficients de Convection D'un Alliage Sodium-Potassium Dans un Tube Circulaire. Int. J. Heat Mass Transf. 8, 937-951.

[16] Sleicher, C. A., Awad, A. S., Notter, R. H., 1973. Temperature and eddy diffusivity profiles in NaK. Int. J. Heat Mass Transf. 16, 1565-1575.

[17] Todreas, N., Kazimi, M. S., 2012. Nuclear Systems, Vol. 1: Thermal-Hydraulics Fundamental, second ed. CRC Press.

[18] Wang, X., Cheng, X., 2017. A study on inter-channel sweeping flow in wire wrapped 19-rod bundle for SFR. In: Annual Meeting on Nuclear Engineering, May 16-17, 2017, Berlin, Germany.

[19] Wantland, J. L., 1974. Orrible - A computer program for flow and temperature distribution in 19-rod LMFBR fuel subassemblies. Nucl. Technol. 24, 168-175.

[20] Yang, T., Liu, X. J., Cheng, X., 2013. Investigation on heat transfer non-uniformity in rod bundle. Nucl. Eng. Des. 265, 222-231.

[21] Yu, Y. Q., Cheng, X., 2012. Simulation of turbulent flow inside different subchannels in tight lattice bundle. Nucl. Sci. Technol. (in Chinese) 46 (04), 396-403.

# 扩 展 阅 读

[1] Kirillov, P. L., 2007. Thermal-Pysical Properties of Materials for Nuclear Engineering. Moscow, 2007 ISBN 978-5-86656-207-7.

[2] Rehme, K., 1972. Pressure drop performance of rod bundles in hexagonal arrangement. Int. J. Heat Mass Transf. 15 (2499), 1972.

# 第 6 章 计算流体力学介绍

F. Roelofs, A. Shams
荷兰，佩腾，核研究与咨询集团（NRG）

针对新型核反应堆使用的冷却剂开展实验研究通常花费高昂，而且流场和温度场特征的细节测量非常复杂，甚至无法测量。在这方面，计算流体力学（CFD）在预测各种（复杂）流动和传热特性中具有重要作用，因而成为创新型反应堆系统设计与评估的辅助手段。一般而言，CFD 通常根据湍流模型与求解方式的不同进行分类。在创新型反应堆系统设计与研发中，多种 CFD 方法也已被成功广泛应用。图 6.1 中列举了这些方法，在后续的章节中会对这些方法进行简要描述。这些 CFD 方法的共同点是都求解了有关质量、动量和能量的流体动力学守恒方程，这些方程可以在所有相关流体动力学的主要教科书中找到（如 Wilcox，2006）。尽管在液态金属冷却反应堆流动中可能存在包括自由表面及分散两相模拟、不可压缩流动现象，但本书主要聚焦于液态金属设施中关键的单相、不可压缩流动问题。

图 6.1 CFD 方法层次结构

## 6.1 直接数值模拟

湍流是一种非线性现象，其时空尺度范围很广。大尺度取决于流动的几何性质和边界条件，而最小尺度由流动本身决定。直接数值模拟（DNS）是一种直接在整个湍流时空尺度上求解 Navier-Stokes 方程（N-S 方程）的数值模拟方法，不需要使用任何湍流模型。因此，DNS 为流体流动模拟提供了一种高保真度的方法。

直接模拟湍流现象需要高精度的数值方法，才能在大范围时空尺度内准确地再现湍流的演变。这些时空尺度覆盖了最小的湍流耗散尺度柯尔莫哥洛夫（Kolmogorov）尺度至含有大部分湍动能的积分尺度。随着 $Re$ 的增加，湍流中最大长度尺度和最小长度尺度之间的差异也会增加。由于有三个空间维度，因此求解湍流所需的网格节点数将与 $Re^{9/4}$ 正相关。网格决定了求解尺度的大小，计算方法决定了该尺度下的求解准确度。因此，DNS 方法存在两个主要缺点：一是计算成本极高；二是可求解湍流问题的最大雷诺数受限。

随着高性能计算技术的普及，DNS 方法的重要性日益凸显。但是，预计在未来几十年中仍然不会用于实际核反应堆的设计与研发中，6.1.1 节中将更详细地介绍 DNS 在液态金属模拟中的应用。

## 6.1.1 直接数值模拟在液态金属中的应用

I. Tiselj[1], E. Stalio[2], D. Angeli[3], J. Oder[1]

1. 斯洛文尼亚，卢布尔雅那，约泽夫·斯特凡研究所，
反应堆工程部
2. 意大利，摩德纳，摩德纳和雷吉奥·艾米利亚大学，
恩佐·法拉利工程系
3. 意大利，雷吉奥·艾米利亚，摩德纳和雷吉奥·艾米利亚大学，
工程科学与方法系

**1. 引言**
**1) N-S 方程**

湍流现象本身没有任何定义，通常通过一系列典型流动特征描述。本节中涉及的主要湍流特征均可从不可压缩 Navier-Stokes 方程的求解中体现：

$$\nabla \cdot \boldsymbol{U} = 0$$
$$\frac{\partial \boldsymbol{U}}{\partial t} + (\boldsymbol{U} \cdot \nabla)\boldsymbol{U} = -\nabla P + \frac{1}{Re_\tau}\nabla^2 \boldsymbol{U} \tag{6.1}$$

式中：$Re_\tau$ 为摩擦雷诺数。

当湍流雷诺数足够大且数值模拟技术选择合理时，直接求解上述方程的数值结果将在时间上呈现非定常的特征，与不可压缩牛顿流体的实验测量结果吻合很好（Pope，2000）。这种方法称为直接数值模拟方法。这里提到的"吻合"，不是指计算域内某个监测点上因变量随时间变化与实验装置相应的点一一对应。由于式（6.1）的解是混沌的，仅能观察到数值求解和测量信号具有相同的统计行为。从数学和计算的角度上看，边界条件、初始条件、数值格式以及网格精度、相同算法不同实施等方面上任何细微的变化，经过充分求解之后，都将导致湍流场的瞬态计算结果发生变化。然而，只要不过

分追求数值计算求解精度，上述各瞬态计算结果的统计学特征均不变。好在所有数值方法的统计行为均与实验测量吻合良好。

**2) DNS 方法的发展与演进**

如 Moin 和 Mahesh（1999）以及 Kasagi 和 Iida（1999）所述，最早的湍流流动与传热模拟可以追溯到 19 世纪 80 年代末。上述文献特别关注的是近壁流动的 DNS 模拟，与本章传热部分讨论的内容也最相关。另一个是针对均质各向同性湍流开展的模拟，参见 Pope（2000）的综述，该文献重点研究了湍流能量级串机制，该部分内容本节不做具体描述。

两种重要的用于液态金属传热的 DNS 方法需要加以区分：一是适用于强迫对流研究的被动标量方法（假设标量温度场不影响速度场），二是适用于分析自然对流和混合对流现象的方法。

本章聚焦于近壁湍流的模拟，可揭示流体与固体壁之间对流传热的基本机理。10年来，这个问题也同样受到热疲劳研究领域的关注（Brillant et al.，2006；Aulery et al.，2012）。需要强调的是，由于许多流体的材料特性随温度的变化是不可忽略的，因而液态金属湍流传热研究的 DNS 结果与测量结果之间的一致性不如纯流体动力学问题。大多数最先进的 DNS 研究都假设材料特性恒定，只有其中一部分考虑了浮力效应。因此，本章中展示的大部分结果均针对被动标量近似方法。

首先，Kim 和 Moin（1989）和 Kasagi 等在低 $Re$ 且 $Pr \approx 1$ 的工况下针对槽道流动传热开展了 DNS 模拟。之后，Kawamura 等（1998）、Na 和 Hanratty 等（2000）开展了 $Pr \approx 10$ 的槽道流动 DNS 模拟。上述研究均将温度看作被动标量。Kawamura（2017）在 2003 年和 2004 年创建了 $Pr = 0.025$ 下液态金属槽道流动的 DNS 模拟计算数据库。Tiselj 和 Cizelj（2012）创建了 $Pr = 0.01$ 条件下 DNS 模拟计算数据库，该物性更接近铅和钠的物性。他们的计算均考虑了固壁加热对流动传热的影响，并针对液体和固体材料特性的不同组合进行了模拟。

**3) 标量输运方程**

当流体域非等温时，能量守恒意味着下列表征温度场的无量纲输运方程与式（6.1）一起求解：

$$\frac{\partial T}{\partial t} + U \cdot \nabla T = \frac{1}{Re_\tau Pr}\nabla^2 T + S \tag{6.2}$$

式（6.2）中的无量纲温度 $T$ 也可以表征某一特定组分的浓度，在这种情况下，可以将 $Pr$ 替换为施密特数 $Sc$。传质研究经常会出现在化学工程领域的出版物中。

有两种典型的湍流热能输运案例，即无限大槽道流和边界层流（Li et al.，2009）。由于本章与特定应用领域相关性更高，因此主要关注通道或管道的流动。恒定截面或者周期性截面流道中的充分发展流动一般通过 DNS 方法进行研究。在这种情况下，可以较方便地假定流动方向上流体流动的均匀性，而实际上某些变量（如压力和温度）并不均匀。然而，可以通过对一系列具有周期性特征的新变量的求解，实现对原有的非周期性变量的求解。这里需要注意，应用周期性边界条件表示均匀性是一种物理模型，且当选取计算域对应的周期性长度足够包含物理情景下最大尺度的湍流涡旋时，计算结果更为准确。

对于充分发展的管内流动，用流体的过余温度（$\theta = T - T_m(x)$，$T_m$ 为无量纲的主流温度）描述的无量纲能量方程为

$$\frac{\partial \theta}{\partial t} = -\nabla \cdot (U\theta) + \frac{1}{Re_\tau Pr}\nabla^2 \theta - \frac{\omega}{\Omega}\frac{U}{U_m} \tag{6.3}$$

式中：$U$ 为速度矢量的瞬时 $x$ 分量；$\omega/\Omega$ 为管道归一化侧面积和体积的无量纲比值；$U_m$ 为无量纲的主流速度。

方程用通道半宽度 $h$、摩擦速度 $u_\tau$、运动粘度 $\nu$ 和摩擦温度 $T_\tau = q_w/(u_\tau \rho_f c_p)$（$q_w$ 为从壁面到流体的热流）做归一化处理。值得注意的是式（6.3）中的最后一项是一个源于 $\theta$ 定义的源项，它封闭了能量平衡，以使得进行充分发展计算时保持 $\theta$ 的周期性。

当考虑浮力影响时，通常会采用 Boussinesq 假设（Gray，Giorgini，1976）。充分发展混合对流的动量方程的典型形式为

$$\frac{\partial U}{\partial t} + (U \cdot \nabla)U = -\nabla p'_m + \frac{1}{Re_\tau}\nabla^2 U + \frac{Gr}{Re_\tau^2}\theta g + \frac{\omega}{\Omega}l \tag{6.4}$$

式中：强迫项是沿流向 $l$ 施加的压力梯度；$g$ 为重力项的单位矢量。

需要注意的是，式（6.4）中使用的是修正后的压力 $p_m$ 和前述在式（6.3）中引入的流体过余温度 $\theta$。

**4）湍流的长度和时间尺度**

想要正确设置湍流 DNS，最重要的是预估长度和时间尺度的最大值和最小值。Kolmogorov 在开展高 $Re$ 下的均匀湍流模拟时，引入了最小湍流长度尺度（最小的湍流结构尺寸）的概念（相关背景参见 Pope，2000）。在该尺度下，机械能被粘性作用耗散。

$$\eta = \left(\frac{\nu^3}{\varepsilon}\right)^{\frac{1}{4}} \tag{6.5}$$

式中：$\nu$ 为运动粘度；$\varepsilon$ 为每单位质量 $k$ 的湍动能耗散率。

式（6.5）对于湍流耗散的后验评估很有用。为了进行估算，使用下述表达式：

$$\eta \approx LRe^{-\frac{3}{4}} \tag{6.6}$$

式中：$L$ 为用于评估 $Re$ 的宏观尺度。

人们普遍认为，开展 DNS 模拟时，网格间距必须与 Kolmogorov 长度尺度具有相同的数量级（Coleman，Sandberg，2010）。在远离固壁的区域使用式（6.6）可以评估 Kolmogorov 尺度，在壁面约束流动问题中计算局部 Kolmogorov 长度尺度时，还需要获取湍动能耗散率 $\varepsilon$ 的值。这种规模的计算可能很麻烦，同时，由于需要大量统计数据，计算只能后验。因此，对于壁面约束流动，Kolmogorov 尺度的表达式可以修正为

$$\frac{\eta}{\delta_v} \approx (\kappa y^+)^{\frac{1}{4}} \tag{6.7}$$

式中：$\kappa$ 为 von Kármán 常数，$\kappa \approx 0.41$；$y^+$ 为壁面无量纲距离；$\delta_v$ 为粘性长度，$\delta_v = \nu/u_\tau$（Pope，2000）。

式（6.7）可以有效用于充分发展壁面约束流的计算，同时可以有效地描述边界层发展的过程。按照 Kolmogorov 理论，最小时间尺度为

$$\tau_\eta = \frac{\eta^2}{\nu} \tag{6.8}$$

在壁面约束流动中，最小时间尺度可以改写为

$$\tau_\eta \approx \frac{\delta_v^2}{v}(\kappa y^+)^{\frac{1}{2}} \tag{6.9}$$

显然，在 DNS 数值模拟中，使用的时间步长必须小于 Kolmogorov 理论下的最小时间尺度，才能准确捕捉流动的细节特征。

在高 $Pr$ 流动条件下，Batchelor（Pope，2000）给出了标量场的最小尺度：

$$\eta_\theta \approx \frac{\eta}{Pr^{\frac{1}{2}}} \tag{6.10}$$

在低 $Pr$ 流动条件下，应考虑使用 Obukhov-Corrsin 计算最小尺度（Sagaut，2006）：

$$\eta_\theta \approx \frac{\eta}{Pr^{\frac{3}{4}}} \tag{6.11}$$

此外，对于高 $Pr$（或 $Sc$）条件下传热（或传质）的 DNS 研究，注意最小的长度尺度应当小于温度场中最小涡旋的几何尺度。当 $Pr \approx 1$ 时，两者具有相同尺度。由于标量场较高的间歇性，很多研究（Galantucci，Quadrio，2010）发现准确模拟 $Pr \approx 1$ 时的被动标量场比求解速度场需要更加精细的网格，不过只有在相关性较低的高阶统计量中才能发现细微差异。

由于液态金属流动的特征是 $Pr$ 较低，因此标量场的最小长度尺度大于速度场的最小长度尺度，进而标量场的最小长度尺度决定了 DNS 模拟时所需的网格分辨率（网格密度）。图 6.2 清晰地展示了 $Pr = 1$ 时，湍流槽道流动的中心平面处有精细的流向速度脉动和较大的温度脉动。后文会对分辨率进一步讨论。

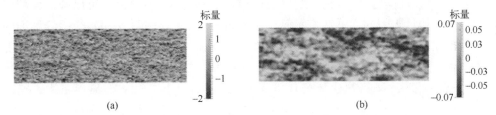

图 6.2　槽道中心处流向速度和温度的瞬态脉动场（$Re_\tau = 180$，$Pr = 0.01$）

注：水平坐标，流向范围 0~13751 个壁面单元；竖直坐标，展向范围 0~4523 个壁面单元（Tiselj，2014）。

原则上，湍流计算中的最大长度尺度由计算域的几何形状确定。但是，对于外部流动以及具有入口和出口的流动，其长度尺度很难确定。最简单的壁面约束流动案例（无限大平行板之间的流动，也称为槽道流动或泊肃叶流动）模拟表明，沿流向和展向①的长度尺度可能不受限制（Tiselj，2014）。

最大的时间尺度也很重要，因为通过它们可以确定时间间隔，从而获得统计上可接受的湍流参数平均值。在包含进出口的计算域中，用作平均化统计分析的时间通常为几十倍的流体通过时间。这里的流体通过时间指的是流体粒子沿流动通过整个计算域所需的时间。对于充分发展流动，需要基于平均速度和参考长度确定合适的时间尺度。关于

---

① 展向指与流向及壁面均垂直的方向。——译者

DNS 模拟最大时间尺度的相关说明后面陆续介绍,下文讨论的周期性边界、自相关函数也将用于 DNS 中周期性计算域最小长度尺度的确定。

**2. 直接数值模拟技术**

最早的 DNS 研究均匀湍流和近壁湍流时采用了谱方法。30 年前第一批开展通道湍流 DNS 的作者仍在维护其数据库内的开放数据(Moser, 2017; Jimenez, 2017)。谱方法被认为是 DNS 研究中最准确、计算效率最高的技术。然而,该种方法仅能应用于相对简单的几何形状(如长方体、圆柱体)和边界条件。

还有一种典型的用于湍流槽道内流动和传热的 DNS 分析方法,称为假谱方法,该方法在 $x$(流向)方向和 $z$(展向)方向上使用傅里叶级数,在壁面法线($y$)方向上使用切比雪夫(Chebyshev)多项式(Tiselj et al., 2001b)进行处理。二阶精度的时间差分(用于扩散项的 Crank-Nicholson 方案和用于其他项的 Adams-Bashfort 方案)格式最大 CFL 数①约为 0.1。通过计算各个方向上的非线性项(放大 1.5 倍的多个模式),可以消除混叠误差(Kim, Moin, 1989)。

通过此类方法获得的 DNS 模拟结果可以在多篇论文中看到(Kasagi, Iida, 1999; Kasagi et al., 1992; Tiselj et al., 2001b, 2004; Bergan, Tiselj, 2007)。关于 DNS 的一些研究还包括共轭传热,即考虑湍流温度脉动向加热壁面的渗透(Tiselj et al., 2001a, 2013; Flageul et al., 2015)。通过欧盟 THINS 项目研究(Tiselj, Cizelj, 2012),获得了摩擦雷诺数 $Re_\tau$ 为 180、395 和 590,$Pr$ 为 0.01 条件下的液态金属槽道流动的数据库。

在摩擦雷诺数为 180~2000 的情况下(Hoyas, Jimenez, 2006; Moser et al., 1999),湍流槽道流动的 DNS 模拟研究的典型分辨率(谱方法中配点之间的距离)分别为流向上 $\Delta x^+ = 10 \sim 18$、展向上 $\Delta z^+ = 5$,以及壁面法向上 $\Delta y^+ = 8$。该分辨率可以确保大部分相关物理量湍流统计求解的准确性。然而,在 Vreman 和 Kuerten(2014)开展的详细的分辨率研究中发现,一些湍流高阶统计量(如湍流耗散)需要更高分辨率,即流向上取 $\Delta x^+ = 6$、展向上取 $\Delta z^+ = 4$,在壁面法向上,通道中心 $\Delta y^+ = 3$、近壁面区域 $\Delta y^+ = 1$。实际上,Vreman 和 Kuerten 的建议已经非常接近式(6.5)中 $\Delta x^+$、$\Delta y^+$、$\Delta z^+$ 的理论预测值。

选取 DNS 模拟的时间步长时,需满足物理条件约束和数值精度及稳定性的约束。为了求解捕捉到最小的时间尺度,计算时间步长需要适当小于 Kolmogorov 最小时间尺度。通常数值稳定性和精度约束更为严苛。比如,在某二阶精度时间格式的 DNS 模拟中(Tiselj et al., 2001b),通过选择时间步长,使得 Courant 数在 0.1 左右时,可以确保计算具有足够的精度。当 Courant 数增至 0.5 时,该格式仍然稳定(但精度降低)。

此后,有限体积法和有限差分法被更多地用于 DNS 模拟研究。这些方法有时被认为优于谱方法,原因在于不同类型边界条件的实施更为容易。

Fletcher(1991)、Anderson(1995)等详细地介绍了有限差分法。在有限差分法中,高阶空间差分格式选为紧凑格式,可以在提升计算精度和分辨率的同时不会过多增加计算量。Lele(1992)详细介绍了有限差分法紧凑格式的技术特征。从 20 世纪 90 年

---

① CFL 数为判断计算收敛条件的特征数,以 Courant(库兰特)、Friedrichs(弗里德里希)、Lewy(莱维)三个人的名字命名。——译者

代开始，紧凑的有限差分方案已用于 DNS。最近，这些方案在 Incompact3d 中实现，Incompact3d 是开展 DNS 模拟分析的最重要的开源代码之一（Laizet et al., 2010）。

有限体积框架是对构成计算域 $\bigcup_{i=1}^{n} \Omega_i = \Omega$ 的各个不重叠的控制体 $\Omega_i$ 上均建立质量、动量和能量守恒方程，可在复杂几何模型下使用非结构网格，这是许多工业应用的商业软件选择有限体积法的原因之一。常见的有限体积法仅限于二阶精度格式，实施高阶有限体积方法需要设计用于评估空间平均导数、插值和通量的特殊格式，且需要反卷积方案以从空间平均值中提取逐点值（Piller, Stalio, 2004）。总之，开发高阶有限体积法要比开发有限差分法同类格式更为苛刻，尤其是在复杂计算域条件下（Piller, Stalio, 2008）。有限差分法和有限体积法的区别见下表：

| 有限差分法 | 有限体积法 |
| --- | --- |
| 结构性网格 | 非结构性网格 |
| 非固有守恒 | 固有守恒 |
| 接近已知方程 | 物理意义 |
| 简单几何 | 适用于复杂几何 |
| 推导与插值 | 积分与解卷积 |
| 更高的空间精度 | 更低的空间精度 |
| 高阶方法 | 应用更高阶方法较难 |

通过有限体积法获得的 DNS 数据库中，应用最频繁的可能是 Kawamura（2017）数据库，自 1998 年以来一直在进行维护。他的团队针对多种不同工况下的湍流槽道流动开展了数值模拟，$Re_\tau$ 最高达 1000，$Pr$ 为 0.025~10。

Vreman 和 Kuerten（2014）的最新 DNS 研究中详细对比了使用谱方法和有限差分法开展 DNS 模拟结果的差异。他们发现，使用有限差分法时（周期性的二阶空间精度，壁面法向的四阶空间精度，二阶时间精度），要达到与频谱法计算相同的精度，网格间距需要减小到频谱法下网格间距的 3/4。

还有许多其他方法也已用于 DNS 数值模拟。格子玻耳兹曼方法也已被证明具备 DNS 模拟功能，且由于其简单性而在大型并行 GPU 上计算效率很高（Mayer, Hazi, 2006）。但是，基于玻耳兹曼输运方程的方法尚未在单相传热研究中得到广泛使用和充分验证。本章对该方法不做过多介绍。

值得一提的是，由 Patera（1984）在 1984 年开发的谱元法。该方法基于计算域有限元离散和高阶切比雪夫（Chebyshev）或勒让德（Legendre）多项式构建每个单元的基函数。阿贡国家实验室（ANL, 2017）基于上述方法开发了开源程序 Nek5000，并已作为 DNS 模拟工具受到了广泛关注。谱元法具有与谱方法相似的精度，且具有适用于求解复杂几何形状的优势。

实际上，开展 DNS 模拟分析时，可参考具有类似几何特征及可比流态、选用相似数值格式的以往研究，以帮助合理选择空间和时间分辨率。比如，进行 DNS 模拟时，可以首先使用 2 倍的粗糙网格和更长的时间步长进行初步计算，节省计算资源，达到统计稳定状态。随后，将粗算的结果在最终计算域的网格上做插值处理，获取最终 DNS

模拟计算的初始条件。

**3. 边界条件和初始条件**

**1）周期性边界条件**

在速度和温度均已充分发展或者周期性充分发展的条件下（Stalio，Piller，2007），可以假定沿流向的流动已经均匀。沿流向的所有变量，包括压力和温度，均可以使用周期性边界条件计算。

在 DNS 模拟应用最频繁的、采用周期性边界条件的模型之一是槽道流动。针对无限长（$x$）和宽（$z$）的通道开展湍流模拟的方法是将流向和展向的无限大计算域看作有限长度的计算域（或称为单元计算域），并将这两个方向的边界设定为周期性边界。此类条件理论上要求因变量场沿所选方向是周期性的。在实践中，周期性边界条件的实现还受该方法本身的影响。比如，周期性是谱方法的基本功能固有的，而在有限体积/有限差分法中，周期性边界是通过在计算域两端上施加环向拓扑来实现的。在设置单元计算域范围时也应特别注意，应至少可以包含最大的湍流流动尺度。当以上条件均可以满足后，选取的计算域内的流场计算结果可以准确地再现无限大通道内的流场情况。后文着重讨论槽道计算域长度和宽度选取的定性标准。

**2）入流开口边界条件**

当满足充分发展的条件时，可以通过沿流向设置周期性边界条件方式求解变量。当研究的重点是空间上流动的发展过程时，DNS 方法需要为速度和温度场采取某种入流湍流产生方法。Wu（2017）对速度场的入流湍流产生方法进行了分类和综述。在主计算域中计算湍流的同时，需要设置辅助的周期计算域，其结果为主计算域提供入流边界条件。这种入流边界条件设置方法称为循环方法，该合成方法可作为完整模拟入流的一种替代尝试。

**3）出流开口边界条件**

当流体流出计算域时，在开口边界上设置适当的边界条件是一项艰巨的任务（Sani，Gresho，1994）。出流开口边界设定时的最常见问题是它们会产生速度和输运标量的虚假反射，造成在域边界处振荡，并可能影响求解算法的稳定性。

由于出流边界条件必须确保超出计算域边界物理域的连续性，因此从内部域外推的输运方程通常为如下形式：

$$\frac{\partial \Phi}{\partial t}+U_c\frac{\partial \Phi}{\partial x}=0 \qquad (6.12)$$

在很多情况下，需要使用统一的 $U_c$ 值确保质量守恒。基于特定流态的对流速度 $U_c$ 的关系式可用于式（6.12）中。例如，Craske 和 van Reeuwijk（2013）在处理湍流射流和羽流问题时建议 $U_c(y)$ 使用指数函数。

在 Hattori 等（2013）关于开口出流边界的综述中，Stevens（1990）提出的方法被认为是求解浮升力、湍流羽流最有前景的方法，该方法基于出流处的一维对流扩散方程，将扩散项添加到式（6.12）中，并为对流速度 $U_c$ 引入了相速度。

**4）传热边界条件**

湍流槽道也是研究近壁面热传递最常用的几何结构。最准确的方法是共轭传热边界，其考虑了加热壁面内部实际存在的热传导。Tiselj 和 Cizelj（2012）开展了针对液态金属应用的 DNS 模拟研究，并在低普朗特数（$Pr=0.01$）条件下施加了共轭传热边界。大多数的 DNS 传热模拟研究（Kasagi et al，1992；Kawamura et al，1998；Na，Hanratty，2000）都是使用了简化的热边界条件，没有考虑固体壁面，且在流固接触面上将无量纲温度固定为零：

$$\theta(y=\pm h)=0 \quad \text{（温度无脉动的边界条件）} \tag{6.13}$$

当热活度比 $K=\sqrt{(\lambda\rho c_p)_f/(\lambda\rho c_p)_w}$ 趋于 0 时，该种热边界条件与实际情况符合良好，此时加热壁面厚度 $d^+$，系数 $G=\alpha_f/\alpha_w$ 是有限值（$\alpha=\lambda/\rho c_p$）。在这种情况下，流体温度脉动不会穿透到固体壁面中，Tiselj 和 Cizelj（2012）将此类型的理想热边界条件称为无脉动热边界。这种边界的一个例子就是作为流体的空气与作为固体的金属的组合。对于水/钢组合，如果加热的壁足够厚，热边界条件仍接近无脉动热边界。如果金属壁厚较小，则该近似失效。

若允许湍流温度脉动从流体渗透到固体达到最大值，则这种边界条件定义如下：

$$\langle\theta(y=\pm h)\rangle_{x,z,t}=0 \quad \left(\frac{\partial\theta'}{\partial y}\right)_{y=\pm h}=0 \quad \text{（温度脉动的边界条件）} \tag{6.14}$$

此时，固壁边界处温度脉动的无量纲平均温度仍然为 0，而温度脉动的零梯度分布由 $\theta'$ 描述。当热活度比 $K$ 达到无穷大时，这种类型的传热边界条件可以实现，在实验中可用非常薄的金属箔加热水槽中的水来复现（Mosyak et al.，2001）。

2001 年，Tiselj 等（2001b）首次对湍流槽道流的边界条件进行了分析。式（6.13）代表了定温边界，式（6.14）代表无量纲温度定热流边界。这里的"定热流"往往引起疑惑，因为它经常与物理温度定热流边界相混淆。两种边界需要区分：在固体域内的具有恒定体积热源的情况对应物理温度定热流边界。该种情况下边界可以不是脉动的（式（6.13）），也可以是脉动的（式（6.14））。Tiselj 和 Cizelj（2012）建议对式（6.13）和式（6.14）使用新名称。

式（6.13）和式（6.14）的一个重要特征是在被动标量近似中它们对传热系数的影响几乎可以忽略。换句话说，近壁的平均温度分布实际上与热边界条件无关。当然，可以观察到温度脉动和其他湍流统计的显著差异。

实际的流固系统，热边界条件始终处于式（6.13）和式（6.14）所示的边界条件之间。用于液态钠和钢壁组成的流固系统，$K=1$。其热边界条件大致在脉动温度边界与非脉动温度边界中间。因此，为了研究温度脉动及其在固体壁中的渗透的细节，建议采用共轭传热方法来对液态金属进行 DNS 传热分析。

**5）初始条件**

在选定了所有计算方程式、计算域和边界条件后，需要设定初始条件以启动模拟计算。考虑到长期统计量与初始条件无关，并且假设 CPU 时间不是限制因素，那么通常从包含几个合适波长扰动的初始速度开始就足够了。由于这些模拟的初始阶段可以在相当粗糙的网格上运行，所以 CPU 时间消耗不会太高。在大多数情况下，如果几何结构保持相似，则在适当缩放后，使用在其他 $Re$ 或 $Pr$ 条件下模拟获得的瞬时场就足够了。如果计算成本是一个限制因素，那么可以使用一些更复杂的初始条件来缩短初始瞬态建立过程（Coleman，Sandberg，2010）。

**6）数值计算结果的统计处理**

经过跨越几个流通时间和 $10^3$~$10^4$ 个黏性时间单位的时间步后，计算域中流动发展为平均特征稳定的湍流，称为统计稳定态，这意味着流动的长期统计特征与时间无关。对于单一瞬态情况的评估是没有必要的。一般而言，这种情况下每个流动参数（给定点处的速度、压力或温度，选定的线、面或体积中的平均值）均应显示为恒定的平均值并围绕平均值脉动。在湍流槽道流中用于识别统计稳态的典型参数通常是全局变量，如平均速度、平均温度、湍动能、壁面处的摩擦速度和摩擦温度等。且通常必须独立地观察数十倍的流通时间或者数千个粘性时间步后，才可以识别到 DNS 模拟计算的统计学稳定态。在大多数情况下，这些运行需要数万到数十万个时间步。

一旦识别出统计稳定态，就可以开始对结果进行空间和时间平均。典型的平均过程包括计算点、线、表面或选定体积中的平均值。流动统计可利用流场变量的瞬态值在运行过程中或计算完成后利用场变量的快照获取。两种方法各有明显的优缺点，因为要计算的统计量参数可达到上百个（当必须评估各种参数时），所以选择何种后处理方法将受到可用的计算和存储资源影响。

瞬态流场可以提供一些特定信息，然而，要与实验或其他计算结果对比时，仍然需要对计算结果进行统计平均。在两个方向均匀的几何截面的槽道流动计算中，要获得可接受的统计不确定度，所需的计算时间步相当多。在具有单一方向均匀流动的计算中所需相应时间步数更大，且在各方向均没有均匀流动的几何结构中时间步数会更大。Oliver 等（2014）提供了一种用于分析 DNS 模拟中的不确定度的方法论和工具。该方法近期也被 Flageul 和 Tiselj（2017）用于槽道流动传热分析的统计不确定度分析中。建议采用该工具进行 DNS 研究的统计不确定度量化（UQ）。

**4. 槽道流动结果**

表 6.1 和表 6.2 为低 $Pr$ 下槽道流动中进行的湍流传热模拟的概述。表 6.1 的第三列介绍了模拟中使用的热边界条件。Tiselj 和 Cizelj（2012）、Tiselj（2014）的模拟是在非常低的 $Pr$ 下进行的，这些模拟计算的代码将用于液态钠快堆的分析计算。Oder 等（2015）对使用谱方法计算软件 Nek5000 进行的槽道流动共轭传热模拟分析做了综述。

表 6.1　$Pr = 0.01$ 条件下 DNS 数据

| 数 值 方 法 | $Re_\tau$ | 热边界条件 | $K$ | $G$ | $d^+$ | 参 考 文 献 |
|---|---|---|---|---|---|---|
| 频谱法 | 180, 395, 590 | C | 0.01~100 | 0.001~1000 | 0.1~1000 | Tiselj，Cizelj（2012）；Tiselj（2014）；Oder 等（2015） |
| 特殊频谱法 | 180 | NF 和 F | — | — | — | |
| 单元法 | 180 | C | 1 | 1 | 180 | |

注：F 代表脉动温度边界；NF 代表非脉动温度边界；C 代表共轭传热模拟。

表 6.2　$Pr = 0.01$ 条件下各 DNS 模拟的细节

| DNS | 计算域 $L_x \times L_y \times L_z$ | 网格 $N_x \times N_y \times N_z$ | $\Delta x^+$ | $\Delta y^+$ | $\Delta z^+$ | $\Delta t^+$ | 平均值 $t^+$ | 获取值 $Re_\tau$ |
|---|---|---|---|---|---|---|---|---|
| 正常 | $4\pi \times 2 \times 4\pi/3$ | $128 \times 129 \times 128$ | 17.7 | 0.054~4.42 | 5.89 | 0.027 | 10800 | 180.09 |
| 大 | $12\pi \times 2 \times 4\pi$ | $384 \times 129 \times 384$ | 17.7 | 0.054~4.42 | 5.89 | 0.027 | 24300 | 179.99 |

续表

| DNS | 计算域 $L_x \times L_y \times L_z$ | 网格 $N_x \times N_y \times N_z$ | $\Delta x^+$ | $\Delta y^+$ | $\Delta z^+$ | $\Delta t^+$ | 平均值 $t^+$ | 获取值 $Re_\tau$ |
|---|---|---|---|---|---|---|---|---|
| 超大 | $24\pi \times 2 \times 8\pi$ | $768 \times 129 \times 768$ | 17.7 | 0.054~4.42 | 5.89 | 0.027 | 21600 | 180.04 |
| $Re_\tau = 395$ | $2\pi \times 2 \times 8\pi$ | $256 \times 257 \times 256$ | 9.69 | 0.03~4.85 | 4.42 | 0.0158 | 7900 | 394.65 |
| $Re_\tau = 590$ | $2\pi \times 2 \times 8\pi$ | $384 \times 257 \times 384$ | 9.69 | 0.044~7.24 | 4.42 | 0.0195 | 11800 | 588.95 |

图 6.3 展示了低普朗特数（$Pr=0.01$）、不同雷诺数下湍流传热 DNS 模拟的平均速度和平均温度分布（Tiselj，Cizelj，2012）。这些分布曲线均是通过对平行于壁面的平面上的速度场进行时间平均的方法获得的。由于各曲线的长度不同，因此可以轻易区分不同雷诺数（$Re_\tau$ 为 180、395 和 590）下的速度和温度曲线。尽管在较低雷诺数条件下的速度分布为 $y^+>50$ 的区域可以认为处于流动边界层的准对数层，但液态金属中的温度分布与速度分布差异很大，且温度分布更类似于层流条件下的抛物线形分布。要在液态金属流动模拟中看到类似对数曲线的平均温度分布特征，模拟工况的摩擦雷诺数至少要大于 $10^4$ 才可以。

图 6.3 中，每一个雷诺数下都有两条温度分布曲线，分别对应不同的传热边界条件（式（6.13）和式（6.14））。由图可以看出，采用脉动的温度边界条件计算得到的传热效率稍高，但这种差异在实际应用中可以忽略。由此可得一个关于共轭传热边界的重要结论，即无论边界条件是否考虑温度脉动，平均温度分布以及传热系数计算的差别均较小。Tiselj 等（2014）的研究表明，使用脉动温度边界条件计算求得的传热系数约比使用非脉动温度边界条件计算求解的传热系数高 1%（通常高 0.5%）。考虑到 DNS 模拟计算结果的统计不确定度，这种差异很难在模拟计算中准确评估。尽管如此，在相同的雷诺数和普朗特数下（0.6%（$Pr=1$），0.3%（$Pr=0.01$，$Re_\tau=180$）和 0.8%（$Pr=0.01$，$Re_\tau=590$）），使用脉动温度边界条件求解的温度分布始终比非温度脉动边界条件下的分布高约 0.5%。有待进一步确认的是，浮力流中的这种差异是否仍然很小。

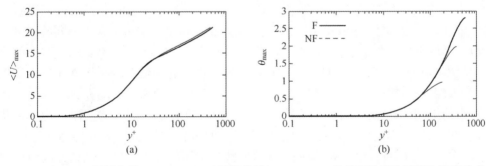

图 6.3 $Re_\tau$ 为 180（最短曲线）、395、590（最长曲线），$Pr=0.01$ 条件下的平均速度和温度分布曲线

湍流传热中的第二个重要的参数是温度脉动曲线，如图 6.4 所示，获得脉动曲线的方式与获得平均温度曲线的步骤类似。图 6.4（a）显示了 $Pr=0.01$，且 $Re_\tau$ 为 180、395 和 590 条件下的均方根温度脉动曲线。两条曲线分别展示了两种边界条件（式（6.13）和式（6.14））各雷诺数下的温度脉动。两种不同边界条件下最大的区别在于：无温度

脉动边界条件下，在 y+=0 的位置，温度脉动趋于 0；而有温度脉动的边界条件下，对应位置处的温度脉动趋于某个定值。使用脉动温度边界条件，壁面处的温度脉动与使用非脉动温度边界条件下，距壁面 $20/Pr^{1/2}$ 处位置的温度脉动程度相当。要精确地预测壁面温度脉动，仍然只能通过 DNS 数值模拟进行。

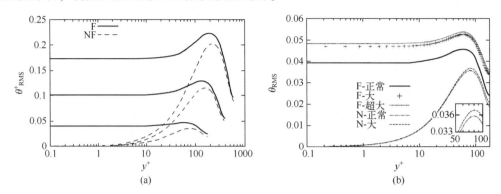

图 6.4 $Pr=0.01$，脉动和无脉动温度边界条件下的无量纲均方根温度脉动分布曲线
(a) $Re_\tau=180$、395、590 条件下不同计算域尺寸；(b) $Re_\tau=180$ 条件下不同计算域尺寸。
（来源：Tiselj I, Cizelj L, 2012. DNS of turbulent channel flow with conjugate heat transfer at Prandtl number 0.01. Nucl. Eng. Des. 253, 153-160; Tiselj I, 2014. Tracking of large-scale structures in turbulent channel with DNS of low Prandtl number passive scalar. Phys. Fluids 26 (12), 125111.）

图 6.4 (a) 展示了在低雷诺数下使用脉动温度边界条件时，$y^+=0$ 位置处的温度脉动程度随着雷诺数的增加而增大。这种温度脉动程度与雷诺数之间的关系通常被认为是在低雷诺数下，流动热边界层尚未完全发展的结果。在 $Pr\approx1$ 的条件下，这种壁面温度脉动程度随雷诺数变化的依赖程度就弱得多。可以预期，在雷诺数足够大的工况下，$y^+=0$ 处的温度脉动值会不再受到雷诺数的影响，但这些推论还待开展更高雷诺数下的 DNS 模拟或者高精度 LES 大涡模拟来证实。

在 $Pr=0.01$ 条件下，被动标量的第二个特征如图 6.4 (b) 所示。图中实线表示 $Re_\tau=180$ 时的 DNS 模拟结果，该模拟与 Moser 等（1999）的 DNS 计算采用了相同的计算分辨率和计算域尺寸。另外的两条曲线与上述实线相比，空间上采用相同的网格分辨率，但计算域更大。"大计算域"在流向和展向上的计算域尺度为 3×3，"超大计算域"的几何尺度为 6×6。这些大的计算区域均用于追踪更大的湍流结构。图 6.4 (b) 显示，"超大计算域"的壁面温度脉动比"正常计算域"的中壁面温度脉动大 20%。这也是在之前适中的 $Pr$ 下未观察到的一个结果。造成这种现象的原因是大的湍流结构，脉动程度往往较弱以至于不能对速度场以及 $Pr$ 接近 1 的流体的温度场的统计结果造成影响 (Tiselj, 2014)。然而，在低 $Pr$ 流动中，这些湍流结构的作用相对增加了，因为较大的热扩散将有效地消除较小的湍流结构，具有较长波长的大的湍流结构受到的影响则较小。从数学物理学上可知，一般扩散作用对于高频（波长较短）脉动的抑制作用好于对低频（波长较长）脉动的抑制作用。需要特别强调的是，速度场的统计结果不受计算域扩大的影响，$Pr=0.01$ 条件下的平均温度分布也未改变。这种计算域对结果的影响在 $Re_\tau=395$ 时 (Tiselj, 2014) 也同样得到了证明，但更高雷诺数条件下的影响还有待验证。

在开发 LES/RANS 湍流计算模型时，流向和展向上的湍流热通量是两个重要的统计量。如图 6.5 所示，在低 $Re$ 下的液态金属流动中，湍流热通量仅占总热通量 $q_w=1$ 的一小部分。图 6.5 中沿流向的流动曲线展示了脉动和非脉动热边界条件之间的差异以及区域大小尺寸对计算结果的影响。此外，壁面法线方向（法向）上的湍流热通量却几乎不受几何尺寸的影响，如图 6.5（a）所示。

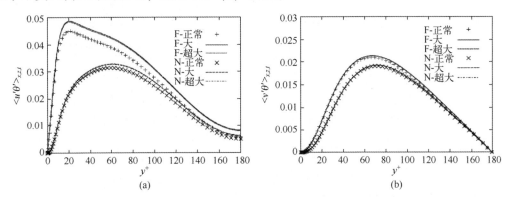

图 6.5　$Pr=0.01$ 条件，使用"正常""大""超大"计算域求得的流向和壁法线方向湍动热通量分布曲线

注：展示的结果使用了理想的脉动温度（F）和理想的非脉动（N）温度边界条件。

（来源：Tiselj I, 2014. Tracking of large-scale structures in turbulent channel with DNS of low Prandtl number passive scalar. Phs. Fluids 26（12），125111.）

如图 6.6 所示，在以下温度场的流向自相关函数中（表达式如下）长时间存在的大湍流结构的影响也可以被观察到：

$$R_{xx}(x,y) = \frac{\left\langle \int_0^{L_x^+} \theta'(\xi)\theta'(\xi-x)\mathrm{d}\xi \right\rangle_{z,t}}{\left\langle \int_0^{L_x^+} \theta'(\xi)\theta'(\xi)\mathrm{d}\xi \right\rangle_{z,t}} \quad (6.15)$$

式中：$\theta'$ 的积分在距固壁固定的距离 $y$ 上进行；"< >"表示在展向 $z$ 和时间 $t$ 上的统计平均。

类似的方程式用于展向的自相关分析。自相关函数是很方便的量，可用于检验周期性 DNS 的计算域是否足够长：如果所有变量的自相关函数都在域的一半长度（宽度）处下降到 0，就说明计算域足够长（宽）。如图 6.6 所示，在"正常"的计算域中流态自相关函数在通道长度的一半处下降到大约零，而在展向上自相关函数在中间宽度处出现了不可忽略的反相关性。且对于脉动温度边界条件，这种不相关性更加明显。在"大"和"超大"域中，流向自相关函数降低为零，而展向自相关函数接近于零，但仍显示出轻微的反相关。在各种 DNS 数据库中获得的速度场或压力分量自相关的相似配置文件中表明，"正常"计算域对于大多数 DNS 模拟而言已足够。

对于计算域大小的说明，应该注意的是，即使在非常小的周期性计算域中，也可以观察到许多小尺度的湍流现象。Jimenez 和 Moin（1991）已表明，即使尺寸为 $L_x^+=300$ 和 $L_y^+=100$ 的区域也足以正确再现平均速度分布、速度脉动分布和小尺度速度谱。本章的作者不了解低 $Pr$ 下被动标量的类似测试的情况。

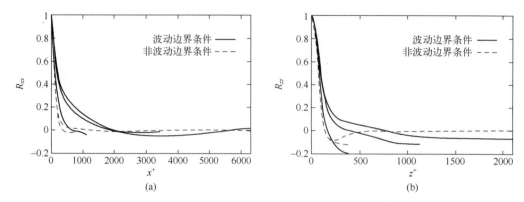

图 6.6 "正常""大""超大"计算域内 $y^+=91$ 处使用脉动温度边界（实线）和非脉动温度边界（虚线）的温度场流向和展向自相关函数（Tiselj，2014）

许多其他湍流量，如温度脉动的频谱以及与 LES 或 RANS 模型的建立或经验传热关联式有关的湍流量，其统计信息的详细介绍参见表 6.1 中的文献。

共轭传热结果可参见 Tiselj 和 Cizelj（2012），其中说明了雷诺数 $Re_\tau$ 为 180、395 和 590，普朗特数 $Pr=0.01$，不同流体-固体物性条件下的槽道流动计算结果。所有的湍流统计数据都在前面讨论的不同热边界条件下的计算统计值之间。

**5. 非平面几何结构计算结果**

当数值计算的几何形状变得更加复杂时，流场和温度场分布也会变得更特别，其相关的特征和现象在平壁计算中无法被观察到。Errico 和 Stalio（2014，2015）在高纵横比的通道中开展了充分发展低 $Pr$ 流动的强迫对流换热 DNS 模拟，通道具有一个波形的壁面和一个平壁面，流动为强迫流动，不考虑浮升力的影响。模拟分析的摩擦雷诺数 $Re_\tau=282$，对应流体主流速度和流道水力直径下的雷诺数 $Re\approx18900$。研究中考虑了三种不同热导率的流体，对应 $Pr$ 分别为 0.71、0.20、0.025。这些流体的流动呈现出分离、再附着和流动波峰下游出现的剪切层，这些条件与湍流传热和被动标量的输运应用有关。

低 $Pr$ 流体的特征在于 $Nu$ 相对较小，结果表明，壁面的起伏会增强传热。在上述流体计算的研究中，最小的 $Nu$ 出现在了流动分离区域，在该区域中回流区弱化了热对流，传热速率的峰值则出现在了流动的再附着区域。通过垂直方向上的热通量分量的详细研究表明，至少在研究的参数范围内，对热传递的主要贡献总是归因于平均对流项。图 6.7 的湍流通量曲线表明，湍流热传递在 $Pr=0.025$ 时几乎消失，造成在较低 $Pe$ 的工况，平均温度分布更符合层流下的温度分布特征。

图 6.8 展示了不同 $Pr$ 下流向速度分量和温度场的瞬态云图。可以看出，$Pr=0.025$ 时，瞬态温度场也呈现出了类似层流平均温度场的分布特征，在垂直于流动方向上，空间尺度范围较小，湍流热通量也很弱。Errico 和 Stalio（2014）的其他研究表明，使用全场均一的湍流普朗特数模拟 $Pr\ll1$ 的工况，湍流传热计算结果不准确，尤其是存在流动分离的条件下。

后向台阶（BFS）流动是另一个被较多研究人员应用的案例。Oder 等（2015）初步描述了液态金属流经有限尺寸固体壁面后向台阶模型的壁面温度脉动和湍流温度脉动

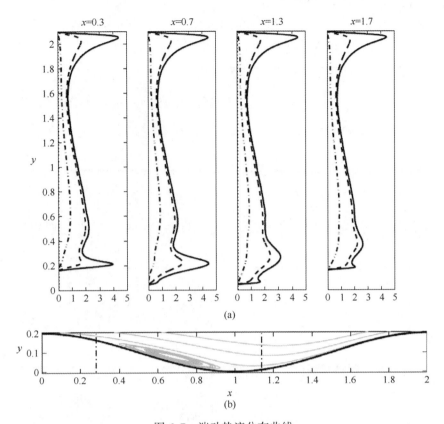

图 6.7 湍动热流分布曲线

注：图（a）中实线—$Pr=0.71$；虚线—$Pr=0.20$；点画线—$Pr=0.025$。

的 DNS 结果。后掠台阶流动模型如图 6.9 所示，计算模型与 KIT 计划的 Kasola 实验装置（Jaeger et al.，2017）尽可能一致。$Pr=0.01$ 的流体从模型较窄的位置流入较宽的位置，并假定台阶的后方存在加热壁面。温度设为被动标量，意味着虽然温度分布与自然对流有关，但其并没有被直接求解。BFS 流动入口设为充分发展的湍流流场且温度恒定。为了获得合适的入口温度场和速度场，计算中使用了周期性边界条件，充分发展流动计算区域下游截面的温度值和速度值将作为 BFS 流动计算的入口边界条件。在此操作中对速度的流向分量进行比例缩放处理，以确保质量流量恒定。模拟计算基于谱元法，使用开源程序 Nek5000（ANL，2017）进行仿真。

温度场分布的强三维特征使得后向台阶的回流涡相当复杂，然而在图 6.9 所示对称面上的瞬态速度场中，这种复杂结构无法清晰展示。事实证明，三维湍流直接数值计算模拟的一个关键问题是，为了获得合理的低统计不确定度，往往需要较长的计算总时长。关于 BFS 模拟的讨论可以参阅 Niemann 和 Froehlich（2016），文中分析了跨越台阶的竖直浮升流的直接数值模拟情况，只是计算结果尚未经过实验测量结果的对比校验。

针对燃料棒束周围的低普朗特数流体如液态金属（Govindha Rasu et al.，2014）模拟的研究文献较少。Angeli 和 Stalio（2018）首次尝试在竖直棒束周围开展充分发展的、浮升力诱发对流的 DNS 模拟。计算模拟基于任意形状圆柱形边界的非均匀笛卡儿网格，采用有限体积法和一种原创的二阶精度差分格式（Angeli et al.，2015）。

以棒径比 $P/D=1.4$ 的棒束中的一组三角形组件单元为参考几何模型，计算流体工质的普朗特数 $Pr=0.031$，摩擦雷诺数 $Re_\tau=550$，瑞利数 $Ra=5\times10^5$，主流雷诺数约为 8600。

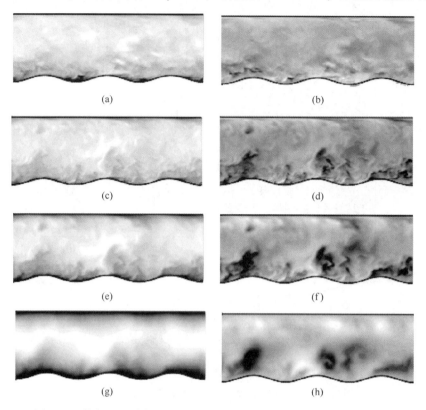

图 6.8　不同 $Pr$ 下瞬态流向速度分量和温度场以及其脉动的瞬态云图
(a) $u$；(b) $u'$；(c) $\theta$ ($Pr=0.71$)；(d) $\theta'$ ($Pr=0.71$)；(e) $\theta$ ($Pr=0.20$)；
(f) $\theta'$ ($Pr=0.20$)；(g) $\theta$ ($Pr=0.025$)；(h) $\theta'$ ($Pr=0.025$)。

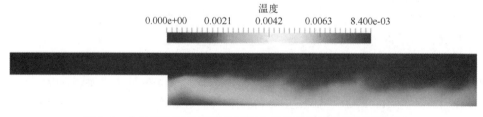

图 6.9　台阶下有加热壁面的后掠台阶流动模型的瞬态温度场

图 6.10 展示了子通道内流体流动的总体结构。计算数据的统计基于子通道 1/6 的单元区域进行。图中展示了计算单元区域上流向平均速度分量 $\overline{u_x}$、壁面-主流平均温差 $\overline{\theta_w-\theta}$ 和横截面速度分量的流线。在这些几何形状中，由浮力引起的流动被视为非零的时均二次流，从棒束最窄缝隙位置流向棒束，然后流向子通道中心最大间距位置处，形成二次流环流。沿曲线横坐标 $\gamma$ 的相关湍流量的分布如图 6.11 所示。总的来说，低 $Pr$ 流动下 $\theta$ 的脉动较小，类似地，温度脉动的耗散率也较小。湍动能和雷诺应力在近壁区出现峰值。

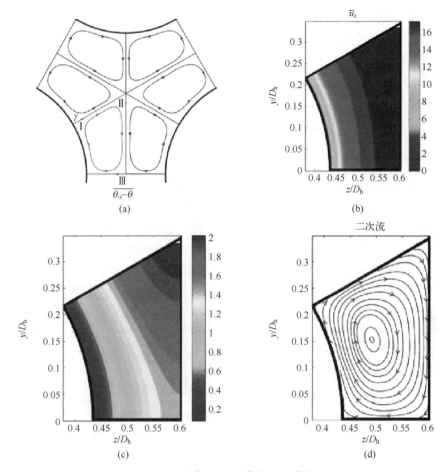

图 6.10 棒束的 DNS 模拟（见彩插）

(a) 进行计算的主流单元（红色线标示了局部坐标 $\gamma$ 的定义）；(b) 单位流动单元上的时均速度 $\overline{u_x}$ 的云图；
(c) 时均温差 $\overline{\theta_w-\theta}$ 云图；(d) 平均二次流的流线图。

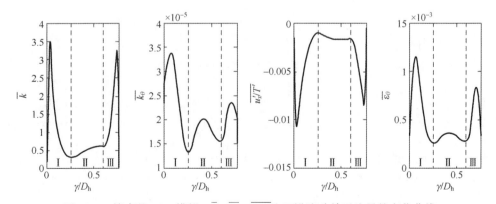

图 6.11 棒束的 DNS 模拟：$\overline{k}$、$\overline{k_\theta}$、$\overline{u_x'\theta'}$ 和 $\overline{\varepsilon_\theta}$ 沿流动单元边界的变化曲线

**6. 结论**

DNS 是用于研究低 $Pr$ 湍流传热的工具之一。本章中，所有 $Pr$ 工况下的 DNS 均采用了简单的几何模型和较低的雷诺数。尽管如此，DNS 可以为上述流动提供关键的补

充信息。需要说明的是，即使是最简单的 DNS 模拟，其数据库中的信息量也是相当庞大的，提取统计数据并解释计算结果通常也不是一件容易的事情。

除了考虑计算成本外，使用 DNS 还会产生巨量无效数据（与所需数据相比），这也是 DNS 实际应用的阻碍。此外，数值方法中边界条件和初始条件不可避免存在不确定度，DNS 也是如此。当然，简单模拟的 DNS 可作为数值实验帮助开发亚网格 LES 模型和 RANS 输运方程。在这方面，液态金属流的 DNS 模拟与其他流体的 DNS 模拟没有任何区别。

近壁面几何中的简单被动标量的 DNS 模拟揭示了低 $Pr$（约为 0.01）传热的一些特征：DNS 获得的低雷诺数下的近壁平均温度分布（图 6.3）类似抛物线形层流分布，这是由于扩散热通量通常比湍流热通量大得多（图 6.5）。

其他区别在于固-液交界面上的温度脉动，由于流体和固体的物性不同，湍流的温度脉动相比液态水-固体系统更容易侵入固体壁面内。

低普朗特数流体传热的另一个特性是不可忽略大尺度结构的影响，而实际上大尺度结构对速度场的统计无关紧要。大尺度湍流结构对平均温度分布影响不大，而对均方根温度脉动的影响不可忽略（图 6.4），其贡献率占据总脉动份额可达 20%。只有在 $Pr$ 为 0.01 或更低的情况下，在可测量的温度统计数据中才能看到大尺度结构的存在。观察到的大尺度热结构可以理解为速度场中所隐藏弱大尺度结构的体现。这在 LES 研究的统计数据中应该也可以看到。

如今，低 $Pr$ 流体领域的最新的研究重点是浮力流，以及稍复杂的几何结构。本章中提到了一些示例，如波形壁面槽道流动、BFS 流动以及子通道中的浮力流。后面两个案例正在开发中，并代表了欧盟 H2020 的 SESAME 项目研究人员的贡献。但是，目前仍然存在从 DNS 模拟中提取有效信息和统计不确定度两个主要问题。从 DNS 计算的海量数据中判断有用信息并提取它们并不是一件容易的事。尽管如此，在这样的几何结构中进行 DNS 基准测试对于 LES 和 RANS 方法中湍流模型的开发和改进仍然具有至关重要的意义。

# 参 考 文 献

[1] Anderson, J.D., 1995. Computational Fluid Dynamics: The Basics With Applications. McGraw-Hill, New York, NY.

[2] Angeli, D., Stalio, E., 2018. Direct numerical simulation of rod bundle at low Prandtl number, Computers and Fluids, submitted.

[3] Angeli, D., Stalio, E., Corticelli, M.A., Barozzi, G.S., 2015. A fast algorithm for direct numerical simulation of natural convection flows in arbitrarily-shaped periodic domains. J. Phys. Conf. Ser. 655 (1). https://doi.Org/10.1088/1742-6596/655/1/012054.

[4] ANL, 2017. Database. Available from: https://nek5000.mcs.anl.gov/(Accessed January 2017).

[5] Aulery, F., Toutant, A., Brillant, G., Monod, R., Bataille, F., 2012. Numerical simulations of sodium mixing in a T-junction. Appl. Therm. Eng. 37, 38–43.

[6] Bergant, R., Tiselj, I., 2007. Near-wall passive scalar transport at high Prandtl numbers. Phys. Fluids 19 (6), 065105.

[7] Brillant, G., Husson, S., Bataille, F., 2006. Subgrid-scale diffusivity: wall behaviour and dynamic methods. J. Appl. Mech. Trans. ASME 73 (3), 360–367.

[8] Coleman, G. N., Sandberg, R. D., 2010. A Primer on Direct Numerical Simulation of Turbulence—Methods, Procedures and Guidelines. School of Engineering Sciences, University of Southampton.

[9] Craske, J., van Reeuwijk, M., 2013. Robust and accurate open boundary conditions for incompressible turbulent jets and plumes. Comput. Fluids 18 (86), 284—297.

[10] Errico, O., Stalio, E., 2014. Direct numerical simulation of turbulent forced convection in a wavy channel at low and order one Prandtl number. Int. J. Therm. Sci. 86, 374–386.

[11] Errico, O., Stalio, E., 2015. Direct numerical simulation of low-Prandtl number turbulent convection above a wavy wall. Nucl. Eng. Des. 290, 87–98.

[12] Flageul, C., Tiselj, I., 2017. Impact of unresolved smaller scales on the scalar dissipation rate in direct numerical simulations of wall bounded flows. Int. J. Heat Fluid Flow 68, 173–179.

[13] Flageul, C., Benhamadouche, S., Lamballais, E., Laurence, D., 2015. DNS of turbulent channel flow with conjugate heat transfer: effect of thermal boundary conditions on the second moments and budgets. Int. J. Heat Fluid Flow 55, 34–44.

[14] Fletcher, C. A. J., 1991. second ed. Computational Techniques for Fluid Dynamics, vol. 1 and 2. Springer, Berlin.

[15] Galantucci, L., Quadrio, M., 2010. Very fine near-wall structures in turbulent scalar mixing. Int. J. Heat Fluid Flow 31, 499–506.

[16] Govindha Rasu, N., Velusamy, K., Sundararajan, T., Chellapandi, P., 2014. Simultaneous development of flow and temperature fields in wire-wrapped fuel pin bundles of sodium cooled fast reactor. Nucl. Eng. Des. 267, 44–60.

[17] Gray, D., Giorgini, A., 1976. The validity of the Boussinesq approximation for liquids and gases. Int. J. Heat Mass Transf. 19, 545–551.

[18] Hattori, T., Norris, S. E., Kirkpatrick, M. P., Armfield, S. W., 2013. Comparison of non-reflective boundary conditions for a free-rising turbulent axisymmetric plume. Int. J. Numer. Methods Fluids 72, 1307–1320.

[19] Hoyas, S., Jimenez, J., 2006. Scaling of the velocity fluctuations in turbulent channels up to $Re_\tau = 2003$. Phys. Fluids 18, 011702.

[20] Jaeger, W., Hahn, T. S., Hering, W., Otic, I., Shams, A., Oder, J., Tiselj, I., 2017. Design and pre evaluation of a backward facing step experiment with liquid metal coolant. In: The 17th International Topical Meeting on Nuclear Reactor Thermal Hydraulics, Xi An, China.

[21] Jimenez, J., 2017. DNS Database. UPM. Available from: http://torroja.dmt.upm.es/ftp/channels/data/ (Accessed January 2017).

[22] Jimenez, J., Moin, P., 1991. The minimal flow unit in near-wall turbulence. J. Fluid. Mech. 225, 213–240.

[23] Kasagi, N., Iida, O., 1999. Progress in direct numerical simulation of turbulent heat transfer. In: Proceedings of the 5th ASME/JSME Joint Thermal Engineering Conference. American Society of Mechanical Engineers, San Diego, USA.

[24] Kasagi, N., Tomita, Y., Kuroda, A., 1992. Direct numerical simulation of passive scalar field in a turbulent channel flow. J. Heat Transf. Trans. ASME 114, 598–606.

[25] Kawamura, H., 2017. DNS database. Tokyo University of Science. Available from: http://murasun.me.noda.tus.ac.jp/turbulence/poi/poi.html (Accessed January 2017).

[26] Kawamura, H., Ohsaka, K., Abe, H., Yamamoto, K., 1998. DNS of turbulent heat transfer in channel flow with low to medium-high Prandtl number fluid. Int. J. Heat Fluid Flow 19, 482—491.

[27] Kim, J., Moin, P., 1989. Transport of passive scalars in a turbulent channel flow. In: Turbulent Shear Flows VI, Springer-Verlag, Berlin, p. 85.

[28] Laizet, S., Lamballais, E., Vassilicos, J. C., 2010. A numerical strategy to combine high-order schemes, complex geometry and parallel computing for high resolution DNS of fractal generated turbulence. Comput. Fluids 39 (3), 471484.

[29] Lele, S. K., 1992. Compact finite difference schemes with spectral-like resolution. J. Comput. Phys. 103, 16–42.

[30] Li, Q., Schlatter, P., Brandt, L., Henningson, D. S., 2009. DNS of a spatially developing turbulent boundary layer with passive scalar transport. Int. J. Heat Fluid Flow 30, 916-929.

[31] Mayer, G., Hazi, G., 2006. Direct numerical and large eddy simulation of longitudinal flow along triangular array of rods using the lattice Boltzmann method. Math. Comput. Simul. 72, 173-178.

[32] Moin, P., Mahesh, K., 1999. Direct numerical simulation: a tool in turbulence research. Ann. Rev. Fluid Mech. 30, 539-578.

[33] Moser, D. R., 2017. Database. DNS database. University of Texas. Available from: http://turbulence.ices.utexas.edu/MKM1999.htm (Accessed January 2017).

[34] Moser, D. R., Kim, J., Mansour, N. N., 1999. Direct numerical simulation of turbulent channel flow up to $Re_\tau = 590$. Phys. Fluids 11 (4), 943-945.

[35] Mosyak, A., Pogrebnyak, E., Hetsroni, G., 2001. Effect of constant heat flux boundary condition on wall temperature fluctuations. J. Heat Transf. Trans. ASME 123, 213-218.

[36] Na, Y., Hanratty, T. J., 2000. Limiting behavior of turbulent scalar transport close to a wall. Int. J. Heat Mass Transf. 43, 1749-1758.

[37] Niemann, M., Froehlich, J., 2016. Buoyancy-affected backward facing step flow with heat transfer at low Prandtl number. Int. J. Heat Mass Transf. 101, 1237-1250.

[38] Oder, J., Urankar, J., Tiselj, I., 2015. Spectral element direct numerical simulation of heat transfer in turbulent channel sodium flow. In: 24th International Conference Nuclear Energy for New Europe, Portoroz, Slovenia.

[39] Oliver, T. A., Malaya, N., Ulerich, R., Moser, R. D., 2014. Estimating uncertainties in statistics computed from direct numerical simulation. Phys. Fluids 26 (3), 035101.

[40] Patera, A. T., 1984. A spectral element method for fluid dynamics: laminar flow in a channel expansion. J. Comp. Phys. 54, 468.

[41] Piller, M., Stalio, E., 2004. Finite-volume compact schemes on staggered grids. J. Comput. Phys. 197 (1), 299-340.

[42] Piller, M., Stalio, E., 2008. Compact finite volume schemes on boundary-fitted grids. J. Comput. Phys. 227 (9), 4736-4762.

[43] Pope, S. B., 2000. Turbulent Flows. Cambridge University Press, Cambridge.

[44] Sagaut, P., 2006. Large Eddy Simulation for Incompressible Flows. Springer, Berlin.

[45] Sani, R. L., Gresho, P. M., 1994. Resume and remarks on the open boundary condition minisymposium. Int. J. Numer. Methods Fluids 18 (10), 983-1008.

[46] Stalio, E., Piller, M., 2007. Direct numerical simulation of heat transfer in converging-diverging wavy channels. J. Heat Transf. 129 (7), 769-777.

[47] Stevens, D. P., 1990. On open boundary conditions for three dimensional primitive equation ocean circulation models. Geophys. Astrophys. Fluid Dyn. 51, 103-133.

[48] Tiselj, I., 2014. Tracking of large-scale structures in turbulent channel with DNS of low Prandtl number passive scalar. Phys. Fluids 26 (12), 125111.

[49] Tiselj, I., Cizelj, L., 2012. DNS of turbulent channel flow with conjugate heat transfer at Prandtl number 0.01. Nucl. Eng. Des. 253, 153-160.

[50] Tiselj, I., Bergant, R., Mavko, B., Bajsic, I., Hetsroni, G., 2001. DNS of turbulent heat transfer in channel flow with heat conduction in the solid wall. J. Heat Transf. Trans. ASME 123, 849-857.

[51] Tiselj, I., Pogrebnyak, E., Li, C., Mosyak, A., Hetsroni, G., 2001. Effect of wall boundary condition on scalar transfer in a fully developed turbulent flume flow. Phys. Fluids 13 (4), 1028-1039.

[52] Tiselj, I., Horvat, A., Mavko, B., Pogrebnyak, E., Mosyak, A., Hetsroni, G., 2004. Wall properties and heat transfer in near wall turbulent flow. Numer. Heat Transf. A 46, 717-729.

[53] Tiselj, I., Oder, J., Cizelj, L., 2013. Double-sided cooling of heated slab: conjugate heat transfer DNS. Int. J. Heat Mass Transf. 66, 781-790.

[54] Vreman, A. W., Kuerten, 2014. Comparison of direct numerical simulation databases of turbulent channel flow at ReT= 180. Phys. Fluids 26 (1), 015102.

[55] Wu, X., 2017. Inflow turbulence generation methods. Ann. Rev. Fluid Mech. 49, 23~9.

## 6.1.2 大涡模拟在液态金属流动与传热中的应用

### Y. Bartosiewicz, M. Duponcheel

卢万-拉-纽夫，乌卢万，力学、材料和土木工程研究所，比利时

**1. 介绍**

从热工水力的角度，液态金属冷却反应堆的特征是冷却剂的 $Pr$ 极低（$Pr=0.01$）。在 $Pr$ 极低情况下，温度场要比速度场平滑得多，也就是说，最小的温度尺度比最小的速度尺度大得多；同时，在中等雷诺数条件下，流动为完全湍流时，通道中的传热本质上为分子传热①。因此，在使用模拟软件进行 CFD 分析时需要考虑这种特殊行为。

根据流体物理建模/模拟水平程度，CFD 可以分为直接数值模拟（DNS）、大涡模拟（LES）和雷诺平均 Navier-Stokes（RANS）三种方法。关注的流动物理过程本质上以湍流传输为特征（如动量传输和能量传输等）。湍流流动的特征是具有全谱的时间和空间尺度，上到由几何模型和边界条件制约的大尺度，下至能量最终耗散的最小尺度。Kolmogorov（1941）提出的能级串理论可以说明这一特征，该种基于统计的理论依赖局部各向同性和相似性的假设。能级串是指由于不同尺度之间的非线性相互作用，能量从大尺度向小尺度传输。在某一时刻（取决于雷诺数），能量的粘性耗散相比于前述能量传输逐渐占据主导地位。最终耗散发生在由 Kolmogorov 理论定义的尺度上，称为 Kolmogorov 尺度。这种能级串由涡旋的局部特征波数 $k$ 与涡旋所包含的湍动能 $E(k)$ 之间的关系表示，如图 6.12 所示。

大波数范围（如大尺度）称为能量产生区域，是由于平均流中存在梯度或外力作用将能量注入湍流。因此，最大的涡中包含了大部分的能量，且这些涡的特征长度尺度 $l_0$ 和特征速度尺度 $u_0$ 与计算域几何长度尺度 $L$ 和特征速度尺度 $u$ 成比例。高波数范围或小尺度是耗散区域，存在最小尺度的涡，这个区域内粘性起着更加重要的作用。在这两个区域之间是惯性区域，该区域内能量从较大的尺度转移到较小的尺度上，该区域的范围是雷诺数的函数，因其给出了流动中最大尺度和最小尺度之间差异。实际上，随着雷诺数的增加，最小的尺度会变得更小，而大尺度由于更多地与几何有关而没有显著改变。惯性区域内最大的涡与几何形状成正比，最小的涡则由粘性耗散和粘性决定。惯性区域内，根据平衡假设，尺度之间的能量转移率等于耗散率 $\varepsilon$。基于量纲分析，并假设最小涡的长度尺度由粘度 $\nu$ 和耗散率 $\varepsilon$ 确定，Kolmogorov（1941）提出：

$$\frac{\eta}{l_0} = Re^{-3/4} \tag{6.16}$$

$$\frac{u_\eta}{u_0} = Re^{-\frac{1}{4}} \tag{6.17}$$

---

① 湍流输运不占主导——译者

$$\frac{t_\eta}{t_0} = Re^{-\frac{1}{2}} \tag{6.18}$$

式中：$\eta$、$u_\eta$ 和 $t_\eta$ 分别为 Kolmogorov 长度尺度、Kolmogorov 速度尺度和 Kolmogorov 时间尺度。通常，惯性区的终点和耗散区的起点位于 $k_\eta = 0.1 \sim 0.2$。

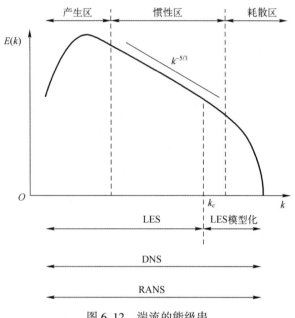

图 6.12　湍流的能级串

$E(k)$ 的量纲为 $m^3/s^2$。惯性区内满足 $E(k) = f(k, \varepsilon)$。由于 $k$ 的量纲为 $1/m$，耗散率 $\varepsilon$ 的量纲为 $m^2/s^3$，因此可得

$$E(k) \sim \varepsilon^{\frac{2}{3}} k^{-\frac{5}{3}} \tag{6.19}$$

由此最终可以得到 Kolmogorov 定律：$E(k) = C_K \varepsilon^{\frac{2}{3}} k^{-\frac{5}{3}}$，$C_K = 1.6$。这也解释了图 6.12 中惯性区出现斜率为 $-5/3$ 的原因。从 CFD 的角度，空间各个方向均被离散为有限数量的单元，式 (6.16) 为严格的对应关系，$l_0$ 与几何长度尺度 $L$ 比例对应。将 $L$ 在空间各个方向上离散为 $n$ 段后，$L = n\Delta h$，$\Delta h$ 是网格大小。因此，三维计算中：

$$n^3 \sim Re^{\frac{9}{4}} \tag{6.20}$$

如图 6.12 所示，DNS 方法显式地模拟了湍流中所有可能的波数和时间尺度。如式 (6.20) 所示，准确捕捉流动尺度需要网格节点数正比于 $Re^{9/4}$。比如，对于一般 $Re = 10^6$ 的流动，使用 DNS 模拟至少需要 $20 \times 10^{11}$ 个网格节点（20000 亿网格）。更准确地说，由于大小为 $h$ 的网格单元只能捕捉尺度为 $2h$ 的涡（奈奎斯特（Nyquist）定理），因此理想的 DNS 网格尺寸需要满足 $h_{DNS} \leq 2\eta$。

另一种方法（如 RANS）基于如图 6.12 所示的全频谱的建模，三维的湍流脉动没有被直接模拟，湍流影响仅通过在输运变量中添加额外的扩散项来简单模拟。此时，网格精细至足以捕捉平均流场的梯度即可，比 DNS 模拟的要求低很多。

LES 技术是这两种极端方法（DNS 和 RANS）之间的一个很好的折中，它可以很好地描述湍流，但与 DNS 相比需要更少的计算资源。LES 的思想是显式模拟或求解流体

混合和决定耗散率的大尺度,而对更为普遍和最终将能量耗散为热量的最小涡模化处理。基于图 6.12,LES 方法依赖于特定截断波数 $k_c$ 进行的尺度分离。所有小于 $k_c$ 的尺度均不会直接显式求解,但会对其建立模型,称为亚网格模型。亚网格模型将反映小尺度对求解尺度的影响。由于小尺度被认为是通用的,并且大部分频谱都已求解,因此可以预期良好的 LES 模拟结果对亚网格尺度模型没有太大的敏感度(远低于 RANS 对湍流模型的敏感程度)。实现这种尺度分离的技术是使用与计算网格有关的投影算子。因此,截止波数 $k_c = \pi/h$ 与局部网格尺寸有关,需要谨慎选择。如图 6.12 所示,LES 截止值应在惯性区域内,以便捕获正确的耗散率。对具有挑战性的 LES 分析,需要 $h \geq 30\eta$,这大约是惯性区域和耗散区域之间的过渡。RANS 和 LES 之间的差异非常大,因为 LES 需要三维非定常计算和诸如 DNS 的高阶数值方案,且数值扩散和弥散低,以确保尺度间传递的正确表示。图 6.13 说明了 RANS、LES 和 DNS 槽道流动之间可实现的结果(分辨率)的差异。本节介绍 LES 技术及其在液态金属流体中的传热计算中的应用。LES 的一般数值特征,以及其实现和后处理等注意事项均未涵盖。

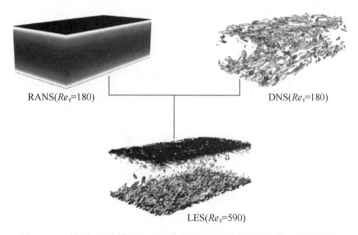

图 6.13 槽道流动模拟:不同类型模拟的细节程度(见彩插)

**2. LES 方程**

正如前文所介绍的 LES 方法将大涡(包含大部分能量)和最小涡(造成最终能量消散)进行尺度分离。这种尺度分离可以通过两种滤波方法实现:第一种方法是将不同的场(速度、温度等)投影到单元尺寸为 $h$ 的网格上。依据奈奎斯特定理,这种单元尺寸为 $h$ 的网格可以捕捉到的最小尺度为 $2h$,即网格最高(截止)波数为 $\pi/h$。因此,只要数值模拟方法在计算网格上求解控制方程,该滤波选项就可以很自然地实现。第二种方法更加数学化,且与应用滤波器有关,如高斯滤波器。其目的是减少最小的尺度,保留较大的尺度。

两种方法之间的主要区别需要重点关注。对于第一种(隐式滤波),若超出滤波器截波数 $k_c = \pi/h$,则不能获得任何信息。实际上,一旦将实际计算或 DNS 求解的场映射到网格上,所有小于网格尺寸的尺度信息都会丢失,且无法恢复。对于第二种(显式滤波),信息只是被衰减但并未丢失,理论上可以完全(如果滤波器是可逆的)或部分(通过反卷积)恢复信息。下文将重点讨论网格 LES(grid-LES),而显式滤波方法参见 Sagaut（2006）和 Pope（2000）。

**1) 控制方程**

由于本节讨论 LES 在液态金属传热中的应用，因此探讨仅限于严格意义上的不可压缩格式，即认为密度是恒定的。同时，忽略其他热物性随温度的变化。在这些假设下，质量和动量守恒方程可以写成下式（能量方程将在下文中介绍）：

$$\frac{\partial u_i}{\partial x_i} = 0 \tag{6.21}$$

$$\frac{\partial u_i}{\partial t} + \frac{\partial u_i u_j}{\partial x_j} = -\frac{\partial P}{\partial x_i} + \frac{\partial}{\partial x_j}(2\nu S_{ij}) \tag{6.22}$$

式中：$\nu$ 为运动粘度；$P$ 和 $S_{ij}$ 分别为折算压力和应变率张量，可分别定义为

$$P = \frac{p}{\rho} \tag{6.23}$$

$$S_{ij} = \frac{1}{2}\left(\frac{\partial u_i}{\partial x_j} + \frac{\partial u_j}{\partial x_i}\right) \tag{6.24}$$

式中：$\rho$ 为密度。

通过对 Navier-Stokes 方程应用滤波运算符可获得 LES 方程。由于主要想在数值计算的网格单元上使用离散的方程，因此最简单的滤波器就是 LES 网格本身，这种滤波操作通常等效于锐截止傅里叶滤波。这种操作产生了隐式滤波的 LES 方程。

**2) 隐式滤波的 LES 或网格 LES**

将网格投影算符（$\widetilde{\cdots}$）应用于控制方程组中，并假设滤波器算符与导数算符可交换，可以得到滤波后的方程：

$$\frac{\partial \widetilde{u_i}}{\partial x_i} = 0 \tag{6.25}$$

$$\frac{\partial \widetilde{u_i}}{\partial t} + \frac{\partial \widetilde{u_i u_j}}{\partial x_j} = \frac{\partial}{\partial x_j}(-\widetilde{P}\delta_{ij} + 2\nu \widetilde{S}_{ij}) \tag{6.26}$$

只要滤波器是均匀的，上述变换就可被验证（Sagaut，2006）。然而，对于非均匀网格不一定能应用上述变换，且在计算交换过程中可能存在误差，这一点由 Ghosal 和 Moin（2001）提出，Sagaut（2006）进行了解释。动量的非线性项（式（6.22））给出了 DNS 变量（式（6.26））的滤波结果。实际上，在此 LES 框架中，仅滤波后的变量可用（LES 网格上投影的变量）。该项为亚网格尺度应力的来源。实际上，为了恢复计算变量滤波后的结果（如滤波后的变量），需要在公式右侧引入一个新术语：

$$\frac{\partial \widetilde{u_i}}{\partial t} + \frac{\partial \widetilde{u_i}\widetilde{u_j}}{\partial x_j} = \frac{\partial}{\partial x_j}(-\widetilde{P}\delta_{ij} + 2\nu \widetilde{S}_{ij} + \widetilde{\sigma}_{ij}^{\text{SGS}}) \tag{6.27}$$

式中：$\widetilde{\sigma}_{ij}^{\text{SGS}}$ 为亚网格尺度应力张量，可定义为

$$\widetilde{\sigma}_{ij}^{\text{SGS}} = \widetilde{H}(u_i, u_j) = \widetilde{\widetilde{u_i}\widetilde{u_j}} - \widetilde{u_i u_j} \tag{6.28}$$

其中：$H(a, b) = \widetilde{ab} - ab$。

没有被网格捕捉到的尺度造成的影响（丢失信息）必须要进行建模和评估。该项

的建模在 LES 中至关重要,因为它将使能量级串最终耗散。如果删除这一项,来自较大尺度的能量级串将无法耗散,因而计算容易发散。

**3) 方程封闭问题**

(1) LES 方程的设置。

在式 (6.22) 中,$S_{ij}$ 是无迹张量。可以将亚网格尺度应力张量重写为偏应力和非偏应力两部分的和:

$$\widetilde{\tau}_{ij}^{\mathrm{SGS}} = \widetilde{\sigma}_{ij}^{\mathrm{SGS}} - \frac{1}{3}\widetilde{\sigma}_{kk}^{\mathrm{SGS}}\delta_{ij} \tag{6.29}$$

式中:$\widetilde{\sigma}_{kk}^{\mathrm{SGS}}$ 与亚网格尺度的湍动能有关,即

$$-\widetilde{\sigma}_{kk}^{\mathrm{SGS}} = \widetilde{u_k u_k} - \widetilde{u}_k \widetilde{u}_k = 2\widetilde{K}^{\mathrm{SGS}} \tag{6.30}$$

在此框架中,动量方程的最终形式为

$$\frac{\partial \widetilde{u}_i}{\partial t} + \frac{\partial \widetilde{\widetilde{u}_i \widetilde{u}_j}}{\partial x_j} = \frac{\partial}{\partial x_j}(-\widetilde{\mathcal{P}}\delta_{ij} + 2v\widetilde{S}_{ij} + \widetilde{\tau}_{ij}^{\mathrm{SGS}}) \tag{6.31}$$

式中:$\widetilde{\mathcal{P}}$ 为有效压力,定义为 $\widetilde{\mathcal{P}} = \widetilde{P} + \frac{2}{3}\widetilde{K}^{\mathrm{SGS}}$。

因此,亚网格模型的目的是求解 $\widetilde{\tau}_{ij}^{\mathrm{SGS}}$,即 $\widetilde{\sigma}_{ij}^{\mathrm{SGS}} = \widetilde{u_i u_j} - \widetilde{u}_i \widetilde{u}_j$ 的偏应力。在一些高级的亚网格模型中,亚网格湍动能会被单独建模。

式 (6.31) 与有的文献中的公式不同,例如:

$$\frac{\partial \widetilde{u}_i}{\partial t} + \frac{\partial \widetilde{u}_i \widetilde{u}_j}{\partial x_j} = \frac{\partial}{\partial x_j}(-\widetilde{\mathcal{P}}\delta_{ij} + 2v\widetilde{S}_{ij} + \widetilde{\tau}_{ij}^{\mathrm{SGS}}) \tag{6.32}$$

式中:$\widetilde{\tau}_{ij}^{\mathrm{SGS}}$ 为 $\widetilde{\sigma}_{ij}^{\mathrm{SGS}} = \widetilde{u}_i \widetilde{u}_j - \widetilde{u_i u_j}$ 的偏离项。

由于式 (6.32) 中各项仅能在 LES 网格中被捕捉到,因此该公式对于网格 LES 是不充分的。$\widetilde{u}_i \widetilde{u}_j$ 具有比单独 $\widetilde{u}_i$ 或 $\widetilde{u}_j$ 项更高的频率,因此也需要更加精细的网格来表示。尽管如此,当使用显式滤波进行尺度分离操作时,式 (6.32) 仍然可以被获得 (Sagaut,2006),这种方法称为代数 LES。在这种情况下,残余应力出现在式 (6.32) 的右侧,被称为子滤波应力。然后可以通过部分反卷积来确定该子滤波应力 (Yeo,1987;Leonard,1974;Carati et al.,2001)。由于子滤波应力需要建模,因此网格 LES 中的有效亚网格尺度应力不是可交换算子。此外,如果在计算网格上求解显式 LES 方程,则等效于双重滤波操作,一个显式滤波和一个傅里叶截止滤波,即将显式滤波的方程式投影到网格上。动量方程的右侧将是由子滤波应力(可反卷积)和亚网格尺度应力(需要建模)组成的残余应力。

因此,最终的公式为

$$\frac{\partial \widetilde{u}_i}{\partial x_i} = 0 \tag{6.33}$$

$$\frac{\partial \widetilde{u}_i}{\partial t} + \frac{\partial \widetilde{\widetilde{u}_i \widetilde{u}_j}}{\partial x_j} = \frac{\partial}{\partial x_j}(-\widetilde{\mathcal{P}}\delta_{ij} + 2v\widetilde{S}_{ij} + \widetilde{\tau}_{ij}^{\mathrm{SGS}}) \tag{6.34}$$

式中:$\widetilde{\mathcal{P}} = P/\rho + \frac{2}{3}\widetilde{K}^{\mathrm{SGS}}$;$\widetilde{\tau}_{ij}^{\mathrm{SGS}}$ 为 $\widetilde{\sigma}_{ij}^{\mathrm{SGS}} = \widetilde{u}_i \widetilde{u}_j - \widetilde{u_i u_j}$ 的偏离部分,需要进行建模。

(2) 封闭问题。

使用尺度分离算子 $\phi = \widetilde{\phi} + \phi'$，可以将亚网格应力写为

$$\widetilde{\sigma}_{ij}^{\text{SGS}} = \widetilde{\widetilde{u}_i \widetilde{u}_j} - \widetilde{u_i} \widetilde{u_j} = -[(\widetilde{\widetilde{u}_i u_j'} + \widetilde{\widetilde{u}_j u_i'}) + \widetilde{u_i' u_j'}] = \widetilde{C}_{ij} + \widetilde{R}_{ij} \quad (6.35)$$

式中：第一项为交叉应力，表示求解尺度和未求解尺度之间的截断乘积；第二项称为雷诺应力项，类似于其在 RANS 封闭问题中的对应项。下文会提到，这两项（至少包含其偏应力部分）通常会作为一个整体进行建模，分开建模将更为复杂（Thiry, Winckelmans, 2016）。

这里值得一提的是 RANS 和 LES 方法之间的根本区别。为获得 RANS 方程，需定义一个平均算子，它实际上是一个时间平均值：

$$\langle \phi \rangle = \frac{1}{\Delta t} \int_{t-\Delta t/2}^{t+\Delta t/2} \phi \mathrm{d}t \quad (6.36)$$

$$\phi = \langle \phi \rangle + \phi' \quad (6.37)$$

式中：$\langle \phi \rangle$ 为通过 RANS 模型方程求解的平均场；$\phi'$ 为 RANS 方法中不被求解的脉动场。

当这个算子用于控制方程中时，RANS 方法的方程式和 LES 方法的方程式类似，区别仅在于 RANS 方法的方程式中各物理量均为时间平均量 $\langle \phi \rangle$。未被求解的部分可以理解为应力张量，称为雷诺应力张量：

$$\langle \sigma_{ij}^{\text{RANS}} \rangle = -[(\langle \langle u_i \rangle u_j' \rangle + \langle \langle u_j \rangle u_i' \rangle) + \langle u_i' u_j' \rangle] = \langle C_{ij} \rangle + \langle R_{ij} \rangle = \langle R_{ij} \rangle \quad (6.38)$$

RANS 方法与 LES 方法最大的区别就在于 RANS 方程中不存在交叉应力项，因为对时间平均算子有 $\langle \langle \phi \rangle \phi' \rangle = 0$，该性质与滤波操作性质不同。

**4) LES 的传热**

如果认为流体不可压缩且常物性，则可以将能量方程写成被动标量温度的守恒形式。然而，当处理自然对流的问题时，动量方程式和能量方程式可以通过浮升力项直接耦合，使得温度变为了主动标量。简单起见，这里只处理一个被动标量方程。在这个条件下，能量方程可以用温度形式表示为

$$\frac{\partial \widetilde{T}}{\partial t} + \frac{\partial \widetilde{T} \widetilde{u}_j}{\partial x_j} = \frac{\partial}{\partial x_j} \left( a \frac{\partial \widetilde{T}}{\partial x_j} + \widetilde{\tau}_T^{\text{SGS}} \right) \quad (6.39)$$

式中：$\widetilde{\tau}_T^{\text{SGS}} = \widetilde{\widetilde{T} \widetilde{u}_j} - \widetilde{T u_j}$，为亚网格热通量；$a$ 为分子热扩散率。

温度动态特性可以遵循不同的状态，具体取决于其与流动动态特性的耦合方式。驱动这种耦合的参数是流体的 $Pr$（如果标量表示物质组分的传输，则为 $Sc$）：

$$Pr = \frac{v}{a} \quad (6.40)$$

液态金属的特征就是极低的普朗特数。这种特殊性为亚网格尺度项的简化提供了可能性，这部分内容将在下文介绍，Bricteux 等（2012）和 Duponcheel 等（2014）已有所应用。

**3. 亚网格尺度模型**

**1) 涡粘模式**

与 RANS 中采用的方法类似，工程中使用的大多数亚网格尺度模型都依赖于涡粘性概念。这个概念与式（6.34）中的亚网格应力张量有关，用于求解应变率张量，两个

张量之间通过亚网格粘度 $v_{SGS}$ 联系：

$$\widetilde{\tau}_{ij}^{SGS} = 2v_{SGS}\widetilde{S}_{ij} \tag{6.41}$$

与 RANS 方法中的湍流粘度相反，在 LES 方法中，亚网格粘度对计算结果精度的影响更小；因为大尺度的能级串已被求解，亚网格尺度模型只用于最终消除解析尺度的能级串。耗散率 $\varepsilon$ 实际由较大的尺度决定，与 RANS 方法相比，LES 方法主要求解这些较大尺度的量。因此，可以预见的是，即使最简单的亚网格尺度模型，也起到了求解湍流耗散的作用，并可以在不改变计算结果精度的情况下完成该任务，这也是 LES 方法相对于 RANS 方法的主要优势。此外，LES 方法的大多数亚网格尺度模型都是基于代数模型，而不是像在 RANS 中那样求解附加输运方程，不过目前 LES 也开发了一些类似方法（Sagaut，2006；Pope，2000）。

亚网格尺度粘度显然与分子运动粘度具有相同的量纲（$m^2/s$）。通过量纲分析，亚网格尺度粘度模型的基础是时间尺度 $T$ 和长度尺度 $L$。

（1）Smagorinsky 模型。

斯马戈林斯基（Smagorinsky）模型（Smagorinsky，1963）被认为是 LES 亚网格尺度模型的先驱。在该模型中，长度尺度定义为网格的特征长度或者滤波器的宽度尺度，$L = \overline{\Delta} = (h_x h_y h_z)^{\frac{1}{3}}$。时间尺度由应变率张量范数定义 $T^{-1} = \sqrt{2\widetilde{S}_{ij}\widetilde{S}_{ij}}$。亚网格粘度最终定义为

$$v_{SGS} = C_S \overline{\Delta}^2 (2\widetilde{S}_{ij}\widetilde{S}_{ij})^{\frac{1}{2}} = C_S \overline{\Delta}^2 |\widetilde{S}| \tag{6.42}$$

式中：$C_S$ 为 Smagorinsky 常数。由于 $C_S$ 是实数和正数，因此该模型纯粹用于求解耗散，不考虑反向作用（逆能级串）。Lily（1967）建立了以下关系式来计算高雷诺数流动的该常数：

$$C_S = \frac{1}{\pi^2}\left(\frac{2}{3C_K}\right)^{\frac{3}{2}} \tag{6.43}$$

式中：$C_K$ 为 Kolmogorov 常数。当 $C_K = 0.6$ 时，$C_S = 0.027$。对于中等雷诺数的流动，$C_S$ 值太高，导致耗散过多，造成流动区域内的层流化。此外，该模型还有一个问题就是亚网格尺度粘度在接近壁面时不会趋于 0，该现象与实际不符。该问题可使用 Piomelli 等（1993）提出的阻尼函数方法来解决，该方法也预示了正确的渐近行为，如尺度在 $O(y^{+3})$ 的情况下（Bricteux，2008）有

$$v_{SGS} = C_S \overline{\Delta}^2 (1 - e^{-(y^+/25)^3}) |\widetilde{S}| \tag{6.44}$$

（2）WALE 模型。

WALE 模型（壁面自适应局部涡粘性模型）是由 Nicoud 和 Ducros（1999）开发的涡粘性模型，其设计目的是为涡流粘度提供正确的近壁面尺度 $O(y^{+3})$，且该模型在单纯层流剪切流中不起作用。在这些假设下，亚网格应力模型的定义如下：

$$\widetilde{\tau}_{ij}^{SGS} = 2v_{SGS}\widetilde{S}_{ij} \tag{6.45}$$

$$v_{SGS} = C_W \overline{\Delta}^2 \frac{(\widetilde{S}_{ij}^d \widetilde{S}_{ij}^d)^{\frac{3}{2}}}{(\widetilde{S}_{ij}\widetilde{S}_{ij})^{\frac{5}{2}} + (\widetilde{S}_{ij}^d \widetilde{S}_{ij}^d)^{\frac{5}{4}}} \tag{6.46}$$

式中

$$\widetilde{S}_{ij} = \frac{1}{2}\left(\frac{\partial \widetilde{u}_i}{\partial x_k}\frac{\partial \widetilde{u}_k}{\partial x_j} + \frac{\partial \widetilde{u}_j}{\partial x_k}\frac{\partial \widetilde{u}_k}{\partial x_i}\right) = \widetilde{S}_{ik}\widetilde{S}_{kj} + \widetilde{\Omega}_{ik}\widetilde{\Omega}_{kj} \tag{6.47}$$

上式给出了正确的近壁面行为描述。张量 $\Omega$ 是速度梯度张量的反对称部分。模型的系数由 Nicoud 和 Ducros（1999）利用中等雷诺数条件下均质各向同性湍流进行了标定，并给出了 $C_W = 0.25$。Bricteux 等（2009 年）在其槽道流动（$Re_\tau = 395$）中标定 $C_W = 0.20$，并表明该模型不适用于层流涡旋流，因为它在固体旋转区域中仍然起作用。他们认为，当固体域旋转时，WALE 模型的耗散性尽管比 Smagorinsky 模型小，但仍然偏强。这也是提出新的多尺度版本的 WALE 模型的原因，其将在下文介绍。

**2) 动力模型**

（1）方法。

通常，动力模型的原理就是求解局部的亚网格应力模型系数。例如，该过程中允许确定局部的 Smagorinsky 模型 $C_S$ 系数（如式（6.42）），但要能适用于各种模型，所以几乎每种亚网格尺度模型均有其动力模式版本，但 WALE 模型暂无。这种方法由 Germano 等（1991）首先提出，采用比 LES 滤波宽度更宽的二级滤波（也称为测试滤波）。由于这里主要处理的是隐式滤波 LES，二级滤波可构造为在较大网格尺寸上的投影 $\alpha h$（$\alpha>1$）。在谱空间中，这意味着应用了第二个锐截止傅里叶滤波 $k_2<k_1$，$k_1$ 是 LES 的第一级截止点（图 6.14）。

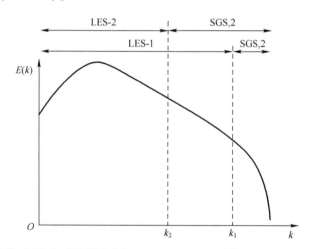

图 6.14 两种不同级别滤波器中求解（通过 LES）和建模（SGS 亚网格）的频谱段

式（6.42）使用的投影算符（$\widetilde{\cdots}$）被认为适用于第一级 LES，第二级 LES 方程可以通过将投影算符（$\widetilde{\cdots}$）替换为与第二级截止波数 $k_2 = \pi/\alpha h$ 对应的投影算符（$\hat{\cdots}$）。因此，可以获得不同应力张量之间的关系式：

$$\hat{\widetilde{\sigma}}_{ij} = \hat{\widetilde{\sigma}}_{ij}^{SGS,1} + \widehat{\widetilde{\widetilde{u}_i\widetilde{u}_j}} - \widehat{\widetilde{u}_i}\widehat{\widetilde{u}_j} \tag{6.48}$$

$$= \hat{\widetilde{\sigma}}_{ij}^{SGS,1} + \hat{\sigma}_{ij}^{SGS,2}(\widetilde{u}_i, \widetilde{u}_j) \tag{6.49}$$

$$= \hat{\widetilde{\sigma}}_{ij}^{SGS,1} + \mathcal{L}_{ij} \tag{6.50}$$

这意味着，双滤波方程中的残余应力等于在第二级滤波的第一级亚网格应力张量加上使用第一级速度场表示的第二级亚网格应力张量。从这个意义来讲，后一项不是亚网格应力张量，而是里昂纳特（Leonard）应力张量（$\mathcal{L}_{ij}=\hat{\tilde{u}}_i\hat{\tilde{u}}_j-\widetilde{u_i\tilde{u}_j}$），因为它是根据求解场（已知）确定的。另一个有趣的特征是，若考虑锐截止傅里叶滤波，用二级滤波器将第一级 LES 滤波（滤波器宽度大于第一级滤波器）等同于执行第二级 LES，因此有

$$\hat{\tilde{\sigma}}_{ij}=\hat{\sigma}_{ij}^{SGS,2}=\hat{\sigma}_{ij}^{SGS,1}+\hat{\mathcal{L}}_{ij} \tag{6.51}$$

式（6.50）或式（6.51）通常称为 Germano 恒等式（Germano et al.，1991），它给出了两级滤波器的两个亚网格应力张量之间的关系。Leonard 张量表示两个临界点之间的应力张量，无需求解场中的任何模型即可进行计算。

由于 Leonard 项可以被确定，因此可保证 Germano 恒等式可用于 SGS 模型。误差或残差计算如下：

$$\epsilon_{ij}=\hat{\tilde{\sigma}}_{ij}^{SGS,1}-\hat{\sigma}_{ij}^{SGS,2}+\hat{\mathcal{L}}_{ij} \tag{6.52}$$

因此，动力模型的目标是将局部的 $\epsilon_{ij}$ 最小化。第一步即为假设尺度不变性来表示亚网格尺度模型，也就是说，用相同类型的亚网格尺度模型和相同常数描述的模型：

$$\widetilde{\tau}_{ij}^{SGS,1}=C_M\,\widetilde{\beta}_{ij} \tag{6.53}$$

$$\hat{\tau}_{ij}^{SGS,2}=C_M\,\hat{\alpha}_{ij} \tag{6.54}$$

只要两个截止点都位于惯性范围内，并且两个滤波器是自相似的，就可以验证尺度不变性假设。在该基础下，Germano 恒等式的残余偏离项必须最小化：

$$\epsilon_{ij}^d=\hat{\mathcal{L}}_{ij}^d+C_M(\hat{\tilde{\beta}}_{ij}-\hat{\alpha}_{ij})\,a_{ij} \tag{6.55}$$

式中：$C_M$ 在测试滤波器截止长度范围内被认为是常数。

式（6.55）在三维空间内给出了 6 个独立的方程以确定 6 个模型常数（张量涡粘度，Sagaut，2006）。Lilly（1992）提出了误差函数的最小二乘最小化，$C_M$ 是以下项的解：

$$C_M=\frac{\hat{M}_{ij}\hat{\mathcal{L}}_{ij}^d}{\hat{M}_{kl}\hat{M}_{kl}} \tag{6.56}$$

式中：$\hat{\mathcal{L}}_{ij}^d$ 为 $\hat{\mathcal{L}}_{ij}$ 的偏应力项；$\hat{M}_{ij}=\hat{\tilde{\beta}}_{ij}-\hat{\alpha}_{ij}$。

在该方法下求解的系数与时间和空间有关。此外，该系数甚至可能为负，这被解释为反向散射的标志（Sagaut，2006）。然而，求解的最大的问题在于系数不受限制，可能引起数值不稳定。目前已有一些提高该过程数值稳定性的解决方案，例如求平均值、限制幅值或同时采用两种方法（Yang，Ferziger，1993；Zang et al.，1993）。特别当存在均匀方向时，求平均过程会更容易，这使此方法更适合于周期性域或频谱仿真。动力模型允许在层流区域（过渡流动）中使常数等于零，并且无需使用任何阻尼函数即可在近壁面提供良好的亚网格尺度粘度渐近值。

（2）动态 Smagorinsky 模型。

如果将先前的方法应用于 Smagorinsky 模型（Smagorinsky，1963），则可以确定

$$\widetilde{\beta}_{ij}=2\,\overline{\Delta}^2\,\widetilde{|\tilde{S}|\tilde{S}_{ij}} \tag{6.57}$$

$$\hat{\alpha}_{ij} = 2\alpha^2 \hat{\Delta}^2 |\hat{\bar{S}}|\hat{\bar{S}}_{ij} = 2\alpha^2 \hat{\Delta}^2 \widehat{|\hat{\bar{S}}|\hat{\bar{S}}_{ij}} \tag{6.58}$$

数值测试表明，$\alpha = 2$ 是一个较为合适的值（如使用具有原始滤波器两倍大小的测试滤波器）（Sagaut，2006；Pope，2000）。应用式（6.51）可以求解式（6.42）中的 $C_s$。

**3) 多尺度模式**

（1）方法。

多尺度模型被提出的初衷是改进经典的涡粘性模型。经典涡粘性模型在求解较大尺度时会造成过度耗散，而网格可以很好地解决这些问题，这也正是 LES 的目的。Hughes 等（2001）提出了一个模型，仅用于可解析场的高波数范围（最小求解尺度）。由于亚网格尺度应力本质上是频谱中未求解部分对已求解部分的影响，因此这种相互作用被认为会影响近截断波数的可解析涡（Jeanmart，2002）。为了将最小的求解尺度与较大的求解尺度分离，必须使用高通滤波器对 LES 场进行滤波：

$$\widetilde{\phi}^s = \widetilde{\phi} - \overline{\widetilde{\phi}} \tag{6.59}$$

式中：$\widetilde{\phi}^s$ 为 LES 场中的较小部分；$\widetilde{\phi}$、$\overline{\widetilde{\phi}}$ 为低通滤波后的 LES 场。

在 Hughes 等（2001）的研究中，小尺度速度场和大尺度速度场之间的差别很明显，因为使用了截断波数 $k_c/2$ 的锐截止傅里叶滤波器对 LES 进行了滤波。此时，小尺度场处在 $k_c/2 \sim k_c$。后来，Jeanmart 和 Winckelmans（2007）通过使用平滑离散滤波器提出了一个正则化版，这种方法可以使用平滑的离散滤波器经过 $n$ 次迭代达到必要的阶数（$2n$）：

$$\overline{\widetilde{u}}_n = \{[I-(-\delta_x^2/4)^n][I-(-\delta_y^2/4)^n][I-(-\delta_z^2/4)^n]\}\widetilde{u} \tag{6.60}$$

式中：$I$ 为单位算符，且在均匀网格上；$\{\delta_x^2\}f_{i,j,k} = f_{i+1,j,k} - 2f_{i,j,k} + f_{i-1,j,k}$（对不均匀网格的案例，参见 Jeanmart 和 Winckelmans，2007）。此处选择的低通滤波器是迭代 $n$ 次（阶数 $2n$）的离散高斯滤波器。一旦获得了小尺度场，基于可解析小尺度场的（小）应变率张量就可以表示为

$$\widetilde{S}_{ij}^s = \frac{1}{2}\left(\frac{\partial \widetilde{u}_i^s}{\partial x_j} + \frac{\partial \widetilde{u}_j^s}{\partial x_i}\right) \tag{6.61}$$

现在可以根据小尺度速度场的使用来定义不同类别的涡粘性模型，以表示应变张量和（或）亚网格粘度。

实际上，第一类模型使用完整的 LES 场求解亚网格尺度粘度，使用小尺度场表征应变张量：

$$\widetilde{\tau}_{ij}^{SGS} = 2\nu_{SGS}\widetilde{S}_{ij}^s \tag{6.62}$$

此类模型称为"完全-小"模型。

第二类模型用小尺度场求解应变张量和亚网格尺度粘度：

$$\widetilde{\tau}_{ij}^{SGS} = 2\nu_{SGS}^s \widetilde{S}_{ij}^s \tag{6.63}$$

其中使用 Smagorinsky 尺度：$\nu_{SGS}^s = C_s \overline{\Delta}^2 (2\widetilde{S}_{ij}^s \widetilde{S}_{ij}^s)^{1/2}$，称为"小-小"模型。

（2）多尺度 WALE 模型。

正则化多尺度版本的 WALE 模型（或称 RVMS-WALE 模型）由 Bricteux 等（2009）

提出。该模型属于"小-小"类模型。该模型基于式（6.63），如下：

$$\nu_{\text{SGS}}^s = C_W \overline{\Delta}^2 \frac{(\widetilde{\mathcal{S}}_{ij}^{\text{sd}} \widetilde{\mathcal{S}}_{ij}^{\text{sd}})^{\frac{3}{2}}}{(\widetilde{\mathcal{S}}_{ij}^s \widetilde{\mathcal{S}}_{ij}^s)^{\frac{5}{2}} + (\widetilde{\mathcal{S}}_{ij}^{\text{sd}} \widetilde{\mathcal{S}}_{ij}^{\text{sd}})^{\frac{5}{4}}} \tag{6.64}$$

$$\widetilde{\mathcal{S}}_{ij}^s = \frac{1}{2} \left( \frac{\partial \widetilde{u}_i^s}{\partial x_k} \frac{\partial \widetilde{u}_k^s}{\partial x_j} + \frac{\partial \widetilde{u}_j^s}{\partial x_k} \frac{\partial \widetilde{u}_k^s}{\partial x_i} \right) \tag{6.65}$$

这种多尺度模型具有良好的近壁面特性，且不会耗散大尺度可解析量和涡核。Bricteux 等（2009）成功的求解了 $Re_\tau = 395$（标定的 $C_W = 0.56$）和 $Re_\tau = 590$（标定的 $C_W = 1.4$）条件下的槽道流动和旋涡流。该模型也被 Duponcheel 等（2014）用于 $Re_\tau = 2000$ 条件下液态金属槽道流动传热的 LES 模拟中，该分析算例详见下文的应用示例。

**4) 亚网格尺度热通量模拟**

（1）雷诺比拟和涡热扩散率方法。

给定流体的分子普朗特数定义为

$$Pr = \frac{\nu}{a} \tag{6.66}$$

式中：$\nu$ 是运动粘度；$a$ 是热扩散率。

$Pr$ 实际上是动量扩散率和热扩散系数的比值，决定了动量边界层和热边界层（或自由剪切层中的剪切层）之间的相对厚度差。因此，$Pr = 1$，表示动量边界层和热边界层的发展之间存在完美的匹配。其物理意义在于，认为从壁面到主流的动量传递类似于热传递。这就是雷诺比拟，雷诺比拟的详细描述参见 Kays 和 Crawford（1993）的研究。

雷诺比拟是开展 RANS 模拟时估算湍流普朗特数 $Pr_t$ 的最古老、最简便的模型，它表达了一种湍流动量交换与流体中湍流传热之间的类似性。当认为动量传递和热传递类似时，有 $\nu_T = \alpha_T$ 或 $Pr_t = 1$。实际上，这个简单的模型的计算结果与 $Pr \approx O(1)$ 的流体的实验数据吻合良好。大多数商业 CFD 程序中使用的湍流 $Pr = 0.85$。对于低 $Pr$ 流（如液态金属），上述机制不再有效，此时 $Pr_t$ 似乎大于 1。

正如在大多数 RANS 方法中所做的那样，LES 中引入了一个亚网格 $Pr$，其定义为

$$Pr^{\text{SGS}} = \frac{\nu_{\text{SGS}}}{a_{\text{SGS}}} \tag{6.67}$$

类似于涡粘性概念，它可以直接给出使用涡热扩散系数方法封闭系统所需的亚网格尺度热扩散系数：

$$\widetilde{\sigma}_T^{\text{SGS}} = a_{\text{SGS}} \frac{\partial \widetilde{T}}{\partial x_j} \tag{6.68}$$

显然，这种方法不能捕捉分子 $Pr$ 的作用，尤其不适合 $Pr^{\text{SGS}}$ 为单一值的情况。由于形式简单，其在实践中被广泛使用，$Pr^{\text{SGS}}$ 值范围为 0.1~1，通用值为 0.6（Sagaut，2006）。

（2）液态金属的示例。

关于空间尺度可以引入标量扩散截止长度，也称为奥布霍夫-科尔辛（Obukhov-Corrsin）尺度（Corrsin，1951；Sagaut，2006），它与 Kolmogorov 尺度有关，即

$$\eta_T = \left( \frac{a^3}{\varepsilon} \right)^{\frac{1}{4}} = \left( \frac{1}{Pr} \right)^{\frac{3}{4}} \eta_K \tag{6.69}$$

因此，可以将温度的截断波数与 Kolmogorov 截断波数联系起来：

$$k_T = Pr^{\frac{3}{4}} k_\eta \tag{6.70}$$

这展示了液态金属的 $k_T \approx 0.03 k_\eta$（$Pr \approx 0.01$）。这导致速度惯性区中的温度呈现出两种不同的状态（图 6.15）：

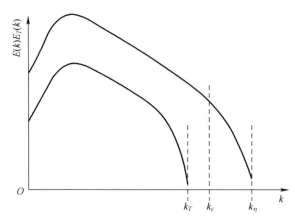

图 6.15 液态金属（低 $Pr$）算例的动力学和温度谱

(来源：Sagaut, P., 2006. Large Eddy Simulation for Incompressible Flows. Springer, Berlin.)

① 对于 $k \ll k_T \ll k_\eta$：温度和动能的惯性范围。此时的温度脉动是流体速度脉动引起的混合导致。该区域称为惯性对流区域。此时的温度谱为

$$E_T(k) = \beta \varepsilon_T \varepsilon^{-\frac{1}{3}} k^{-\frac{5}{3}} \tag{6.71}$$

式中：$\beta$ 为奥布霍夫-科尔辛常数，$\beta \approx 0.68 \sim 0.83$。

② 对于 $k_T \ll k \ll k_\eta$：此时速度脉动对分子粘度不敏感，但温度仍受分子热扩散率的影响。这是惯性扩散区域，用下述频谱表征：

$$E_T(k) = \frac{K_0}{3} \varepsilon_T \varepsilon^{\frac{2}{3}} \alpha^{-3} k^{-\frac{17}{3}} \tag{6.72}$$

对于更高的波数，粘度和热扩散系数均占主导地位（耗散区域）。

如图 6.15 所示，LES 的截止波数由 $k_c$ 表示，且显示出一个有趣的特性。实际上，在两个频谱的偏移中，一定存在一定范围的截止波数，可以在求解 LES 速度场的同时，求解最小尺度的温度场。换句话说，可以实现速度场 LES（V-LES）和温度场 DNS（T-DNS）的混合仿真。Grotzbach（2011）说明了使用 DNS 方法求解温度场的网格要求，比如，对于 $Pr$ 接近于 1 的流体，$\frac{h}{\eta_T} < 1$；对于液态金属，$\frac{h}{\eta_T} < 3.45$。此条件可用于后验，以检查 LES 中是否做到 T-DNS。

对于更加粗糙的 LES 分析，即当截止波数落入惯性对流区时，温度涡无法完全求解，因此需要引入亚网格模型求解温度场。对于已被设想和提出的速度场亚网格模型，已有很多变体。读者可以参考 Sagaut（2006）和 Pope（2000）获取一个整体的概念。其中，有一种涡热扩散系数方法（式（6.68）），类似于涡粘概念。在这种情况下可以构建一个求解亚网格 $Pr$ 的模型，最简单的是使用常数值（如前所述），或者基于

Germano 等式的动态过程。这类模型由 Moin 等（1991）以及 Wong 和 Lilly（1991）提出，后又被 Li（2016）提及。这些模型存在稳定性问题，需要使用特定的处理方法（剪切、取平均等，参见 Sagaut，2006）。另一种方法是直接描述涡热扩散系数 $a_{SGS}$ 的模型。对于液态金属，Grotzbach（1981）提出了一种自适应热通量模型，其中涡热扩散系数是通过普朗特能量长度尺度假设模拟。

然而，在下面低 $Pr$ 的 LES 流动模拟得到了很好的结果，如图 6.15 所示，使用的网格使温度场完全由 LES 的网格计算。这些模拟可以称为 V-LES／T-DNS，不再需要任何亚网格模型求解亚网格尺度传热。

**4. 应用实例**

**1) 湍流槽道流动**

下面给出的实例为充分发展的低 $Pr$ 流体流经均匀加热槽道的流动。数值计算模拟了在流向和展向均为周期性边界条件时流动随时间的发展（图 6.16），计算达到统计平衡状态。

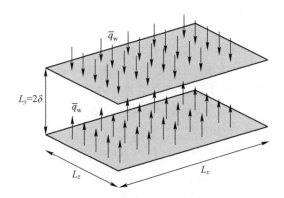

图 6.16 槽道流动的结构（箭头代表壁面热流）

（来源：Bricteux, L., Duponcheel, M., Winckelmans, G., Tiselj, I., Bartosiewicz, Y., 2012. Direct and large eddy simulation of turbulent heat transfer at very low Prandtl number. Application to lead-bismuth flows. Nucl. Eng. Des, 246, 91-97.）

流动以基于摩擦速度 $\bar{u}_\tau$ 求解的雷诺数 $Re_\tau$ 表征：

$$Re_\tau = \frac{\bar{u}_\tau \delta}{\nu}$$

式中：$\bar{u}_\tau$ 与壁面剪切应力有关，$\bar{u}_\tau^2 = \bar{\tau}_w/\rho$；$\delta$ 为槽道宽度的一半；$\nu$ 为运动粘度。

为处理周期性边界条件，需要使用修正的温度 $\theta(x,y,z,t)$ 变量，使得

$$T = x\frac{dT_w}{dx} - \theta \tag{6.73}$$

壁面温度梯度补偿了由于恒定平均热流 $\{\bar{q}_w\}$（花括号代表沿壁面的平均值）引起的周期性流向温度上升：

$$\frac{dT_w}{dx} = \frac{\{\bar{q}_w\}}{\rho c \delta \langle \bar{u} \rangle} \tag{6.74}$$

式中：$\langle \bar{u} \rangle$ 为流向上的时间和空间平均速度（尖括号代表沿槽道截面的平均值）。这使

得能量方程中引入了源项 $S_\theta = u \dfrac{dT_w}{dx}$ 进行修正：

$$\frac{\partial \theta}{\partial t} + u_j \frac{\partial \theta}{\partial x_j} = S_\theta + a \frac{\partial^2 \theta}{\partial x_j \partial x_j} \tag{6.75}$$

流动由沿流向的压力梯度驱动，$F_x = -\dfrac{dP_f}{dx}$，并作为源项添加到动量方程中。该压力梯度会随时间调整，以使质量通量保持恒定。

$$\theta = 0 \, (y=0, y=2\delta) \tag{6.76}$$

这种类型的边界条件又称为非脉动热边界条件，已在 6.1.1 节介绍 DNS 时展开讨论。摩擦速度 $u_\tau$ 基于壁面剪切应力求解：$u_\tau^2 = \tau_w/\rho$，其中 $\delta$ 为槽道宽度的一半，$\nu$ 为运动粘度。计算域与 Kawamura 等（1991）的计算域类似。网格的沿壁面法线方向的拉伸定律为

$$\frac{y}{\delta} = 1 + \frac{\tanh[\gamma(\zeta-1)]}{\tanh(\gamma)} \tag{6.77}$$

下方壁面 $\zeta = y/\delta = 0$，上方壁面 $\zeta = y/\delta = 2$。拉伸系数的选择原则为确保 $y$ 方向上第一层网格节点的 $y^+ < 1$。计算域尺寸为 $L_x \times L_y \times L_z = 2\pi\delta \times 2\delta \times \pi\delta$。

下文介绍的所有计算内容均基于前文多尺度模型中介绍的 WALE SGS 模型的多尺度版本完成的。使用压力的"delta"形式分步求解该方程（Lee et al., 2001）。使用 Vasilyev（2000）的四阶有限差分法求解空间上的离散方程，这样处理的目的是离散的对流项可保证能量在笛卡儿拉伸网格上守恒，这是湍流的直接数值模拟或大涡模拟的一个重要特征。压力泊松方程采用有效的多重网格求解器并行求解。对流项使用二阶 Adams-Bashforth 格式进行时间积分，分子扩散项采用 Crank-Nicolson 格式沿壁面法线方向积分。需要使用隐式时间步，原因在于导热时间尺度很小，在非常低的 $Pr$ 条件下，它比对流时间尺度要求更为严格（如 CFL 条件）。

**2）V-LES/T-DNS 方法的验证**

本节将 V-LES/T-DNS 的计算结果与 $Pr = 0.01$ 条件下的直接数值模拟结果（Tiselj, 2011）进行了对比。这里，$Re_\tau = \dfrac{u_\tau \delta}{\nu} = 590$，对应主流区 $Re = \dfrac{\langle \bar{u} \rangle 2\delta}{\nu} = 22000$，$Pe = 220$。网格单元为 $N_x \times N_y \times N_z = 96 \times 64 \times 96$。使用的拉伸系数 $\gamma = 2.8$。LES 为壁面解析型，计算质量较高，$\Delta x^+ = 39$，$\Delta z^+ = 20$（第一层网格单元满足 $y^+ < 1$）。Bricteux 等（2009）计算获得的速度场与 Moser 等（1999）的 DNS 模拟结果吻合良好。温度分布 $\theta^+ = \dfrac{T_w - T}{T_\tau}$ 为无量纲温度分布，其中，$T_\tau = \dfrac{q_w}{\rho c u_\tau}$。

图 6.17 展示了瞬态温度场和速度场，并在图中展示了 LES 计算的网格。显然，速度场所包含的尺度比温度场包含的尺度要小得多，它需要一个亚网格尺度模型。LES 网格充分解析了温度场，其获得的结果比速度云图要平滑得多。图 6.18 和图 6.19 中定量对比了 LES 计算结果和 DNS 模拟的结果。LES 计算获得的平均温度曲线（图 6.18）和均方根温度（RMS）曲线（图 6.19）均与 DNS 模拟的结果吻合良好，完全验证了 V-LES/T-DNS 方法。图 6.18 中没有对数律区域，证明雷诺比拟对于该 $Pr$ 条件是无效

的。此外,在 $y^+=60$ 之前,温度分布具有良好的线性特征,且当增加 $Re$ 或减小 $Pr$(如钠)时,符合线性特征的 $y^+$ 值将会增加。该结论对于 RANS 模拟的壁面函数至关重要,依据 $Re$,RANS 模拟建议第一层网格节点处的 $y^+ \approx O(100)$,速度和温度的求解落在对数律区域。更多详细信息可参见 Duponcheel 等(2014)。

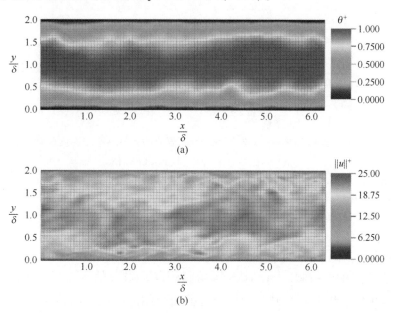

图 6.17 $Re_\tau=590$ 条件下湍流槽道流的传热计算结果:某一时刻下的温度场和速度场的截面图(附 LES 网格)(见彩插)

(来源:Bricteux. L., Duponcheel. M., Winckelmans. G., Tiselj, I. Bartosiewicz, Y., Direct and large eddy simulation of turbulent heat transfer at very low Prandtl number. Application to lead-bismuth flows. Nucl. Eng. Des. 246, 91-97.)

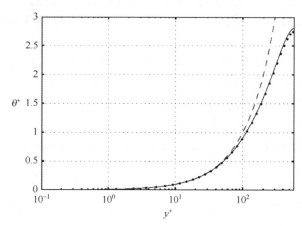

图 6.18 $Re_\tau=590$,$Pr=0.01$ 条件下湍流槽道流的平均温度分布曲线

注:离散点—LES 计算;实线—DNS;虚线—$\theta^+=Pr \cdot y^+$。

(来源:Bricteux. L., Duponcheel. M., Winckelmans. G., Tiselj, I. Bartosiewicz, Y., Direct and large eddy simulation of turbulent heat transfer at very low Prandtl number. Application to lead-bismuth flows. Nucl. Eng. Des. 246, 91-97.)

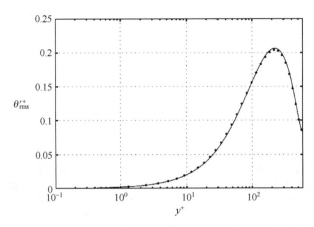

图 6.19 $Re_\tau = 590$ 且 $Pr = 0.01$ 条件下湍流槽道流的无量纲平均温度脉动分布曲线

注：离散点—LES 计算；实线—DNS 计算。

(来源：Bricteux. L., Duponcheel. M., Winckelmans. G., Tiselj, I. Bartosiewicz, Y.,
Direct and large eddy simulation of turbulent heat transfer at very low Prandtl number. Application
to lead-bismuth flows. Nucl. Eng. Des. 246, 91-97.)

### 3) 高雷诺数下的 V-LES/T-DNS 方法

将先前验证过的 V-LES / T-DNS 应用到较高雷诺数的案例中，$Re_\tau = 2000$（$Re = 84000$），$Pr = 0.025$ 和 $Pr = 0.01$。计算域与前面介绍的相同，网格尺寸为 $N_x \times N_y \times N_z = 384 \times 256 \times 384$，拉伸系数 $\gamma = 2.4$，对应网格分辨率 $\Delta x^+ = 32.7$，$\Delta z^+ = 16.4$，$\Delta y^+_{\min} = 1.25$，$\Delta y^+_{\max} = 38.22$，为典型高质量壁面解析 LES 的分辨率。前文介绍的 Grötzbach (2011) 的标准可以用于后验。取网格尺寸的特征系数 $\Delta = (\Delta x \Delta y \Delta z)^{1/3}$，该网格下 $\Delta/\eta < 6$，符合高分辨率 LES 求解的要求。对于温度，在 $Pr = 0.01$ 时，满足 $\Delta/\eta_T < 0.2$；在 $Pr = 0.025$ 时，满足 $\Delta/\eta_T < 0.4$。因此，温度场也可以获得较好的解析，不再需要亚网格热通量模型。平均温度曲线如图 6.20 所示，同时还给出了线性分布线。

在 $Pr = 0.01$ 条件下，$y^+ = 60$ 之前，以及 $Pr = 0.025$ 条件下，$y^+ = 35$ 之前，仍然没有出现对数区域。在该雷诺数下，分子 $Pr$ 对热传递的影响通过热通量的分解曲线说明（图 6.21 和图 6.22）。当 $Pr = 0.01$ 时，湍流热通量与分子热通量的量级相同（图 6.21）；然而，当 $Pr = 0.025$ 时，湍流占主导地位（图 6.22），湍流热通量约是分子热通量的 4 倍。分子热扩散系数仍然在传热中起着重要作用，其解释了温度和速度统计之间产生巨大差异的原因。这一点可以由等效湍流热扩散系数分布 $\alpha_t = -\overline{\theta'v'}/\dfrac{d\overline{\theta}}{dy}$（图 6.23）证明，其数值在 $y/\delta \approx 0.5$ 处达到稳定，并一直到槽道中心位置处均保持固定值。到达稳定值时，当 $Pr = 0.01$ 时，$a_t/a$ 略大于 1；当 $Pr = 0.025$ 时，$a_t/a$ 略小于 4。然而，湍流涡粘度 $\nu_t = -\overline{u'v'}/\dfrac{d\overline{u}}{dy}$ 的数值一般会在达到峰值后逐渐减小。因此，湍流 $Pr$ 定义如下：

$$Pr_t = \frac{\nu_t}{a_t} \tag{6.78}$$

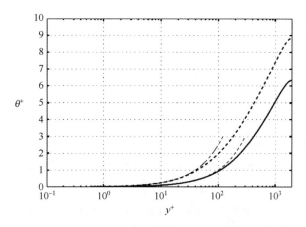

图 6.20 $Re_\tau = 2000$ 下湍流槽道流的平均温度分布曲线

注：LES $Pr=0.01$（实线），LES $Pr=0.025$（粗虚线）。近壁面分子行为的理论解，
$\theta^+ = Pr \cdot y^+$，$Pr=0.01$（细虚线）、$Pr=0.025$（细点画线）

（来源：Duponcheel, M., Bricteux, L., Manconi, M., Winckelmans, G., Bartosiewicz, Y., 2014. Assessment of RANS and improved near-wall modeling for forced convection at low Prandtl numbers based on LES up to $Re_\tau = 2000$. Int. J. Heat Mass Transfer. 75（2），470-482.）

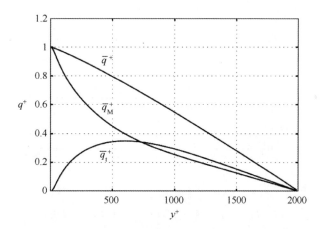

图 6.21 $Pr=0.01$，$Re_\tau = 2000$ 情况下湍流槽道流的热流分解图

注：分子热通量 $\bar{q}_M^+ = Pr^{-1} d\bar{\theta}/dy^+$，湍流热通量 $\bar{q}_t^+ = -\overline{v'\theta'}$，总热流 $\bar{q}^+ = \bar{q}_M^+ + \bar{q}_t^+$。

（来源：Duponcheel, M., Bricteux, L., Manconi, M., Winckelmans, G., Bartosiewicz, Y., 2014. Assessment of RANS and improved near-wall modeling for forced convection at low Prandtl numbers based on LES up to $Re_\tau = 2000$. Int. J. Heat Mass Transfer. 75（2），470-482.）

如图 6.24 所示，$Pr_t$ 并不保持恒定，在 $y^+ = 500$ 之后，其变小的幅度会趋于平缓。$Pr_t$ 曲线在非常靠近固壁的地方会出现一个狭窄的峰值，然后急剧下降直至 $y^+ = 300$，最后到达缓慢降低的平台，$Pr=0.01$ 条件下 $Pr_t \approx 1.22$，在 $Pr=0.025$ 条件下 $Pr_t \approx 1.0$。这种分布与 RANS 中无论普朗特数是多少，$Pr_t$ 均取为固定值的情况完全不同。

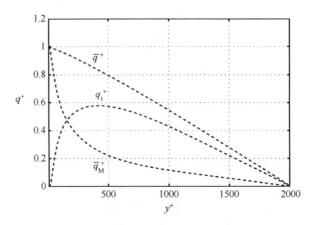

图 6.22 $Pr=0.025$，$Re_\tau=2000$ 情况下湍流槽道流的热流分解图

注：分子热通量 $\bar{q}_M^+ = Pr^{-1} d\bar{\theta}/dy^+$，湍流热通量 $\bar{q}_t^+ = -\overline{v'\theta'}^+$，总热流 $\bar{q}^+ = \bar{q}_M^+ + \bar{q}_t^+$。

(来源：Duponcheel, M., Bricteux, L., Manconi, M., Winckelmans, G., Bartosiewicz, Y., 2014. Assessment of RANS and improved near-wall modeling for forced convection at low Prandtl numbers based on LES up to $Re_\tau=2000$. Int. J. Heat Mass Transfer. 75 (2), 470-482.)

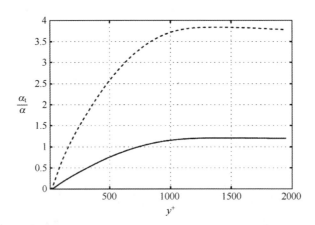

图 6.23 $Re_\tau=2000$ 下湍流槽道流动的湍流热扩散系数：
LES $Pr=0.01$（实线），LES $Pr=0.025$（虚线）

(来源：Duponcheel, M., Bricteux, L., Manconi, M., Winckelmans, G., Bartosiewicz, Y., 2014. Assessment of RANS and improved near-wall modeling for forced convection at low Prandtl numbers based on LES up to $Re_\tau=2000$. Int. J. Heat Mass Transfer. 75 (2), 470-482.)

## 5. 结论

本节简要介绍了 LES 方法，着重介绍了隐式滤波 LES 或网格 LES，对低 $Pr$ 流体的动量和温度方程的封闭问题也展开了讨论。关于动量方程封闭，液态金属没有特异性，对液态金属进行 LES 模拟也与其他任何流体的 LES 模拟没有区别。尽管如此，只要流动的 $Pe$ 适中，V-LES／T-DNS 的混合方法也得到了实践证明。但显然，这种高分辨率的 LES 对于工业计算而言是无法承受的，而且该方法仅局限于分析简单的几何模型。在相同条件下，LES 方法比 DNS 方法对 CPU 的要求要低得多，因此，LES 方法也是高 $Re$ 流动分析的可选方法。其实际应用已被 Duponcheel 等（2014）定义为 RANS 方法新

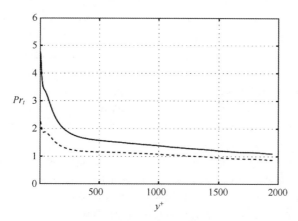

图 6.24 $Re_\tau=2000$ 下湍流槽道流动的湍流普朗特数：
LES $Pr=0.01$（实线），LES $Pr=0.025$（虚线）

（来源：Duponcheel, M., Bricteux, L., Manconi, M., Winckelmans, G., Bartosiewicz, Y., 2014. Assessment of RANS and improved near-wall modeling for forced convection at low Prandtl numbers based on LES up to $Re_\tau=2000$. Int. J. Heat Mass Transfer. 75（2），470-482.）

的最佳实践指南，并作为验证工具用于开发新的非线性模型或高阶封闭模型。最后，就数值技术、边界/初始条件等而言，内容还不完整，可以参见 Sagaut（2006）和 Pope（2000）或 Ferziger 和 Peric（2002）等。

# 参 考 文 献

[1] Bricteux, L., 2008. Simulation of Turbulent Aircraft Wake Vortex Flows and Their Impact on the Signals Returned by a Coherent Doppler LIDAR System (Ph.D. thesis). Universitecatholique de Louvain.

[2] Bricteux, L., Duponcheel, M., Winckelmans, G., 2009. A multiscale subgrid model for both free vortex flows and wall-bounded flows. Phys. Fluids. 21 (10) 105102.

[3] Bricteux, L., Duponcheel, M., Winckelmans, G., Tiselj, I., Bartosiewicz, Y., 2012. Direct and large eddy simulation of turbulent heat transfer at very low Prandtl number: application to lead-bismuth flows. Nucl. Eng. Des. 246, 91-97.

[4] Carati, D., Winckelmans, G.S., Jeanmart, H., 2001. On the modeling of the subgrid-scale and filtered-scale stress tensors in large-eddy simulation. J. Fluid Mech. 441, 119-138.

[5] Corrsin, S., 1951. On the spectrum of isotropic temperature fluctuations in an isotropic turbulence. J. Appl. Phys. 22, 469-473.

[6] Duponcheel, M., Bricteux, L., Manconi, M., Winckelmans, G., Bartosiewicz, Y., 2014. Assessment of RANS and improved near-wall modeling for forced convection at low Prandtl numbers based on LES up to Re τ = 2000. Int. J. Heat Mass Transf. 75（2），470-482.

[7] Ferziger, J.H., Perić, M., 2002. Computational Methods for Fluid Dynamics, third ed. Springer, New York, NY.

[8] Germano, M., Piomelli, U., Moin, P., Cabot, W.H., 1991. A dynamic subgrid-scale eddy viscosity model. Phys. Fluids A 3 (7), 1760-1765.

[9] Ghosal, S., Moin, P., 2001. The basic equation of the large eddy simulation of turbulent flows in complex geometry. J. Comput. Phys. 118, 24-37.

［10］ Grötzbach, G., 2011. Revisiting the resolution requirements for turbulence simulations in nuclear heat transfer. Nucl. Eng. Des. 241 (11), 4379-4390.

［11］ Grötzbach, G., 1981. Numerical simulation of turbulent temperature fluctuations in liquid metals. Int. J. Heat Mass Transf. 24, 475-490.

［12］ Hughes, T. J. R., Mazzei, L., Oberai, A. A., Wray, A. A., 2001. The multi-scale formulation of large eddy simulation: decay of homogeneous isotropic turbulence. Phys. Fluids 13 (2), 505-512.

［13］ Jeanmart, H., 2002. Investigation of Novel Approaches and Models for Large-Eddy Simulation of Turbulent Flows (Ph. D. thesis). Universite catholique de Louvain.

［14］ Jeanmart, H., Winckelmans, G., 2007. Investigation of eddy-viscosity models modified using discrete filters: a simplified regularized variational multi-scale model and an enhanced field model. Phys. Fluids 19 (5), 055110.

［15］ Kawamura, H., Abe, H., Matsuo, Y., 1999. DNS of turbulent heat transfer in channel flow with respect to Reynolds and Prandtl number effects. Int. J. Heat Fluid Flow 20 (3), 196-207.

［16］ Kays, W. M., Crawford, M. E., 1993. Convective Heat and Mass Transfer, third McGraw-Hill, New York, NY.

［17］ Kolmogorov, A. N., 1941. The local structure of turbulence in incompressible viscous fluid for very large Reynolds number. Dokl. Akad. Nauk. SSR 30, 299-303.

［18］ Lee, M. J., Oh, B. D., Kim, Y. B., 2001. Canonical fractional-step methods and consistent boundary conditions for the incompressible Navier-Stokes equations. J. Comput. Phys. 168, 73-100.

［19］ Leonard, A., 1974. Energy cascade in large-eddy simulation of turbulent fluid flows. Ad. Geophys. 18A, 237.

［20］ Li, D., 2016. Revisiting the subgrid-scale Prandtl number for large-eddy simulation. J. Fluid Mech. 802 (11). https://doi.org/10.1017/jfm.2016.472.

［21］ Lilly, D. K., 1992. A proposed modification of the Germano subgrid-scale closure method. Phys. Fluids A4 (3), 633-635.

［22］ Lily, D. K., 1967. The representation of small scale turbulence in numerical simulation experiments. In: Proceedings of IBM Scientific Computing Symposium on Environmental Sciences. Yorktown Heights, New York, pp. 195-210.

［23］ Moin, P., Squires, K., Cabot, W., Lee, S., 1991. A dynamic subgrid-scale model for compressible turbulence and scalar transport. Phys. fluid A3 (11), 2746-2757.

［24］ Moser, R. D., Kim, J., Mansour, N. N., 1999. Direct numerical simulation of turbulent channel flow up to $Re_\tau = 590$. Phys. Fluids 11 (4), 943-945.

［25］ Nicoud, F., Ducros, F., 1999. Subgrid-scale stress modelling based on square of velocity gradient. Flow Turbul. Combust. 62, 183-200.

［26］ Piomelli, U., Zang, T. A., Speziale, C. G., Hussaini, M. Y., 1993. On the large-eddy simulation of transitional wall-bounded flows. Phys. Fluids A2 (2), 257-265.

［27］ Pope, S. B., 2000. Turbulent Flows. Cambridge University Press, Cambridge.

［28］ Sagaut, P., 2006. Large Eddy Simulation for Incompressible Flows. Springer, Berlin.

［29］ Smagorinsky, J., 1963. General circulation experiments with primitive equations. Mon. Weather Rev. 91 (3), 99-164.

［30］ Thiry, O., Winckelmans, G., 2016. A mixed multiscale model better accounting for the cross term of the subgrid-scale stress tensor and for backscatter. Phys. Fluids 28 (2), 025111.

［31］ Tiselj, I., 2011. DNS of turbulent channel flow at $Re_\tau = 395$, 590 and $Pr = 0.01$. In: The 14th International Topical Meeting on Nuclear Reactor Thermal Hydraulics, NURETH-14.

［32］ Vasilyev, O. V., 2000. High order finite difference schemes on non-uniform meshes with good conservation properties. J. Comput. Phys. 157 (2), 746-761.

［33］ Wong, V., Lilly, D. K., 1991. A comparison of two subgrid closure methods for turbulent thermal convection. Phys. Fluid 6 (2), 1017-1023.

［34］ Yang, K. S., Ferziger, J. H., 1993. Large-eddy simulation of turbulent obstacle flow using a dynamic subgrid-scale model. AIAA J. 31 (8), 1406-1413.

[35] Yeo, W., 1987. A Generalized High Pass/Low Pass Filtering Procedure for Deriving and Solving Turbulent Flow Equations (Ph. D. thesis). Ohio State University.

[36] Zang, Y., Street, R. L., Koseff, J. R., 1993. A dynamic mixed subgrid-scale model and its application to turbulent recirculating flows. Phys. Fluids A5 (12), 3186-3196.

## 6.2 大涡模拟

通过减小数值计算网格需要分辨的尺度范围可以在一定程度上克服在较高雷诺数下使用 DNS 方法的局限。一种可行的方法是通过空间滤波滤除小尺度的涡，仅求解大尺度的涡，这种方法被称为大涡模拟（LES）方法。观测结果印证了大尺度涡和小尺度涡的分离，即宏观结构的大涡是各向异性的，并且取决于所考虑的流道的几何形状；而微观结构的小涡更接近各向同性，且对流动几何的依赖性则较小，因此可视为均匀的。对整个速度场进行空间滤波，即可将流场划分为可求解部分（大涡）和不可求解部分（小涡），从数学上实现涡尺度的分离。

LES 方法已经成为求解湍流问题最有前景、最有效的计算方法之一。目前 LES 方法已经逐渐成熟，开始成为工程计算和工业计算的主流，在这个过程中，也面临新的机遇和挑战。计算资源，包括高雷诺数湍流附面边界层的捕捉，仍然是当前 LES 方法在工业领域使用的主要障碍。事实上，湍流产生的运动尺度对近壁区网格分辨率提出了苛刻的要求。

为了应对上述问题，LES 方法又被细分为壁面模化 LES（wall-modeled LES）方法和壁面解析 LES（wall-resolved LES）方法。壁面模化 LES 方法采用壁面函数近似求解近壁区的流动状态，因而计算量也远小于壁面解析 LES 方法，其代价则是精度降低。更多 LES 方法在液态金属流动传热中的应用的细节描述详见 6.1.2 节。

### 6.2.1 湍流传热

A. Shams
荷兰佩滕，核研究与咨询集团（NRG）

湍流被认为是经典物理学中尚未解决的现象之一。湍流场的特征是所有方向的速度存在脉动，且具有无限多尺度（自由度）。对于湍流，无法获得流体运动控制方程——Navier—Stokes 方程的解析解，因为该方程是椭圆形、非线性方程，且方程变量之间存在耦合（压力与速度、温度与速度）。以另一方面来说，如果正确解决了 Navier-Stokes 方程的直接数值模拟问题，则可以获得包含所有运动尺度（从最大尺度到最小耗散尺度）的真实湍流图。由于直接数值模拟（DNS）对所有尺度的运动进行求解，因此雷诺数增大会大大增加计算成本。这将 DNS 的应用限制在低雷诺数流动和相对简单的几何形状上。用数值方法求解高雷诺数下的复杂湍流的最实用选择是基于雷诺平均 Navier-Stokes（RANS）方法。在 RANS 方法中，对雷诺方程（通过对 Navier-Stokes 方程平均处理而来）进行求解，并且需对湍流的影响进行模拟。但是，不存在一个单一的湍流模型可以描述所有条件下湍流的产生及维持。开发湍流模型是一项艰巨的任务，因为湍流几乎无处不在。在液态金属快堆（LMFR）中，涉及多种流动类型和状态（自然对流、混合对流和强迫对流），例如液态金属在燃料组件及堆容器池中的流动（Grötzbach，2007）。这些流动形态涉及大范围的雷诺数分布。另外，液态金属的分子普朗特数非常低（$Pr \ll 1$），这给湍流模拟带来了额外的困难。

有大量不同的湍流模型可用于求解速度场（Andersson et al.，2012；Piquet，1999；Rodi，1993；Wilcox，1998，但是湍流传热模型的数量较为有限（Grötzbach，2007；Hanjalic，2002；Launder，1988）。湍流传热是极其复杂的现象，几十年来一直困扰着湍流模型开发者。开发者通常假设湍流的传热只能通过动量传递来预测，即雷诺比拟。虽然这个假设过于简化，但基于涡扩散模型（EDM）的CFD在过去的40年中已被成功地运用于大多数工业应用场景。经过证实，对于普朗特数接近1的流体，这种方法提供了合理的预测。对于普朗特数不为1的流体，涡扩散系数方法的局限性变得更加明显（Arien et al.，2004；Grötzbach，2007，2011；OECD/NEA 2007；Shams et al.，2014）。近年来，在核能行业内开发的CFD程序在应用时直接面临核能应用特有的模型开发挑战。在欧洲液态金属的计算流体力学程序的评估（ASCHLIM）项目中，研究者对可用的CFD程序的性能进行了广泛的评估（Arien，2004），发现核能行业某些程序中的传热模型优于商业软件。因此，欧洲资助的创新核能系统热工水力（THINS）项目的目标之一便是推动用于计算液态金属单相湍流传热的程序验证，以及开发更为精确的封闭模型（Roelofs et al.，2015a）。作为THINS项目的一部分，代数热通量模型（AHFM）已在计算软件Cd-adapco和ASCOMP中实施，该AHFM模型（下文中称为AHFM-2000）分别由Kenjeres和Hanjalic（2000）基于商业程序STAR-CCM+和TransAT开发，是一个四输运方程（$k$-$\varepsilon$-$\theta^2$-$\varepsilon_\theta$）模型，最初是为自然对流流态下的普朗特数为1的流体开发的。STAR-CCM+中AHFM-2000的初步测试表明，某些测试案例中很难收敛。因此，在STAR-CCM+（Shams et al.，2014）中实施了AHFM的更新版（Kenjeres et al.，2005）（以下称为AHFM-2005），是一个三输运方程（$k$-$\varepsilon$-$\theta^2$），与AHFM-2000相比系数更少。在THINS项目的框架内，从液态金属流动方面对AHFM-2005进一步校准和优化，得到了一种名为AHFM-NRG的新模型。该模型在自然对流、混合对流和强迫对流三种流态下均显示出改进效果（Shams et al.，2014）。但是，这种验证是在数量有限、相对简单的测试案例上开展的，因此，需要针对更复杂的测试案例对这种模型进行验证，但由于缺少液态金属流动的参考数据库，因此当时还无法验证该模型更广泛的适用性。

在数据库方面，在液态金属冷却反应堆安全性评估热工水力模拟和实验（SESAME）、MYRRHA研究与嬗变强化（MYRTE）项目中，研究人员已经做出了大量的努力以形成各种参考数据库（Roelofs et al，2015b）。值得提醒的是，在欧洲，对限制进一步开发模型已经达成共识。将来应聚焦于进一步验证，如果需要，还可以对复杂几何构型的可用湍流传热模型进行校准，以及将其进一步扩展到自然对流、混合对流和强迫对流流态。因此，在SESAME和MYRTE项目的框架内，Roelofs等（2015b）梳理了以下有潜力的湍流热通量模型，以开展进一步验证：

（1）AHFM-NRG；
（2）局部湍流$Pr$模型；

(3) 浮力流湍流模型（TMBF）。

本节描述液态金属流湍流传热的不同模型的现状和未来展望。首先阐述对液态金属流动传热模型独特性的理解；其次对可用湍流热通量模型，以及它们在液态金属流动中应用的优缺点开展广泛综述；最后进行总结。

**1. 液态金属湍流传热模化的特点**

在关注湍流热通量模型建立之前，必须注意速度场的湍流模拟已经存在很多不确定度（Grötzbach，2007）。在强迫对流流场中，如槽道流和棒束流，可通过选择最合适的动量传递模型来减少这些不确定度。在这方面的一些最佳实践指南可参见 Casey 和 Wintergerste（2000）、Menter 等（2002）、OECD（2007）和 Roelofs（2017）。在浮力主导的流动中，温度不再是被动标量而成为速度场的源项，因此温度场模拟需要具有较高的精度。

湍流雷诺平均动量和能量控制方程如下：

$$\frac{\mathrm{d}U_i}{\mathrm{d}t} = F_i - \frac{1}{\rho}\frac{\partial P}{\partial x_i} + \frac{\partial}{\partial x_j}\left(\nu\frac{\partial U_i}{\partial x_j} - \overline{u_i u_j}\right) \tag{6.79}$$

$$\frac{\mathrm{d}T}{\mathrm{d}t} = \frac{q}{\rho c_p} + \frac{\partial}{\partial x_j}\left(\frac{\nu}{\sigma_T}\frac{\partial T}{\partial x_j} - \overline{\theta u_j}\right) \tag{6.80}$$

式中：$\frac{\mathrm{d}}{\mathrm{d}t} = \frac{\partial}{\partial t} + U_k\frac{\partial}{\partial x_k}$，为物质导数①；$F_i$ 为体积力；$q$ 为内部能量源项。

在这些方程式中，需要对 $\overline{u_i u_j}$（湍流动量通量）和 $\overline{\theta u_j}$（湍流热通量）进行封闭。封闭这些方程式最常用的方法如下：

湍流动量通量（$\overline{u_i u_j}$）的涡粘性模型：

$$\overline{u_i u_j} = \frac{2}{3}k\delta_{ij} - \nu_t\left(\frac{\partial U_i}{\partial x_j} + \frac{\partial U_j}{\partial x_i}\right) \tag{6.81}$$

湍流热通量（$\overline{\theta u_j}$）的涡扩散模型：

$$\overline{\theta u_i} = -\frac{\nu_t}{Pr_t}\frac{\partial T}{\partial x_i} \tag{6.82}$$

式中：$k$ 为湍动能；$\nu_t$ 为涡粘度（可以定义为 $C_\mu k^2/\varepsilon$，$\varepsilon$ 为湍动能耗散率）；$Pr_t$ 为湍流普朗特数。

为了更好地理解低 $Pr$ 流体湍流热通量建模中出现的一些特定问题，下文总结了与该问题有关的一些特点。

**1）湍流热通量的不完全模化**

式（6.82）定义了热通量，意味着湍流热通量的分量与温度梯度的相应分量对应。在许多情况下，这种假设最终导致模型失败。图 6.25 给出了一种该情况的示意图，即瑞利-贝纳德对流（RBC），其中流体层从下方被加热，稳定状态时水平方向上温度变得均匀，这意味着平均温度主要是远离壁面区域广泛的垂直混合导致的。因此，热通量

---

① 物质导数也称随体导数，是指流体质点在欧拉场内运动时所具有的物理量对时间的全导数，由当地导数 $\frac{\partial}{\partial t}$ 和迁移导数 $v \cdot \nabla$ 组成。

的非零分量（垂直于壁面的）与该方向上的温度梯度无关。

Otic 等（2005）证明了在 $Ra = 10^5$，$Pr = 0.025$ 的 RBC 情况下涡扩散模型的缺点，如图 6.25 所示。对于 RANS 模型，使用了 $k$-$\varepsilon$ 模型和涡扩散系数模型，$Pr_t$ 采用 0.85。其与参考 DNS 结果相比，涡扩散模型在近壁面导热区域显示出明显的峰值，而且湍流热通量的最小值出现在计算域中间位置。

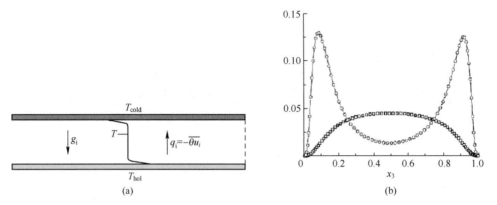

图 6.25 不同模型计算得到的湍流热通量的对比（Otic et al., 2005）
(a) Rayleigh-Bénard 对流示意图；(b) DNS 及 RANS $k$-$\varepsilon$-$Pr_t$ 模型计算得到的
湍流热通量 $\overline{\theta u_3}$ 的垂直分布（$Ra = 10^5$，$Pr = 0.025$）

**2）速度场和温度场的非相似性**

液态金属具有较大的导热率或热扩散系数。在普朗特数接近于 1 的流体中，湍流速度和温度场的统计特征几乎是相似的。这意味着，扩散和导热近壁面层厚度几乎相同，并且当加热或冷却时两者的脉动场表现出相似性。对于液态金属流动，$Pr \ll 1$，热边界层中的导热层变厚。因此，对于液态金属流，热边界层比速度边界层厚。大多数 CFD 程序使用基于雷诺比拟的涡扩散方法来对湍流传热进行模拟。对于 $Pr = 1$ 的流体，使用这种涡扩散方法是有意义的，图 6.26（a）体现得很明显。但是，对于液态金属，这种方法会导致较大的误差，如图 6.26（b）所示。

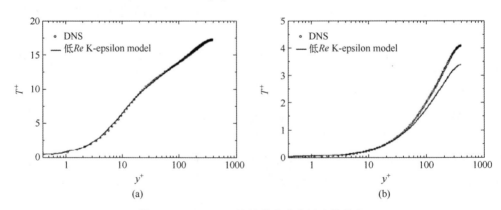

图 6.26 $Re_\tau = 395$ 的通道流动中温度的分布
(a) $Pr = 0.7$；(b) $Pr = 0.025$。

### 3) 时间尺度比

模拟液态金属流的湍流热通量时，经常会出现的另一种特殊情况是时间尺度的选择：

（1）湍动能时间尺度：

$$\tau = k/\varepsilon$$

（2）热量时间尺度：

$$\tau_\theta = \theta^2 / 2\varepsilon_\theta$$

式中：$\theta^2$ 为温度变化；$\varepsilon_\theta$ 为温度耗散率。

在液态金属中，热扩散系数大于运动黏度。因此，速度场和温度场由不同的长度和时间尺度表征，在热边界层中，两者的时间尺度最多相差两个数量级，因此，大多数模型都假定湍动能耗散时间尺度和热耗散时间尺度两者成比例，并使用恒定的时间尺度比，即 $R = \tau/\tau_\theta = 0.5$。

Kawamura 等（2000）开展了具有不同热边界条件的强迫对流湍流槽道流的 DNS 模拟，比较了四种不同壁面热边界条件的时间尺度比（Kawamura et al.，2000）。无论边界条件如何，时间尺度比在近壁面区域中都显示出类似的行为，并且偏离 0.5，但偏差不是很大。有趣的是，在主流区域中，时间尺度比值明显取决于边界条件，但是它会在 0.5 附近脉动。Otic 等（2005）根据 RBC 的 DNS 模拟评估了普朗特数分别为 0.025 和 0.71 的时间尺度比，如图 6.27 所示。很明显，低普朗特数（0.025）流体的时间尺度比低于高普朗特数（$Pr = 0.71$）的，并保持小于 0.5。这意味着，低普朗特数流体的热耗散时间尺度小于湍动能耗散时间尺度。值得注意的是，大多数湍流热通量模型通常采用湍动能耗散时间尺度 $k/\varepsilon$。从前面的讨论中可以明显看出，对于浮力流，仅采用湍动能耗散时间尺度的描述在物理上是不合适的。Otic 和 Grötzbach（2007）表明，使用热耗散时间尺度或热与湍动能耗散时间尺度的某种组合可以改善 RBC 案例的湍流传热模拟。

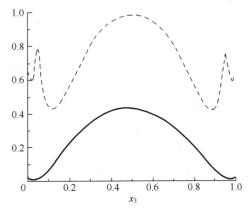

图 6.27 DNS 评估的时间尺度比例（$R$）的垂直分布（Otic et al.，2005）

注：实线—$Pr = 0.025$；虚线—$Pr = 0.71$。

### 2. 湍流传热的模化

作为雷诺平均的结果，能量方程得出一个由三个未知热通量组成的矢量。为了封闭方程组必须引入模型,该模型可以模拟不同流态下的总体湍流热交换。值得提醒的是,在典型的 LMFR 中,液态金属流可能覆盖所有流态,即自然对流、混合对流以及强迫对流。因此,热通量模型的最终目标应该是在所有流态下提供合理的结果。下面对液态金属流湍流传热模拟的不同方法的概述。

**1) 二阶矩封闭**

在二阶矩封闭中,方程组可以由关于湍流热通量、温度方差及各自耗散率的输运方程式来封闭。Carteciano 等 (1997)、Donaldson (1973)、Grötzbach (2007)、Launder (1989) 和 Rodi (1993) 给出了大量的二阶矩封闭模型。此种模型也已经在核领域得到了发展,该模型特别关注液态金属的流动,称为浮力流湍流模型(TMBF,Carteciano et al., 1997)。其为完整的包括温度方程的二阶热通量模型,且包括温度的耗散率方程(可选)。该模型首先植入到 FLUTON 代码实现(Willerding,Baumann,1996;Grötzbach et al., 2002),与低雷诺数 $k$-$\varepsilon$ 模型结合使用。该模型已用于液态金属对流工况,其最新形式在 Carteciano 和 Grötzbach (2003) 中给出。湍流热通量方程为

$$\frac{\mathrm{d}\boldsymbol{u}'_i\boldsymbol{\theta}'}{\mathrm{d}t} = \frac{\partial}{\partial x_j}\left(\left[C_{\mathrm{TD}}\frac{k^2}{\varepsilon} + \frac{\alpha+\nu}{2}\right]\frac{\partial \boldsymbol{u}'_i\boldsymbol{\theta}'}{\partial x_j}\right) - \left(\boldsymbol{u}'_i\boldsymbol{u}'_j\frac{\partial T}{\partial x_j} + \boldsymbol{u}'_j\boldsymbol{\theta}'\frac{\partial u_i}{\partial x_j}\right) - G\boldsymbol{u}'_i\boldsymbol{\theta}' + \pi_i + \varepsilon\boldsymbol{u}'_i\boldsymbol{\theta}' \quad (6.83)$$

式中:$k$ 为热扩散率 $\alpha = \lambda/(\rho C_p)$

$$G\boldsymbol{u}'_i\boldsymbol{\theta}' = \beta g_i \boldsymbol{\theta}'^2 \quad (6.84)$$

$$\pi_i = C_{\mathrm{T1}}\frac{\varepsilon}{k}\boldsymbol{u}'_i\boldsymbol{\theta}' + C_{\mathrm{T2}}\boldsymbol{u}'_j\boldsymbol{\theta}'\frac{\partial u_i}{\partial x_j} + C_{\mathrm{T3}}\beta g_i \boldsymbol{\theta}'^2 - C_{\mathrm{T4}}\frac{\varepsilon}{k}\boldsymbol{u}'_k\boldsymbol{\theta}' n_i n_k \frac{k^{\frac{3}{2}}}{d_w \varepsilon} \quad (6.85)$$

式中:$n_i$ 垂直于壁面;$d_w$ 为垂直于壁面的距离。

$$\varepsilon \boldsymbol{u}'_i\boldsymbol{\theta}' = -\frac{1+Pr}{2\sqrt{Pr}\sqrt{R}}\left(\frac{\varepsilon}{k}\right)\exp\left[-C_{\mathrm{T5}}(Re_\mathrm{t} + Pe_\mathrm{t})\right]\boldsymbol{u}'_i\boldsymbol{\theta}' \quad (6.86)$$

式中:$Re_\mathrm{t}$ 为湍流雷诺数;$Pe_\mathrm{t} = Re_\mathrm{t} Pr$ 为湍流贝克莱数。

有关 TMBF 公式的详细信息参见 Carteciano 和 Grötzbach (2003)。TMBF 的性能在两个基准解问题中进行了评估,参见 Baumann (1997) 和 Arien 等 (2004)。如 Knebel (1993,1998) 所述,对 TEFLU 实验利用该模型进行了模拟,其中在由多股射流形成的强湍流环境中分析了热的钠射流的混合情况。图 6.28 显示了 TMBF 与具有恒定 $Pr_\mathrm{t}$ 值的各向同性 $k$-$\varepsilon$ 模型的比较。该图突出显示了径向温度曲线沿轴向的变化。显然,各向异性 TMBF 与各向同性 $k$-$\varepsilon$-$Pr_\mathrm{t}$ 模型相比显示出更好的结果。然而,尽管在 TEFLU 案例中显示出了很好的结果(Knebel,1993,1998),但仍需要对 TMBF 及其相应的改进进行进一步测试。关于这方面,在 SESAME 项目的框架内,ASCOMP 已在其程序 TransAT 中实现了该模型。下一步,预计该模型将针对 SESAME 项目中将生成的各种参考数据库进行广泛验证。

必须指出的是,由于数学上的困难(以大量方程和相应的模型系数的形式),二阶矩封闭对于复杂的流动形态吸引力较小;另外,求解大量的微分方程需要大量的计算资源。此外,为使模型可用于大多数应用条件,其大量模型系数将需要进行调整(这是一项繁重的任务)。

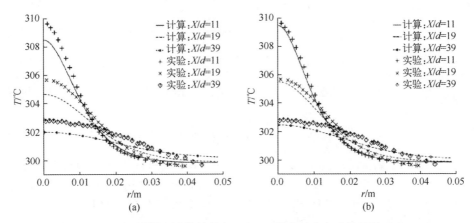

图 6.28　不同模型计算结果与 TEFLU 强迫对流实验结果的对比

($Re_{jet} = 10^4$，Carteciano，Grötzbach（2003））

(a) $k$-$\varepsilon$-$Pr_t$；(b) TMBF。

注：$d$ 为孔口直径；$X$ 为到孔口的距离。

**2) 代数热通量模型**

完整的微分二阶封闭模型可以为推导更简单的 AHFM 提供一个良好的平台。所得的 AHFM 构成了一类热通量模型，它与二阶矩封闭相比很简单，但也足够复杂到可以提供良好的物理意义。例如，Abe 和 Suga（2001）、Hanjalic（2002）、Launder 等（1975）和 Kenjeres 等（2005）已经用显式或隐式格式开发了许多 AHFM。

（1）显式 AHFM。

在显式格式中，湍流热通量是由具有涡扩散率概念的梯度假设计算得出的，这是通过使用适当的湍流时间尺度来定义的，由此导出了四参数湍流模型，如 Hwang 和 Lin（1999）、Nagano 和 Shimada（1996）、Abe 等（1995）及 Nagano 等（1999）。由于模型具有各向同性的性质，因此这些四参数模型具有一些局限性。尽管如此，在 THINS 项目的框架内仍开发了一种这样的模型，参见 Manservisi 和 Menghini（2014）。该模型已针对两种简单的几何形状（平面和圆柱形）进行了验证。因此，该模型在具有不同 $P/D$ 值的三角形棒束中的液态金属流动中做进一步测试。对 $Pe$ 在 300~2500 的流体进行了模拟。将计算结果与预测 $Nu$ 的实验关联式进行了比较，结果显示出良好的一致性。但仍需要针对其他类型的几何形状对该模型进一步验证。另外，需要将该模型扩展到自然对流和混合对流。最近，冯·卡门研究所（VKI）在 OpenFOAM 中实现了该模型，并预计在不久的将来进一步验证。

（2）隐式 AHFM。

在隐式格式中，可以通过求解非线性代数方程，从湍流热通量输运方程的代数解中直接计算出湍流通量。在这方面，二阶矩封闭可以用作推导代数模型的基础。通过适当地消除微分项，可以将二阶矩的微分方程截断以得到湍流热通量的代数表达式（Dol et al.，1997；Gibson，Launder，1978）。根据截断的水平，可以得出不同形式的代数模型（Hanjalic，2002）。通过保持 $k$ 和 $\theta^2$ 的局部产生和耗散平衡，可以得到湍流热通量的以下表达式（Kenjeres，Hanjalic，2000）：

$$\theta u_i = -C^\theta \frac{k}{\varepsilon}\left(u_i u_j \frac{\partial T}{\partial x_j} + \xi \theta u_j \frac{\partial U_i}{\partial x_j} + \eta \beta g_i \theta^2 + \varepsilon_{\theta i}\right) \qquad (6.87)$$

上式保留了来自二阶矩闭合的所有三个导出项（参见式（6.83）~式（6.86）），并表示了产生湍流热通量的物理机制：由于平均温度场的不均匀性$\left(\frac{\partial T}{\partial x_j}\right)$；机械变形$\left(\text{平均应变率}\frac{\partial U_i}{\partial x_j}\right)$；浮力效应引起的湍流脉动的放大和衰减$\beta g_i \theta^2$。

式（6.87）中的最后一项$\varepsilon_{\theta i}$代表分子耗散。有关模型系数的详细信息参见 Kenjeres 和 Hanjalic（2000）。在式（6.87）中，$k$和$\varepsilon$可以从两方程剪切应力模型获得，而代数表达式的封闭要求从单独的模型方程中提供基本变量$\theta^2$和$\varepsilon_\theta$。

- AHFM-2000（Kenjeres, Hanjalic, 2000）：一种用于上述模型封闭的方法是求解$\theta^2$和$\varepsilon_\theta$的独立输运方程（Hanjalic et al.，1996a, b；Kenjeres, Hanjalic, 2000；Peeters, Henkes, 1992）。封闭后一个方程是一项艰巨的任务，因为它包含的自由参数是湍动能耗散率方程的 2 倍。对于不同的流动，确定模拟$\varepsilon_\theta$方程各项相关新系数所需的信息尚不可用。在 THINS 项目中曾经考虑过这种类型的四个方程模型（Kenjeres, Hanjalic, 2000）。AHFM-2000 已在 ASCOMP 的 TransAT 程序中实现，该程序允许用户将该模型与几个已实现的非线性$k$-$\varepsilon$湍流模型结合起来应用。最初开发该模型是为了给 $Pr$ 接近 1 的流体（如空气）的自然对流流动形式提供改进的解决方案。如 Roelofs 等（2015a）所述，对自然对流加热腔体进行此模型的验证，已显示出良好的表现。应在不久的将来对此模型进行低 $Pr$ 和其他流体状态下做进一步评估。

- AHFM-2005（Kenjeres et al.，2005）：封闭上述方程组的另一种方法是根据热耗散时间尺度与湍动能耗散时间尺度比 $R$ 估算$\varepsilon_\theta$。Dol 等（1997）、Hanjalic 等（1996a, b）、Kenjeres 和 Hanjalic（2000）已证明，与 DNS 模拟或实验数据相比，恒定时间尺度比的假设（暗示着热耗散时间尺度与湍动能耗散时间尺度成正比）在许多流体中都有效，这表明该参数影响较小。然而，该方法将模型简化为三个方程，即 $k$、$\varepsilon$ 和 $\theta^2$。Kenjeres 和 Hanjalic（2000）的研究表明，$R=0.5$ 的三方程模型给出的结果与四方程模型非常相似。因此，Kenjeres 等（2005）提出了一个新模型，该模型基于三个方程，称为 AHFM-2005。湍流热通量的表达式为

$$\theta u_i = -C_0 \tau_c \left(C_{t1} u_i u_j \frac{\partial T}{\partial x_j} + C_{t2} \theta u_j \frac{\partial U_i}{\partial x_j} + C_{t3} \beta g_i \theta^2\right) + C_{t4} a_{ij} \theta u_j \qquad (6.88)$$

式中：$g_i$为重力矢量；$a_{ij}$为雷诺应力各向异性张量；$\tau_c$为特征时间尺度；$C_{t0}$、$C_{t1}$、$C_{t2}$、$C_{t3}$和$C_{t4}$为表 6.3 中给出的模型系数。

表6.3 所考虑的 AHFM 的模型系数

| 模型 | $C_{t0}$ | $C_{t1}$ | $C_{t2}$ | $C_{t3}$ | $C_{t4}$ | $R$ |
|---|---|---|---|---|---|---|
| AHFM-2005 | 0.15 | 0.6 | 0.6 | 0.6 | 1.5 | 0.5 |
| AHFM-NRG | 0.2 | $0.053\ln(Re \cdot Pr)-0.27$ | 0.6 | 2.5 | 0 | 0.5 |
| AHFM-NRG+ | 0.2 | 0.25 | 0.6 | $-4.5\times10^{-9} \cdot \log^7(Ra \cdot Pr)+2.5$ | 0 | 0.5 |

在 THINS 项目的框架内，该模型利用商业程序 STAR-CCM+实现。最初开发此模型是为了给普朗特数接近 1 的流体的自然对流流态提供改进的解决方案，如图 6.29 所示。

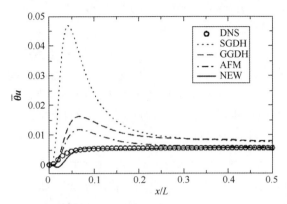

图 6.29　对于侧面加热的垂直无限通道中湍流自然对流的壁面法向湍流热通量的一般模型的先验测试（$Ra = 5 \times 10^6$，$Pr = 0.71$）

注：SGDH 和 GGDH 模型在下一部分中描述；AFM 可以通过省略式（6.88）中的最后一项来获得，并假设 $C_{t1} = 1$；NEW 模型代表 AHFM-2005 公式，Kenjeres et al.，2005。

- AHFM-NRG（Shams et al.，2014）：如前所述，在 THINS 项目中，利用商业程序 STAR-CCM+实现 AHFM-2005 模型（Shams et al.，2014），其主要目标是评估和进一步校准 AHFM-2005，以应用于低普朗特数流体的自然对流、混合对流和强迫对流三种流态。在这方面，Shams 等（2014）描述了许多测试案例。相应地，针对不同的流态分别对模型系数进行了校准。结果表明，在自然、混合、强迫对流情况下，系数修正过的 AHFM 与 AHFM-2005 相比，对选定测试案例显示出了显著改进；但是，在强迫对流的情况下，低普朗特数流体的平均温度计算值偏低（Shams et al.，2014）。对于不同的雷诺数和普朗特数，温度场偏低的程度会有所不同。在 DNS 数据库的帮助下，对系数 $C_{t1}$ 进行了进一步校准以克服这一不足。基于此，提出了 $C_{t1}$ 的关系式，所得模型称为 AHFM-NRG（表 6.3）。AHFM-NRG 中建议的 $C_{t1}$ 的关系式以对数形式显示雷诺数和普朗特数的相关性，以适应热通量项的壁面正常温度梯度，如图 6.30 所示。

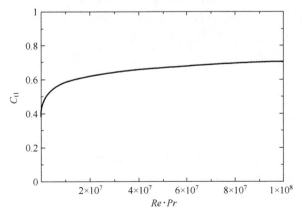

图 6.30　$C_{t1}$ 关系式（Shams et al.，2014）

这种关系式的使用在低普朗特数流体的传热预测中带来了显著改善,尤其是在强迫对流状态下。图 6.31 显示了 $Pr=0.025$ 时,不同湍流雷诺数下的温度分布,$Re_\tau$ 分别为 395 和 640。显然,在经过测试的模型中,AHFM-NRG 已显示出显著改进,并且与所参考的 DNS 数据库显示出很好的一致性。除了平面槽道流外,还对 AHFM-NRG 的湍流波浪形槽道流进行了测试。AHFM-NRG 再一次显示出与参考数据的良好一致性(Shams et al., 2014)。应注意,即使到目前为止该模型在考虑的测试案例中的性能良好,但是与反应堆规模的应用相比,这些测试案例还是相当简单的。因此,该模型将需要在更多测试案例和反应堆规模应用中进行验证。在这方面,预计将在 SESAME 和 MYRTE 项目的框架内对 AHFM-NRG 进一步验证。

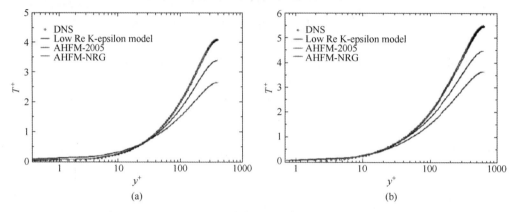

图 6.31 $Pr=0.025$ 时通道内温度分布(Shams et al., 2014)
(a) $Re_\tau=395$;(b) $Re_\tau=640$。

- AHFM-NRG +(Shams,2017):AHFM-NRG 已针对自然、混合、强迫对流进行了校准。但是,所选自然对流情况的瑞利数($Ra$)相对较低,一般为 $10^4 \sim 10^5$。如 Shams(2017,2018)所述,最近在熔融物堆内滞留(IVMR)项目的框架中,人们尝试进一步校准高 $Ra$ 案例的模型。对 AHFM-NRG 的广泛评估表明,系数 $C_{t3}$ 对大范围 $Ra$($10^3 \sim 10^{17}$)的自然对流流动的预测具有重要影响。因此,对于上述系数提出了新的关系式以代替前述定值。这种关系式形成了 $Ra$ 和 $Pr$ 的对数函数。这种相关性的关系如图 6.32 所示,该图表明随着 $Ra \cdot Pr$ 的增加 $C_{t3}$ 呈现对数减少的特征。关系式中 $Pr$ 的引入使该模型适用于不同流体工质(尤其是液态金属)。此外值得一提的是,Shams 等(2014)发现对于自然对流流动状态,系数 $C_{t1}$ 不是很敏感,并固定为 0.25,如表 6.3 所列。生成的模型称为 AHFM-NRG+。

3) 广义梯度扩散假设

在湍流热通量模型方面,AHFM 方法的另一个层面是采用 Daly 和 Harlow(1970)以及 Ince 和 Launder(1989)提出的广义梯度扩散假设(GGDH)。对于垂直于重力的温度梯度导致浮力产生的情况,这是最简单的封闭方式。GGDH 方程可以很容易地从式(6.87)推得,即忽略了最后两项,并表示为

$$\theta u_i = -C^\theta \frac{k}{\varepsilon}\left(u_i u_j \frac{\partial T}{\partial x_j}\right) \quad (6.89)$$

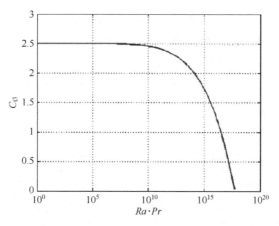

图 6.32 $C_{t3}$ 关系式的图形表示（Shams，2018）

GGDH 方程代表了一个非各向同性的涡流扩散率模型，因此，与各向同性的涡流扩散率模型相比，它可以更好地预测湍流热通量，如图 6.29 所示。

**4）简单梯度扩散假设**

用 $u_i u_i = 2k$ 代替式（6.89）中的湍流应力 $u_i u_j$ 可得出标准的各向同性涡流扩散率模型，也称为简单梯度扩散假设（SGDH）。这是计算湍流热通量最广泛使用的方法，它基于雷诺比拟思想。该方法使用湍流普朗特数的概念，几乎在所有 CFD 程序中都可用。诸多研究对 $Pr_t$ 的行为有很好的了解，但是这些研究主要限于简单的流动构型和少量的流体工质，如 Grötzbach（2007）。基于现有知识，采用 $Pr_t$ 的方法（恒定值或关系式形式）已通过多种方式应用于评估湍流传热。默认情况下，大多数 CFD 程序默认 $Pr_t = 0.85$ 或 $Pr_t = 0.9$。但是，这导致了一系列缺陷（前文也有强调）。众所周知，对于液态金属流，$Pr_t$ 值在整个域中都不恒定，如图 6.33 所示。因此，为了克服这个问题，提出许多替代性的计算 $Pr_t$ 的关系式。

雷诺（Reynolds）于 1975 年提出了一种关系式，$Pr_t$ 为全局单一值，为流动条件的函数：

$$Pr_t = \left(1 + 100 Pe^{-\frac{1}{2}}\right) \left(\frac{1}{1 + 120 Re^{-\frac{1}{2}}} - 0.15\right) \tag{6.90}$$

Kays 于 1994 年末提出了一种关系式，该关系式是湍流 $Pe$ 的函数，提供了局部普朗特数，湍流 $Pe$ 定义为 $Pe_t = Pr(v_t/v)$。值得一提的是，此属性可从 RANS 模型局部获得。这里给出其关系式：

$$Pr_t = 0.85 + \frac{0.7}{Pe_t} \tag{6.91}$$

继 Kays（1994）的工作之后，Weigand 等（1997）提出了一种关系式：

$$\frac{1}{Pr_t} = \frac{1}{2 Pr_{t\infty}} + C Pe_t \frac{1}{\sqrt{Pr_{t\infty}}} - (C Pe_t)^2 \left[1 - \exp\left(-\frac{1}{C Pe_t \sqrt{Pr_{t\infty}}}\right)\right] \tag{6.92}$$

式中：$C = 0.3$；远离壁面的 $Pr_t$ 的近似值表示为

$$Pr_{t\infty} = 0.85 + \frac{100}{Pr Re^{0.888}} \tag{6.93}$$

式（6.93）混合了局部参数和全局参数，给出了局部值和全局量的函数关系，这主要是由于雷诺数的依赖性。Duponcheel等（2014）对这些相关性进行了详尽的评估，并将结果与两个高精度仿真进行了比较（图6.33）。

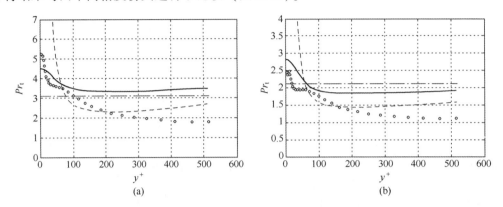

图6.33 湍流普朗特数模型与LES的对比（$Re_\tau = 590$），Reynolds（点画线）、Kays（虚线）和Weigand（实线）关系式（Duponcheel et al., 2014）
(a) $Pr=0.01$；(b) $Pr=0.025$。

从图6.33可以清楚地看出：在这些关系式中雷诺关系式对$Pr_t$的预测过高。另外，当$y^+>100$时，Kays关系式在对数律层产生最佳结果，而Weigand关系式对$Pr_t$的近壁面曲线给出更好的近似。但是，Weigand关系式的后续变化并未明确符合参考数据。总的来说，Kays关系式是最受关注的，因为它在准确性和简单性之间提供了最佳折中方案。

根据Kays关系式，Duponcheel等（2014）研究了温度的近壁面行为，并推导了低$Pr$时温度分布的壁面函数，其公式为

$$\theta^+ = \frac{Pr_t}{k}\log\left(1+\frac{k}{Pr_t}Pr \cdot y^+\right) \tag{6.94}$$

根据分子和湍流扩散系数在近壁区域可以忽略的假设，作者认为湍流扩散系数是线性的，最终获得了解析壁面函数，该函数具有从线性分布到对数律区分布的平滑过渡，这称为壁面的混合分布律（Duponcheel et al., 2014）。该混合定律对整个近壁区域均有效。值得提醒的是，该混合定律与Wolters（2002）的建议相似，后者实际上忽略了近壁区域的湍流扩散系数。作者将这种壁面混合定律与Kays关系式结合使用，并获得了如图6.34所示的结果。显然，在槽道主流中使用新的壁面函数和Kays关系式得到的结果与使用相同的关系式进行壁面求解的结果一样好。需要记住的是，仅对槽道流评估了Kays关系式结合壁面混合分布律。为了增强对这种方法的信心，应该对更复杂的几何形状进行进一步验证。另外，必须注意这种方法不能轻易扩展到自然和混合对流流态进行使用。

**3. 总结**

本节分两部分介绍了在液态金属流中模拟湍流传热的不同方法的现状和未来展望。

第一部分提供了与传热模拟有关特性的见解，总结如下：

(1) 湍流热通量的不完整模化：在浮力流动中，涡扩散率模型中所用的热通量的定义似乎是不完整的，从而导致模型失效。

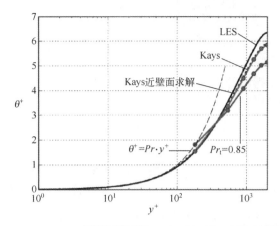

图 6.34　$Re_\tau=2000$、$Pr=0.01$，使用壁面函数、$y^+=200$ 的 RANS 计算温度分布结果对比

注：(Roelofs et al., 2015b)

（2）速度和温度场的不相似性：对于液态金属流动，热边界层中的导热层会变厚，导致热边界层比动量边界层厚。因此，使用基于雷诺比拟的涡扩散方法会导致较大的误差。

（3）时间尺度比：大多数湍流模型仅采用湍动能耗散时间尺度，但对于浮力流仅使用湍动能耗散时间尺度在物理上是不合适的。

第二部分对可用的湍流热通量模型进行了广泛的概述，总结如下：

（1）二阶矩封闭：为液态金属流开发了二阶矩封闭模型，即浮力流湍流模型。在 SESAME 项目的框架中，该模型已在商业 TransAT 程序中实现。下一步将对照将在 SESAME 项目中生成的各种参考数据库来验证此模型。

（2）AHFM：核能领域内有两种不同类型的 AHFM。

① 显式 AHFM：这一类形成四参数模型，但是保留了涡扩散模型的各向同性性质。其中一种模型（Manservisi, Menghini, 2014）已在 OpenFOAM 中实现，并将在 SESAME 和 MYRTE 项目中得到验证。

② 隐式 AHFM：这一类形成四参数或三参数模型，并包含湍流热通量的非各向同性关系式。对于液态金属流，正在考虑使用两种不同的 AHFM 显式模型，即 AHFM-2000（Kenjeres, Hanjalic, 2000）和 AHFM-2005（Kenjeres et al., 2005）。这些模型最初是为 $Pr\approx1$ 的自然对流流动开发的。而在 THINS 项目中，AHFM-2005 进一步针对液态金属流体和所有三种流动状态（自然对流、混合对流和强迫对流）进行了校准，得到了一种新模型，称为 AHFM-NRG。预计将在 SESAME 和 MYRTE 项目中进一步验证 AHFM-NRG 模型。在 IVMR 项目的框架内，提出了对高 $Ra$ 自然对流流动的 AHFM-NRG 的扩展。该模型产生的新版本称为 AHFM-NRG+。

（3）GGDH：GGDH 方法是模拟湍流热通量的 AHFM 方法论结构的下一步。这是一个相对简单的封闭，表示非各向同性的涡扩散模型。与各向同性的涡扩散模型相比，此类模型显示出更好的预测能力。

（4）SGDH：默认情况下，大多数 CFD 程序使用 $Pr_t=0.85$ 或 $Pr_t=0.9$ 的恒定值。但是对于液态金属流体，普朗特数在整个域中不是恒定的，这导致了一系列缺陷。因此,已经提出了许多替代关系式来评估 $Pr_t$。本节描述了几种关系式,但是,Duponcheel 等(2014)提出了一种壁面分布函数,结合 Kays 关系式已在强迫对流槽道流中显示出更好的适用性。为了增强对这种方法的信心,应该对更复杂的几何形状进行进一步验证。另外必须指出的是,这种方法的使用不能轻易扩展到自然对流和混合对流状态。

# 参 考 文 献

[1] Abe, K., Kondoh, T., Nagano, Y., 1995. A new turbulence model for predicting fluid flow and heat transfer in separating and reattaching flows: II. Thermal field calculations. Int. J. Heat Mass Transf. 38 (8), 1467-1481.

[2] Abe, K., Suga, K., 2001. Towards the development of a Reynolds-averaged algebraic turbulent scalar-flux model. Int. J. Heat Fluid Flow 22, 19-29.

[3] Andersson, B., Andersson, R., Håkansson, L., Mortensen, M., Sudiyo, R., van Wachem, B., 2012. Computational Fluid Dynamics for Engineers. Cambridge University Press, Cambridge, p. 83. ISBN 978-1-107-01895, 2.

[4] Arien, B., et al., 2004. Assessment of computational fluid dynamic codes for heavy liquid metals - ASCHLIM. EC-Con. FIKW-CT-2001-80121-Final Report.

[5] Baumann, W., Carteciano, L., Weinberg, D., 1997. Thermal propagation effects in a vertical turbulent flow behind a jet block - a benchmark exercise. J. Hyd. Res. 35, 843-864.

[6] Carteciano, L. N., Weinberg, D., Müller, U., 1997. Development and analysis of a turbulence model for buoyant flows. In: 4th World Conference on Experimental Heat Transfer, Fluid Mechanics and Thermodynamics. Brussels, June 2-6, 1997. vol. 3. Edition ETS, Pisa, pp. 1339-1347.

[7] Carteciano, L., Grötzbach, G., 2003. Validation of turbulence models for a free hot sodium jet with different buoyancy flow regimes using the computer code FLUTAN. FZKA 6600. Forschungszentrum Karlsruhe.

[8] Casey, M., Wintergerste, T., 2000. European Research Community on Flow, Turbulence and Combustion. Special Interest Group on Quality and Trust in Industrial CFD. ERCOFTAC.

[9] Daly, B. J., Harlow, F. H., 1970. Transport equations in turbulence. Phys. Fluids 18, 2634-2649.

[10] Dol, H. S., Hanjalic, K., Kenjeres, S., 1997. A comparative assessment of the second-moment differential and algebraic models in turbulent natural convection. Int. J. Heat Fluid Flow 18, 4-14.

[11] Donaldson, C. d. P., 1973. Construction of a dynamic model of the production of atmospheric turbulence and the dispersal of atmospheric pollutants. In: Haugen, D. A. (Ed.), Workshop on Micrometeorology. Amer. Met. Society, pp. 313-392.

[12] Duponcheel, M., Bricteux, L., Manconi, M., Winckelmans, G., Bartosiewcz, Y., 2014. Assessment of RANS and improved near-wall modelling for forced convection at low Prandtl numbers based on LES up to $Re_\tau = 2000$. Int. J. Heat Mass Transf. 75, 470-482.

[13] Gibson, M. M., Launder, B. E., 1978. Ground effects on pressure fluctuations in the atmospheric boundary layer. J. Fluid Mech. 86, 491-511.

[14] Grötzbach, G., Panefresco, C., Carteciano, L. N., Dorr, B., Olbrich, W., 2002. Entwicklung des Rechenprogramms FLUTAN för thermo- und fluiddynamische Anwendungen. Programm Nukleare Sicherheitsforschung, Jahresbericht 2001 Teil 1, FZKA 6741, Forschungszentrum Karlsruhe. 2002. pp. 404-410.

[15] Grötzbach, G., 2007. Anisotropy and Buoyancy in Nuclear Turbulent Heat Transfer - Critical Assessment and Needs for Modelling. vol. 7363. Forschungszentrum Karlsruhe, FZKA.

[16] Hanjalic, K., Kenjeres, S., Durst, F., 1996a. Natural convection in partitioned two-dimensional enclosures at

higher Rayleigh numbers. Int. J. Heat Mass Transf. 39 (7), 1407-1427.

[17] Hanjalic, K., Kenjeres, S., Durst, F., 1996b. Natural convection in partitioned two-dimensional enclosures at high Rayleigh numbers. Int. J. Heat Mass Transf. 39, 1407-1427.

[18] Hanjalic, K., 2002. One-point closure models for buoyancy-driven turbulent flows. Annu. Rev. Fluid Mech. 34, 321-347.

[19] Hwang, C. B., Lin, C. A., 1999. A low Reynolds number two-equation k – e model to predict thermal field. Int. J. Heat Mass Transf. 42, 3217-3230.

[20] Ince, N., Launder, B., 1989. On the computation of buoyancy-driven turbulent flow in rectangular enclosures. Int. J. Heat Fluid Flow 10, 110-117.

[21] Kawamura, H., Abe, H., Shingai, K., 2000. DNS of turbulence and heat transport in a channel flow with different Reynolds and Prandtl numbers and boundary conditions. In: 3rd International Symposium on Turbulence, Heat and Mass Transfer.

[22] Kays, W. M., 1994. Turbulent Prandtl number – where are we. J Heat Transf. Trans. ASME 116 (2), 284-295.

[23] Kenjeres, S., Hanjalic, K., 2000. Convective rolls and heat transfer in finite-length Rayleigh-Bénard convection: a two-dimensional numerical study. Phys. Rev. E 62 (6), 7987-7998.

[24] Kenjeres, S., Gunarjo, S. B., Hanjalic, K., 2005. Contribution to elliptic relaxation modelling of turbulent natural and mixed convection. Int. J. Heat Fluid Flow 26 (4), 569-586.

[25] Knebel, J. U., 1993. Experimentelle Untersuchungen in turbulenten Auftriebsstrahlen in Natrium. Dissertation, Universität Karlsruhe, KfK 5175, Kernforschungszentrum Karlsruhe.

[26] Launder, B. E., Reece, G. J., Rodi, W., 1975. Progress in the development of a Reynolds-stress turbulence closure. J. Fluid Mech. 37 (3), 537-566.

[27] Launder, B. E., 1988. On the computation of convective heat transfer in complex turbulent flows. J. Heat Transf. 110, 1112-1128.

[28] Launder, B. E., 1989. Second-moment closure: Present – and future. Int. J. Heat Fluid Flow 10, 282-300.

[29] Manservisi, S., Menghini, F., 2014. Triangular rod bundle simulations of a CFD ($k$-$\varepsilon$-$k_\theta$-$\varepsilon_\theta$) heat transfer turbulence model for heavy liquid metals. Nucl. Eng. Des. 273, 251-270.

[30] Menter, F., Hemstrom, B., Henriksson, M., Karlsson, R., Latrobe, A., Martin, A., Muhlbauer, P., Scheuerer, M., Smith, B., Takacs, T., Willemsen, S., 2002. CFD best practice guidelines for CFD code validation for reactor safety applications. ECORA D01, Germany.

[31] Nagano, Y., Shimada, M., 1996. Development of a two equation heat transfer model based on direct simulations of turbulent flows with different Prandtl numbers. Phys. Fluids 8, 3379-3402.

[32] Nagano, Y., Pei, C. Q., Hattori, H., 1999. A new low Reynolds number one-equation model of turbulence. Flow Turbul. Combust. 63, 135-151.

[33] OECD/NEA, 2007. Handbook on Lead-bismuth eutectic alloy and Lead properties, materials compatibility, Thermal-hydraulics and Technologies. OECD NEA No. 6195, ISBN 978-92-64-99002-9.

[34] OECD, 2007. Best practice guidelines for the use of CFD in nuclear reactor safety applications. NEA/CSNI/R 5, Paris, France.

[35] Otic, I., Grötzbach, G., Worner, M., 2005. Analysis and modelling of the temperature variance equation in turbulent natural convection for low-Prandtl-number fluids. J. Fluid Mech. 525, 237-261.

[36] Otic, I., Grötzbach, G., 2007. Turbulent heat flux and temperature variance dissipation rate in natural convection in lead-bismuth. Nucl. Sci. Eng. 155, 489-496.

[37] Peeters, T. W. J., Henkes, R. A. W. M., 1992. The Reynolds-stress model of turbulence applied to natural convection boundary layer along a heated vertical plate. Int. J. Heat Mass Transf. 33, 403-420.

[38] Piquet, J., 1999. Turbulent Flows – Models and Physics. Springer, Berlin.

[39] Reynolds, A. J., 1975. The prediction of turbulent Prandtl and Schmidt numbers. Int. J. Heat Mass Transf. 18 (9), 1055-1069.

[40] Rodi, W., 1993. Turbulence Models and their Application in Hydraulics – a State of the Art Review, third ed. IAHR Publication, Delft, Balkema Rotterdam.

[41] Roelofs, F., Shams, A., Otic, I., Bööttcher, M., Duponcheel, M., Bartosiewicz, Y., Lakehal, D., Baglietto, E., Lardeau, S., Cheng, X., 2015a. Status and perspective of turbulence heat transfer modelling for the industrial application of liquid metal flows. Nucl. Eng. Des. 290, 99–106.

[42] Roelofs, F., Shams, A., Pacio, I., Moreau, V., Planquart, P., van Tichelen, K., Di Piazza, I., Tarantino, M., 2015b. European outlook for LMFR thermal hydraulics. In: NURETH-16, Chicago, IL, August 30–September 4.

[43] Roelofs, F., 2017. Best Practice Guidelines for Nuclear Liquid Metal CFD. VKI Lecture Series on Thermohydraulics and Chemistry of Liquid Metal Cooled Reactors. The Von Karman Institute for Fluid Dynamics. April 10–14.

[44] Shams, A., Roelofs, F., Baglietto, E., Lardeau, S., Kenjeres, S., 2014. Assessment and calibration of an algebraic heat flux model for low-Prandtl fluids. J. Heat Mass Transf. 79, 589–601.

[45] Shams, A., 2017. Assessment and calibration of an algebraic turbulent heat flux model for high Rayleigh number flow regimes. In: 8th Conference on Severe Accident Research (ERMSAR), May 16–18, Warsaw, Poland.

[46] Shams, A., 2018. Towards the accurate numerical prediction of thermal hydraulic phenomena in corium pools. Ann. Nucl. Energy 117, 234–246.

[47] Weigand, B., Ferguson, J., Crawford, M., 1997. An extended Kays and Crawford turbulent Prandtl number model. Int. J. Heat Mass Transf. 40, 4191–4196.

[48] Wilcox, C. D., 1998. Turbulence Modeling for CFD, second ed. DCW Industries, La Cañada. ISBN 0963605100.

[49] Willerding, G., Baumann, W., 1996. FLUTAN 2.0 – Input specifications. FZKA 5712, Forschungszentrum Karlsruhe.

[50] Wolters, J., 2002. Benchmark activity on the ESS mercury target model experiment, Rev. 1. Jülich, Germany, FZJ-ZAT-377.

# 扩 展 阅 读

[1] Davidson, L., 1990. Second-order corrections of the model to account for non-isotropic effects due to buoyancy. Int. J. Heat Mass Transf. 33, 2599–2608.

[2] Grötzbach, G., 1982. Direct numerical simulation of laminar and turbulent Bénard convection. J. Fluid Mech. 119 (27–53), 1982.

[3] Grötzbach, G., 2011. Challenges in simulation and modeling of heat transfer in low-Prandtl number fluids. In: NURETH-14, Toronto, Ontario, Canada.

[4] Kenjeres, S., Hanjalic, K., 1995. Prediction of turbulent thermal convection in concentric and eccentric annuli. Int. J. Heat Fluid Flow 16, 428–439.

[5] Kenjeres, S., Dol, H. S., Hanjalic, K., 1997. A comparative assessment of the second-moment differential and algebraic models in turbulent natural convection. Int. J. Heat Fluid Flow 18 (1), 4–14.

[6] Knebel, J. U., Krebs, L., Müller, U., Axcell, B. P., 1998. Experimental investigations of a confined heated sodium jet in a co-flow. J. Fluid Mech. 368, 51–79.

[7] Otic, I., Grötzbach, G., 2003. Direct numerical simulation and statistical analysis of turbulent convection in lead-bismuth. In: International Conference on Supercomputing in Nuclear Applications, SNA 2003, Paris, Sept. 22–24, 2003. Gif sur Yvette: CEA 2003, CD-ROM paper Nr. S10/2.

[8] Rodi, W., 1987. Examples of calculation methods for flow and mixing in stratified fluids. J. Geophys. Res. 92, 5305–5328.

## 6.2.2 使用 URANS 模拟管束中的流致振动

J. de Ridder[1], L. de Moerloose[1], K. van Tichelen[2],
J. Vierendeels[1], J. Degroote[1]
1. 比利时，根特大学，流动、热与燃烧工程系；
2. 比利时，莫尔，SCK·CEN

**1. 引言**

流致振动（FIV）是一个统称，表示结构构件与周围流体相互作用产生的振动（de Ridder，2015），根据激发机理经常分为外部引发、不稳定性引发和运动引发的振动（Naudascher，Rockwell，2012）。

外部引发的振动包括所有流体所含外部压力激发的振动。这种不稳定性的一个例子是由湍流引起的振动。由于非稳态雷诺平均的 Navier-Stokes（URANS）模拟对小尺度的涡只模化而不求解，因此使用该湍流模型无法求解小尺度压力脉动而引起的振动。相比之下，大涡模拟（LES）或直接数值模拟（DNS）可用于量化压力脉动谱（De Ridder et al.，2016a）。

在不稳定性引发的振动中，由于所涉及结构的几何形状，流体流动变得不稳定，如会在涡引起的振动中发生。当流体流过钝体时，在适当条件下，随着涡的脱落，其尾迹可能会变得不稳定，产生的随时间变化的不对称力会引起振动。需要注意的是，即使结构静止不动，流体中也存在不稳定性，但是流体中的不稳定性也可被振动所影响。只要 URANS 可以解决流动中的大尺度脉动，就可以使用基于 URANS 的流体—结构相互作用（FSI）仿真来计算这种不稳定性（De Ridder et al.，2016b；De Moerloose，2016）。

本节不仅聚焦于使用 URANS 对核反应堆堆芯中存在的管束中的轴流进行 FSI 模拟，而且涉及换热器和化学反应器。本节首先计算管束内管间隙中的大尺度涡引起的振动，作为不稳定性引发振动的一个示例（De Ridder et al.，2016b；De Moerloose，2016）；随后分析轴向流动的管束中运动引发的振动（de Ridder et al.，2015；de Ridder et al.，2013）。

运动引发的振动机理由结构运动和流体对结构作用力之间的增强反馈形成，此类振动称为运动引发的振动，例如塔科马海峡大桥的倒塌、帐篷和旗帜的飘扬、电线的飞舞和蒸汽发生器中的流体弹性不稳定。同样，具有轴向流的管束中的管也会经历这种类型的振动，可以使用基于 URANS 的 FSI 模拟来计算（De Ridder et al.，2015）。

**2. 不稳定引发的振动：管束中的轴向流动引发的涡致振动**

**1）引言**

如果轴向流动中存在密集的管束，那么可以观察到类似开尔文-亥姆霍兹流动不稳定性现象（Möller，1991）。这些周期性的大尺度涡（Meyer，Rehme，1994）是由子通道中的高速流动与管间隙中的低速流动的相互作用引起的。Meyer（2010）概述了轴向流动中大尺度涡的实验研究。由于这种现象是大尺度的不稳定性，可由 URANS 计算获得，已经被多个研究者成功实现，例如 Chang 和 Tavoularis（2012）、Ninokata 等（2009），以及 Chandra 和 Roelofs（2011）。原则上，湍流尺度求解模拟（如 LES 或 DNS）可提供更高的精度，但 Ninokata 等（2009）研究显示其也需要非常多的计算资源。

本节展示了对紧密排布的棒束在轴向流动下发生的振动的预测。首先，使用 URANS 计算 7 根管的棒束通道中的流体流动。基于此结果，通过 FSI 仿真计算出流动引发的振动，共计算了两个案例，在这两个案例中设置一根管子是挠性的。案例的构建避免了流体弹性的不稳定性，所有振动都归因于流动的不稳定性。

**2) 方法论**

本研究中的管束由 7 根管组成，如图 6.35 所示。几何参数和材料性能见表 6.4。该区域的入口和出口是周期性的，并且施加了 9810Pa/m 的压力梯度，流动使用 URANS 模拟和 $k$-$\omega$ SST 模型计算（Menter，1994）。计算流体力学（CFD）模拟部分针对刚性管开展，而流体与结构相互作用是通过将 CFD 计算结果与使用有限元分析（FEA）的计算结构力学（CSM）模拟相耦合来计算。在 FSI 模拟中，只有一根管是挠性的（管 0 或 1），并且只有一部分长度是挠性的，所有方程均用二阶格式离散化。流体网格具有 5 个径向分区（从壁面到通道中心），每根管的周向分 120 个分区，沿流向分 480 个分区。使用混合壁面函数，距壁面的无量纲距离（$y^+$）介于 2~85 之间。结构部分包含 1350 个四边形单元。为了使流动充分发展，设置了 1.5s 的稳定时间，时间步长为 0.289ms。使用的 CFD 程序是 Fluent（Ansys, Inc.），CSM 程序是 Abaqus（Simulia Inc.），耦合程序是内部程序，接口采用基于最小二乘模型的介面拟牛顿逆雅可比矩阵（IQN-ILS）算法（Degroote et al.，2009）。有关 FSI 技术的更多信息参阅 Degroote（2013）。

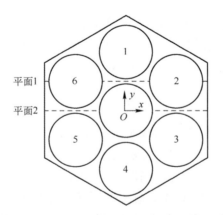

图 6.35 管束的横截面示意图（标注了数据提取及后处理平面、管编号和坐标系）
（来源：De Ridder, J., van Tichelen, K., Degroote, J., Vierendeels, J., 2016。Vortex-induced vibrations by axial flow in a bundle of cylinders. In: 11th International Conference on Flow-Induced Vibration, The Hague, The Netherlands, pp. 1-8。）

表6.4 几何参数和材料性能

| 参 数 名 称 | 参 数 值 | 参 数 名 称 | 参 数 值 |
| --- | --- | --- | --- |
| 直径 $D$/m | 0.025 | 流体密度 $\rho_f$/(kg/m³) | 1000 |
| 棒距 $P$/m | 0.0275 | 流体黏度 $\mu$/(Pa·s) | 0.001 |
| 最小棒间距 $G$/m | 0.0025 | 弹性模量 $E$/Pa | 750000 |
| 长度 $L$/m | 1.25 | 固体密度 $\rho_s$/(kg/m³) | 7000 |
| 挠性段长度 $L_{flex}$/m | 0.075 | | |

**3) 棒束流体力学**

由于两个棒之间的最小间距处的流通面积更小（图6.36），因此该最小间距处的轴向（或 $z$ 方向）速度比流道中心的轴向速度要低。速度差导致流动的不稳定，如图6.37所示。图6.37显示了图6.35中定义的两个平面上轴向瞬时速度云图。$x$ 轴和 $y$ 轴的方向如图6.35所示，$z$ 轴沿平均流动方向（从左到右）。为了体现流动模式，仅显示域的一部分。

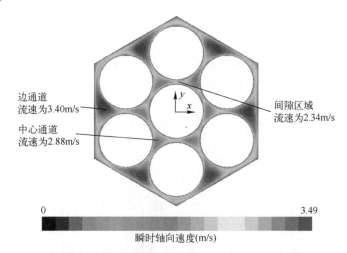

图6.36 横截面中轴向瞬时速度云图（见彩插）

(来源：De Ridder, J., van Tichelen, K., Degroote, J., Vierendeels, J., 2016。Vortex-induced vibrations by axial flow in a bundle of cylinders. In: 11th International Conference on Flow-Induced Vibration, The Hague, The Netherlands, pp. 1-8。)

如上所述，流动出现了不稳定，导致了图6.37中轴向速度的脉动。应注意，不稳定性发生在两个管之间的平面中，如管5和管6之间的平面2。这些周期性的大尺度涡旋不仅发生在两个相邻的管之间，而且发生在管与周围壁面之间的区域中。

图6.38显示了速度分量的功率谱密度（PSD）随频率的变化。在平面1和平面2上对数据进行采样和平均。这三个分量在33Hz附近都有一个清晰的峰值幅度。观察整个区域内的流场，发现在纵向方向上存在17个涡。需要注意的是，流动边界条件的周期性催生了整数个涡。因此，在这些结果中存在至多0.5/17的不确定度。因此，涡平均长度为1.25m/17=0.0735m。由于这些涡以接近最小棒间距处的整体速度（2.35m/s）

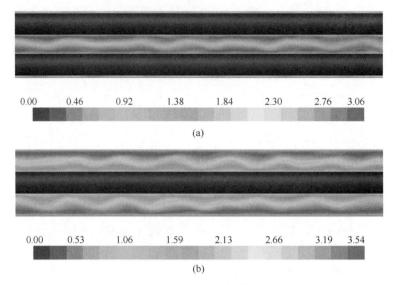

图 6.37 在平面 1 和平面 2 中的 z 方向瞬时速度云图（见彩插）
(a) 平面 1；(b) 平面 2。
注：坐标系与图 6.35 相同：z 轴指向为从左到右，x 轴为从下到上。
（来源：de Ridder, J., van Tichelen, K., Degroote, J., Vierendeels, J., 2016。Vortex-induced vibrations by axial flow in a bundle of cylinders. In：11th International Conference on Flow-Induced Vibration, The Hague, The Netherlands, pp. 1-8。）

对流，因此傅里叶频谱中的一个峰值有望达到 31Hz，这与观察到的峰值相当吻合。注意，该频谱还在双倍频率处显示了一个次高峰，对应于较小的流动结构，其特征长度为原始特征峰的一半。

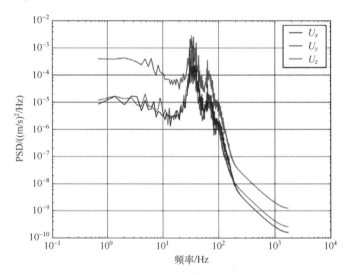

图 6.38 对平面 1 和平面 2 的所有点取平均的三个速度分量的功率谱密度
注：该谱在 33Hz 附近显示一个清晰的峰值，它对应涡旋频率。还存在双倍频率的次高峰值。
（来源：De Ridder, J., van Tichelen, K., Degroote, J., Vierendeels, J., 2016。Vortex-induced vibrations by axial flow in a bundle of cylinders. In：11th International Conference on Flow-Induced Vibration, The Hague, The Netherlands, pp. 1-8。）

通过参数扫描研究了 $P/D$ 对流动不稳定性的影响。对于此分析,使用无量纲参数很方便。

使用斯特劳哈尔(Strouhal)数 Sr,而不是频率,Sr 由下式定义:

$$\mathrm{Sr} = \frac{fD}{U_c} \tag{6.95}$$

式中:$U_c$ 为平均轴向速度。

图 6.39 显示了在不同 $P/D$ 下 $U_x$ 的无量纲 PSD 与 Sr 的关系。通过将 PSD 除以平均轴向速度 $U_c$ 和管的直径,可以对 PSD 进行无量纲化处理。重新定标的功率谱密度随着 $P/D$ 的增加而降低。此现象可以通过以下推理来解释:随着 $P/D$ 的增加,间隙和子通道区域之间的轴向速度差变小。由于该速度差是流动不稳定性背后的驱动力,因此随着 $P/D$ 的增加,它变得越来越弱。当 $P/D=1.3$ 时,不稳定性比 $P/D=1.2$ 时至少弱了一个数量级,并且几乎完全消失。另外,如果间隙变得太小,则流体通过的阻力将变得太大,最终大尺度涡旋将不再存在(Chang,Tavoularis,2008),但这在当前参数范围内没有发生。从 Möller(1991)以及 Chang 和 Tavoularis(2008)的关系式中可以预期 Sr 峰值会随 $P/D$ 的增加而减小,这在图 6.39 中 $P/D=1.05\sim1.2$ 也可以观察到。但是,通过比较文献中的实验结果和数值结果,Chang 和 Tavoularis(2008)得出结论,在非常小的 $P/D$ 下,会出现趋势相反的现象。该观察与 $P/D=1.025$ 和 $P/D=1.05$ 的峰值 Sr 的差异是一致的。

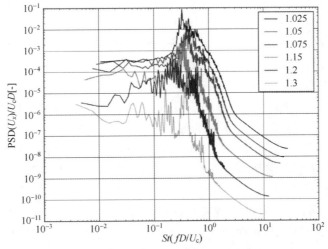

图 6.39 $P/D$ 比值对 $U_x$ 的无量纲功率谱密度的影响(见彩插)

(来源:de Ridder, J., van Tichelen, K., Degroote, J., Vierendeels, J., 2016。Vortex-induced vibrations by axial flow in a bundle of cylinders. In: 11th International Conference on Flow-Induced Vibration, The Hague, The Netherlands, pp. 1-8。)

**4)大尺度周期性涡旋引发的流致振动**

尽管图 6.37 显示了棒两侧的流场是相对连续的,但大尺度的周期性涡旋仍可能引发束流模式的振动。如方法论部分所述,通过开展耦合的流体-结构相互作用模拟进行测试,在该模拟中将部分管段假设为挠性。挠性段的两端都夹在刚性部件上。根据对应的典型涡旋的波长选择该刚性段的长度。材料的弹性设置使得折合流速下系统远不会发生流体-弹性不稳定性。对于轴向流动的夹紧管，极限值约为$2\pi$。折合流速定义为

$$u = \sqrt{\frac{\rho \pi D^2 \chi}{4EI}} U_c L \tag{6.96}$$

式中：$I$ 为截面惯性矩。

注意，这是 De Ridder 等（2015）使用的折合速度的略微修改版本，通过限制因素考虑了流动受限的影响。

$$\chi = \frac{(D+D_h)^2 D^2}{(D+D_h)^2 - D^2} \tag{6.97}$$

式中：$D_h$ 为水力直径。

选择材料的质量密度，以使基态模式的固有频率对应于典型的涡旋频率。考虑两种情况：第一种情况，拐角处的棒是挠性的（图 6.35 中的管 1）；第二种情况，中心棒是挠性的。图 6.40 显示了管中心线的位移随时间的变化。它表明挠性部分主要在第一种情况下开始振荡，振荡幅度很小（最大为间隙宽度的 1%）。但即使是小幅度的振动也可能在长时期内导致损坏，应注意这些涡旋引发的振动可能大于湍流引发的振动。另外，拐角处的棒似乎比中心棒振动更多，这可能是边界不对称导致的。图 6.37 已经表明，中心管两侧的涡旋高度相关，这降低了它们触发梁式振动的强度。拐角处的棒经历两种不同类型的涡街：类型 1，管间隙和子通道内部之间的相互作用引起；以及类型 2，拐角子通道、棒间隙和边缘子通道之间的相互作用引起。后者的压力脉动大于前者。像管 1 一样的拐角棒会经历两个类型 2 的涡街。当展现在相同的轴向坐标下，两个涡街的相位通常为 $\pi$。因此，管 1 在 $x$ 方向上的振动比在 $y$ 方向上的振动强。

**3. 运动引发的振动**

下面介绍利用基于 CFD 和 CSM 耦合计算以确定与湍流作用的构件的模态特征（De Ridder et al.，2013）的方法，计算湍流轴向流动中的夹紧管在大流速范围下（包括不稳定状态）的动力学（Modarres-Sadeghi et al.，2008）并介绍实验及所用方法。在分析中讨论次临界动力学，然后分析屈曲模式，最后介绍后发散模式。

**1）实验介绍**

Modarres-Sadeghi 等（2008）的实验装置包括一个水循环回路，其中垂直安装了一段长度为 75cm、直径为 20cm 的透明测试段。假定距测试段壁面 2.5cm 处存在平均速度分布。但是，没有有关湍流水平的信息。在该测试部分中安装了一个（非常）柔性的空心硅胶管，管外径 $D_o = 0.0156$m，管内径 $D_i = 0.0094$m，长度 $L = 0.435$m。通常，随着流速的增加，系统的表现如图 6.41 所示，在低流速下，振动很小，并且管大体上保持笔直。随着流速的增加，由湍流引起的振动变得更加显著，并且振动的幅度增大。同时，固有频率降低（由于失稳流体离心力变得越来越显著）。在给定的速度下，管将以基态振型屈曲，并由于湍流而在该屈曲状态附近显示出小振幅振动。屈曲的幅度随着流速的增加而增加。屈曲的开始还以消失的基态模式频率为标志。在更高的流速下，管开始围绕其初始笔直位置颤动。最终，在发散（弯曲）和颤动状态之间会有一个小的再稳定状态。注意，图 6.41 中的最大位移由稳态和非稳态贡献之和组成。

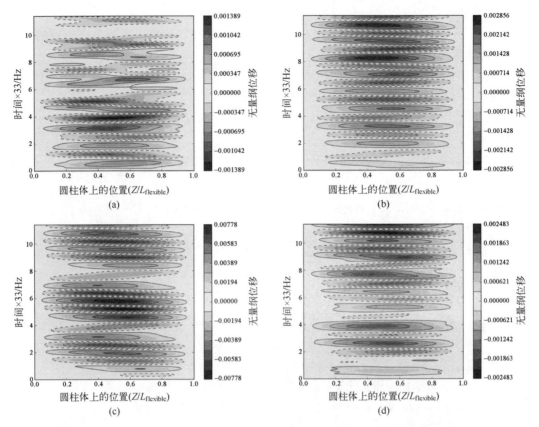

图 6.40 中心线无量纲位移的随管间隙的演变（见彩插）

(a) 中心棒 $x$ 方向位移；(b) 中心棒 $y$ 方向位移；(c) 拐角棒 $x$ 方向位移；(d) 拐角棒 $y$ 方向位移。

(来源：de Ridder, J., van Tichelen, K., Degroote, J., Vierendeels, J., 2016。Vortex-induced vibrations by axial flow in a bundle of cylinders. In: 11th International Conference on Flow-Induced Vibration, The Hague, The Netherlands, pp. 1-8。)

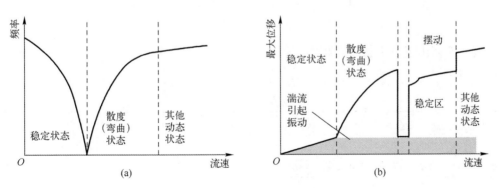

图 6.41 不同动态模态示意

(a) 特征频率随流速的增加而变化；(b) 管振动的最大振幅随流速的变化。

(来源：De Ridder, J., Doare, O., Degroote, J., van Tichelen, K., Schuurmans, P., Vierendeels, J., 2015。Simulating the fluid forces and fluid-elastic instabilities of a clampedclamped beam in turbulent axial flow. J. Fluids Struct. 55, 139-154。)

**2）方法论**

不稳定区域中管的模态特性是用 De Ridder 等（2013）先前发表的方法确定的。该方法包括四个步骤：

（1）计算构件的真空特征模态；

（2）用缩放的特征模态将固体和流体域变形；

（3）采用 CFD-CSM 分区耦合计算自由振动衰减（$w(z,t)$）（Degroote et al.，2009）；

（4）将计算出的衰减拟合到如下模态表达式中：

$$w(z,t) \approx \sum a_i(z) e^{-c_i t} \sin[\omega_i t + \varphi_i(z)]$$

注意，最初单独施加于构件的真空模态不必与含有流体的模态一致。

数值设置与上一节中的设置相同。由于湍流涡并未显式解析，因此无法通过本计算在图 6.41 中预测湍流引发的振动部分。入口条件施加非常低的入口湍流水平，从而使湍流由管上不断发展的边界层产生。计算网格如图 6.42 所示。

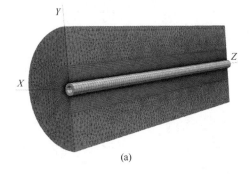
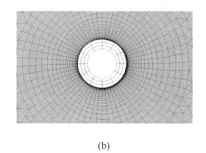

图 6.42 网格的剖视图（见彩插）

注：流体网格为蓝色，而实心网格为灰色。

（来源：de Ridder, J., Doare, O., Degroote, J., van Tichelen, K., Schuurmans, P., Vierendeels, J., 2015。Simulating the fluid forces and fluid-elastic instabilities of a clampedclamped beam in turbulent axial flow. J. Fluids Struct. 55, 139-154。）

表 6.5 列出了整个仿真过程中使用的参数。使用的无量纲化与 Modarres-Sadeghi 等（2008）的相同。

表 6.5 模拟的无量纲参数

| 项目 | $\beta$ | $\Gamma$ | $\varepsilon$ | $\mu$ | $v$ | TI % | NTLS | $h$ | $Re_D$ | $\Pi_0$ |
|---|---|---|---|---|---|---|---|---|---|---|
| 刚性 | 0 | 0 | 27.88 | 0 | 0.4 | 0.1~10 | 0.0023~0.023 | 0.0768 | 15600~156000 | 9124.2 |
| 挠性 | 0.57 | 1.21 | 27.88 | 3.0~11.25 | 0.4 | 0.05 | 0.0023 | 0.0768 | 19800~74400 | 9124.2 |

$$\beta = \frac{\rho A_f}{\rho A_f + m}, \Gamma = \frac{TL^2}{EI}, \varepsilon = \frac{L}{D_o}, u = \left(\frac{\rho A_f}{EI}\right)^{\frac{1}{2}} vL, h = \frac{D_o}{D_h}, \Pi_0 = \frac{EA_s L^2}{EI} \quad (6.98)$$

式中：$\rho$ 为流体密度；$\rho A_f$ 为单位长度的流体的总质量；$A_f$ 为流体中管的横截面，$A_f = \pi D_o^2 / 4$；$m$ 为单位长度的管的质量；$T$ 为施加在管上的外部张力；$E$ 为弹性模量；$I$ 为截面惯性矩；$v$ 为平均轴向流速；$L$ 为管的长度；$D_o$ 为管的外径；$D_h$ 为水力直径；$A_s$ 为管的截面积，$A_s = \pi(D_o^2 - D_i^2)/4$。还有三个附加参数：入口湍流度（TI），入口湍流无量纲特征长度尺度（NTLS）和流体的雷诺数 $Re_D$，且有

$$\text{NTLS} = \frac{\text{TLS}}{L}, Re_D = \frac{\rho v D_o}{\mu} \tag{6.99}$$

式中：TLS 为湍流尺度；流体动力粘度为 $\mu$。

这些参数未在 Modarres-Sadeghi 等（2008）中指定，但它们是表征仿真所必需的。

下面将研究流体速度的变化，以无量纲流速 $u$ 的变化呈现，与此同时雷诺数也在变化。

**3）稳定模式下的动力学**

下面将介绍耦合模拟的结果。通过对模态表达式进行拟合来分析产生的振动。无量纲的频率 $f$、阻尼 $c$ 和挠度 $w$ 组成无量纲流速的函数。根据 Modarres-Sadeghi 等（2008），它们由以下公式给出：

$$f_{ND} = L^2 \left(\frac{m + \rho A_f}{EI}\right)^{\frac{1}{2}} f, c_{ND} = L^2 \left(\frac{m + \rho A_f}{EI}\right)^{\frac{1}{2}} c, w_{ND} = \frac{w}{L} \tag{6.100}$$

计算出的模态特性如图 6.43 所示。与粘性力和角度线性相关性一致，阻尼随流速线性增加。频率随着流速的增加而降低。Modarres-Sadeghi 等（2008）的计算值与测量值之间的一致性是合理的。根据图 6.35 可以确定振动发散的开始为曲线与水平轴的交点，并且所得的无量纲屈曲速度为 6.4。在内管相对于外管的不同倾斜角度和流速下，比较管的固有频率表明，倾斜度更大的管的频率降低得更慢。同时，对于较大倾角的管，阻尼增加更多。

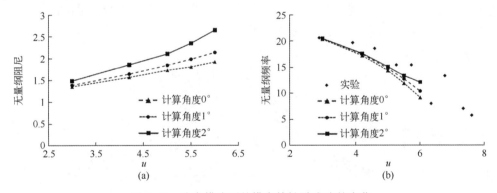

图 6.43 稳定模式下的模态特性随流速的变化

（a）阻尼；（b）频率。

（来源：引用自 De Ridder, J., Doare, O., Degroote, J., van Tichelen, K., Schuurmans, P., Vierendeels, J., 2015. Simulating the fluid forces and fluid-elastic instabilities of a clampedclamped beam in turbulent axial flow. J. Fluids Struct. 55, 139-154。）

**4）发散预测**

图 6.44 显示了在不同流速下管中点的最大位移。在图的最右边部分（灰色），管在颤动。图 6.44 显示了直管的位移和轻微倾斜情况下的位移。实验值取自 Modarres-Sadeghi 等（2008），表示在管中点测得的最大振幅。基于位移的模拟，屈曲将在速度 $u = 6.5 \sim 7$ 开始。

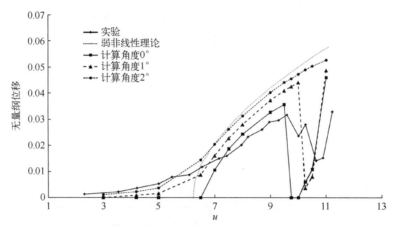

图 6.44　在模拟，实验和弱非线性理论之间比较不同流速下管中点的位移
（Modarres-Sadeghi et al., 2007）

注：黑色符号表示稳定变形，而灰色符号表示围绕中性线的颤动的最大幅度。

（来源：引用自 de Ridder, J., Doare, O., Degroote, J., van Tichelen, K., Schuurmans, P., Vierendeels, J., 2015. Simulating the fluid forces and fluid-elastic instabilities of a clampedclamped beam in turbulent axial flow. J. Fluids Struct. 55, 139-154。）

非线性理论与计算结果之间的一致性很好。尽管由于不同实验值的散点分布而难以判断，但实验结果与数值结果也存在一致性。由于计算或理论结果都存在不确定度，因此很难将两者与实验值进行比较。其中不确定度之一是管走向是否与轴向流动 100%对准。因此，通过将管的迎角设为 1°和 2°来研究对准的影响。图 6.44 表明，在湍流引起的振动之外，微小倾斜可能解释了实验中的低速位移。内管屈曲状态如图 6.45 所示。如前所述，管的弯曲幅度随着流速的增加而增加。

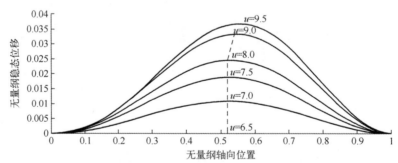

图 6.45　计算的在不同流速下弯管稳态位移，并指示最大位移的下游位移

（来源：De Ridder, J., Doare, O., Degroote, J., van Tichelen, K., Schuurmans, P., Vierendeels, J., 2015. Simulating the fluid forces and fluid-elastic instabilities of a clampedclamped beam in turbulent axial flow. J. Fluids Struct. 55, 139-154。）

图 6.46 显示了管中点处的中线位移的演变。其与稳定模式的瞬变相反，更难以解释。初步分析将瞬变分为管远离零轴移动的区域和弯曲状态周围的沉降区域。

可以看到，前一个区域（排斥区域）中，起初曲线斜率随着流速的增加而开始变陡（最大为 $u=8$），随后斜率变得平坦（从 $u=8$ 开始）。在排斥区域之后，管将达到稳定的弯曲位置。在计算中，屈曲状态未显示转弯（平面外）运动。在本文的其余部分，

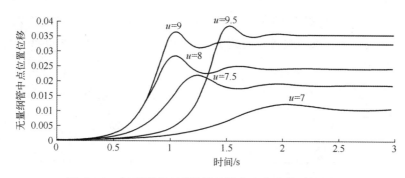

图 6.46 在不同流速下计算的管中点位移的时间历程

(来源：De Ridder, J., Doare, O., Degroote, J., van Tichelen, K., Schuurmans, P., Vierendeels, J., 2015. Simulating the fluid forces and fluid-elastic instabilities of a clampedclamped beam in turbulent axial flow. J. Fluids Struct. 55, 139-154。)

被认为是在管达到其最终稳态变形时开始，并在计算结束时停止。管中心线上的 20 个点中，每个点的位移时间历史拟合为 $w = a \cdot \exp(-ct) \sin(\omega t + \varphi)$。不同点之间的阻尼和频率差异低于 1%，非常小。平均阻尼和频率如图 6.47 所示。阻尼在稳定区域线性增加。但是，在屈曲状态下，与稳定区域相比，吸引瞬变具有更高和更快的阻尼衰减。

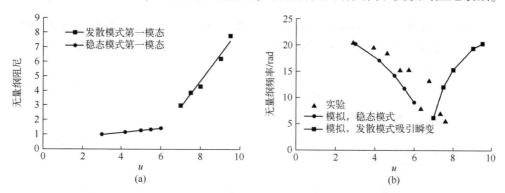

图 6.47 稳定和发散模式（在弯曲状态下）的基态模式的阻尼与频率

(来源：De Ridder, J., Doare, O., Degroote, J., van Tichelen, K., Schuurmans, P., Vierendeels, J., 2015. Simulating the fluid forces and fluid-elastic instabilities of a clampedclamped beam in turbulent axial flow. J. Fluids Struct. 55, 139-154。)

**5）后发散模式**

弱非线性理论（Modarres-Sadeghi et al., 2008）预测，在发散区域之后，会在屈曲状态发生颤振。然而，根据实验，在低得多的流速下以及在中心线周围都可以看到颤振。在以前的线性分析中，颤振的条件是 Paidoussis（2004）推导而来的，指出在系统上做功必须为正。表达式中做功的力存在不同的系数，这意味着对粘性力进行良好的预测需要评估是否会发生颤振。

根据目前的计算结果，构件在发散模式后即出现再稳定。与第一个稳定模式的结果相反，瞬变不是由一个单一的实模态组成，而是由两个复杂的模态（具有与位置有关的相位角）组成，如图 6.48 所示。因为在仿真开始时施加的模态形状不是耦合系统的本征模式，所以存在两种模态。为了方便，图 6.48 中用实线表示的模态称为模态 1，它在最低速度时显示了与真空中的第二种模态的紧密一致；右振幅波瓣与左波瓣相差近 π。与模态 1 相反，模态 2 在低速时已经是复杂模态。随着速度增加，两种模态的相位演变为相似的分布。

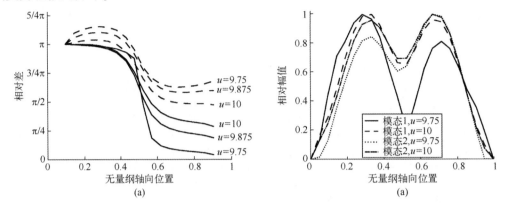

图 6.48　两种模态的相角和幅值随流量的增加而变化（它们构成了再稳定化过程中的瞬变）

（来源：De Ridder, J., Doare, O., Degroote, J., van Tichelen, K., Schuurmans, P., Vierendeels, J., 2015. Simulating the fluid forces and fluid-elastic instabilities of a clampedclamped beam in turbulent axial flow. J. Fluids Struct . 55, 139-154。）

这些模态的频率和阻尼如图 6.49 所示。由图可以看到模态 1 的频率和阻尼随着流速的增加而增加，模态 2 的频率和阻尼随流速的增加而降低。在略高的流速下，管开始颤动，这意味着它没有（或负）阻尼。

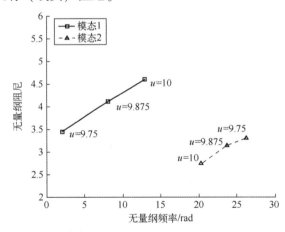

图 6.49　再稳定模式下的 Argand 图

（来源：De Ridder, J., Doare, O., Degroote, J., van Tichelen, K., Schuurmans, P., Vierendeels, J., 2015. Simulating the fluid forces and fluid-elastic instabilities of a clampedclamped beam in turbulent axial flow. J. Fluids Struct . 55, 139-154。）

在图 6.49 中，用虚线表示的模态 2 显示出随着无量纲速度 $u$ 的增加，阻尼显著降低。如预期的那样，在稍高的流速下会出现颤动不稳定性。

**4. 结论**

本节首先介绍了管束中的轴向流动引起的涡街及其触发的振动。采用刚性管进行仿真能够捕获涡街，这是由最小管间距处与子通道中心之间的轴向流速差异引起的。随

$P/D$ 的降低，不稳定性加剧，而更低的 $P/D$ 可能具有相反的行为。FSI 模拟预测了安装在该管束中的挠性管的振动，表明管束拐角处的管在一个特定方向上发生了较强的振荡。

其次，使用 CFD 和 CSM 耦合计算研究了挠性管在轴向流动中的动力学特性。为了验证计算的有效性，对一个可提供实验数据的特定案例进行模拟。还通过流体-结构相互作用模拟计算了系统的动力学。通过提高流速获得了稳定、发散、再稳定和颤动模式。在发散状态下，结果表明，管与流向之间的偏差可能是产生最大位移的重要原因。偏差也会导致在发散和颤动之间跳过再稳定状态。

## 致 谢

这项工作是在 Horizon 2020 SESAME 项目和 Horizon 2020 MYRTE 项目的框架中进行的。根据 No. 654935 资助协议（SESAME），它已获得欧洲原子能共同体（Eu/Euratom）核能研究与培训计划的资助。根据 No. 662186 资助协议（MYRTE），它已获得欧洲原子能共同体核能研究与培训计划的资助。作者非常感谢法兰德斯研究基金会（FWO）通过 Jeroen De Ridder 和 Laurent De Moerloose 的博士奖学金提供的资金。这项工作中使用的计算资源（Stevin 超级计算机基础结构）和服务是由根特大学、赫拉克勒斯基金会和法兰德斯政府经济、科学与创新部门（EWI）资助的法兰德斯超级计算机中心（VSC）提供的。

## 参 考 文 献

[1] Chandra, L., Roelofs, F., 2011. CFD analyses of liquid metal flow in sub-channels for Gen IV reactors. Nucl. Eng. Des. 241 (11), 4391-4403.

[2] Chang, D., Tavoularis, S., 2008. Simulations of turbulence, heat transfer and mixing across narrow gaps between rod-bundle subchannels. Nucl. Eng. Des. 238 (1), 109-123.

[3] Chang, D., Tavoularis, S., 2012. Numerical simulations of developing flow and vortex street in anrectangular channel with a cylindrical core. Nucl. Eng. Des. 243, 176-199.

[4] De Moerloose, L., 2016. Numerical Investigation of Large-Scale Vortices in an Array of Cylindersnin Axial Flow. M. Sc. thesis, Ghent University, Belgium.

[5] De Ridder, J., 2015. Computational Analysis of Flow-Induced Vibrations in Fuel Rod Bundles of Next Generation Nuclear Reactors. Ph. D. thesis, Ghent University, Belgium.

[6] De Ridder, J., Degroote, J., Van Tichelen, K., Schuurmans, P., Vierendeels, J., 2013. Modal characteristics of a flexible cylinder in turbulent axial flow from numerical simulations. J. Fluids Struct. 43, 110-123.

[7] De Ridder, J., Doaré, O., Degroote, J., Van Tichelen, K., Schuurmans, P., Vierendeels, J., 2015. Simulating the fluid forces and fluid-elastic instabilities of a clamped-clamped beam in turbulent axial flow. J. Fluids Struct. 55, 139-154.

[8] De Ridder, J., Degroote, J., Van Tichelen, K., Schuurmans, P., Vierendeels, J., 2016a. Predicting turbulence-induced vibration in axial annular flow by means of large-eddy simulations. J. Fluids Struct. 61, 115-131.

[9] De Ridder, J., Van Tichelen, K., Degroote, J., Vierendeels, J., 2016b. Vortex-induced vibrations by axial flow

in a bundle of cylinders. In: 11th International Conference on Flow-Induced Vibration, The Hague, The Netherlands, pp. 1-8.

[10] Degroote, J., 2013. Partitioned simulation of fluid-structure interaction: coupling black-box solvers with quasi-Newton techniques. Arch. Comput. Methods Eng. 20 (3), 185-238.

[11] Degroote, J., Bathe, K.J., Vierendeels, J., 2009. Performance of a new partitioned procedure versus a monolithic procedure in fluid-structure interaction. Comput. Struct. 87 (11-12), 793-801.

[12] Menter, F.R., 1994. 2-equation eddy-viscosity turbulence models for engineering applications. AIAA J. 32 (8), 1598-1605.

[13] Meyer, L., 2010. From discovery to recognition of periodic large scale vortices in rod bundles as source of natural mixing between subchannels – A review. Nucl. Eng. Des. 240 (6), 1575-1588.

[14] Meyer, L., Rehme, K., 1994. Large-scale turbulence phenomena in compound rectangular channels. Exp. Thermal Fluid Sci. 8 (4), 286-304.

[15] Modarres-Sadeghi, Y., Païdoussis, M.P., Semler, C., 2007. The nonlinear behaviour of a slender flexible cylinder pinned or clamped at both ends and subjected to axial flow. Comput. Struct. 85 (11-14), 1121-1133.

[16] Modarres-Sadeghi, Y., Païdoussis, M.P., Semler, C., Grinevich, E., 2008. Experiments on vertical slender flexible cylinders clamped at both ends and subjected to axial flow. Philos. Trans. Royal Soc. A Math. Phys. Eng. Sci. 366 (1868), 1275-1296.

[17] Möller, S.V., 1991. On phenomena of turbulent flow through rod bundles. Exp. Thermal Fluid Sci. 4 (1), 25-35.

[18] Naudascher, E., Rockwell, D., 2012. Flow-Induced Vibrations: An Engineering Guide. Dover Publications, Mineola, NY.

[19] Ninokata, H., Merzari, E., Khakim, A., 2009. Analysis of low Reynolds number turbulent flow phenomena in nuclear fuel pin subassemblies of tight lattice configuration. Nucl. Eng. Des. 239 (5), 855-866.

[20] Païdoussis, M.P., 2004. Fluid-Structure Interactions: Slender Structures and Axial Flow. Academic Press, London.

## 6.2.3　堆芯热工水力

F. Roelofs[1], I. di Piazza[2], E. Merzar[3]
1. 荷兰，佩滕，核研究与咨询集团（NRG）
2. 瑞典，斯德哥尔摩，西斯塔，ENEA
3. 美国，伊利诺伊州，莱蒙特，阿贡国家实验室

**1. 引言**

本节将重点介绍堆芯热工水力，这是核热工水力中最重要的研究课题之一。在核反应堆堆芯内，核燃料通过链式裂变反应产生热量并将其传输给冷却剂。根据功能和类型的不同，核反应堆堆芯由十几个到几百个燃料组件组成。大多数燃料组件是由大量燃料棒组成的棒束结构，此外还有直板、曲板以及球形等几何形状的燃料组件。传热在反应堆堆芯热工水力分析中起着重要作用。过去，反应堆设计主要基于实验研究得出的经验关联式及分析模型和子通道程序计算而开展。由于实验数据，尤其是不透明液态金属中的速度分布通常很难获得，而且实验成本很高，反应堆设计人员越来越依赖CFD等模拟技术。除此以外，CFD还可用于分析一维系统热工水力程序无法模拟的某些局部效应。尤其是大多数LMFR（IAEA，2012）采用绕丝形式的燃料组件及格架设计，要求设计人员对局部效应有深入的了解。这种绕丝形式燃料组件设计还用于MYRRHA（Abderrahim et al.，2010）。因此，对LMFR的设计和安全性分析而言，堆芯内传热模拟至

关重要。热点、热机械载荷、燃料组件变形、部分/完全堵塞的影响以及套管内流动等方面是堆芯热工水力分析面临的主要挑战。但是，需要牢记，CFD 方法首先需要通过实验进行验证。

除此之外，流动和传热以及燃料棒和其定位结构之间的相互作用也是一个重要课题，尤其是当出现流量脉动（湍流）时可能导致振动。为了模拟这种流体-结构相互作用，需要使用合适的模型开展精确的 CFD 模拟计算以开展结构力学评估。流致振动是另一领域中的研究课题，这里仅简要介绍应用于燃料组件的情况。

图 6.50 是一个典型的绕丝燃料组件，下面介绍其中几项重要的几何参数。燃料棒的直径（棒径 $D$）结合两根燃料棒中轴间距（棒距 $P$），定义的节径比 $P/D$ 决定了燃料组件中冷却剂可占据的空间。$P/D<1.2$ 的称为窄栅，而 $P/D>1.2$ 的称为宽栅。一般而言，绕丝燃料棒或定位格架燃料棒的选择主要依据为最大程度优化中子效率、冷却和压降等参数。当对燃料密度要求不高时，可以选择 $P/D$ 较大的格架燃料棒，绕丝燃料棒 $P/D$ 较小，压降比格架式更低。钠冷反应堆采用的就是窄栅，使得中子通量最大化。由于不存在腐蚀问题，钠堆可以通过提高冷却剂流速来满足冷却要求。但铅冷反应堆在高流速下腐蚀问题变得尤为明显，流速限制使其只能采用宽栅结构。当 $P/D$ 比典型的 PWR 燃料更大时，格架式燃料元件将变得非常有趣，此时栅距主要由慢化剂中中子的热化决定。此外，燃料棒上绕丝的螺距 $H$ 也对燃料组件的最终压降有着重要影响。

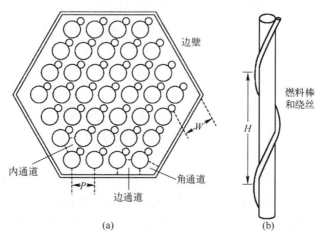

图 6.50 绕丝燃料组件

图 6.51 介绍了不同 CFD 技术如何应用于燃料组件模拟分析。燃料模拟的第一级是子通道级模拟，这也是最精确的模拟。在子通道级 CFD 模拟中，仅对单个或几个子通道进行建模，可以实现很高的空间分辨率，也使得应用大涡模拟（LES）甚至直接数值模拟（DNS）等高精度 CFD 技术成为可能。这种程度的模拟可以用于研究缩比后的燃料组件，如实验用的组件。此类组件中燃料棒数量较少（如 7 根或 19 根），可以采用高分辨率（非稳态）RANS。第二个级别是模拟完整的燃料组件，一个燃料组件中通常包含 100 多根燃料棒。在燃料组件级 CFD 模拟中，除非计算资源非常强大可提供足够高的空间分辨率，否则对如此大而复杂的域是无法模拟所有流动细节的。这种情况下可以采用低分辨率的 RANS 方法。最后一级是模拟完整的堆芯。在此级别上，要么拥有性

能强大的计算资源并应用低分辨率 CFD 模型，如多孔介质方法；要么使用一些正在开发的新方法，如 Viellieber 和 Class（2015）提出的粗网格方法。LMFR 燃料组件的六边形套管设计使得相邻燃料组件间不会产生横流，套管间的热阻会限制不同位置组件之间的热量传递。因此，在正常运行条件下，燃料组件之间的热耦合通常可以忽略。

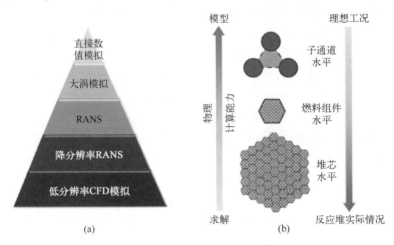

图 6.51　CFD 方法应用于绕丝燃料组件模拟（见彩插）

下文将概述最先进的 LMFR 堆芯热工水力模拟技术和评估方法，重点介绍实用 CFD 技术应用于实验级别的数值模拟的全球最新动态，其中 LMFR 燃料绕丝结构的模拟是主要关注对象。

**2. 实验和关联式**

**CFD 基准测试**

Roelofs 等（2013）概述了世界范围内开展的一系列绕丝棒束实验，但是公开文献中没有提供关于局部流场和局部温度场详细信息的实验数据。表 6.6（对 Roelofs 等的表格进行了更新）列举了这些绕丝式燃料组件实验。除了 Roelofs 等（2013），还有 Chen 等（2014）和 Pacio 等（2016）对实验研究情况做了详尽的文献综述。自 1980 年开始，实验研究重点是理解物理现象并为系统程序提供数据，实验研究的一个趋势是燃料棒从 7 根增加到 217 根。2005 年后同样的趋势再次出现，这个阶段重点是为 CFD 程序验证提供数据。

表 6.6　绕丝燃料组件实验概览

| 实验 | 介质 | 棒数 | 雷诺数 |
| --- | --- | --- | --- |
| Collingham 等（1970） | 钠 | 7 | 5000~50000 |
| Fontana（1973）和 Wantland 等（1976） | 钠 | 19 | 6400~160000 |
| Ohtake 等（1976） | 空气 | 37 | 6800~15000 |
| Lorenz 和 Ginsberg（1977） | 水 | 91 | 9000~24000 |
| Chiu（1979） | 水 | 37 | 3000~14000 |
| Roidt 等（1980） | 空气 | 217 | 12000~73000 |
| Engel 等（1980） | 钠 | 61 | 500~15000 |

续表

| 实验 | 介质 | 棒数 | 雷诺数 |
|---|---|---|---|
| Fenech（1985） | 水 | 61 | 100~11000 |
| Chun 和 Seo（2001） | 水 | 19 | 100~60000 |
| Choi 等（2003） | 水 | 271 | 1100~78000 |
| McCreery 等（2008） | 矿物油 | 7 | 22000 |
| Sato 等（2009） | 水 | 7 | 6000 |
| Tenchine（2010） | 空气 | 19 | 3000~28000 |
| Nishimura 等（2012） | 水 | 3 | 2700~13500 |
| Prakash 等（2011） | 水 | 217 | 75000 |
| Kennedy 等（2015） | 铅铋 | 127 | 4000~35000 |
| Narita 和 Ohshima（2015） | 水 | 127 | 19000~70000 |
| Pacio 等（2016） | 铅铋 | 19 | 14000~48000 |
| Di Piazza 等（2016） | 铅铋 | 19 | 1200~15000 |
| Kim 等（2016） | 水 | 37 | 6700~39000 |
| Lyu 等（2016） | 铅铋 | 61 | 2500~50000 |
| Vaghetto 等（2016） | 水和异丙基甲苯 | 61 | 4000~11000 |
| Padmakumar 等（2017） | 水 | 217 | 200~85000 |
| Chang 等（2017） | 水 | 61 | 16000~60000 |

LMFR 的设计和安全分析需要使用系统热工水力程序（如 RELAP）在系统级别进行模拟。在这些系统程序中，通过经验关联式分析堆芯内部传热是必不可少的。对过去实验数据的一些新观点，以及 Kennedy 等（2015）的最新实验结果表明，Rehme、Cheng 和 Todreas 的压降关联式值得推荐。需要注意的是在应用液态金属传热关联式时应格外小心，不同人员的研究结果之间差异很大（Pfrang, Struwe, 2007；Chandra et al., 2009；Chen et al., 2014；OECD, 2015）。如果没有其他确认可用的关联式，建议在绕丝燃料组件传热模拟中采用 Kazimi 关联式。上述关联式的描述均可在 OECD（2015）中检索。近期为 CFD 验证提供数据的加热棒束实验（Pacio et al., 2016；Di Piazza et al., 2016）主要关注局部温度测量。过去使用的方法是将局部测量值拟合为大范围适用的全局关联式，这会减少复杂几何结构（如绕丝燃料棒束）中的细节信息。

**3. 操作行为模拟**

**1）CFD 基准测试**

Roelofs 等（2013）对绕丝棒束模拟进行了全面的调研，表 6.7 列出了基于此次研究的最新概述。到目前为止许多研究人员已经开展了 RANS 湍流模型的影响研究，并获得湍流模型的选择对计算结果影响很小的结论（Pointer et al., 2009；Merzari et al., 2016）。为了验证 RANS CFD 方法，研究人员进行了大量实验或高保真度（LES 或 DNS）数值模拟（Pointer et al., 2009；Doolaard et al., 2015；Shams et al., 2015；Merrari et al., 2016；Obabko et al., 2016）。同实验研究发展的趋势一样，数值模拟中燃料棒的数量也在逐渐增加，直至模拟完整的燃料组件（Pointer et al., 2009；Peniguel et al. ，2010；Rolfo et al. ，2012；Cadiou，Saxena，2015；Pacio et al. ，2017；Naveen Raj，Velusamy，2016；Jeong et al. ，2017a，b）。

表6.7 绕丝燃料组件模拟研究概述

| 模 拟 | 介质 | 棒数/根 | 雷诺数 | 程 序 | 湍流模型 | 网格数/百万 |
|---|---|---|---|---|---|---|
| Ahmad 和 Kim（2005） | 钠 | 7<br>19 | 55000~70000 | CFX | SST $k$-$\omega$ | 不适用 |
| Fischer 等（2007） | 钠 | 1 | 5000~30000 | Nek5000 | LES | 9 |
| Pointer 等（2009） | 钠 | 7 | 15000~110000 | Nek5000 | LES | 1000~2000 |
| | | 19 | | STAR-CCM+ | $k$-$\varepsilon$ | |
| | | 37 | | | RNG $k$-$\varepsilon$（RSM） | 22（217 针形元件束） |
| | | 217 | | | SST $k$-$\omega$（RSM） | |
| Peniguel 等（2009） | 钠 | 7 | 11000 | Code Saturne | $k$-$\varepsilon$（RSM） | 不适用 |
| Gajapathy 等（2009） | 钠 | 7 | 10000~100000 | STAR-CD | $k$-$\varepsilon$ | 0.35 |
| | | 19 | | | | 0.9 |
| | | 37 | | | | 1.8 |
| Ranjan 等（2010） | 钠 | 0 | 5500 | Nek5000 | DNS | 110 |
| | | | | | LES | 5 |
| Merzari 等（2010） | 钠 | 0 | 6000 | Nek5000 | LES | 15 |
| | | | | STAR-CCM+ | Real $k$-$\varepsilon$ | 不适用 |
| Peniguel 等（2010） | 钠 | 19<br>61<br>271 | 5000~50000 | Code Saturne | $k$-$\varepsilon$<br>RSM | 不适用 |
| Doda 等（2010） | 钠 | 19 | 3300 | FLUENT | RNG $k$-$\varepsilon$ | 0.9 |
| Nishimura 等（2012） | 水 | 3 | 2700~13500 | SPIRAL | Modified $k$-$\varepsilon$ | 不适用 |
| Rolfo 等（2012） | 钠 | 7 | 5000~50000 | Code Saturne | $k$-$\varepsilon$<br>RSM | 0.5 |
| | | 19 | | | | 2.8 |
| | | 61 | | | | 4.8 |
| | | 271 | | | | 19.5 |
| Roelofs 等（2013） | 水 | 7 | 6000 | STAR-CCM+<br>OpenFOAM | $k$-$\varepsilon$<br>SST $k$-$\omega$<br>Quad $k$-$\varepsilon$<br>RSM | 3 |
| Fomichev 和 Solonin（2014） | 空气 | 37 | 35000~65000 | FLUENT | $k$-$\varepsilon$<br>$k$-$\omega$<br>RSM | 100 |

续表

| 模 拟 | 介质 | 棒数/根 | 雷诺数 | 程 序 | 湍流模型 | 网格数/百万 |
|---|---|---|---|---|---|---|
| Fricano 和 Baglietto（2014） | 钠 | 19 | 6400~160000 | STAR-CCM+ | $k$-$\varepsilon$<br>Quad $k$-$\varepsilon$<br>Cubic $k$-$\varepsilon$<br>SST $k$-$\omega$ | 38 |
| Gopala 等（2014） | 铅铋合金 | 19 | 11000 | STAR-CCM+ | SST $k$-$\omega$ | 36 |
| Ghovinda Rasu 等（2014） | 钠 | 7 | 40000~180000 | FLUENT | $k$-$\varepsilon$ | 4 |
| | | 19 | | | | 不适用 |
| | | 37 | | | | 不适用 |
| Cadious 和 Saxena（2015） | 钠 | 217 | 20000 | STAR-CCM+ | $k$-$\varepsilon$ | 15 |
| Doolaard 等（2015） | 铅铋合金 | 19 | 30000 | Nek5000 | LES | 300 |
| | | | | STAR-CCM+ | $k$-$\varepsilon$ | 48 |
| | | | | FLUENT | SST $k$-$\omega$ | 40 |
| | | | | CFX | SST $k$-$\omega$ | 81 |
| Shams 等（2015,2018） | 铅铋合金 | ∞ | 7000 | STAR-CCM+ | q-DNS | 25 |
| Kim 等（2016） | 水 | 37 | 33000 | STAR-CCM+ | Cubic $k$-$\varepsilon$ | 45 |
| Merzari 等（2016） | 钠 | 7 | 22500~50000 | Nek-5000 | LES | 45~170 |
| | | | | STAR-CCM+ | $k$-$\varepsilon$ | 14 |
| | | | | FLUENT | SST $k$-$\omega$ | 20 |
| Obabko 等（2016） | 水 | 61 | 3000~15000 | Nek5000 | LES | 200 |
| Pacio 等（2017） | 铅铋合金 | 19 | 12800~44000 | STAR-CCM+ | SST $k$-$\omega$ | 159 |
| | | 127 | | | | 10 |
| Naveen Raj 和 Velusamy（2016） | 钠 | 217 | 87000 | CFDExpert | $k$-$\varepsilon$ | 36 |
| Jeong 等（2017a） | 钠 | 7 | 10000~800000 | CFX | SST $k$-$\omega$ | 2 |
| | | 37 | 62000 | | | 10 |
| | | 217 | 52000 | | | 33 |
| Jeong 等（2017b） | 水 | 127 | 19000~70000 | CFX | $k$-$\varepsilon$<br>$k$-$\omega$<br>SST $k$-$\omega$<br>RSM | 16 |
| Zhao 等（2017） | 钠 | 7 | 22500~50000 | OpenFOAM | SST $k$-$\omega$ | 9 |
| Goth 等（2017） | 对异丙基甲苯 | 61 | 19000 | Nek5000 | LES | 不适用 |

Doolaard 等（2015）和 Merzari 等（2016）展示了针对 7 根棒采用 RANS 模型的计算结果与 ANL 提供的 19 根棒 LES 参考数据的对比分析，得出的结论如下：

（1）SST $k$-$\varepsilon$ 湍流模型和 Cubic $k$-$\varepsilon$ 湍流模型的模拟结果都与 LES 数据吻合良好，其中 SST $k$-$\varepsilon$ 湍流模型的结果似乎要好一些，但不能给出确定的结论，比如 Cubic $k$-$\varepsilon$ 湍流模型在较高的雷诺数下表现稍好一点。

（2）特别是在绕丝下游或上游区域 RANS 模型与 LES 结果存在一定偏差。传统湍流模型很难预测绕丝尾部可能出现涡旋脱落的区域，而这里是模拟分析中较为关心的区域，同时也是峰值包壳温度所在。

对于程序开发而言，Doolaard 等（2015）和 Merzari 等（2016）进行的程序间对比分析（其 RANS 结果如图 6.52 所示）非常重要，但实验验证仍然必不可少。裸棒束实验与程序对比验证比较常见（Merzari et al.，2017），绕丝棒束相关的研究则相对缺乏。阿贡国家实验室采用 CFD 深入模拟了 61 根棒绕丝棒束并与德州农工大学的 PIV 实验结果进行了对比（Goth et al.，2017），这也是工业界与学术界的合作。阿贡国家实验室使用 Nek5000 程序在高阶多项式（八次多项式）格式进行不同雷诺数下的大涡模拟，最高雷诺数达到 40000（雷诺数基于燃料棒直径进行计算）。图 6.53 显示了雷诺数为 10000 时的大涡模拟解，此时流体正经历向完全湍流的过渡。

图 6.52　Doolaard 等（2015）对 19 根棒燃料组件 RANS 模拟的温度场结果（见彩插）

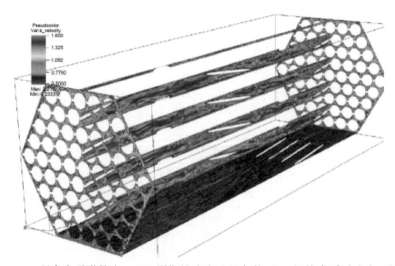

图 6.53　Nek5000 程序在雷诺数为 10000 周期性流向边界条件下 61 根棒束瞬时速度云图（见彩插）

棒束燃料组件中心通道的速度模拟结果与实验结果对比如图 6.54 所示，相对误差在 10%以内（Goth et al.，2017），这里没有考虑实验中由于激光位置和厚度引起的不确定度。目前正在对较小的管束进行附加测试，它们将有助于进一步验证 Nek5000 能否模拟绕丝棒束中的流动。

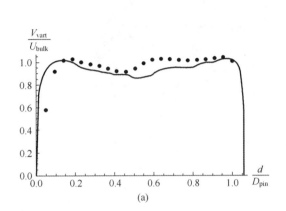

图 6.54　实验结果与实验数据对比以及燃料棒束
（a）6 根棒束中心通道流向速度 Nek5000 LES 模拟结果（实线）与实验数据（点）对比；
（b）Texas A&M 实验燃料棒束。

Pointer 等（2009）和 Brockmeyer 等（2017）对 7 根棒、19 根棒、37 根棒、61 根棒、91 根棒以及 217 根棒燃料棒束进行了 LES 模拟。这些研究不仅分析了旋流特性，还分析了子通道之间的质量交换行为。模拟的结果表明，随着棒束尺寸的增大，主流旋流的重要性降低了，但增加了流动复杂性。此外，还观察到 19 根棒组件的整体流动行为相比于 37 根棒组件发生了根本变化。在 19 根棒束中，中心通道中的主流仍显示出受边壁的影响，而在 37 根棒束中，中心通道中的主流行为似乎与管壁的影响解耦了。

如果需要模拟最内部子通道的代表性行为，建议使用 37 根棒束作为建模的最小棒束规模。但是，Brockmeyer 等（2017）认为使用 61 根棒束可能是更好的选择。

图 6.55 显示了模拟所谓无限棒数绕丝燃料组件的一组新数据的初步结果。Shams 等（2015）介绍了该数据集的准备工作，最终数据集将很快提供给核领域。

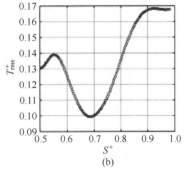

图 6.55　高保真 CFD 数据引入 URANS/RANS 验证的最新参考数据库

为了验证 CFD 方法，新的实验数据正在不断产生。Pacio et al.，（2017）将 CFD 结果与德国铅铋实验进行了比较，如图 6.56 所示。定性和定量结果都令人满意，压力和温度数值计算结果与实验的偏差都在 15% 以内。

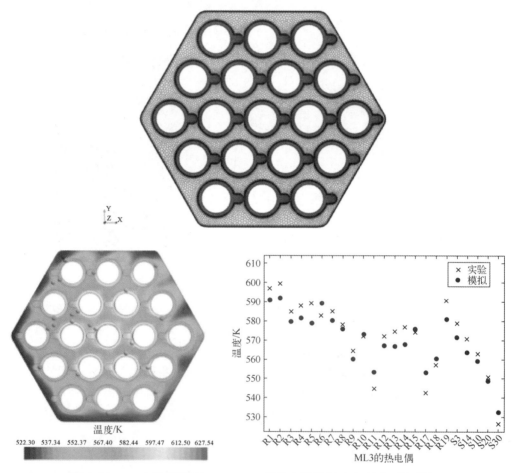

图 6.56　RANS 计算结果与 KALLA19 棒束实验数据对比验证（见彩插）

无论使用实验数据还是高保真数值数据作为验证参考都表明高分辨率网格下 RANS CFD 速度和质量流量的计算精度可达 10%，温度和传热的计算精度达 15%。

**2）低分辨率建模**

当前的模型和计算机性能允许使用高分辨率网格来模拟 19 根棒束甚至 37 根棒束。然而，完整的燃料组件燃料棒数量将增加到 127 根、217 根或 271 根，同时绕丝螺距的数量也从 1 个增加到 5 个或更多，此外还包括顶部结构（入口部分）和底部结构（出口部分），使得在计算时除非使用超级计算机否则无法采用高分辨率网格。因此，无论是从几何学角度还是从网格划分的角度，都需要进行简化，以便以合理的计算量进行全尺寸燃料组件模拟。为了做到这一点并评估现有方法的准确性水平，Gopala 等（2014）比较了高分辨率与降低分辨率网格的模拟结果。在这些模拟中，通常会降低子通道中心的网格密度，简化绕丝形状，并忽略高分辨率的边界层（图 6.57）。低分辨率模型导致温度计算结果的精度降低了约 20%（速度结果精度要好得多）。

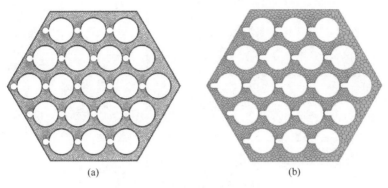

图 6.57　低分辨率 CFD 方法开发和验证（Gopala et al.，2014）

图 6.58 显示了使用低分辨率技术对完整的 127 根棒束 MYRRHA 燃料组件（包括顶部和底部结构）进行模拟的结果。该模拟为设计团队提供了关于预期压降的重要信息（Kennedy et al.，2015），以及采用中子分析计算得到的逐棒功率分布建模时组件中的最大包壳温度。

图 6.58　全尺寸 127 根棒 MYRRHA 燃料组件温度分布（见彩插）

从全尺寸燃料组件模拟升级到全堆芯模拟时，即使采用低分辨率网格划分技术也可能导致过大的网格量。全堆芯模拟传统上使用系统程序或子通道程序，使用 CFD 模拟时需考虑多孔介质方法以降低单个燃料组件的计算量。另外一种创新的解决方案应用于低分辨率 CFD 技术中，如 Viellieber 和 Class（2015）提出的粗网格 CFD（CGCFD）方法，如图 6.59 所示。如 Roelofs 等（2012）所述，CGCFD 方法的目标是模拟完整的燃料组件，甚至完整的反应堆堆芯，以捕获燃料组件几何形状及其间隔区域引起的复杂流动的独特特征。CGCFD 在子网格模型中添加了经验证的高分辨率 CFD 模拟得到的体积力，以处理低分辨率网格无法解决的物理问题。图 6.60 为使用典型高分辨率网格的 RANS 模拟和 CGCFD 模拟的速度结果对比。

CGCFD 方法已进一步发展为各向异性多孔度（AP）-CGCFD 方法。各向异性多孔度公式使用体积孔隙度、各向异性方向表面渗透率和分布阻力等参数来模拟固体结构内部的复杂流体动力学现象。Viellieber 和 Class（2012）介绍了该方法，Viellieber 和 Class（2015）应用该方法模拟了子通道、19 根棒束以及 217 根棒束模型，从而可以与 Pointer 等（2009）的高分辨率 LES 数据进行比较，同时大大减少计算量。Yu 等（2015）研究了可变多孔度方法的其他应用，特别是采用三区域模型来评估全堆芯模拟中的管道温度分布。

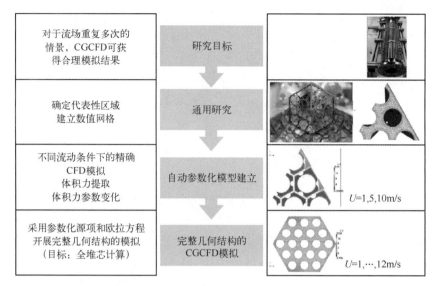

图 6.59 粗网格 CFD 模拟步骤（见彩插）

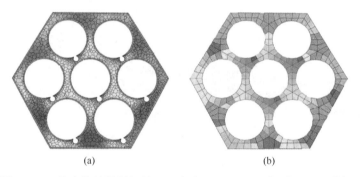

图 6.60 7 棒束绕丝燃料组件 CFD 解与 AP-CGCFD 解对比（见彩插）

### 3）变形

文献中检索到的大多数几何模型都采用设计尺寸，但根据运行经验可知，异常运行状态以及运行条件和制造精度等因素会使燃料组件发生变形。这种变形可能来自绕丝预紧张力、包壳与相邻绕丝之间的接触压力、热膨胀、包壳高温和辐照蠕变、燃料肿胀、燃耗和定位偏移等。图 6.61 取自 Katsuyama 等（2003）的研究成果，显示了典型的快堆燃料棒在辐照期间如何在绕丝和外壳的作用力下变形。

对此 CFD 技术有两种不同的处理方式：一种是直接对变形后的几何进行建模来分析其对流动和传热的影响；另一种是将 CFD 与中子学模拟和结构力学模拟等结合起来，这样可以模拟变形过程。根据 CFD 模拟结果可以得到热通道变形损失因子，并应用于系统程序或子通道程序中。Sosnovsky 等（2015）介绍了这些方法。

Uwaba 等（2017）使用耦合程序模拟了绕丝燃料组件，将子通道程序关于流量和温度分布的结果作为结构力学程序的输入。他们试图用该耦合程序系统分析堆芯寿期内燃料棒和燃料组件的可能发生的各种形变。

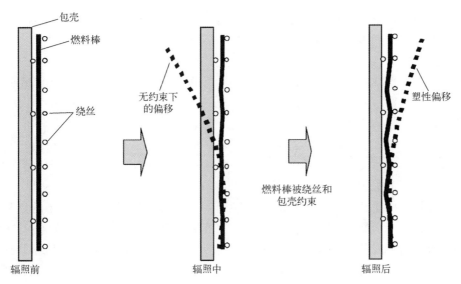

图 6.61 变形的绕丝燃料棒（Katsuyama et al.，2003）

**4）流致振动**

湍流流动与燃料棒的相互作用可能会导致燃料组件的流致振动。模拟流致振动意味着需要将 CFD（主要是有限体积法）和计算结构力学（主要是有限元法）二者进行耦合，这就需要一种耦合算法。液态金属冷却剂的特殊物性要求耦合算法可处理结构材料与冷却剂密度比接近或小于 1 的强 FSI 问题。此外，燃料棒绕丝的复杂几何形状增加了模拟的难度。Ter Hofstede（2013）重点介绍了在这种情况下可以使用的 IQN-ILS 耦合方法和高斯-赛德尔（Gauss-Seidel）耦合方法，这些方法在 Degroote 等（2013）和 Ter Hofstede 等（2016）的研究中都有描述。图 6.62 为一个 2 根棒绕丝棒束的流动耦合振动模拟结果，图中颜色代表变形量。

图 6.62 铅铋堆中两个相互影响的绕丝燃料棒的流致振动耦合模拟（见彩插）
（注意，为了展示效果夸大了变形幅度）

**4. 事故工况模拟**

核安全评估不仅要分析正常运行工况，还要分析事故条件下系统的响应。LMFR 热工水力安全分析包括两个重要主题：一方面是分析流道堵塞的影响和形成；另一方面是分析燃料组件套管间冷却剂旁流流动对堆芯局部冷却的贡献。

**1) 颗粒堵流**

燃料组件入口或其内部的局部堵塞可能导致组件严重损坏和失效，因此部分或完全堵塞情况下燃料组件的热工水力行为对于安全分析至关重要。快堆燃料组件中的堵流事故可能造成组件损坏或熔化，严重危害核电厂安全。关于堵流现象的安全分析，主要目标是证明局部影响不会扩散到邻近的组件。燃料组件堵流会影响燃料棒束的正常冷却，这是燃料包壳和组件套管过热的根本原因，并且还可能影响到未直接位于堵塞区域周围的燃料棒。堵塞的根本原因之一是固体沉积物（氧化物）的聚集，它们从原来的位置脱落或在冷却剂中生成并随冷却剂的流动输运，又或者是包壳失效释放出的燃料颗粒。这些固体物质可能会堵塞燃料组件内部狭窄的流道，降低通过燃料组件的冷却剂流速。堵塞情况有时是瞬发的（一块足够大的堵块直接堵塞部分子通道），有时是随时间累积的（固体沉积物在子通道中不断积聚）。定位格架式燃料组件内部的堵塞颗粒通常积聚在第一个栅格中整体成扁平状（Schultheiss，1987），绕丝燃料组件内部的堵塞区域则更加狭长。

LMFR 堵流现象的实验研究是非常困难、昂贵且费时的。传统上采用系统热工水力程序进行数值分析，但是对于局部现象占主导的内部堵塞而言，要捕获温度峰值必须采用 CFD 方法。CFD 模拟不仅可以在实验之前对实验过程进行预分析，其提供的数据也比实验所测量的数据丰富详细。当然，实验结果将反过来验证 CFD 方法的准确性。

Di Piazza 等（2014）研究了内部中心堵塞（多达 61 个子通道）对 ALFRED（定位格架式）燃料组件中加热区入口的影响，如图 6.63 所示。他们发现，堵塞处后回流区中燃料棒和包壳温度升高的局部效应是造成大堵塞的主要原因。同时，观察结果显示质量流速降低引起的整体效应以及由此造成的加热区末端局部温度升高是小堵塞的主要原因。此外，他们提出可以通过测量燃料组件出口温度来检测占流通面积超过 15% 的堵塞。Marinari 等（2016）利用 NACIE-UP 装置设计了一个实验来验证上述结论。在实验设计阶段，他们对 19 根棒束燃料组件模型中的侧向堵塞进行了 CFD 预计算分析。模拟结果显示，这种小型模型与全尺寸 ALFRED 燃料组件有相同的效应。图 6.64 是一个扇

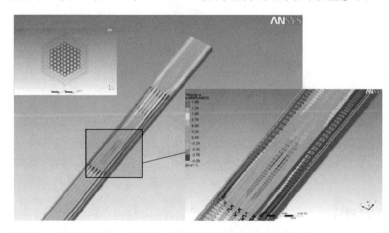

图 6.63　有一较大中心堵塞区域的 ALFRED 型燃料组件的速度场（Di Piazza et al.，2014）（见彩插）

形子通道区域发生堵塞时回流区流场（右图）和不同平面上的温度分布。这种实验前预分析可用来指导捕捉堵塞现象的最高温度测温点的布置。在 CFD 模型经过实验结果验证后，就可以大规模应用到实际的反应堆燃料组件模拟中。Naveen Raj 和 Velusamy（2017）对绕丝燃料组件进行了类似的研究，他们观察到了较大的回流区，并认为占据一个或几个子通道的小堵塞是不可能通过测量出口温度来检测的。

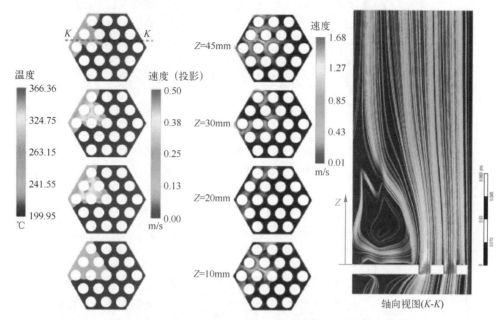

图 6.64　堵塞区域上方 10mm、20mm、30mm 和 45mm 四个高度平面上的
温度场和二次速度矢量图以及堵塞区上方的回流区域（见彩插）
（Marinari et al.，2017）

Naveen 等（2016）分析了多孔介质堵块对钠冷燃料组件的影响，结论是即使堵塞后尾流造成的温度不均匀区域达到三个螺距长度，出口处整体主流温度的测量仍无法检测到缓慢增长的堵塞。此外，他们还提出包壳峰值温度主要取决于堵块孔隙率。最后，他们观察到当燃料棒部分接触堵块时显示出较大的周向温度变化，这增大了燃料棒中的热应力。

**2）脱落物或迁移物造成的堵塞**

为了研究快堆燃料组件底部入口处大堵塞的影响，Doolaard 等（2014）对 7 个完整的燃料组件进行了建模，其中燃料棒束设置为多孔介质以减少计算量。首先模拟无堵塞的情况作为参考（图 6.65（a）），然后增加堵塞量直到 100%（图 6.65（b）、（c））。从图 6.65 可以清楚地看到，对于中间这根（局部）堵塞的燃料组件冷却剂可以从组件底部侧面的入口流入。由于加热区还在下游，因此该处不会产生太大影响。

分析堵塞的影响只是一方面，另一面是分析如何以及为什么形成堵塞，从而设计相应措施来预防。一些实验将颗粒（表示包壳失效后脱落的燃料）注入透明的燃料组件模型进行研究，传统的 CFD 方法（如欧拉-拉格朗日（Euler-Lagrangian）粒子追踪或欧拉-欧拉（Eulerian-Eulerian）多相流模型）很难模拟此类现象。一种基于 Euler-La-

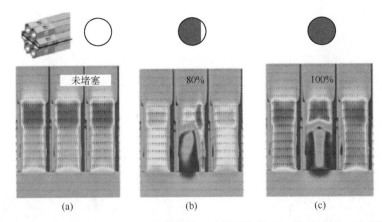

图 6.65 中心组件发生不同程度堵塞的 7 个燃料组件入口处的流场（见彩插）

grangian 粒子追踪的创新技术（Agrawal et al., 2004）宏观粒子模型可能会有所帮助，该模型可以追踪计算域中大于计算网格的球体，该模拟方法不仅考虑了流场流动区域被大颗粒堵塞的影响，还能模拟多个颗粒之间的相互作用，包括多个大颗粒相互挤压通过一个狭窄流道造成的流动堵塞（这种情况会发生在绕丝燃料组件中）。图 6.66 为一个原理验证实验——在堵塞的流道中释放并追踪许多大颗粒，流道的流通面积仅比粒径略大一些。

图 6.66 分离粒子模型（VKI）模拟流动堵塞形成实验（见彩插）

**3）组件盒间流动**

快堆中单个燃料组件外部由一个盒包覆，盒间传热是指发生在相邻燃料组件间隙的传热。冷却剂的高导热性使得盒间传热在 LMFR 中起着重要作用。这种传热在正常运行工况转变为事故工况的过程中非常重要，特别是在非能动余热排出阶段。盒间流动以两种方式降低事故工况下包壳峰值温度：一是通过燃料组件套管壁直接冷却；二是通过将热量传输到相邻的燃料组件。对于液态金属冷却剂几乎没有开展过盒间传热的实验研究。1998 年和 2001 年 Kamide 等在日本的钠装置 PLANDTL 上进行了实验。PLANDTL 装置用 7 个燃料组件模型模拟部分快堆堆芯，6 个外部燃料组件每个包含 7 根绕丝燃料棒，中央组件包含 37 根棒。该实验涵盖稳态和瞬态工况，有助于更好地理解套管间流动在 LMFR 安全评估中的作用。但是，上述结果仅针对一种特定的余热排出系统，并且数据无法用来验证当今广泛应用于核反应堆设计和安全分析的 CFD 程序。因此，德国的卡尔斯鲁厄液态金属实验室（KALLA）设计了一个新的实验，目的在于测量套管间传热并测得可用于 CFD 模型验证的数据。该实验装置中三角形排列的三个燃料组件模型形成了内部管间区域，每个组件由 7 根燃料棒组成（图 6.67（a））并可以如完整的 LMFR 燃料组件一样在边通道中产生旋转涡流。Doolaard 等（2017）通过开展实验前预计算分析了燃料组件内部（图 6.67（b））和盒间区域（图 6.67（c））的传热，模拟结果为设计实验测量系统提供了支持。

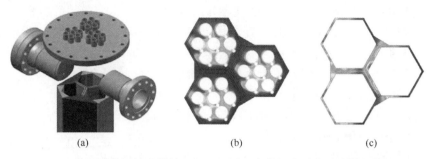

图 6.67　KALLA 装置计算机辅助设计（CAD）图和套管间流动实验支撑性模拟（见彩插）

**5. CFD 与化学反应模拟**

当使用铅铋合金（LBE）作为反应堆主冷却剂时，溶解氧浓度的控制变得至关重要。通过平衡结构材料氧化消耗的氧气和控制系统提供的氧气可以使 LBE 冷却剂中的氧气浓度保持在目标范围内。成功的氧气控制系统设计依赖于精确的数值模型来预测 LBE 中的氧气质量输运和分布。Marino 等（2015）开发了 LBE 氧气传质的 CFD 模型。这些模型为基于 PbO 质量交换器技术的氧气供应系统开发提供了重要的输入。目前数值计算已经成功模拟了质量交换器不同传质系数配置的性能并得到了实验验证（Marino et al.，2014；Marino et al.，2015）。为了分析防止燃料包壳材料在 LBE 中严重溶解所需的热工水力条件，Marino 等（2017）在水化学 CFD 模型中添加了燃料包壳氧化动力学简化模型以模拟缩放 MYRRHA 燃料棒束中的氧气传质。该模型可以模拟 LBE 和燃料包壳界面处的速度、温度和浓度边界层细节。结果表明，局部氧气浓度远低于预期的总体氧气浓度（图 6.68）。通常绕丝燃料棒束的腐蚀易发生在准滞止区和涡流区，因为这些区域温度高且氧浓度低。此外，他们还通过模拟各种运行条件评估了在钢/LBE 界面上保持稳定的保护性氧化层所需的氧浓度水平。对于从"初级"腐蚀实验到实际工程应用实验的发展过程，CFD 模拟已成为一项必不可少的重要分析手段。

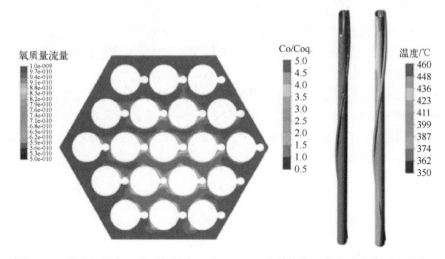

图 6.68　燃料组件出口截面氧浓度（左），中心燃料棒归一化氧浓度和温度分布，入口主流氧浓度 7%~10%（质量分数），氧化层厚度 1μm（Marino et al.，2017）（见彩插）

**6. 总结**

本节主要介绍了以下关于 LMFR 绕丝燃料组件堆芯热工水力模拟的内容：

（1）自 20 世纪 80 年代中期开始开展了大量实验研究且燃料棒数量不断增加，但这些实验对于验证 CFD 等现代模拟工具作用有限。因此 2000 年以来 CFD 验证相关的实验研究成为新趋势，此外，高保真 CFD 模拟开始作为实验数据的补充。

（2）将经验关联式应用于液态金属流动和传热分析时应格外小心。根据作者的经验，燃料组件的压降计算建议使用 Rehme、Cheng 和 Todreas 的关联式，绕丝燃料组件中的传热计算建议使用 Kazimi 关联式。

（3）RANS 湍流模型对绕丝燃料组件模拟的影响是有限的。

（4）19 根棒束和 37 根棒束中主流行为发生了根本变化。19 根棒束中心通道主流仍显示出受到了套管壁的影响，而在 37 根棒束中，中心通道主流与套管壁的影响解耦了。

（5）模拟结果通常有以下精度水平：

① 与实验和高保真模拟相比，高分辨率网格中速度和质量流率精度可达 10%。

② 与实验相比，高分辨率网格中温度和传热的最高精度可达 15%。

③ 与实验相比，低分辨率网格中压降最高精度可达 15%。

④ 低分辨率网格的温度比高分辨率网格精度降低了 20%（速度和质量流率的精度要好得多）。

⑤ 大多数模拟都使用设计的几何形状建模，但即使在正常运行条件下热负荷和辐照也会使燃料组件变形。到目前为止仅少数研究分析了变形对冷却和峰值温度的影响。

⑥ 湍流流动与燃料棒的相互作用可能会导致燃料组件中产生流致振动。液态金属燃料组件模拟需要一种耦合算法以处理结构材料与冷却剂密度之比接近或小于 1 时的 FSI 问题。最重要的是，该方法还应能处理绕丝燃料组件的复杂几何形状。

⑦ 核安全评估不仅要分析正常运行工况，还要分析事故条件下核系统的响应。LMFR 热工水力安全分析包括两个重要主题：一方面是分析堵塞的影响和形成；另一方面是分析燃料组件盒间冷却剂流动对堆芯局部冷却的贡献。

⑧ 在 LBE 作为冷却剂的反应堆中，氧气分布和范围对于控制堆芯腐蚀至关重要。CFD 与化学反应模拟相结合可以帮助制定维持钢/LBE 界面稳定保护性氧化层的相关措施。

实验和模拟是相辅相成的。数值模拟可以为实验设计和测量设置提供支持，实验结果进而用于反应堆设计、安全分析以及数值模拟方法的验证。最后，模拟又可以作为实验分析、反应堆设计和安全分析的辅助手段。而且 CFD 数值模型经模化实验验证后可以应用于反应堆原型模拟。

# 参 考 文 献

[1] Abderrahim, H., Baeten, P., Fernandez, R., De Bruyn, D., 2010. MYRRHA: an innovative and unique irradiation research facility. In: 11IEMPT, San Francisco, USA.

[2] Agrawal, M., Bakker, A., Prinkey, M. T., 2004. Macroscopic particle model: tracking big particles in CFD. In: AIChE 2004, Annual Meeting Particle Technology Forum, Austin, USA.

[3] Ahmad, I., Kim, K., 2005. Three-dimensional analysis of flow and heat transfer in a wirewrapped fuel assembly. In: ICAPP'05, Seoul, South Korea.

[4] Brockmeyer, L., Carasik, L., Merzari, E., Hassan, Y., 2017. Numerical simulations for determination of minimum representative bundle size in wire wrapped tube bundles. Nucl. Eng. Des. 322, 577-590.

[5] Cadiou, T., Saxena, A., 2015. Thermal-hydraulic numerical simulation of fuel sub-assembly using adedicated meshing tool. Nucl. Eng. Des. 295, 162-172.

[6] Chandra, L., Roelofs, F., Houkema, M., Jonker, B., 2009. A stepwise development and validation of a RANS based CFD modelling approach for the hydraulic and thermal-hydraulic analyses of liquid metal flow in a fuel assembly. Nucl. Eng. Des. 239, 1988-2003.

[7] Chang, S.-K., Euh, D.-J., Kim, S., Choi, H. S., Kim, H., Ko, Y. J., Choi, S. R., Lee, H.-Y., 2017. Experimental study of the flow characteristics in an SFR type 61-pin rod bundle using isokinetic sampling method. Ann. Nucl. Energy 106, 160-169.

[8] Chen, S. K., Todreas, N. E., Nguyen, N. T., 2014. Evaluation of existing correlations for the prediction of pressure dropin wire-wrapped hexagonal array pin bundles. Nucl. Eng. Des. 267, 109-131.

[9] Chiu, K., 1979. Fluid Mixing Studies in a Hexagonal 37-Pin, Wire Wrap Rod Bundle. Master Thesis, MIT, USA.

[10] Choi, S., Choi, K., Nam, H., Choi, J., Choi, H., 2003. Measurement of pressure drop in a fullscale fuel assembly of a liquid metal reactor. J. Press. Vessel. Technol. 125.

[11] Chun, M., Seo, K., 2001. An experimental study and assessment of existing friction factor correlations for wire-wrapped fuel assemblies. Ann. Nucl. Energy 28, 1683-1695.

[12] Collingham, R., Hill, V., Yatabe, J., Thorne, W., 1970. Developments and results of an electrically heated seven-pin bundle assembly for thermal hydraulic testing in liquid metals. BNWL-SA-3286, Batelle North-West Labatories, USA.

[13] Degroote, J., 2013. Partitioned simulation of fluid-structure interaction. Arch. Comput. Methods Eng. 20, 185-238.

[14] Di Piazza, I., Magugliani, F., Tarantino, M., Alemberti, A., 2014. A CFD analysis of flow blockage phenomena in ALFRED LFR demo fuelassembly. Nucl. Eng. Des. 276, 202-215.

[15] Di Piazza, I., Angelucci, M., Marinari, R., Tarantino, M., 2016. Heat transfer on HLM cooled wire-spaced fuel pin bundle simulatorin the NACIE-UP facility. Nucl. Eng. Des. 300, 256-267.

[16] Doda, N., Ohshima, H., Kamide, H., Watanabe, O., Ohkubo, Y., 2010. Effects of wire spacer contact and pellet-cladding eccentricity on fuel cladding temperature under natural circulation decay heat removal conditions in sodium-cooled fast reactor. In: NUTHOS-8, Shanghai, China.

[17] Doolaard, H., Gopala, V. R., Bijleveld, H., Roelofs, F., 2014. Influence of blockages in wirewrapped rod bundles. In: SEARCH/MAXSIMA International Workshop, Karlsruhe, Germany.

[18] Doolaard, H., Shams, A., Roelofs, F., Van Tichelen, K., Keijers, S., De Ridder, J., Degroote, J., Vierendeels, J., Di Piazza, I., Marinari, R., Merzari, E., Obabko, A., Fischer, P., 2015. CFD benchmark for a heavy liquid metal fuel assembly. In: NURETH16, Chicago, USA. pp. 2196-2208.

[19] Doolaard, H., Roelofs, F., Pacio, J., Batta, A., 2017. Experiment design to assess the interwrapper heat transfer in LMFR. In: NURETH17, Xi'an, China (to be published).

[20] Engel, F., Minushkin, B., Atkins, R., Markley, R., 1980. Characterization of heat transfer and temperature distribution in an electrically heated model of an LMFBR blanket assembly. Nucl. Eng. Des. 62, 335-347.

[21] Fenech, H., 1985. Local heat transfer and hot-spot factors in wire-wrap tube bundle. Nucl. Eng. Des. 88, 357-365.

[22] Fischer, P., Lottes, J., Siegel, A., Palmiotti, G., 2007. Large eddy simulation of wire-wrapped fuel pins I: hydrodynamics of a single pin. In: M and C + SNA 2007, Monterey, USA.

[23] Fomichev, D., Solonin, V., 2014. A CFD analysis of hydraulic characteristics of the rod bundles in the BREST-OD-300 wire-spaced fuel assemblies. Int. Sci. Index, 8 (7) (Part XII).

[24] Fontana, M., 1973. Temperature distribution in the duct wall and at the exit of a 19-rod simulated LMFBR fuel assembly (FFM-2A). ORNL-4852, Oak Ridge National Laboratory, USA.

[25] Fricano, J., Baglietto, E., 2014. A quantitative CFD benchmark for sodium fast reactor fuel assembly modeling. Ann. Nucl. Energy 64, 32–42.

[26] Gajapathy, R., Velusamy, K., Selvaraj, P., Chellapandi, P., Chetal, S., 2009. A comparative CFD investigation of helical wire-wrapped 7, 19, and 37 fuel pin bundles and its extendability to 217 pin bundle. Nucl. Eng. Des. 239, 2279–2292.

[27] Ghovindha Rasu, N., Velusamy, K., Sundararajan, T., Chellapandi, P., 2014. Simultaneous development of flow and temperature fields in wire-wrapped fuel pin bundles of sodium cooled fast reactor. Nucl. Eng. Des. 267, 44–60.

[28] Gopala, V.R., Doolaard, H., Sanna, V., Roelofs, F., 2014. Detailed investigation of flow through wire-wrapped fuel assemblies using computational fluid dynamics. In: THINS 2014 International Workshop, Modena, Italy.

[29] Goth, N., Jones, P., Nguyen, D., Vaghetto, R., Hassan, Y., Obabko, A., Merzari, E., Fischer, P., 2017. Comparison of experimental and simulation results on interior subchannel of a 61-pin wire-wrapped hexagonal fuel bundle. In: NURETH-17, Xi'an, China.

[30] IAEA, 2012. Status of Fast Reactor Research and Technology Development. Technical Report 474, ISBN 978-92-0-130610-4, Vienna, Austria.

[31] Jeong, J.-H., Song, M.-S., Lee, K.-L., 2017a. RANS based CFD methodology for a real scale 217-pin wire-wrapped fuel assembly of KAERI PGSFR. Nucl. Eng. Des. 313, 470–485.

[32] Jeong, J.-H., Song, M.-S., Lee, K.-L., 2017b. CFD investigation of three-dimensional flow phenomena in a JAEA 127-pin wire-wrapped fuel assembly. Nucl. Eng. Des. 323, 166–184.

[33] Kamide, H., Hayashi, K., Toda, S., 1998. An experimental study of inter-subassembly heat transfer during natural circulation decay heat removal in fast breeder reactors. Nucl. Eng. Des. 183, 97–106.

[34] Kamide, H., Hayashi, K., Isozaki, T., Nishimura, M., 2001. Investigation of core thermohydraulics in fast reactors-interwrapper flow during natural circulation. Nucl. Technol. 133, 77–91.

[35] Katsuyama, K., Nagamine, T., Matsumoto, S., Ito, M., 2003. Application of X-ray computer tomography for observing the deflection and displacement of fuel pins in an assembly irradiated in FBR. J. Nucl. Sci. Technol. 40, 220–226.

[36] Kennedy, G., Van Tichelen, K., Doolaard, H., 2015. Experimental investigation of the pressure loss characteristics of the full-scale MYRRHA fuel bundle in the COMPLOT LBE facility. In: NURETH16, Chicago, USA.

[37] Kim, H., Bae, H., Ko, Y.J., Choi, S.R., Chang, S.-K., Lee, D.-W., Choi, H.S., Euh, D.-J., Lee, H.-Y., 2016. Investigations of single-phase flow mixing characteristics in a wirewrapped 37-pin bundle for a sodium-cooled fast reactor. Ann. Nucl. Energy 87, 541–546.

[38] Lorenz, J., Ginsberg, T., 1977. Coolant mixing and subchannel velocities in an LMFBR fuel assembly. Nucl. Eng. Des. 40, 315–326.

[39] Lyu, K., Chen, L., Yue, C., Gao, S., Zhou, T., Huang, Q., 2016. Preliminary thermal-hydraulic sub-channel analysis of 61 wire-wrapped bundle cooled by lead bismuth eutectic. Ann. Nucl. Energy 92, 243–250.

[40] Marinari, R., Di Piazza, I., Tarantino, M., Magugliani, F., Alemberti, A., Borreani, W., Ghionzoli, B., 2016. CFD pre-test analysis and design of the NACIE-UP BFPS fuel pin bundle simulator. In: ICONE-24, Charlotte, USA.

[41] Marinari, R., Di Piazza, I., Forgione, N., Magugliani, F., 2017. Pre-test CFD simulations of the NACIE-UP BFPS test section. Ann. Nucl. Energy 110, 1060–1072.

[42] Marino, A., 2015. Numerical Modeling of Oxygen Mass Transfer in the MYRRHA System. PhD thesis, University Press. ISBN 978-9-4619730-5-4.

[43] Marino, A., Lim, J., Keijers, S., Van den Bosch, J., Deconinck, J., Rubio, F., Woloshun, K., Caro, M., Maloy, S. A., 2014. Temperature dependence of dissolution rate of a lead oxide mass exchanger in lead-bismuth eutectic. J. Nucl. Mater. 450, 270-277.

[44] Marino, A., Lim, J., Keijers, S., Vanmaercke, S., Aerts, A., Rosseel, K., Deconinck, J., Van den Bosch, J., 2015. A mass transfer correlation for packed bed of lead oxide spheres in flowing lead-bismuth eutectic. Int. J. Heat Mass Transf. 80, 737-747.

[45] Marino, A., Lim, J., Keijers, S., Deconinck, J., Aerts, A., 2017. Numerical modeling of oxygen mass transfer in a wire wrapped fuel assembly under flowing lead bismuth eutectic. J. Nucl. Mater. https://doi.org/10.1016/j.jnucmat.2017.12.017.

[46] McCreery, G., McIllroy, H., Hamman, K., Zhang, H., 2008. Design of wire-wrapped rod bundle matched index-of-refraction experiments. In: ICONE16, Orlando, USA.

[47] Merzari, E., Pointer, W., Smith, J., Fischer, P., 2010. Numerical simulation of the flow in wirewrapped pin bundles: effect of pin-wire contact modeling. In: CFD4NRS-3 Workshop, Washington, DC, USA.

[48] Merzari, E., Fischer, P., Yuan, H., Van Tichelen, K., Keijers, S., De Ridder, J., Degroote, J., Vierendeels, J., Doolaard, H., Gopala, V., Roelofs, F., 2016. Benchmark exercise for fluid flow simulations in a liquid metal fast reactor fuel assembly. Nucl. Eng. Des. 298, 218-228.

[49] Merzari, E., Obabko, A., Fischer, P., Halford, N., Walker, J., Siegel, A., Yu, Y., 2017. Largescale large eddy simulation of nuclear reactor flows: Issues and perspectives. Nucl. Eng. Des. 312, 86-98.

[50] Narita, H., Ohshima, H., 2015. Improvement of single-phase subchannel analysis code ASFREIII-Verification analysis of fuel pin heat transfer model and pressure loss model. PNC TN9410, pp. 97-104.

[51] Naveen Raj, M., Velusamy, K., 2016. Characterization of velocity and temperature fields in a 217 pin wire wrapped fuel bundle of sodium cooled fast reactor. Ann. Nucl. Energy 87, 331-349.

[52] Naveen Raj, M., Velusamy, K., 2017. Investigations on thermal hydraulic consequences of planar blockage in a prototype sodium cooled fast reactor fuel subassembly. Progr. Nucl. Energy. https://doi.org/10.1016/j.pnucene.2017.08.011.

[53] Naveen, R. M., Velusamy, K., Kumar, M. R., 2016. Thermal hydraulic investigations on porous blockage in a prototype sodium cooled fast reactor fuel pin bundle. Nucl. Eng. Des. 303, 88-108.

[54] Nishimura, M., Kamide, H., Ohshima, H., Kobayashi, J., Sato, H., 2012. Investigation on velocity distribution around the wrapping wire in an inner subchannel of fuel pin bundle. In: ICONE20, Anaheim, USA.

[55] Obabko, A., Merzari, E., Fischer, P., 2016. Nek5000 large-eddy simulations for thermalhydraulics of deformed wire-wrap fuel assemblies. ANS 115. Las Vegas, USA.

[56] OECD, 2015. Handbook on Lead-bismuth Eutectic Alloy and Lead Properties. In: Materials Compatibility, Thermal-hydraulics and Technologies. 2015 ed. OECD/NEA No. 7268, Paris, France.

[57] Ohtake, T., Uruwashi, S., Takahashi, K., 1976. Velocity measurements in the subchannel of the wire-spaced subassembly. Nucl. Technol. 30, 333-349.

[58] Pacio, J., Daubner, M., Fellmoser, F., Litfin, K., Wetzel, T., 2016. Experimental study of heavy liquid metal (LBE) flow and heat transfer along a hexagonal 19-rod bundle with wire spacers. Nucl. Eng. Des. 301, 111-127.

[59] Pacio, J., Wetzel, T., Doolaard, H., Roelofs, F., Van Tichelen, K., 2017. Thermal-hydraulic study of the LBE-cooled fuel assembly in the MYRRHA reactor: experiments and simulations. Nucl. Eng. Des. 312, 327-337.

[60] Padmakumar, G., Velusamy, K., Prasad, B., Rajan, K., 2017. Hydraulic characteristics of a fast reactor fuel subassembly: an experimental investigation. Ann. Nucl. Energy 102, 255-267.

[61] Peniguel, C., Rupp, I., Juhel, J., Rolfo, S., Guillaud, M., Gervais, N., 2009. Three dimensional conjugated heat transfer analysis in sodium fast reactor wire-wrapped fuel assembly. In: ICAPP'09, Tokyo, Japan.

[62] Peniguel, C., Rupp, I., Rolfo, S., Guillaud, M., 2010. Thermal-hydraulics and conjugate heat transfer calculation in a wire-wrapped SFR assembly. In: ICAPP'10, San Diego, USA.

[63] Pfrang, W., Struwe, D., 2007. Assessment of Correlations for Heat Transfer to the Coolant for Heavy Liquid Metal Cooled Core Designs. FZKA7352, Karlsruhe, Germany.

[64] Pointer, W., Fischer, P., Smith, J., Obabko, A., Siegel, A., 2009. Simulation of turbulent diffusion in wire-wrapped sodium fast reactor fuel assemblies. In: FR-09, Kyoto, Japan.

[65] Prakash, V., Thirumalai, M., Anandaraj, M., Anup Kumar, P., Ramdasu, D., Pandey, G., Padmakumar, G., Anandbabu, C., Kalyanasundaram, P., 2011. Experimental qualification of subassembly design for prototype fast breeder reactor. Nucl. Eng. Des. 241, 3325-3332.

[66] Ranjan, R., Pantano, C., Fischer, P., 2010. Direct simulation of turbulent swept flow over a wire in a channel. J. Fluid Mech. 651, 165-209.

[67] Roelofs, F., Gopala, V., Chandra, L., Vielleber, M., Class, A., 2012. Simulating fuel assemblies with low resolution CFD approaches. Nucl. Eng. Des. 250, 548-559.

[68] Roelofs, F., Gopala, V. R., Jayaraju, S., Shams, A., Komen, E. M. J., 2013. Review of fuel assembly and pool thermal hydraulics for fast reactors. Nucl. Eng. Des. 265, 1205-1222.

[69] Roidt, R., Carelli, M., Markley, R., 1980. Experimental investigations of the hydraulic field in wire-wrapped LMFBR core assemblies. Nucl. Eng. Des. 62, 295-321.

[70] Rolfo, S., Peniguel, C., Guillaud, M., Laurence, D., 2012. Thermal-hydraulic study of a wire spacer fuel assembly. Nucl. Eng. Des. 243, 251-262.

[71] Sato, H., Kobayashi, J., Miyakoshi, H., Kamide, H., 2009. Study on velocity field in a wire wrapped fuel pin bundle of sodium cooled reactor-detailed velocity distribution in a subchannel. In: NURETH13, Kanazawa, Japan.

[72] Schultheiss, G. F., 1987. On local blockage formation in sodium cooled reactors. Nucl. Eng. Des. 100, 427-433.

[73] Shams, A., Roelofs, F., Komen, E., 2015. High-fidelity numerical simulation of the flow through an infinite wire-wrapped fuel assembly. In: NURETH16, Chicago, USA.

[74] Shams, A., Roelofs, F., Baglietto, E., Komen, E., 2018. High fidelity numerical simulations of an infinite wire-wrapped fuel assembly. Nucl. Eng. Des. 335, 441-459.

[75] Sosnovsky, E., Baglietto, E., Keijers, S., Van Tichelen, K., Cardoso de Souza, T., Doolaard, H., Roelofs, F., 2015. CFD simulations to determine the effects of deformations on liquid metal cooled wire wrapped fuel assemblies. In: NURETH16, Chicago, USA, pp. 2747-2761.

[76] Tenchine, D., 2010. Some thermal hydraulic challenges in sodium cooled fast reactors. Nucl. Eng. Des. 240, 1195-1217.

[77] Ter Hofstede, E., Kottapalli, S., Shams, A., 2016. Numerical prediction of flow induced vibrations for safety in nuclear reactor applications. In: CFD4NRS6, Boston, USA.

[78] Uwaba, T., Ohshima, H., Ito, M., 2017. Analyses of deformation and thermal-hydraulics within a wire-wrapped fuel assembly in a liquid metal fast reactor by the coupled code system. Nucl. Eng. Des. 317, 133-145.

[79] Vaghetto, R., Goth, N., Childs, M., Jones, P., Lee, S., Nguyen, D. T., Hassan, Y. A., 2016. Flow field and pressure measurements in a 61-pin wire-wrapped bundle. ANS 115. Las Vegas, USA.

[80] Vielleber, M., 2017. Coarse-Grid-CFD für industrielle Anwendungen: Integrale Analysen detaillierter generischer Simulationen zur Schließung von Feinstrukturtermen eines Multiskalenansatzes. PhD Thesis, KIT Scientific Reports 7727, Karlsruhe, Germany (in German).

[81] Vielleber, M., Class, A., 2012. Anisotropic porosity coarse-grid CFD for computationally intensive applications with repetitive flow patterns. In: ENC2012, Manchester, UK.

[82] Vielleber, M., Class, A., 2014. Sub channel scale resolution in homogenization codes by the coarse-grid-CFD. In: THINS 2014 International Workshop, Modena, Italy.

[83] Vielleber, M., Class, A., 2015. Investigating reactor components with the coarse grid methodology. In: NURETH16, Chicago, USA.

[84] Wantland, J., Gnadt, P., MacPherson, R., Fontana, M., Hanus, N., Smith, C., 1976. The effects of duct configuration on flow and temperature structure in sodium-cooled 19-rod simulated LMFBR fuel bundles with helical wire-wrap spacers. In: 16th National Heat Transfer Conference, St. Louis, USA.

[85] Yu, Y., Merzari, E., Obabko, A., Thomas, J., 2015. A porous medium model for predicting the duct wall temperature

of sodium fast reactor fuel assembly. Nucl. Eng. Des. 295, 48-58.

[86] Zhao, P., Liu, J., Ge, Z., Wang, X., Cheng, X., 2017. CFD analysis of transverse flow in a wirewrapped hexagonal seven-pin bundle. Nucl. Eng. Des. 317, 146-157.

## 扩 展 阅 读

[1] Pacio, J., Wetzel, T., Doolaard, H., Roelofs, F., Van Tichelen, K., 2015. Thermal-hydraulic study of the LBE-cooled fuel assembly in the MYRRHA reactor: experiments and simulations. In: NURETH16, Chicago, USA, pp. 47-60.

### 6.2.4 池热工水力的（U）RANS 模拟

L. Koloszar[1], V. Moreau[2]

1. 比利时，圣加内修斯路，冯·卡门体力学研究所
2. 意大利，卡利亚里，普拉，撒丁区先进研究发展中心（CRS4），能源和环境部

堆池热工水力模拟的目标是重现反应堆主换热回路中的流场和热场。尽管计算能力和数值模拟技术都在不断提高，堆池的数值模拟仍然非常具有挑战性。此类问题的 CFD 模拟主要面临以下困难：

（1）多种复杂物理环境并存，对于如何降低建模成本缺乏基本认识；

（2）数值建模非常困难，包括如何定义待模拟的工况。

在本节标题中，"池"是"池式结构中的热循环"的简称。首先对堆池模拟与其他常见的 CFD 模拟的区别进行一些说明。第一个大的区别是，约 99% 的 CFD 计算中外部流体通过一个或多个入口流入计算域，流体在域中产生或承受某些作用（如压力损失、热交换、相变和化学反应等），然后通过一个或多个出口流出计算域。

池结构中流体则始终停留于计算域内，在循环过程中产生某些作用。这看起来似乎没有太大区别，但实际上误差以及缓慢出现的问题最终将被困在计算域内而不是随流体从出口流走。这会引发一些特殊的 CFD 问题，这些问题在一般的 CFD 模拟中通常不会遇到。以下是两个容易想到的例子：

（1）必须严格遵守质量守恒，否则池内流体将缓慢溢出或缓慢减少直至池变空。与温度相关的密度变化可能导致数值误差积累，必须采取补偿措施。

（2）自由表面处两相间轻微的非物理混合难以被察觉，它将随时间（或迭代）缓慢累积，最终使模拟的相关性消失。因此，必须严格控制保证相与相分离。

第二个大的区别是，约 95% 的 CFD 模型只针对最多一个或两个特征现象，如射流、后向台阶流动、管内传热、T形三通管、障碍物后尾流、螺旋桨绕流等。大多数模拟中流场存在明确的雷诺数，可以采用针对流体流动特性校准的特定湍流模型。堆池 CFD 模拟则要同时面对多种流动现象：①回路各结构中的流动；②每个子池中的流动；③界面处、（多个）射流、限制、扩径、交叉管道中的流动等。这些流动的雷诺数各不相

同，针对单一流动的湍流模型无法应用于整个 CFD 计算域。湍流模型建模方法的选择在很大程度上影响模拟结果的准确性，因此堆池模拟中湍流模型必须具备良好的鲁棒性和多功能性。这类模型必须能够最小化不同子域之间的最大误差，以便在各种情况下都保持合理的准确性。

**1. 相关物理现象**

下面以 MYRRHA 反应堆（Abderrahim et al., 2010）为例来介绍池式结构中相关物理现象的复杂性和分析过程。图 6.69 展示了 MYRRHA 反应堆和所涉及的热工水力现象，相关数值模拟旨在分析主冷却剂流动和传热模式。

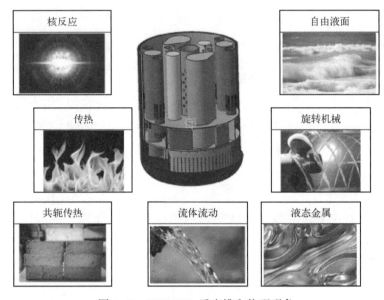

图 6.69  MYRRHA 反应堆和物理现象

液态金属冷却剂在运行流速下可以认为是不可压缩流体，该假设消除了温度、密度和压力之间的直接联系。反应堆主冷却剂 LBE 是一种低 $Pr$ 的重金属液体，其材料特性随温度变化极大，已知的经验关系式可以从 LBE 手册中获取（OECD/NEA，2007）。

在此基础上可以求解不可压缩的雷诺平均 Navier-Stokes 方程以及能量方程。许多情况下不可压缩流体能量方程与动量方程是解耦的，但是在 MYRRHA 反应堆中高温差引起的浮力效应对流场有很大影响。稍后将讨论处理这种现象的两个不同方法，它们可以有效地重建速度和温度之间的耦合。此外，高温度梯度时共轭传热的影响较大，需加以考虑。LBE 上方充满氩气以降低自由液面 LBE 的氧化。如何设置自由液面取决于我们希望模拟的条件，若自由液面形状或位置发生改变，则不可避免地要追踪这些变化。

**2. MYRRHA 运行工况是池建模应用的精髓**

作者在 MYRRHA 反应堆运行状态下对整个主冷却剂回路进行 CFD 建模方面的工作为堆池模拟积累了丰富经验。鉴于实际问题的特性，下文将介绍 MYRRHA 反应堆的两种具有代表性的数值方法及其区别。

**1）多样性和冗余策略**

MYRRHA 反应堆的数值模拟，特别是其主冷却剂回路的数值模拟借鉴了现代安全设计中的"多样性和冗余策略"。反应堆一回路使用了系统程序 RELAP、粗网格程序 SIMMER、CFD 程序以及三种程序混合建模。下面介绍解决 MYRRHA 反应堆模拟难题的两种 CFD 建模方式：

（1）CRS4 对于 HLM 的 CFD 建模有大量专业经验，使用商业软件 STAR-CCM+；

（2）VKI 在 CFD 建模方面经验丰富，既使用商业工具（Fluent），也使用开源平台（OpenFOAM）。

多样性策略的优点在于，即使某个机构退出研究或某个商业程序无法使用，该领域的专有技术仍将得以保留。此外，这还有助于对比商业软件与开源软件之间的优缺点。

**2）总数—量级分析**

在实际反应堆建模时需建立约 $400m^3$ 的 CFD 计算域，使用中等规模计算机集群，网格单元数的上限应在 1000 万个左右，这意味着平均网格（控制体）大小约为 $40cm^3$，等效网格长度为 3.4cm。为了对研究关注的重要部分保留一定的裕量，在主流区域中网格基本尺寸增加到约 5cm，近壁面和结构特别密集的区域网格基本尺寸减小到约 2cm。若使用 100~200 个 CPU 并行计算，则每个 CPU 计算 50000~100000 个网格，即使对于复杂的模拟，速度仍然相当不错。

CFL 约束条件要求单个时间步长内进入控制体的积分流量不应超过网格体积太多。根据之前的经验，冷却剂流速接近 2m/s，结合 CFL 条件给出一定裕量，可以初步把时间步长设为 0.02s。一个时间步长所需计算时间为 30~35s，相当于每小时可以模拟 2~2.5s 物理时间，一整天可以模拟 1min 物理时间。这意味着，我们研究的瞬态过程不应超过几分钟的物理时间，对于极个别情况也应在几十分钟以内。

实际上，在初始瞬态中，对于单相模型，大约在 30s 内可以达到质量流量平衡；对于流体的体积（VOF）模型则在大约 1min 内达到平衡，后者还需额外时间以达到自由液面动态平衡。随后流量在约 20s 内适应于一些中小型流量扰动，如调节泵推力或某些阻力参数所产生的扰动。达到合理的稳态温度场需要更长的时间。

有望首先达到合理稳态的区域是整个热池和冷池的主要部分。经过一段较长模拟时间后，其他功能上不太重要的区域将逐步缓慢地达到热平衡。需要注意的是，温度场的收敛时间可能与动量场的收敛时间完全不同。

缓解该时间尺度差异的一种方法是采用局部时间步长（加速滞止区域和结构材料中局部数据传递），或者采用冻结场模拟，即仅计算并更新温度场，运行速度将更快。这些方法并非在所有程序中都可以与其他模型（如 VOF 模型）结合使用，因此所采用的数值框架会很大程度上影响策略的选择。

**3）建立数值模型**

在确定了计算域之后，下一步就是对计算域进行离散。池计算域在几何建模和离散化（划分网格）方面相当复杂，此外并无实质性特别之处，关键在于工具的功能以及用户的使用水平。OpenFOAM 软件包的 snappyHexMesh 和 STAR-CCM+网格划分器都是网格划分工具，但二者完全不同。

（1）STAR-CCM+网格划分。

在处理几何体时最重要的原则是使信息最大化。在几何体上做得越多，网格划分就越容易。可以定义具有不同表示形式的体积，如堆芯、换热器、主泵等。对于每个体积，必须根据功能定义不同的表面将其包裹，如入口面、出口面、内部面、壁面等。这些面也是最佳"测量仪表"，它们是可以测量质量通量、热通量、温度等所有物理量的实体。此外，还可以在这些面上设置特定的边界条件，如对称或周期性边界、局部压力损失或热阻等。

网格的质量多数情况下取决于网格工具以及几何分割方式。划分网格之前应尽量让体积之间的所有接触与体积上定义的现有面完全重合，这样的共形界面有助于生成共形网格。即使无法将网格做成共形的，它仍然要以较弱的整体方式保留。共形网格适用于任何表面形状，非共形网格则最好在平面上，否则界面两侧的表面积将存在细微差异。通常，可行的做法是保证所有流体内部界面共形，并将非共形网格区域限制在平面上。对于流–固界面（尤其是较薄的固体结构）这要困难得多，因为不同网格工具会生成不同的网格形状。不过基于表面上网格的整体匹配总体来说是一个合理的妥协。对 MYRRHA 划分计算网格（图6.70）有以下要点：首先采用多面体网格工具，其他网格工具不适用；其次尽可能使用定向网格工具，本质上是拉伸器，可基于面网格拉伸出体网格；最后借助薄层网格划分工具，用于无法使用直接网格划分的带孔的薄结构部件。

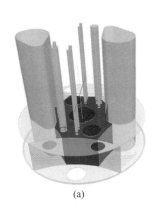 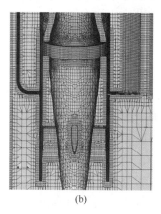

(a) (b)

图 6.70 STAR-CCM+网格划分

(a) 1/2 模型几何结构；(b) 内部网格排列和密度。

(2) OpenFOAM 网格划分。

OpenFOAM 软件提供了与 STAR-CCM+完全不同却又互补的思路。OpenFOAM 软件包中内置一个名为 snappyHexMesh 的网格生成器（OpenCFD Ltd，2018）用于生成六面体网格。snappyHexMesh 可以自动在三角形表面的几何体中以 STL 格式生成包含六面体(hex) 和拼接六面体（split-hex）单元的三维网格。

首先生成基本背景网格，全局网格尺寸为 30cm；其次对基本网格表面和边缘进行四次细化，细化比达到 1∶2（细网格区和粗网格区之间的网格线性比）。为了在不完全求解边界层的情况下考虑壁面上的切应力，使用了壁面函数。如图 6.71（b）所示，流体和固体网格是一起生成的，从而在流体和固体区域间形成了完全共形网格。位于 LBE 流体区域中且两侧温差较大的固体结构是换料机壁面和两个隔板。定义几何结构时这两个组件连同其他各种管件都包含在"主壁面"中，如图 6.71（a）中灰色部分。所有这些组件都作为单个实体域（灰色域）一次性划分网格。另外，代表堆芯周围封闭 LBE

区域的蓝色区域也被划分了网格。

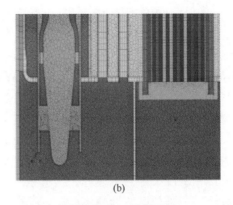

图 6.71　OpenFOAM 中的网格划分（见彩插）
(a) 灰色的"主壁面"部件和蓝色的封闭 LBE 区域；(b) 主泵网格。

**4) 物理建模注意事项**

STAR-CCM+中 2017 版 MYRRHA CFD 模型主要特点如下：

(1) 所有三维池和主要系统均模拟完整的几何，没有进行任何对称性或周期性简化。

(2) VOF 两相流：LBE（考虑浮力项）和覆盖气体（恒定密度）。这种方法可以使自由液面动态适应各种可预见的运行条件，还能更好地捕获自由液面流量的局部变化。

(3) LBE 物理性质随温度变化（OECD/NEA，2007）。

(4) 平板结构考虑共轭传热。

(5) LBE 在闭合连通的回路（包括所有相关旁路）中流动。

(6) 堆芯建模，每个燃料组件表示为独立的多孔介质，将中子学计算得到的热源曲线、水力阻力系数作为输入。

(7) 基于堆芯结构建模，建立不同水平的堆芯平板结构。

(8) 换热器建模采用多孔模型设置和准确的传热关联式。

(9) 主泵建模考虑局部体积力、惯性阻力以及涡旋分量。

STAR-CCM+模型的一个严重限制是其 VOF 设置不含有稳态模拟模式，仅能模拟物理瞬态。为了减轻这种限制，一种替代方法是暂时放弃 VOF 设置，以解决该模型的所有理论和技术难题（不涉及自由液面的较大变化），然后重新引入 VOF 设置作为最后一步，承担 VOF 设置可能与其他物理特征冲突的风险。这也是 OpenFOAM 并行计算中同样有效的选项，可增强计算的冗余和多样性策略。

使用 OpenFOAM 的一大目的是利用这个开源模拟平台开发一种求解器 MyrrhaFoam，从而可以最大化利用计算资源而不受软件许可证成本的限制。在此框架下还开发了一个简化的模型以模拟反应堆的运行条件，模型的细节将在下面介绍。

**5) 浮力项处理**

STRA-CCM+和 OpenFOAM 模型的本质区别在于浮力的处理方式。STAR-CCM+模型中 LBE 密度取决于温度，浮力通过施加重力自然产生，而 OpenFOAM 模型则基于 Boussinesq 近似。

Boussinesq 近似只在动量方程的体积力源项中考虑浮力作用（与温度、重力和 LBE 热膨胀系数相关），保持 LBE 密度不变、速度散度为零以简化求解方程。铅铋堆中 LBE 主流密度变化约为 1%，堆芯内约为 2%，某些瞬态下会有所增加但仅限于局部区域，Boussinesq 近似在这种密度变化较小的情况下是有效的。Boussinesq 近似的另一个优点是质量和体积守恒，对于水力学上封闭并与外界隔离的池环路结构这尤其重要。

另外，若密度随温度变化，则 LBE 体积也会发生变化。覆盖气体被设置为恒定密度，那么在热瞬态期间必须从数值域中排除产生的多余体积，如果存在体积收缩，则必须加入一些额外的体积。在数值域顶部通常设置压力出口进行排空，使用类似的滞止入口输入。出口边界条件无法兼容流入（即使是局部的），否则可能导致计算发散，同上，滞止压力入口和出口条件是不兼容。接近稳态时可以预期在同一边界局部会同时发生少量流入和流出。为避免可能性的不稳定，一个简单的技巧就是将边界与相关方程中的局部体积源项（STAR-CCM+中覆盖层气体体积分数）耦合（如果边界设置为出口），或者将其与体积汇项耦合（如果边界设置为入口）。必须准确计算体积源/汇的大小以确保整个模拟过程中边界上符合物理实际，同时必须在能量方程中增加相应的源/汇项。

6) 全局控制

正如已经提到的，STAR-CCM+模型基于 VOF 框架但无法提供稳态模拟，仅能模拟物理瞬态。数值模型建立热平衡以达到稳态额定运行条件需要很长时间，若不加速，计算成本将非常高昂，因此必须在严格遵守 CFL 约束条件的前提下增加时间步长。增加时间步长的结果是 LBE 质量不再严格守恒，且自由液面出现模糊趋势，必须采取以下对策：

(1) 为了维持 LBE 量不变，可以在一个"安静"的区域定义一个 LBE 源项，通过添加或移除一些 LBE 来减少质量误差。为此，必须不断监控 LBE 总质量。

(2) 为抵消界面模糊，对覆盖气体定义类似的汇项可以消除本不该存在于 LBE 中的覆盖气体。通过使汇项与两个体积分数成比例即可实现。同时必须注意在能量方程中添加相应的能量源项。

7) 几何宏观简化

STAR-CCM+和 OpenFOAM 的一般性限制和建模者的兴趣点、目标和优先级相冲突，因此虽然两者总体所需的计算能力处在相同水平，建模者还是根据各自需求做出了不同的选择。STAR-CCM+模型将主要精力集中在建立完整的燃料组件模型（图 6.72（b）），而 OpenFOAM 模型则以轴向对称的均质多孔介质模拟燃料组件。对同样的堆芯几何结构进行建模 STAR-CCM+所需的网格数量显然要大得多，这必须在其他地方得到补偿。首先是把小型的垂直圆柱管道简化为六边形管道，使用少量网格即可完成建模；其次是在保持开口面积不变的条件下大大减少冷池中蝶形栅格孔的数量，其形状也从圆形更改为正方形。

两种建模都采用了其他一些几何近似。例如，对于堆内燃料储存室的几何结构都进行了简化，通过将每组约 70 个燃料组件合并为一个多孔介质区域，或者 9 个等效方形多孔介质方形区域。

8) 主泵模拟方法

反应堆内的冷却剂由主泵系统驱动。有两套换热器/泵总成，每套总成由两台热交

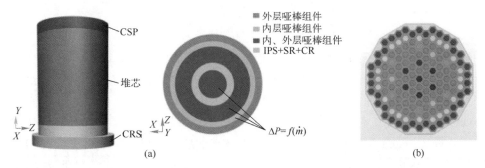

图 6.72 OpenFOAM 多孔介质模拟的堆芯布局以及 STAR-CCM+堆芯建模布局（见彩插）

换器和一台泵组成。对流经泵转子的流体进行建模需要围绕叶片划分网格，并对旋转部件的动态行为建模。由于仅研究主冷却剂环路在额定流量条件下的情况，CFD 模型细化到这种程度是没有必要的，一般会忽略转子的存在。

有开式系统和闭式系统两种表示泵的方式。开式系统从 CFD 域中移除了转子，然后在泵出口处设置额定质量流量边界，在泵入口处设置压力边界。但是，在研究事故场景时，通常需要一个封闭环路来跟踪自由液面液位的自然变化。在这样的闭式系统中，流动由转子区域的动量源项驱动，可通过调节该动量源项驱动获得所需质量流量。

为了表征泵的各个特性，其数值设置分为入口、转子和出口三个部分。首先，可以给流动设置一个旋流分量，是通过初始在转子区域内设置经仔细校准的旋转体积力来完成的。最近，STAR-CCM+中提供了"风扇"设置，通过在流体流经泵出口时分配一个与垂直方向成正比的旋转分量增强旋流。添加这种旋流分量会导致流体动能不平衡，可能会导致流量不稳定。通过在泵入口处设置与旋流分量一致的惯性阻力系数来使流量重新稳定，这种方式可视为在泵入口设置了一个阻力挡板。

在稳态条件下，通过泵的质量流量是由泵的体积力唯一确定的，但在瞬态时则不再如此，冷热池中不同高度自由液面的压差也起着决定性的作用。理想情况下，需要将 CFD 程序与特定的泵模型耦合，泵模型能够根据流速和施加在转子叶片上的扭矩来确定泵压头，可以实现对质量流量的较好控制。通过设置体积力和惯性阻力以及泵在额定条件下的特性，可以实现对泵特定运行工况的模拟。在该设置下，将泵设置为无动力泵，实际上就确定了泵的水力阻力。

**9) 堆芯多孔介质模拟方法**

OpenFOAM 模型采用均匀化多孔介质模拟堆芯，并将堆芯根据结构分割为不同部分，设置不同的孔隙率以及压力损失。图 6.72 中所示的堆芯布局由 5 个多孔介质环组成，从中心向外依次为：①内层燃料组件；②堆芯内构件、停堆棒和控制棒；③外层燃料组件；④内层哑棒组件；⑤外层哑棒组件。最外层应该还有一环表示堆芯外壳，由于其是固体结构，故不在流体域中表示。堆芯正下方通过固定燃料组件的锥形栅格板与堆芯约束系统（CRS）相连。CRS 的特点是在轴向或径向方向上几乎没有流动阻塞，因此可近似为非多孔介质区域。

孔隙率用来表征这些多孔介质区域的特性，其定义为流体体积与介质总体积之比。从数值计算的角度来看，将由于摩擦产生的压降添加到标准动量方程的源项中，其表达方式如下（来自 Darcy-Forchheimer 定律，Idelchik（2015））：

$$F_i = -\frac{\mu}{\alpha}u_i - \frac{\rho}{2}C_2|u|u_i = \nabla \rho_{\text{porous}} \qquad (6.101)$$

根据燃料组件经验关联式，整个堆芯区域，从下腔室到自由液面（包括穿过吊篮孔的径向损失）的总压力损失约 2bar。由于多孔介质中的径向流动会被燃料组件的六边形套管阻挡，因此数值建模时需要在堆芯区域中分配很高的径向阻力系数值（如在 OpenFOAM 中使用的）或通过将横向界面定义为不可渗透的挡板（如在 STAR-CCM+ 中使用的）。额定运行工况的压降取决于燃料组件中的压降，可以使用 Rehme（1973）关于绕丝燃料棒束的经验关联式来估算。关联式中压降是局部雷诺数的函数（记作 $f(Re)$）：

$$\Delta P = f\frac{L_{\text{pin}}}{D_{\text{eq}}}0.5\rho u^2 \qquad (6.102)$$

式中：$u$ 为局部流速；$L_{\text{pin}}$ 为燃料棒长度；$D_{\text{eq}}$ 为等效直径；$f$ 为摩擦系数。

内层哑棒组件数值参数与燃料组件相同，因为它们具有相同的流量和压降。其他两环和外层哑棒组件的轴向阻力系数首先根据所需的质量流量分布进行估算并保持恒定。

在对所有组件进行建模时，则可使用 Rehme 经验关联式评估额定流量和自然对流低流量条件下的压力损失，并将获得的结果拟合成关系曲线（式（6.101））。

堆芯热量由一个总功率 100MW 的体积热源来模拟，且位于内层和外层燃料组件环这两处发生核反应的区域。径向功率分布通过以下方式近似得到：

（1）二阶多项式拟合，中心燃料组件和最外侧燃料组件的功率之比约为 2:1，并通过程序直接按 100MW 总功率进行归一化（在 STAR-CCM+ 中应用）。

（2）三阶多项式拟合，内层和外层燃料组件环中的积分功率分别为 24.6MW 和 75.4MW（在 OpenFOAM 中应用）。

图 6.73 中给出了实际功率分布和拟合功率分布的详细说明。

**10) 主换热器中多孔介质方法**

收集到核反应产生的热量后，热池中的高温 LBE 被泵吸入四个换热器。同大多数核电站一样，在换热器中 LBE 热量被传递到二次侧的水/水蒸气。换热器是直管式逆流换热器，每个换热器包含 684 根外径 16mm 的水管，CFD 模型采用多孔介质进行简化从而避免对数百根水管建模。如前所述，理论平均速度使我们能够通过经验关联式（Idelchik，2005）来估算压力损失。在 CFD 模型中，通过在换热器多孔介质区域添加可变热阱来模拟主冷却剂和二次冷却剂之间的传热。对于三角形或六边形排列的燃料棒束，推荐使用 Ushakov（1979）得出的液态金属经验关联式。

STAR-CCM+ 使用另一种换热系数恒定的简化方法。局部换热体积源项改写为 $S_{\text{HX}} = (\rho c_p)_{\text{LBE}}(T-T_0)/\tau$，其中 $\tau$ 是 LBE 达到温度 $T_0$ 的特征停留时间。在额定工况下，$T_0 = T_{\text{water}}$，调节 $\tau$ 使总换热量达到额定值，该设置对于从静止的 LBE 到额定工况的这段初始瞬态特别有用。通过设置 $T_0$ 为额定冷池温度，同时设置 $\tau$ 为换热器中 LBE 实际停留时间，即可很容易地将热交换器的出口温度控制在额定冷池温度。

降低几何复杂度可以大大降低网格量从而提高模拟速度，但最终还是需由用户来确认简化至何种程度以不至于影响研究关注的现象和问题。在下文中，将通过一些研究结果展示不同选择的后果。

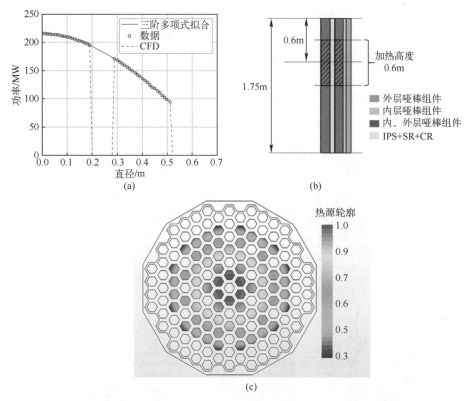

图 6.73 OpenFOAM 径向功率分布、STAR-CCM+燃料组件的轴向热功率分布和径向功率分布（见彩插）

**3. 展望**

数值模拟的最大优点之一是它们可以几乎连续地表示研究系统中的物理现象，这个优势在模拟液态金属流动时更加明显，因为材料不透明和高温环境导致难以进行测量。此外，从 MYRRHA 的情况来看，数值模拟可以在反应堆实际建造之前进行预分析。

对于正在设计的反应堆，除了获得对流量和热场的深入了解外，大多数模拟都针对安全问题。接下来将重点介绍所应用数值模型进行安全分析的优点和局限性。

满功率模拟的第一个目标是深入了解反应堆内的各种流动形式，这对于理解流场并识别 LBE 流动性差的区域至关重要。由于要求氧气浓度控制范围极小，因此必须避免这种流动滞止区。模拟的第二个目标是通过不同构件上的温度分布来评估应力。针对以上目标开发了 OpenFOAM 稳态模型。

主冷却剂回路的总压降为 2.57bar。反应堆最重要的参数之一是通过堆芯的压降。在堆芯区域预计压降约为 1.7bar，而在冷池和热池之间压降约为 2bar。模拟得到的堆芯部分以及冷池和热池之间的压降与实验差异在 2% 以内，足以验证多孔介质方法的有效性。

图 6.74 中所示的流线可以对流场进行整体描述。两台泵喷射出的冷却剂首先撞击反应堆容器底部，而后在冷池的中心汇合后流向堆芯。如预期的一样，流量分配到不同的环和/或组件中。上部堆芯结构中心区域会形成向上的羽流并流向自由液面。羽流到达自由液面后，一部分会从吊篮最顶部的孔流出，但绝大部分会向下返回吊篮中，再从

下方的其他吊篮孔中流出。最后，热池中的冷却剂将流回到热交换器中。图 6.75 是最有代表性的两个截面（垂直对称截面以及热池中部水平截面）的速度云图（速度范围为 0~1m/s）。额定质量流量下通过泵的最大速度为 2.37m/s。

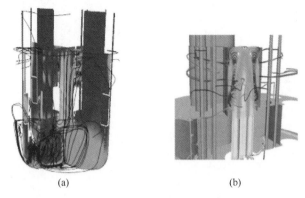

图 6.74　纵向对称面上速度云图和流线以及吊篮区域流线（见彩插）

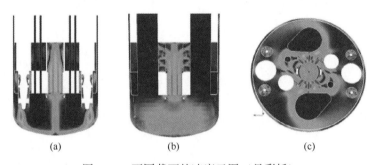

图 6.75　不同截面的速度云图（见彩插）
（a）穿过泵的纵向对称平面（0~1m/s）；（b）穿过反应堆容器内换料机的垂直对称截面；
（c）热池中部水平截面。

从穿过吊篮孔的竖直对称面的云图可以看出，经过内层和外层燃料组件环加热的冷却剂形成了向上射流。另一竖直截切面与之有所不同，LBE 的水平混合被限制，逐步从吊篮孔流出。水平面上则可以看到经过吊篮孔喷出的射流撞击到烟囱结构的换料机。

数值模型中添加的各种热源和热阱使反应堆产生了明显的温度变化。垂直对称截面上的静温云图如图 6.76 所示。可以很容易地注意到，由于混合作用，位于内层和外层燃料组件环中的堆芯热源会加热从其他环流出的冷却剂。堆芯内的最高温度达到了 471℃。堆芯进出口质量流平均温度分别为 272℃ 和 344.5℃，该温度下根据公式（$P = \dot{m}c_p \Delta T$）可计算出堆芯功率与设定的 100MW 一致。

图 6.76 清楚地显示了共轭传热的重要性。通过结构材料导热，反应堆上部区域（环形空间和换料机）的热池和冷池之间的温差得以消除。如图 6.76 所示，不同温度的 LBE 通过吊篮孔射出。在这个观测平面上缺乏流动混合，来自外环的冷流将通过第一排孔流出，同时堆芯中央的热射流喷射到了自由液面。吊篮和热池的表面平均温度分别约为 440℃ 和 400℃。此外，反应堆容器内燃料储存格架中产生的热量可以通过冷却剂转移到热池中。

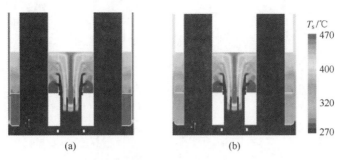

图 6.76 共轭传热的影响（见彩插）
(a) 无共轭传热；(b) 有共轭传热。

通过图 6.77 展示的反应堆部分组件的静态温度云图可以对其承受的热应力进行评估。在没有考虑共轭传热的模拟中，分别与冷/热池中的 LBE 相接触的内部结构承受着较大的温度梯度。上部隔板结构内最大温差约为 60℃。在考虑共轭传热的模拟中，隔板传热使堆内燃料储存区域的热 LBE 得到了冷却，该区域和冷池之间的温度梯度大大降低，最大温差降低到 30℃ 以内，同时也降低了下部隔板的热应力。

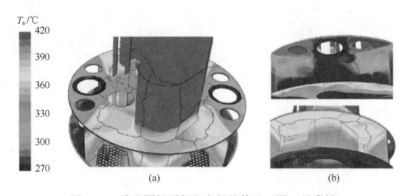

图 6.77 堆芯隔板顶部和底部的静温云图（见彩插）

尽管单相模拟已能获得大量信息，但涉及泵压头瞬态变化时必须采用 VOF 模型。在保护系统工作的失流工况下，两台主泵失电停运（惰转 26s）同时堆芯出口冷却剂温度上升 20K 后会触发紧急停堆，这种失流事故工况就是一个很好的例子。主泵停运后大约 1min 时间内热/冷自由液面液位差可以提供一定压头。转子路径上会出现非常强烈的回流现象，只有靠其本身的水力阻力来缓解。冷却剂回流至热交换器会造成极短时间内热交换器出口温度高于入口温度，如图 6.78（b）所示。图 6.78（a）中换料机和外层堆芯提供了足够的流量避免燃料组件区域发生逆流，并使系统从强迫对流过渡到自然循环期间保持温度可控。但是，流量降低使换热器仍工作在较高的负荷下，导致一些低温冷却剂通过换热器底部的入口流出并积聚在热池底部，在模拟结束时彻底改变了热分布，导致"冷"池比"热"池大部分区域温度更高，如图 6.79 所示。

**4. 结论**

由于核反应堆复杂的几何形状和各种物理现象的相互作用，对此类系统进行数值分析非常具有挑战性。但是，数值模拟的优势在于它可以研究实验无法测量的区域并获得详细的数据，或者在实验装置设计建造之前进行预分析。

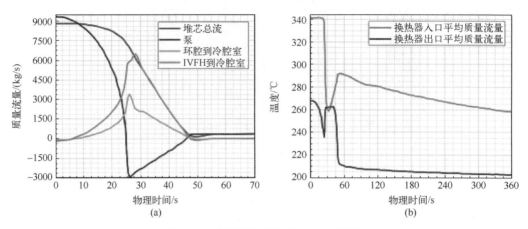

图 6.78 失流事故场景进程（见彩插）

(a) 主要流量；(b) 换热器进出口温度。

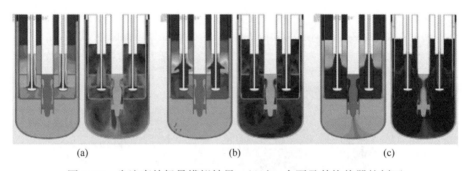

图 6.79 失流事故场景模拟结果，经过一台泵及其换热器的剖面
温度和速度云图（见彩插）

(a) 额定工况；(b) 30s 后；(c) 模拟结束（时间为 360s）。

注：温度范围为 250~350℃，速度范围为 0~2m/s。

如今，热工水力模拟已集成到设计过程中，模拟结果和结构力学分析可以帮助优化几何结构设计。MYRRHA 上部堆芯结构的重新设计就是一个很好的例子。旧版本里 MYRRHA 堆芯吊篮上部（ACB）设有孔洞，使高温冷却剂从堆芯流入热池。吊篮内的 LBE 液位有可能高于外部热池自由液面液位，从而导致液态金属局部喷射，如图 6.80 所示。为了避免这种潜在的不确定度，在新设计中将孔拉长了。

图 6.80 LBE 自由液面速度云图（速度范围为 0~0.5m/s）（见彩插）

(a) 1.4 版（速度为 0~0.5m/s）；(b) 1.6 版（速度为 0~0.19m/s）。

开展上述这样复杂的数值模拟并不容易，并且计算成本很高。此外，工程师有责任采用最相关的模型并在需要时对其进行改进，以增强池结构数值模拟策略的有效性。这些模拟是数学、物理、化学和计算科学领域多年基础研究共同努力的结果，这种协同需求导致 CFD 在核研究领域的应用起步较晚。

这里介绍的 CFD 模型的主要优点是它们各自可以作为独立的模块。用于模拟堆芯、热交换器和泵的技术仍有很大的改进余地。目前，它们是根据用户定义的函数功能进行建模的，以后这些功能将变得更加清晰，最终被包含在其他数值模拟程序中；同时也将更加专业，例如可以直接通过中子学计算获得堆芯热源项或直接模拟热交换器的二次回路。独立的 CFD 模型实际上已经能很好地用于软耦合方法，在这些方法中模拟程序在几何上重叠并通过方程中的源项进行交互。

中子学程序的开发人员应特别注意，他们不再像以前一样只能用一个或很少的平均温度进行计算，更详细的温度场有助于更好地获取中子学反馈。

池式结构的数值模拟是一项持续不断的工作。

# 参 考 文 献

[1] Abderrahim H., Baeten P., Fernandez R., De Bruyn D., 2010. MYRRHA: an innovative and unique irradiation research facility. 11IEMPT, San Francisco, USA.

[2] Idelchik, I. E., 2005. Handbook of Hydraulic Resistance. Jaico Publishing House, Mumbai, India.

[3] OECD, 2007. Best practice guidelines for the use of CFD in nuclear reactor safety applications. NEA/CSNI/R（2007）5, Paris, France.

[4] OpenCFD Ltd, 2018. OpenFOAM: The open source CFD toolbox. http://www.openfoam.com.

[5] Rehme, K., 1973. Pressure drop correlations for fuel elements spacers. Nucl. Technol. 17, 15-23.

[6] Ushakov, P., 1979. Problems of Heat Transfer in Cores of Fast Breeder Reactor, Heat Transfer and Hydrodynamics of Single-Phase Flow in Rod Bundles. Izd. Nauka, Leningrad, Russia.

## 6.3 雷诺平均的 Navier-Stokes 方程

雷诺平均的 Navier-Stokes（RANS）方法着眼于统计的角度描述流动状态，采用时间平均的方法缩小湍流计算中求解的湍流尺度范围。这里用作统计平均的时间尺度远大于湍流脉动的最大时间尺度，因此最终的控制方程仅仅描述了流体平均流动状态的演变。基于雷诺分解，流动变量（如速度和压力）被分解为平均量和脉动量，脉动量对平均量的影响并入雷诺应力张量中。

LES 和 RANS 的一个差异体现在应力分量的湍流尺度范围上。在 RANS 中，雷诺应力张量描述了所有尺度（包括各向异性的大尺度）的涡对平均流动状态的影响。而在 LES 模型中，亚格子尺度的应力张量只反映小尺度涡对大尺度（网格尺度）流动状态的影响。这里需要特别说明的是，高解析非稳态 RANS（URANS）模拟可能与壁面模化 LES 模拟在捕捉湍流细节上达到类似的求解精度。

混合 RANS-LES 方法构建的目的是减弱近壁区域网格高分辨率的约束（指 LES 方

法），有时也用于提高局部区域的求解精度（Quemere et al., 2001; Terracol et al., 2001）。Sagaut 等（2006）将混合 RANS-LES 方法划分为全局混合方法和局部区域混合方法两类。Fröhlich 和 von Terzi（2008）将混合方法划分为统一模型和分离模型。混合 RANS-LES 方法也可以依据 RANS 模型和 LES 模型之间的耦合程度进行划分，即 RANS-LES 弱耦合方法和 RANS-LES 强耦合方法。

局部混合 RANS-LES 方法基于对 RANS-LES 界面（使用 RANS 和使用 LES 的计算域之间的交界面）的不连续处理，将两个区域内求得的具有不同频谱特征的结果信息通过 RANS-LES 界面进行交换。全局混合 RANS-LES 方法则在 RANS 区和 LES 区的界面上进行流场信息的连续交换处理。此类方法，如 Spalart 等（1997）提出的分离涡模拟（DES），引入了一个"灰区"，在其上的求解既非纯 RANS 也非纯 LES，从 RANS 到 LES 的切换不会造成分辨率水平的突变。由于未涉及"模化湍流能量"向"解析湍流能量"传递的机制，上述方法仍视为 RANS-LES 弱耦合。尽管目前混合 RANS-LES 方法种类较多，但这些方法较为类似，都可以看作一小类通用计算方法的变体。在实际计算中，通过减小 RANS 模型的涡粘性水平，可以允许强不稳定性发展。在附面边界层对整体流动状态有较大影响的情况下，混合 RANS-LES 方法在众多复杂工业应用中被公认为是大幅度降低计算成本（与 LES 方法相比）的主要策略。限于本书的内容，对于混合 RANS-LES 方法，不再做介绍和详细讨论。

为了使方程组封闭，必须基于平均量对雷诺应力进行模化。广泛应用的雷诺应力模型采用了 Boussinesq 假设，基于与层流的比拟，该假设通过"湍流涡黏度"建立了雷诺应力张量与平均速度梯度之间的关系。这种方法将湍流效应看作附加的黏性项，在湍流模拟中被广泛采用。同时，该方法也是一种非常有用的工程模拟方法，因为计算代价仅很弱地受雷诺数的影响。然而 Boussinesq 假设的有效性是有限的，因为湍流涡黏度不是流体物性而是一种流动特性。因此，Boussinesq 假设在很多场合下是不够充分的，如平均应变率突然变化的流动（如尾流的剪切层）、各向异性流动和三维流动（Davidson, 2004; Wilcox, 2006）。目前已有很多学者提出了许多方法来计算湍流涡粘度，例如零方程模型（代数封闭方法，如混合长度）、一方程模型和两方程模型（Wilcox, 2006）。$k$-$\varepsilon$ 模型和 $k$-$\omega$ 模型是核工程应用中最常使用的两方程模型。

Launder 等（1975）描述的雷诺应力模型（RSM），又称微分二阶矩封闭湍流模型，与上述基于 Boussinesq 假设开发的湍流模型有着本质上的差异。在 RSM 模型中，雷诺应力张量的所有分量都进行了求解，这使得其更适用于各向异性流动。然而，该方法也引入了 6 个附加的偏微分方程，使得计算成本提高。此外，这些引入的附加方程中又会引入新的需要求解的量，而使方程封闭有时仍然需要采用类似于 Boussinesq 假设的假设。

同样地，能量守恒方程也需要封闭。然而，在液态金属模拟计算时，温度和速度场之间经常使用的类比往往是无效的。因此，需要特别注意液态金属湍流模拟中能量方程式的封闭。这也是 6.2.1 节主要讨论的内容，6.2 节的其余部分则介绍了 RANS 建模技术的各种应用。

## 6.4 降分辨率 RANS

降分辨率 RANS 方法中,仍然采用贴体网格,但根据最佳实践指南(Casey,Wintergeste,2000)的要求,网格密度是不足的。因此,在这种情况下近壁面边界层流场求解精度通常较差。更详细的描述可参见 Roelofs 等(2012)。

在无法生成高分辨率网格的情况下,应使用其他建模方法。低分辨率建模方法不满足高分辨率 CFD 模拟的要求(包括网格无关性验证,以及通过近壁面网格的结构化和加密处理进行边界层优化)。一般情况下,高分辨率的模拟应考虑到的内容可参见 CFD 最佳实践指南(Casey,Wintergeste,2000)。降分辨率模拟计算虽然也同样求解质量守恒、动量守恒和能量守恒方程,但由于整体网格粗糙,且近壁面网格贴合性和分辨率差,使得计算结果的不确定度增加,准确性也难以达到高分辨率 CFD 模拟的程度。因此,在使用降分辨率 RANS 方法分析实际问题前,需要将其计算结果与高精度 RANS 方法求解的结果(结果更准确,更接近实际)进行对比,评估其有效性和精度后才可实际应用。如图 6.1 所示,降分辨率 RANS 方法是介于高分辨率 RANS 方法和低分辨率 CFD 方法之间的计算方法。

## 6.5 低分辨率 CFD 模拟

在无法使用高分辨率和降分辨率网格开展计算的情况下,可以考虑使用其他方法,一个明显的选择是切换到多孔介质模型或另一种低分辨率 CFD 方法,如粗网格计算(Viellieber,Class,2015)或定义动量源项模型(Hu,Fanning,2013)。当使用这种技术时,多孔介质参数、体积力、动量源或其他建模参数需要基于相关性、高分辨率 CFD 和/或实验数据进行应用。实际上,这样的计算就更接近第 4 章提到的三维系统性热工水力节点分析计算。

## 参 考 文 献

[1] Casey, M., Wintergeste, T., 2000. Best Practice Guidelines. ERCOFTAC Special Interest Group on 'Quality and Trust in Industrial CFD'.

[2] Davidson, P. A., 2004. Turbulence-An Introduction for Scientists and Engineers. Oxford University Press, Oxford..

[3] Frölich, J., von Terzi, D., 2008. Hybrid RANS/LES methods for the simulation of turbulent flows. Prog. Aerosp. Sci. 44, 349-377.

[4] Hu, R., Fanning, T., 2013. A momentum source model for wire-wrapped rod bundles-concept, validation, and application. Nucl. Eng. Design 262, 371-389.

[5] Launder, B. E., Reece, G. J., Rodi, W., 1975. Progress in the development of a Reynolds-stress turbulent closure. J. Fluid Mech. 68, 537-566.

[6] Quéméré, P., Sagaut, P., Couaillier, V., 2001. A new multi-domain/multi-resolution method for large-eddy simulation. Int. J. Numer. Methods Fluids 36, 391-416.

[7] Roelofs, F., Gopala, V., Chandra, L., Viellieber, M., Class, A., 2012. Simulating fuel assemblies with low resolution CFD approaches. Nucl. Eng. Des. 250, 548-559.

[8] Spalart, P. R., Jou, W.-H., Stretlets, M., Allmaras, S. R., 1997. Comments on the feasibility of LES for wings and on the hybrid RANS/LES approach: advances in DNS/LES. In: First AFOSR International Conference on DNS/LES.

[9] Sagaut, P., 2006. Large eddy simulation for incompressible flows - an introduction. In: Scientific Computation. third ed. Springer, Berlin, Heidelberg. ISBN 978-3-540-26344-9.

[10] Terracol, M., Sagaut, P., Basdevant, C., 2001. A multilevel algorithm for large-eddysimulation of turbulent compressible flows. J. Comput. Phys. 167, 439-474.

[11] Viellieber, M., Class, A., 2015. Investigating reactor components with the coarse-grid methodology. In: NURETH-16, Chicago, USA.

[12] Wilcox, D., 2006. Turbulence Modeling in CFD. DCW Industries, Canada.

# 第7章 液态金属系统多尺度模拟

A. Gerschenfeld[1], N. Forgione[2], J. Thomas[3]

1. 法国，原子能与可替代能源委员会萨克雷研究中心核能部，CEA；
2. 意大利，比萨，比萨大学，土木与工业工程系；
3. 美国，伊利诺伊州，莱蒙特，阿贡国家实验室，核能科学与工程部

## 7.1 引言及动机

### 7.1.1 反应堆热工水力模拟的尺度

核反应堆的复杂大尺度系统的热工水力行为是众多流体力学现象的产物。理论上，这些现象（至少是单相流动）可通过直接求解 Navier-Stokes 方程来直接模拟，但当前这种"反应堆尺度直接数值模拟"是不可行的，如果采用 DNS 方法则计算模型尺度应介于分子扩散有关的微观尺度（$L\sim 10^{-6}$m，$t\sim 10^{-6}$s）和反应堆本身有关的大尺度（$L\sim 10$m，对于长瞬态 $t\sim 10^{6}$s）两类尺度之间。

估计"反应堆尺度 DNS"模型需 $10^{15}\sim 10^{18}$ 量级的网格单元数及高达 $10^{10}$ 量级的瞬态时间步长，超出现有计算能力几个数量级，反应堆尺度的直接数值模拟可能至少要到 21 世纪 50 年代才能现实。

尽管如此大的时间及空间尺度范围给直接数值模拟制造了障碍，但其提供了模拟反应堆热工水力的有效途径。在几乎所有情况下，得益于统计具有自平均性，一些小尺度下发生的现象虽然复杂，但仅通过其统计平均量（平均值，有时为方差）影响更大尺度。

出现此类"尺度分离"时，可通过描述平均行为的简化模型表示微观现象在大尺度模型中的整体效应，并达到满意的精度水平。反过来，此类模型可通过下述方式依次构建：

(1) 理论方法，假定小尺度方程的自平均性质（大部分湍流模型的构造隐含此假设）。

(2) 对关注的局部现象开展小尺度模拟（适于预期应用的一系列条件下）。

(3) 开展分析或在相关模化准则下的中间尺度实验，直接得到关注现象的"关联式"，此类关联式广泛应用于大尺度效应中，不深究产生此种效应的小尺度湍流现象，如常见的压降及传热现象。

在实践层面，尺度分离也造成目前用于核反应堆热工水力模拟的程序的多样性。

（1）在最小尺度下，具有 DNS 计算能力的 CFD 程序可直接模拟微观尺度现象，但实际上通常限于小区域模拟（小于单个反应堆子部件），可计算的最大 $Re$ 也有限。

（2）在稍大尺度下，只要在合适条件下对计算域划分网格可接受，LES 和 RANS 的 CFD 程序利用湍流模型描述湍流现象的整体效应就可以很灵活地模拟更大区域。

（3）在更大尺度下，已开发子通道程序或"粗略"CFD 程序模拟那些局部几何特征复杂而无法直接画网格的区域。在完整堆芯模型中对绕丝组件进行详细网格划分是无法承受的，此类程序中使用关联式描述无法直接解析的几何特征效应。

（4）已开发用于模拟完整反应堆在长期瞬态的整体行为的系统程序，通常整合了零维、一维和三维计算单元，在此尺度下许多物理现象须由关联式描述。

大部分程序是数年到数十年的开发、确认、验证工作的结果，得益于这些努力，只要这些现象以简单方式相互作用，通常可以用工具研究简单相互作用的热工水力现象，但对复杂现象起主导作用的特定情形，这种方法将出现困难。

## 7.1.2　不同尺度间相互作用

由于液态金属冷却反应堆的固有特征，对那些难以用热工水力分析工具建模的复杂相互作用类型特别敏感。钠冷快堆和铅冷快堆中出现的大部分小尺度及中间尺度现象，如湍流阻力和传热，表现出明显的尺度分离，因而能在反应堆整体描述内用简单模型描述。不过有些特定情形将导致更复杂的相互作用（Tenchine，2010）。

大部分铅冷快堆和钠冷快堆设计采用池式概念，即将一次回路纳入一个大容器，大部分设备（堆芯、换热器、泵）通过液态金属腔室连接。这些腔室内流型复杂：典型地，一股来自堆芯出口的射流被吸入热池内的换热器入口，然而在冷侧离开换热器的出口射流被泵入一次回路泵入口，由于两个腔室之间存在换热，在热池底部和冷池顶部会形成分层（图 7.1（a））。在强迫流动丧失或部分热阱丧失的假定事故场景下，其将表现出复杂的动态行为，在与池内分层相互作用时，这些射流将从惯性驱动向浮力驱动转换。这些现象显著影响整体循环性质如换热器及泵的入口温度，也决定了自然对流压头。

大部分铅冷快堆和钠冷快堆堆芯设计以封闭子组件设计为特征，其整个子组件容纳在封闭的六边形燃料组件中。此设计下将出现明显的流型区别："燃料组件内流动"（组件内部流动）由强迫对流驱动向上流动，"燃料组件间流动"（燃料组件之间的流动）则不存在驱动力。在自然对流中，此类设计导致了几种相互冲突的流动路线（图 7.1（b））：

（1）"标准"一次回路流动路线，经中间换热器和泵；

（2）组件间将出现对流循环，冷却剂沿较冷的（外围的）组件向下流动并沿较热的（中心的）组件向上流动；

（3）燃料组件间区域也将出现对流循环，冷却剂在堆芯外围向下流动冷却子组件侧壁，然后向上流回堆芯中心区域，此冷却模式也将激发较冷外围、各棒束外围、较热中心之间每一组件内部的自然对流。

这些可选的冷却模式是普遍存在的，尤其在反应堆衰变热移除能力由浸入热池中的换热器提供的情况下，此时上述第（2）、（3）种流动路线相比第（1）种标准流动路线提供了更直接的热源-热阱的途径，实际上前者可移除总体衰变热的 30%~50%。

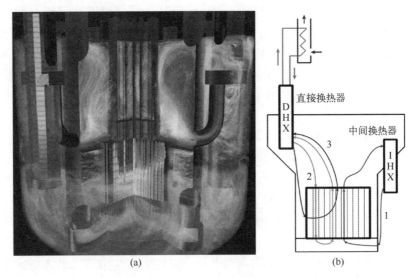

图 7.1　液态金属冷却反应堆中具有整体效应的复杂局部现象
(a) 腔室内射流行为；(b) 通过浸入式换热器的衰变热移除路径。

两种情况下反应堆整体行为均显著地被复杂三维现象影响，这些现象一般可由 CFD 或子通道程序模拟，然而只有系统性程序能够描述完整反应堆的完整模型，如堆芯中子学模型和泵模型，因此没有"开箱即用"的现成程序能在描述反应堆的同时还考虑三维现象，仍需进一步开发。

应指出的是，对新开发程序的需求是两类尺度间双向作用的结果。在其他情况下，需在缺乏此类相互作用时模拟多尺度，例如在给定瞬态下评估安全准则通常要求了解局部包壳温度峰值（该值仅能通过三维模拟得到）。

然而，在许多情况下这些局部现象不影响系统尺度，因此系统模拟已足够计算反应堆整体行为。这样，可以用系统性程序模拟结果作为边界条件进行局部现象模拟，此类"单向耦合"通常可利用现有程序计算能力实现。

## 7.1.3　模拟多尺度现象

从可用的热工水力分析工具开始，可沿两个主要方向对上述现象进行模拟：

（1）在描述所有关注现象必要的最小尺度下构建整个区域的模型（通常为粗略 CFD 尺度）。

（2）"多尺度模型"方法，反应堆的每一部分都在足以描述所关注局部现象的最粗网格下模拟。例如，可采用粗略 CFD 尺度模拟大腔室，子通道尺度模拟堆芯，系统尺度模拟反应堆剩余部分（当判断不发生与局部现象的复杂作用时）。

在 SESAME 项目框架下，这两类方法都有应用（Roelofs et al.，2015），其优、劣势如下所列：

（1）对于"单一尺度"方法：

优势：可用现有 CFD 程序（及其相关的确认/验证矩阵）的数值框架。

劣势：

① 整个计算域（典型的如反应堆）必须在 CFD 尺度下模拟，包括不关注的局部现象的区域（可能导致无效计算成本）。

② 现有模型需"植入"新程序中，包括点堆中子动力学（对于堆芯功率），泵及粗尺度换热器模型（来自系统程序），子通道压降/混合模型（来自子通道程序）。这些模型一旦开发，原则上其验证和确认需达到与原程序一致的水平。

（2）对于"多尺度"方法：

优势：现有程序可模拟每一尺度，无须植入新模型。

劣势：

① 修正这些程序仍是必要的，以使其能与多尺度模型协调，有时需要开发耦合界面，具备导入每个程序和利用外在"监管"程序交换数据的功能。

② 对于总体耦合计算需开发新数值格式，该格式需描述不同尺度间界面和数据传递如何处理（如系统程序和 CFD 计算域边界），还需收敛到一致的"多尺度"结果、各程序在各自计算域得到的结果之间无残留不一致，能量及质量守恒也十分重要。该数值格式一经开发，其验证和确认便需达到与原程序一致的水平。

迄今已有若干实施此类策略的案例，从最常见到最罕见的包括：

（1）完整回路/反应堆多尺度模型（Bandini et al., 2015），耦合 CFD 程序（用于模拟回路的特定部分，如热池/冷池）及系统程序（用于模拟回路剩余部分）。

（2）完整钠冷快堆/铅冷快堆堆芯多尺度模型（Conti et al., 2015），耦合组件内部的子通道模型及燃料组件间区域的 CFD 模型，有些情况下此类模型也引入系统/CFD 耦合以得到完整反应堆三重尺度模型（Gerschenfeld et al., 2017）。

（3）完整反应堆一次回路的单一尺度模型，在 CFD 程序内为堆芯、换热器、泵等几何复杂的部件集成"粗略"（多孔介质或一维）模型。

总体而言，现有程序计算能力再利用已成为采用多尺度模拟方法的强烈诱因。执行不同尺度程序间耦合的监管程序可在相对短的时间内得到结果，然而应注意以下几点：

（1）耦合数值格式的开发及确认可能是艰巨的任务，底层程序需要关键的或不可预见的修改。

（2）数据平均及重构是富有挑战性的任务，CFD 尺度计算的二维速度及温度剖面可取平均并传递给系统程序，其逆过程包括从零维系统热工水力尺度数值重构二维剖面。此部分在 7.2.2 节有详细的叙述。

（3）即便特定实验或反应堆程序工况的耦合程序开发可以"专项"开展，实施验证确认策略通常也需要开发通用的耦合，可不经修改用于反应堆算例及其验证实验的建模。该通用性极其重要，以确保验证分析可外推至反应堆应用。

（4）单一尺度或多尺度方法预测的新效应需根据核实的验证矩阵进行验证，往往是实现构成该矩阵的实验及程序开发者利用实验比耦合模型开发本身更耗时。

（5）应注意现在大部分系统热工水力程序（如 CATHARE、ATHLET、RELAP）包含三维模块，相比 CFD 程序这些模块往往受到种种限制（如结构化网格限制及大规模并行限制）。这使得成功再现部分复杂三维效应（如反应堆池内射流行为）很困难，不过其可成功应用于评估那些用粗网格精确模拟的三维现象的影响。因此，作为零维/一维系统热工水力程序和耦合 CFD 或完全 CFD 方法的中间步骤，包含三维模块的系统热工水力程序起了关键作用。

## 7.2 多尺度耦合算法

本节介绍了基于现有程序开发多尺度耦合格式的基本要点，旨在描述通用方法并对其优劣势进行综述。

### 7.2.1 区域分解及区域重叠

开发多尺度程序耦合的第一步包括寻找所关注区域每一部分的合适模拟尺度，大部分情况下类似现象识别与排序表（PIRT）的过程可指导选择能表征所有可能影响系统整体行为的局部现象的最粗尺度。该过程反过来进行下述识别：

（1）单个或多个"精细"区域，覆盖可能发生局部现象之处，对此自然而然地选择子通道或 CFD 程序。

（2）"粗糙"区域，覆盖反应堆或回路剩余部分（也可能是其他回路，如二次回路），可由系统程序模拟。

一旦做出选择，也需选择每一程序的实际计算域，同样存在两个选项：

（1）选择对上述精细或粗略区域"贴合"各程序的计算域，使每一区域分配至单一程序。在此计算域分解方法中（图 7.2（a）），程序间相互作用完全发生在精细区域与粗略区域的边界，这通常导致耦合算法的设计比较简单。然而，该选择也可能导致程序间更紧密的耦合，尤其是总体压力场需由各程序共享，其在不可压缩系统（不同区域间）强烈耦合，这也导致了最终耦合算法收敛更困难。

（2）选择将所关注的整个区域设为粗略计算域。在此类区域重叠方法（图 7.2（b））中，系统程序在"精细"计算域得到的粗略结果需由 CFD/子通道尺度得到的结果覆盖，获得整体耦合求解。相比区域分解方法，此方法同样也有优、劣势：

优势：

① 重叠耦合通常避免了部分分解耦合方法遇到的强耦合问题，尤其是由系统或 CFD 程序对压力场的计算并非强耦合，可通过添加源项来实施（见 7.2.2 节）。因此，从数值计算角度看，重叠耦合更简易。

② 在重叠方法中，耦合计算所用相同系统尺度模型是自给的，因此其可用于开展独立计算。此能力可用于为耦合计算提供初始状态而无需采用另一个不同的系统热工水力模型（耦合计算通常需由系统热工水力稳态来初始化），也易于比较耦合计算及其"初始"系统热工水力计算的区别。通过在耦合计算时自动"移除"系统热工水力程序输入卡重叠部分，区域分解耦合也可能实现与此相同的功能，比如在 ATHLET/ANSYS CFX 程序的区域分解耦合格式中，完整的 ATHLET 输入卡可用于独立和耦合计算，但其重叠区域在耦合计算时间内不激活。

劣势：

① 由于重叠区域仍由系统程序计算，在精细区域边界交换耦合数据可能是不充分的。需确保重叠区域内系统尺度的计算不影响重叠区域之外的部分系统模型，或者耦合

需确保系统尺度计算之外部分与CFD/子通道程序在重叠区域内得到的结果相一致。为保持此特性，耦合算法可能在整个重叠区域内（而不仅是边界上）影响系统程序。这些问题在区域分解方法中不存在，其两类区域是完全分开而仅通过耦合界面通信。

② 由于该附加的复杂性，区域重叠耦合的实施及确认相比区域分解耦合本质上更为困难：分解耦合中算法错误导致的缺陷通常易于察觉；而重叠耦合中的错误通常导致系统尺度结果在重叠区域的错误应用，这反过来也导致耦合解法不易察觉地恶化而难以注意或追踪。

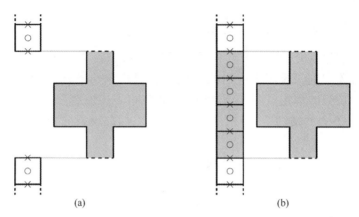

图7.2　多尺度耦合的"分解"和"重叠"方法

为了在特定区域（灰色）使用"精细"模型，同时在系统其他区域使用"粗糙"模型的情况下构建耦合模型，在"区域分解"方法（图7.2（a））中将从系统尺度模型中移除灰色区。或者在"区域重叠"方法（图7.2（b））中将该区域保留在系统热工水力模型中，而耦合算法的任务是将灰色区域中系统热工水力程序计算结果用更精细计算结果覆盖。

由于重叠及分解两类方法各有利弊，因此目前的耦合模型（如在SESAME项目中开发的）倾向于同等比例运用。两类方法甚至可能同时运用，比如CEA开发的STH/子通道/CFD耦合方法采用了STH与子通道/CFD间的区域重叠，但子通道与CFD间的区域分解。

以下将讨论重叠及分解两类方法在两类特定情形的实际应用：区分两类区域的耦合边界存在流体交换（7.2.2节）；耦合界面落在流固交界（7.2.3节）。

## 7.2.2　水力边界耦合

多尺度计算中耦合边界最常见的情况是两类流体域的边界，为了在此类边界上构造耦合策略，可以下列条件作为良好的开端：

（1）边界应保持质量守恒，离开一个区域（STH或CFD）的质量与进入另一区域（CFD或STH）的质量相等。

（2）边界应近似保持能量守恒，离开一个区域的焓与进入另一区域的焓相等。

（3）边界应保证压力场一致，以使两类程序在边界上"视作"相同的压力，对于不可压缩流动（液态金属冷却反应堆最常见的情形）等于某个恒定的参考压力就足够了,因此应确保任意两个边界上压差的一致。

应注意为确保多尺度计算的一致,这种守恒方法是充分而非必要的。事实上,首选是耦合算法,在可收敛的情况下,这些条件约束性较低。在这些条件的准确验证需要大量迭代时,此类非守恒方法可能很有吸引力。

对于区域分解耦合,条件(1)和条件(3)可通过在 STH 程序侧和 CFD 程序侧实施入口及出口边界条件的匹配来保证,而一侧的压力边界条件搭配另一侧的流量(或速度)边界条件:如果程序间数据交换用于保证一个程序计算的边界上流量(或速度)或压力被另一侧作为边界条件采用,则可满足条件(1)和条件(3)(图 7.3(a))。

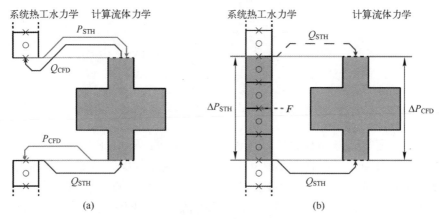

图 7.3 区域分解方法与区域重叠方法中 STH 与 CFD 间水力耦合策略举例

注:分解方法中,互补的入口/出口边界条件施加于每一耦合边界的 STH 侧和 CFD 侧;重叠方法中,输入/输出流量施加于除某个边界之外的 CFD 程序所有边界,该边界将确保 STH 和 CFD 之间流量的一致性(假设程序间流动边界是一致的);然而要使压力场一致,STH 程序计算的边界间压差需以 CFD 程序计算结果"覆盖",对于不可压缩流动这可通过在重叠的 STH 区域(需修正,直到 $\Delta P_{STH}$ 收敛至 $\Delta P_{CFD}$)添加动量源项解决)。

在区域重叠情形下,STH 程序计算的流量可用作 CFD 侧的边界条件以确保条件(1)(对于不可压缩系统,在除入口/出口之外所有边界施加流量即可)。对于需确认的压力一致性(条件(3)),压力可直接施加于 STH 侧,得到类似区域分解所用的耦合算法;或者可在 STH 计算域内添加源项(图 7.3(b)),可用于修正 STH 侧耦合边界间的压差,直到其收敛至 CFD 程序计算结果;在不可压缩情形下,这已足够确保压力一致性条件并避免两种程序间压力求解的强耦合。

此外,也需要考虑粗略区域与精细区域间尺度差异,STH 程序中边界上流动通常由单一平均速度描述,而 CFD 程序在边界上计算(或需要)一个三维速度场。这将导致以下困难(图 7.4):

(1)假如 CFD 侧边界条件采用速度剖面,则最简单的选择是施加一个等于 STH 程序计算值的恒定速度,但在 CFD 计算域中从该边界的流出不能充分发展,而且该流动进入 CFD 计算域的方向与边界垂直。对此弥补的最好方法是在 CFD 侧施加一个与质量守恒条件一致的充分发展速度剖面,并避免在预期出现回流的区域设置耦合边界。实践上,大部分使用者选择通过在入口/出口设置几倍于水力直径的计算域扩展,以减小流动发展效应的影响。

（2）假如 CFD 侧边界是"施加压力"型，则 CFD 程序可计算出有局部回流的速度场。此种速度剖面虽可符合守恒条件（1）~（3），但由于其无法在 STH 侧准确表示而不被采纳。避免此种情况的通用策略是尽可能使用流量边界条件，尤其是可能发生双向流动的区域。

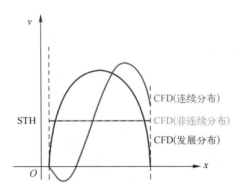

图 7.4　STH/CFD 边界满足流量一致性条件（1）的可能速度剖面（见彩插）

施加均匀速度得到与 STH 程序（黑色）一致的流量导致 CFD 侧出现非充分发展的流动条件，或者可施加符合质量守恒的充分发展的速度剖面。假如 CFD 侧边界条件未规定速度，则将出现回流区，该回流无法在 STH 计算域中准确再现，应尽可能避免。这可通过谨慎选取耦合界面位置进行：通常选在流型定义明确的区域，并远离任何循环流动或两相流动区域。

最后，能量守恒条件（2）要求 STH 侧和 CFD 侧通过边界的能量保持相等。考虑 STH 和 CFD 程序对边界描述的差异，该条件表示为

$$Sv_{STH}H_{STH} = \int_{x \in S} dS \cdot v_{CFD}(x) H_{CFD}(x) \tag{7.1}$$

式中：$S$ 为边界面积；$v_{STH}$、$H_{STH}$ 分别为侧速度和通过边界对流的焓；$v_{CFD}(x)$、$H_{CFD}(x)$ 为 CFD 侧相应值。

耦合算法需考虑各程序所用的离散及对流格式，通过调整 $H_{STH}$（STH 侧到 CFD 侧流动）或 $H_{CFD}$（CFD 侧到 STH 侧流动）满足该方程。

假设穿过边界的为单向流，下述算法可用于满足能量守恒条件：

（1）假如流体流入 CFD 侧，STH 侧通过边界输送的焓可用于设置 CFD 侧输入流体的焓。

（2）假如流体流出 CFD 侧，可采用通过边界的流动加权平均得到 CFD 侧平均出口温度 $\bar{T}_{CFD}$，该温度需施加到 STH 侧。对于区域分解耦合可简单地以入口温度施加；对于区域重叠耦合，需修正重叠区域内的 STH 网格以适应通过界面对流的焓，这可通过在相关网格（如果可能）替换 STH 能量方程或在方程中添加能量源/汇项实现。

应注意这些水力耦合界面导致边界上动量和能量方程的近似，尤其是图 7.3 和图 7.5 所示格式导致忽略边界周围网格内的热扩散效应，这些效应通常认为小到可忽略（如下所述，液体-壁面耦合的情形却非如此）。

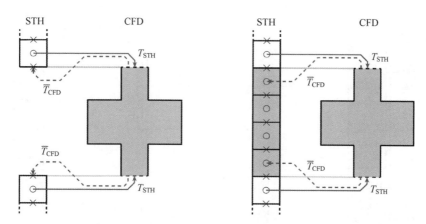

图 7.5 "区域分解"和"区域重叠"方法中 STH 和 CFD 程序间水力边界热耦合

注：假如 STH 程序采用迎风格式处理热平流，则可简单地将 STH 计算域最外缘网格的温度施加至 CFD 边界条件，这将确保随流动进入 CFD 计算域的热流与 STH 一致。反过来，将来自 CFD 侧的平均出流温度以边界条件（分解情形）施加或施加在边界内最外缘网格（重叠情形），将确保在从 CFD 计算域向外流动的情形下两类程序间热流保持一致。

## 7.2.3 热边界耦合

水力边界（7.2.2 节）的耦合界面通常忽略通过边界的热传导效应，少数情况下可能需模拟不同程序描述的计算域间热量交换：

（1）为在包含中间换热器（IHX）及其二次回路的反应堆模型中集成一次回路 CFD 模型，发生在 IHX 的换热必须通过耦合一次侧的 CFD 模型和二次侧的 STH 模型来模拟。

（2）在完整堆芯模型中，耦合子组件内的子通道模型与燃料组件间区域的 CFD 模型时，燃料组件盒间流动移除的热量需耦合燃料组件内（子通道程序模拟）与燃料组件间（CFD 模拟）。

这两类几何结构中，换热表面的高比表面积导致两类程序能量方程的强耦合，将对模型造成很大干扰。图 7.6 给出了重叠方法和分解方法热边界耦合策略的示例。两种情况下壁面本身由 STH 或子通道程序计算，通过将壁面温度插入 CFD 计算域网格并在能量方程中添加如下形式的热流项，使其与该壁面"发生联系"：

$$\Phi_{CFD} = h(T_{CFD}^{(L)} - T_{STH}^{(W)}) \tag{7.2}$$

式中：$T_{STH}^{(W)}$ 为壁面温度的内插值；$h$ 为体积换热系数，也可由 STH 程序计算及插入（通常是重叠耦合情况）或由 CFD 程序本身局部计算。

利用该源项 CFD 程序负责计算穿过壁面的热流；在 STH 程序的下一个迭代步，该热流赋给 STH 程序网格并替代其本身计算值。

应注意以下几点：

（1）可选择 STH 程序计算的热流并施加给 CFD 计算域，单一 STH 网格计算赋给所有 CFD 网格的均匀热流将可能导致非物理的温度。通常 CFD 侧流动更慢的区域的网格将受恒定热流影响，最终温度低于二次侧。

（2）对于重叠方法，将 CFD 计算域的流体温度在下一个 STH 迭代步映射到重叠区

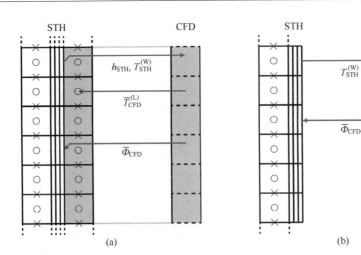

图 7.6　重叠方法和分解方法中 STH 和 CFD 程序间热边界耦合策略

注：两种方法中，系统程序计算的壁面温度都映射到 CFD 网格中。对于重叠情形，STH 程序计算的换热系数也一并传递，CFD 程序中利用源项考虑换热，计算的热流在下一轮 STH 迭代中映射过去。对于重叠情形，也可选择替换换热器的重叠 STH 网格中流体温度以加速 STH 程序收敛。

域是不够的，虽然该方案将收敛至一致解，但 STH 和 CFD 程序计算的热流不相等而违反能量守恒。

（3）在源项 $\Phi_{CFD}$ 中使用 STH 壁面温度和当地壁面-流体间局部换热系数一般将导致液态金属系统的强耦合，及与此相关的时间步稳定条件。相反，一些系统程序可提供壁面热流对毗邻网格流体温度的"敏感度"，其表达式为

$$\Phi_{STH} = \Phi_0 + \chi ( T_{STH}^{(L)} - T_0 ) \tag{7.3}$$

式中：敏感度参数 $\chi$ 通常比换热系数 $h$ 低 1~2 个数量级，在 CFD 侧热量源项中引入"等效壁面温度"，该系数可用于替代 $h$，即

$$\Phi_{CFD} = \Phi_0 + \chi ( T_{CFD}^{(L)} - T_0 ) = \chi ( T_{CFD}^{(L)} - \overline{T} ), \quad \overline{T} = T_0 - \Phi_0 / \chi \tag{7.4}$$

上式与式（7.1）类似，不过通常对稳定性有极大改善。

## 7.2.4　时间格式及内部迭代

上述耦合策略可用于在两个或更多程序间实施耦合算法，以利用多尺度方法模拟给定瞬态。此算法中的时间推进格式如下：

（1）显式格式，确保不同计算域在每一时间步计算前一致。
（2）隐式格式，确保不同计算域在每一时间步间一致。

显示格式耦合算法足以保证在每一时间步起始不同程序间数据交换的执行，然后每个程序独立地运行一个（共同的）时间步，如果运行成功，则时间向前推进，整体计算进行到下一时间步。也可使程序运行不同的时间步，数据交换只在"同步点"发生，在 CFD 程序比系统程序采用更大时间步长时普遍运用该方法。

与此简单情形相反，隐式格式耦合算法通常对每一程序以特定时间步长进行迭代，前后迭代间进行数据交换，直至耦合参数（如边界上定义的）收敛至共同值。对于水力边界（7.2.2 节），迭代需进行至压力场收敛（分解方法）或耦合边界间压差收敛

（重叠方法）。对于热边界，迭代需进行至STH侧壁面温度收敛。

即使造成额外计算成本这些迭代，对于上述耦合策略也是必要的：

（1）对于图7.3和图7.5所示的水力耦合，需进行迭代，以确保在最终时间步两类程序间压力场一致。

（2）对于图7.6所示的热耦合，至少需进行STH二次迭代，以确保两类程序的热流一致。

因此，程序间迭代是大部分耦合算法的共同特征。由于大部分程序只公开一阶信息，如Gauss-Seidel的一阶格式是使用最普遍的迭代格式，该格式中耦合信息简单地在程序间前后传递直至收敛至共同值。由于STH迭代成本通常比CFD低得多，因此STH中变量可比CFD迭代更频繁，可为使用者提供选择，也可采用各类加速技术。

尽管如此，有些情况（如区域分解方法中求解共同压力场）下Gauss-Seidel算法收敛速度不够。如Newton-Raphson的二阶格式无法直接应用于大部分情况，该方法所需的矩阵单元在程序间耦合界面不可用。不过，耦合边界变量的Newton-Raphson矩阵仍可采用离散导数构造（Degroote et al., 2016）；或者也可采用无雅可比牛顿-克雷洛夫技术，利用程序提供的一阶数据求解Newton-Raphson矩阵。

## 7.2.5 实际实施的考虑

多尺度耦合的实际实施需在涉及的程序内开发一系列界面：

（1）"引导"界面，允许用户控制程序运行：时间步长选取、初始化、单个时间步（甚至是时间步内的单次迭代）执行、时间推进、时间重置（恢复上一步程序状态）。或者，部分程序具有回调功能（在程序给定序列点中调用客户函数的功能），可用于在主从式配置中将某个程序与另一程序耦合。

（2）"输入-输出"界面，允许用户从程序获取数据并用外部数据替换。大部分程序具有实施区域分解耦合必需的"开箱即用"功能，该功能足以控制边界条件。对于区域重叠方法，也需要覆盖含"重叠"区域的程序（通常为STH程序）计算值，如果程序本身不直接提供该功能，那么可行的变通办法是在系统模型中使用动量和热量源项以"驱使"这些量变为期望值。

从这些界面出发，可迈出实现期望的多尺度耦合的第一步。大部分情况下，对于给定用途（特定反应堆或实验，甚至是单个瞬态）这一步是明确的。从长远来看，开发适用于更广范围情形的更通用的算法可带来巨大的附加价值：

（1）在专用耦合程序中，耦合算法本身是模型的一部分，因此很难去论证通过比较耦合模型与给定实验开展的验证可以"外推"至新用途，因为该新用途必然将包括新版的耦合算法。相较而言，通用的耦合算法可照原样应用于验证实验及反应堆程序，因此也可认为在后者应用时进行了验证。

（2）专用耦合程序常常包括与给定输入卡相适应的"硬关联"常量（如网格数量），相反通用耦合程序需要对输入数据开展错误检查，如通过检查STH及CFD程序中耦合边界的高度是否相容。在液态金属流动中这是非常重要的，静压（高密度）高度上的微小差异可能导致显著的压力差异。为避免一系列基础但难以把握的误差，此类输入检查是至关重要的。

（3）通用耦合算法的改进使所有采用该算法的模型受益，而专用耦合算法必须根据新功能单独更新。

基于此种考虑，CEA 集成了几种专用耦合算法（为 PHENIX 反应堆、TALL-3D 铅铋实验和 ASTRID 反应堆工况开发的）到统一的"耦合程序"中，称为多尺度 ASTRID 热工水力模拟程序（MATHYS）（Gerschenfeld et al.，2017）。改用 MATHYS 使得新耦合模型开发更简单，且允许检测耦合模型中的错误，也可论证通过 MATHYS 与实验数据对照验证外推至反应堆工况。

## 7.3 多尺度方法开发及验证

本节旨在提供从液态金属多尺度耦合模型到实验的简略应用概述。模型与实验对照的最终目标是更好地理解液态金属冷却反应堆瞬态过程，这可降低反应堆安全审评中的保守性裕量。多尺度计算已应用于反应堆安全分析中，例如，法国已用多尺度模型分析 ASTRID 的安全瞬态，比利时已用多尺度模型分析 MYRRHA 的安全瞬态，两种情况均使用完整的 CFD 模型计算了完整的一次回路。

假如这些模型用于各自反应堆的最终安全分析，其需达到与系统程序相当的验证、确认和不确定度量化（VVQU）水平。对于系统程序，耦合程序的验证数据库需包含分析、结合效应、大尺度及整体验证的结合。此分类用于综述此处提及的耦合模型。为便利计，该综述主要覆盖作为 THINS 和 SESAME EU 计划一部分开发的模型，这些项目着实推动了大量目前所用的液态金属多尺度耦合模型的开发。

### 7.3.1 耦合算法解析验证

耦合程序中解析验证概念与 CFD 程序具有不同含义。耦合程序预测的单独效应，顾名思义，即包含在该模型中单个程序计算的结果；耦合程序预测的不同尺度间相互作用产生的"新"现象，通常认为是"结合效应"。

在解析验证层面，足以确保所用耦合算法在程序间耦合边界得到了验证，这可通过设置一系列覆盖该算法所有可能的耦合边界类型的分析测试工况来确认。如此可验证：穿过边界的质量守恒；程序间边界上热流相等；两类程序计算的压力场一致，即在边界上匹配。

对照这些测试工况对耦合算法的确认，足以在分析层次证明耦合算法的正确性。

### 7.3.2 小尺度及中间尺度验证

在 THINS 和 SESAME 项目框架下，利用两种实验台架研究小尺度耦合效应。

**1. TALL-3D**

TALL-3D（Grishchenko et al.，2015）是皇家理工学院设计的用于研究三 LBE 支路和圆柱形三维实验段之间耦合的台架，实验段涉及的局部效应有流动混合、分层、射流冲击和传热。该台架为促进这些局部效应与整体循环尺度的相互作用进行了特别设计，三维实验段置于两个热管段中的一段，而剩下的热管段为简单的管道几何结构。在失流瞬态期间，两段热管段分配自然对流流动导致强烈振荡，反过来这些振荡又受三维实验段中局部效应影响。表 7.1 列出 TALL-3D 开发中的耦合模型。

表 7.1 TALL-3D 开发中的耦合模型

| 机 构 | STH 程序 | CFD 程序 | 区域处理方式 | 时间格式 | 参 考 文 献 |
|---|---|---|---|---|---|
| KTH | RELAP5 | StarCCM+ | 重叠 | 隐式 | Grishchenko 等（2015） |
| GRS，TUM | ATHLET | ANSYS CFX | 分解 | 显式 | Papukchiev 等（2015） |
| CEA，ENEA | CATHARE | TrioCFD | 重叠 | 隐式 | |
| SCK·CEN | RELAP5 | ANSYS Fluent | 分解 | 隐式 | Toti 等（2017） |

图 7.7 给出了使用 CATHARE 和 TrioCFD 模型开发的程序。MATHYS 耦合工具使用隐式时间方案将描述三维实验段的部分 STH 模型与 CFD 模型覆盖。用特殊函数将耦合边界上 STH 计算温度以 CFD 的计算值替换，重叠区域内其中一个动量方程的源项用于调节系统程序中耦合边界间的压差。

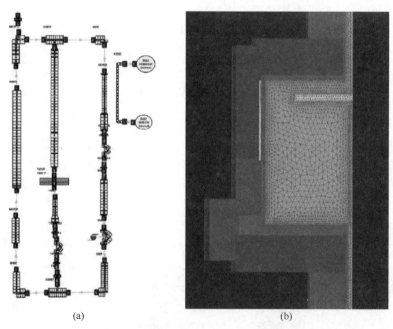

图 7.7 CEA 和 ENEA 所开发 TALL-3D 台架 CATHARE/TrioCFD 模型
(a) CATHARE 系统模型；(b) TrioCFD 三维实验段模型。

**2. NACIE-UP**

ENEA Brasimone 的 NACIE-UP 台架（Di Piazza et al.，2015）包含一个 19 棒绕丝结构的组件、氩气"气举"LBE 回路（增强回路中强迫对流）和换热器。组件内局部现象只能用子通道或 CFD 程序模拟，有详细的测量结果用于这些局部现象验证。在整体回路尺度上，这些现象预计通过平均性质影响整体响应（如子组件压降），因此认为系统尺度模型已可提供良好结果。此时，耦合程序可用于比较系统程序所用关联式与 CFD 程序预测值，CFD 程序也可提供峰值包壳温度等系统尺度无法得到的局部信息。表 7.2 列出 NACIE-UP 开发中的模型。

表 7.2 NACIE-UP 开发中的模型

| 机 构 | STH 程序 | CFD 程序 | 区域处理方式 | 时间格式 | 参 考 文 献 |
|---|---|---|---|---|---|
| UniPi | RELAP5 | Fluent | 分解 | 显式 | Di Piazza 等（2016） |
| ENEA | CATHARE | TrioCFD | 重叠 | 隐式 | — |

### 7.3.3 大尺度验证及整体验证

THINS 和 SESAME 项目中在大尺度下利用多尺度耦合程序研究了两种主要情况。

**1. CIRCE 实验**

CIRCE 实验大规模整体性 LBE 实验，旨在研究及论证通过自然循环冷却铅冷快堆堆芯。实验中安装及测试了几种不同实验段，如 CIRCE 整体循环实验段 ICE（Martelli et al. 2015）（由浸入式换热器提供冷却）；在其最近配置中使用 CIRCE 液态重金属高压水冷却实验段 HERO（Rozzia et al.，2017），冷却由 HERO 蒸汽发生器提供。表 7.3 所列 CIRCE-HERO 的耦合模型正在实施当中。

表 7.3 CIRCE-HERO 的耦合模型

| 机 构 | STH 程序 | CFD 程序 | 区域处理方式 | 时间格式 | 参 考 文 献 |
|---|---|---|---|---|---|
| NRG | SPECTRA | ANSYS CFX | 重叠 | 显式 | Zwijsen 等（2018） |
| UniPi | RELAP5 | Fluent | 分解 | 隐式 | Angelucci 等（2017） |

图 7.8 给出了 UniPi 采用 RELAP5-Fluent 耦合、区域分解策略及时间隐式格式开发的多尺度模型。图 7.8（a）为对不包含内部构件的池式 Fluent 模型。池空间离散如图 7.8（b）所示。HERO 试验段和其他内部构件的 RELAP5 模型，以及耦合过程如图 7.8（c）所示。

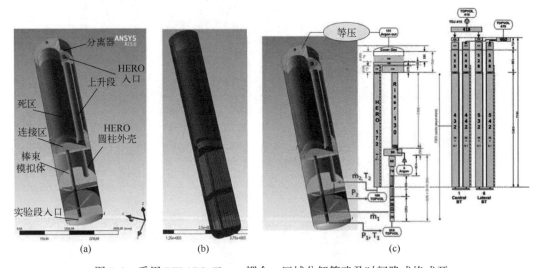

图 7.8 采用 RELAP5-Fluent 耦合、区域分解策略及时间隐式格式开发的 CIRCE-HERO 多尺度模型

**2. PHENIX 反应堆**

PHENIX 反应堆是 CEA 于 1973—2009 年在法国马尔库尔运行的钠冷快堆。最后一

年在该堆开展了部分寿期末试验，包括自然对流实验（Tenchine et al.，2013）（考虑丧失主泵）和非对称实验（包括在保持强迫对流时一列中间回路突然跳停）。两类实验都强烈地受三维热工水力效应影响，因此提供了难得的在整体尺度下验证耦合程序的机会。表 7.4 列出 PHENIX 开发中的多尺度模型。

表 7.4　PHENIX 开发中的多尺度模型

| 机　构 | STH 程序 | CFD 程序 | 区域处理方式 | 时间格式 | 参　考　文　献 |
| --- | --- | --- | --- | --- | --- |
| CEA | CATHARE | TrioCFD | 重叠 | 隐式 | Gerschenfeld 等（2017） |
| KIT | ATHLET | OpenFOAM | 分解 | 序列 | Pialla 等（2015） |
| NRG | SPECTRA | ANSYS CFX | 重叠 | 显式 | Uitslag-Doolaard 等（2018） |
| ANL | SAS4A | Nek 5000 | 重叠 | 隐式 | |

图 7.9 给出了 NRG 开发的 PHENIX 反应堆耦合 SPECTRA-CFX 模型，该多尺度模型采用隐式格式和区域重叠方法，考虑了通过钢壁的传热和容器冷却系统。

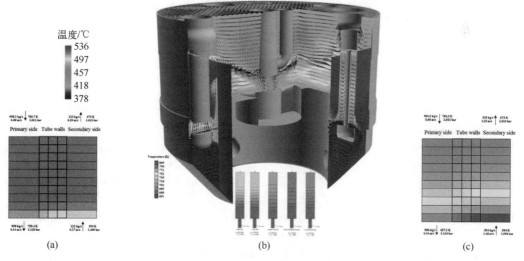

图 7.9　NRG 开发的 PHENIX 反应堆耦合 SPECTRA-CFX 模型（见彩插）
（a）SPECTRA 堆芯模型；（b）CFD 稳态温度场；（c）SPECTRA 中间换热器模型。

## 7.4　结　论

相比其他情形，液态金属系统受不同尺度间复杂相互作用影响更大，许多重要情况下局部三维效应将影响 SFR 或 LFR 整体行为，如向自然对流的转变及非能动方式的衰变热移除。存在此类相互作用时，准确模拟需要将小尺度、局部效应整合到完整系统的方法。

多尺度模型提供了构建此类整合模型的方法，以使得大部分现有程序可用于系统尺度、子通道尺度以及 CFD 尺度下的反应堆热工水力行为分析。通过耦合两种或更多程序，多尺度模型可针对待模拟现象选择合适尺度描述系统的每一部分，而无须对整个区域进行更精细描述。耦合算法需确保不同程序的计算域在时间上一致，尤其在切分以不同尺度建模的两类区域的"耦合边界"上。前提是多尺度计算必须表现得像是单个程序，可预测不同尺度现象间相互作用产生的整体效应。

实际上，实施多尺度耦合并非易事。假如考虑的程序包括必要的引导及数据交换界面，则确保在耦合界面保持一致性并不总那么简单，7.2.2节和7.2.3节详细阐述了在水力边界和热边界保持一致性的条件。

采用的耦合策略要保持一致性往往需要进行程序间迭代。对于不可压缩流动，如果不同程序的压力场计算是相互依赖的，则迭代成本尤其高；对于重叠方法，因系统程序包含完整计算域，因而可以缓解该困难，不过此方法下程序间一致性通常更难保证。此外，可采用加速技术加快程序间迭代的收敛速度。

本章最后对多尺度耦合在将来的安全分析中得到应用做出了展望。为实现此目标，这些耦合方法需进行大量验证、确认与不确定度量化工作，尤其需要基于由分离效应、结合效应和整体实验构成的完整数据库进行验证。通过实施 NACIE-UP、TALL-3D、CIRCE 几项关键实验，并组织基于这些实验和 PHENIX 反应堆的对比研究活动，THINS 和 SESAME 项目已为构建此类数据库做出了重要贡献。

# 参 考 文 献

[1] Angelucci M., Martelli D., Barone G., Di Piazza I., Forgione N., 2017. STH-CFD codes coupled calculations applied to HLM loop and pool systems. Sci. Technol. Nucl. Ins., vol. 2017, Article ID 1936894.

[2] Bandini, G., Polidori, M., Gerschenfeld, A., Pialla, D., Li, S., Ma, W. M., Kudinov, P., Jeltsov, M., Kööp, K., Huber, K., Cheng, X., Bruzzese, C., Class, A. G., Prill, D. P., Papukchiev, A., Geffray, C., Macian-Juan, R., Maas, L., 2015. Assessment of systems codes and their coupling with CFD codes in thermal-hydraulic applications to innovative reactors. Nucl. Eng. Des. 281, 22-38.

[3] Conti, A., Gerschenfeld, A., Gorsse, Y., Cadiou, T., Lavastre, R., 2015. Numerical analysis of core thermal-hydraulic for sodium-cooled fast reactors. In: NURETH16, Chicago, USA.

[4] Degroote, J., Haelterman, R., Vierendeels, J., 2016. Quasi-Newton techniques for the partitioned solution of coupled problems. In: 7th European Congress on Computational Methods in Applied Sciences and Engineering.

[5] Di Piazza, I., Tarantino, M., Agostini, P., Gaggini, P., Polazzi, G., Forgione, N., Martelli, D., 2015. NACIE-UP: an heavy liquid metal loop for mixed convection experiments with instrumented pin bundle. Problems of Atomic Science and Technology. Series: Nuclear and Reactor Constants. 2015 (4).

[6] Di Piazza, I., Angelucci, M., Marinari, R., Tarantino, M., Forgione, N., 2016. Heat transfer on HLM cooled wire-spaced fuel pin bundle simulator in the NACIE-UP facility. Nucl. Eng. Des. 300, 256-267.

[7] Gerschenfeld, A., Li, S., Gorsse, Y., Lavastre, R., 2017. Development and validation of multiscale thermal-hydraulics calculation schemes for SFR applications at CEA. In: FR17, Yekatarinenburg, Russia.

[8] Grishchenko, D., Jeltsov, M., Kööp, K., Karbojian, A., Villanueva, W., Kudinov, P., 2015. The TALL-3D facility design and commissioning tests for validation of coupled STH and CFD codes. Nucl. Eng. Des. 290, 144-153.

[9] Martelli, D., Forgione, N., Di Piazza, I., Tarantino, M., 2015. HLM fuel pin bundle experiments in the CIRCE pool facility. Nucl. Eng. Des. 292, 76-86.

[10] Papukchiev, A., Geffray, C., Jeltsov, M., Kööp, K., Kudinov, P., Grischenko, D., 2015. Multiscale analysis of forced and natural convection including heat transfer phenomena in the tall-3D experimental facility. In: NURETH 2015, Chicago, USA.

[11] Pialla, D., Tenchine, D., Li, S., Gauthe, P., Vasile, A., Baviere, R., Tauveron, N., Perdu, F., Maas, L., Cocheme, F., Huber, K., Cheng, X., 2015. Overview of the system alone and system/CFD coupled calculations of the PHENIX natural circulation test within theTHINS project. Nucl. Eng. Des. 290, 78-86.

[12] Roelofs, F., Shams, A., Pacio, J., Moreau, V., Planquart, P., Van Tichelen, K., Di Piazza, I., Tarantino, M., 2015. European outlook for LMFR thermal hydraulics. In: NURETH16, Chicago, USA.

[13] Rozzia, D., Pesetti, A., Del Nevo, A., Tarantino, M., Forgione, N., 2017. Hero test section for experimental investigation of steam generator bayonet tube of ALFRED. ICONE 2017, Shanghai, China.

[14] Tenchine, D., 2010. Some thermal hydraulic challenges in sodium cooled fast reactors. Nucl. Eng. Des. 240, 1195-1217.

[15] Tenchine, D., Pialla, D., Fanning, T. H., Thomas, J. W., Chellapandi, P., Shvetsov, Y., Maas, L., Jeong, H.-Y., Mikityuk, K., Chenu, A., Mochizuki, H., Monti, S., 2013. International benchmark on the natural convection test in Phenix reactor. Nucl. Eng. Des. 258, 189-198.

[16] Toti, A., Belloni, F., Vierendeels, J., 2017. Numerical analysis of a dissymmetric transient in the pool-type facility E-scape through coupled system thermal-hydraulic and CFD codes. In: NURETH17, Xi'an, China.

[17] Uitslag-Doolaard, H. J., Alcaro, F., Roelofs, F., Zwijsen, K., 2018. System thermal hydraulics and multiscale simulations of the dissymmetric transient in the Phénix reactor. In: ICAPP 2018, Charlotte, USA.

[18] Zwijsen, K., Dovizio, D., Breijder, P., Alcaro, F., Roelofs, F., 2018. Numerical simulations at different scales for the CIRCE facility. In: ICAPP 2018, Charlotte, USA.

# 第8章 验证、确认和不确定度量化

C. Geffray[1], A. Gerschenfeld[1], P. Kudinov[2], I. Mickus[2], M. Jeltsov[2], K. Kööp[2], D. Grishchenko[2], D. Pointer[3]

1. 法国，萨克雷，CEA，流体力学与热工水力研究室；
2. 瑞典，皇家理工学院，核工程系；
3. 美国，橡树岭国家实验室

## 8.1 引　言

物理模型可用一套数学方程来描述。在数值模拟中，控制方程通过算法或数值方法进行离散，由此将数学方程转化为离散的计算模型。计算模型由计算机软件运行，这个运行过程通常称为计算机程序，对程序的执行则称为模拟。

程序验证、确认与不确定度量化的核心包括下述内容（Department of Defense, 1994）：

（1）确定模型的实施准确地反映了开发者对于模型及其求解的概念设计。

这一步称为验证，简而言之，验证提供模型被正确地求解的证据[①]。

（2）从预期用途而言，确定模型反映现实世界的准确程度。

这一步称为确认，简而言之，就是提供正确模型被求解的证据[②]。

不确定度量化涵盖了一系列评估模型精度的方法，解释了包括标定系数在内的模型输入隐含的不确定度。图8.1所示的分级验证是一种清晰的系统导向观点，感兴趣的系统位于结构的顶部。验证分级的目的是帮助识别一系列更低的层级。这些更低的层级可根据图8.2所示的对于每一类验证数据处理流程，针对更简单的系统和物理过程开展模型精度评估实验。验证分级一般在大型项目中应用（Oberkampf, Roy, 2010），主要针对其所关注的系统。

在新反应堆的设计及对其设计能力能否满足监管当局安全要求的论证中，验证、确认与不确定度量化至关重要。

本章从设计新反应堆的角度编写：首先介绍安全要求及其对程序开发流程的影响；其次介绍验证和确认的综述；最后给出适用于开展热工水力程序（可能为多尺度的）不确定度量化的一系列方法，并提出了建议。

---

① 正确地做事。——译者
② 做正确的事。——译者

# 第 8 章 验证、确认和不确定度量化

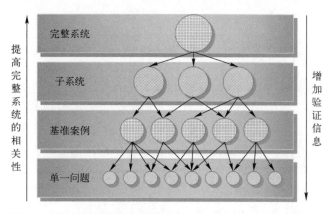

图 8.1 分级验证数据金字塔示意（Oberkampf et al.，1998）

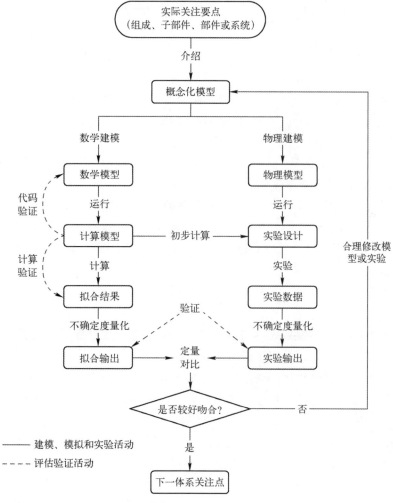

图 8.2 分级验证步骤（Oberkampf，Roy，2010）
（版权所有，经美国机械工程师协会许可翻印自 ASME V&V 10-2006）

## 8.2 安全监管要求

本书提及的液态金属冷却反应堆工程即使不是有史以来第一次建设同类反应堆,几十年来在各自所在国建造的同类产品中也属首次。该堆型的设计与现有商业反应堆机组(轻水堆)大不相同,这意味着不同安全评估工况。例如,归功于液态金属冷却反应堆的池式特性及低运行压力,认为其冷却剂丧失事故并不严重。然而,由于事故工况下反应堆依赖于自然循环,所有相关工况下自然循环的建立及其衰变热排出能力还需进一步论证。

在大型整体实验中对所有重要现象同时合理地模化十分困难,由于可开展实验数量的限制、不断变化的设计开发过程及量化随机事故工况不确定度对安全裕量的影响,进行全尺寸或大尺寸实验也是不切实际的。因此,需基于程序的预期功能,对设计及许可两个动态目标进行选择。

对于任何反应堆设计,向安全监管当局提交安全审评应关注以下内容:
(1) 选择的安全评估方法论。
(2) 选择某种或一系列科学模拟工具进行局部安全评估的原因。
(3) 通过提交以下证据,证明每项科学模拟工具均通过鉴定:
① 通过现象识别与排序表对物理现象进行了分析。
② 选择的科学模拟工具符合其验证基准的证据:该程序已通过计算资源验证;该程序已通过基础及集成验证。
③ 选择的科学模拟工具对于反应堆适用性的分析,包括:验证矩阵对于反应堆设施的代表性研究;验证实验的(几何或物理)条件与反应堆特定条件的差异研究。
④ 考虑科学模拟工具在反应堆运行条件下应用的相关不确定度及程序验证不确定度的量化分析。
(4) 利用模拟工具开展的研究,可说明反应堆遵守所有关于潜在不确定度的安全准则。

如前文所论述,科学模拟工具需视具体情况来验证。某个程序不能进行通用的验证或鉴定,而是根据具体应用及情景进行验证。

同样,将进行鉴定的程序准确地与应用情景相适应。例如,在池式液态金属冷却反应堆特定的强迫循环瞬态的条件下,可对结合了适用于该类反应堆的保守假设的系统热工水力程序进行验证;这类低解析度建模方式更易于实施,且具有对反应堆设计及运行工况变化的鲁棒性。在自然循环瞬态的条件下,系统热工水力程序捕捉该流态的复杂物理特征存在困难,因此该流态下程序验证将表现出与验证数据的显著偏差,且针对反应堆实际条件必须使用的保守假设可能与最终安全要求相悖。这类情况可使用具有更高精度的分析方法(如多尺度计算),以减少与反应堆实际条件的偏差并提高安全裕量。

使用的各类程序(系统热工水力及 CFD 程序,系统热工水力及子通道程序,或系统热工水力、子通道及 CFD 程序)均需经过完整的论证及验证,应遵循前述流程证明安全性。

## 8.3 验 证

如 Oberkampf 和 Roy（2010）所指出的，验证活动涵盖两个主要方面：

（1）程序验证，即确定数值算法和物理模型在计算机程序中准确执行以及分辨软件错误的过程。

（2）求解验证，即确定输入数据准确性、求解结果的数值精度及特定模拟过程中输出数据准确性的过程。

这些过程的具体描述参见 Oberkampf、Roy（2010）和 Roy、Oberkampf（2011）。本章关注热工水力程序，并详细描述在该类程序开发情景下典型验证手段。计算机程序通常由分散在不同机构及地点的数个小组开发及更新。由于验证过程需指派软件整合牵头人及编制版本更新的完整变化记录，所以更具挑战性。具备自动版本控制及代码回归工具的现代软件存储库可简化该验证过程。

针对程序任何冻结版本开展下述实验的结果需完整归档，并且程序开发者需确保源代码中所有可能的函数和模型均在程序验证过程中进行测试。需测试的程序组件数量通常称为代码覆盖率。对于复杂程序，测试所有可能的代码组件的信息交互不切实际，因而交互测试根据预期用途而定。下面给出了一系列的验证试验。

### 8.3.1 功能性测试

功能性测试旨在验证程序基础功能是否按预期运行。比如，对于系统热工水力程序，可检查某个隔间向管道注入流体时是否在需要的时间和地点确实注入需要的量。对于耦合程序，功能性实验可检查物理量（质量、能量、动量）是否按其所需要的被交换，及底层程序在时间上是否同步良好。

对于耦合程序，不仅各单独的程序主体需进行功能性测试，而且实现程序耦合的各类附属程序应完成功能性测试，这也适用于后续提及的所有验证实验。

### 8.3.2 解析验证

假如简单问题得到解析解，程序计算结果可与理论计算结果对比。也可在方程中添加源项来测试程序对于任意函数的收敛性，此方式称为人为解（Oberkampf，Roy，2010；Roy et al.，2004）。

对于耦合程序，可利用准解析解来测试。例如，可设计仅涉及一维现象的瞬态，单独的系统热工水力程序计算结果可与耦合程序计算结果对比。

### 8.3.3 数值验证

这类验证包括以下内容（Oberkampf，Roy，2010）：

（1）离散误差估计：与现有解析解对比，对程序在恒定时间步长和指定网格尺寸下运行产生的误差进行量化分析。

（2）收敛测试：检查离散误差是否随网格尺寸或时间步长的减小而减小。

(3) 精度等级测试：检查离散误差是否随网格尺寸或时间步长的减小按理论速率减小。

### 8.3.4 选用的物理定律或封闭模式验证

这一步验证包括检查状态方程是否准确地遵循其数学表达式，检查对于简单问题选用的关系式是否得到与解析解一致的结果。

### 8.3.5 非回归测试

前述测试是在程序开发过程中执行或分析的。在程序新版本发布之前，所有测试将重新开展并与早前版本的计算结果相比较，测试结果及其比较分析须归档并随新版本一同发布。这一步通常是完全自动化的。

## 8.4 确　　认

确认过程的主要步骤如下：
(1) 应用程序域定义（列出需开展的研究工况）；
(2) 基于 PIRT 为每个工况选取合理的科学模拟工具；
(3) 验证域定义，每一程序将在其中进行验证，并与应用域范围相一致；
(4) 确认活动相关实验选取；
(5) 确认活动实施；
(6) 所选择科学模拟工具的验证矩阵构建。

确认活动与针对潜在不确定度的应对方式紧密相关。以从支撑反应堆设计的多种实验台架得到的实验数据为基准，来验证热工水力分析工具的主要不确定度源项包括以下几个方面：

**1. 模型不确定度**

(1) 程序使用的模型（如湍流模型、壁面函数或封闭模式等）能够在一定的精度等级下捕捉相关物理现象。
(2) 材料及物理性质由实验得到，由此衍生的规律存在不确定度。
(3) 事实上，所有相关物理现象都是耦合的（热工水力学、中子物理学及热力学），假如此种耦合未以某种方式合理考虑，热工水力程序使用的初始及边界条件中将引入不确定度。

**2. 实验不确定度**

(1) 制造误差和使用变形等因素导致的实验装置设计和实际结构的偏差，其准确几何参数在某个允差条件下是不确定的。
(2) 用于确认活动的实验装置的物理状态一般存在不确定度（如初始及边界条件受测量不确定度及环境条件影响）。
(3) 测量设施依赖于从实际测量值推出期望测量值的物理规律，信号必要的放大过程中可能存在噪声，不合格的标定设施可能引入系统误差，所有这些因素都增加了测量不确定度。

（4）实验装置中可能存在实际反应堆中不会发生的现象，例如热工水力实验台架通常采用电加热棒模拟堆芯，而其电阻将随材料温度变化而变化，该效应在部分装置中十分显著且未在计算模型中考虑，将增加模型输出与实验数据观测值的偏差。

**3. 数值不确定度**

（1）由于硬件精度所限存在舍入误差，因此程序中通常使用的是双精度变量，而舍入误差可用四精度变量来估计。该误差一般比离散误差小几个数量级。

（2）迭代收敛误差与迭代过程终止判据有关，可通过检查质量、能量、动量平衡来评估。

（3）空间离散误差源于有限体积网格单元及有限阶离散格式的选用，可通过细化网格和使用高阶离散格式来减小。理查森（Richardson）外推方法可用来估计这项误差（Roy，Oberkampf，2011）。

（4）时间离散误差源于瞬态计算中有限时间步长的选用。必须开展时间步长收敛性研究，时间步长取决于所模拟的物理过程及数值因素。

**4. 反应堆输入数据不确定度**

（1）在反应堆设计计算中，初始及边界条件无法准确预知。对处于运行中的反应堆，测量的不确定度包括初始和边界条件及仪控系统参数测量的不确定。

（2）仅用于核反应堆的材料物性不确定度，如反射层材料、核燃料包壳材料。

（3）通常须简化反应堆几何特征以减低计算成本。例如，中间的换热器管束可能用多孔介质模拟。当不存在更详细的模型可供比较时，此类不确定度可能难以量化。

**5. 模化不确定度**

（1）实验装置设计应匹配一系列反应堆实际情况也存在的无量纲量（如 $Re$、$Pr$、$Fr$、$Ri$ 和 $St$），但这些反应堆的无量纲准则数无法全部在实验装置中满足，造成对程序计算验证的误差。

（2）即使所用的模型及程序在反应堆计算应用中得到验证，但由于计算成本仍很难虑及最佳实践指南，无法遵守最佳实践指南，总会引入数值偏差。

上述部分不确定度的来源是偶然的，受固有随机性的影响，其典型例子是测量的量，可用概率密度函数（PDF）来描述，偶然量不确定度可通过利用更高精度测量装置开展新的实验来减小。认知变量不确定度源于相关知识的不足，通常仅能用最佳工程估计描述，在开展专门实验评估认知变量时，可能使其具有偶然性。不确定度量化中这些不同本质的不确定来源必须区别对待，在 8.5.3 节有更详细的说明。

## 8.4.1 现象识别与排序表（工况列表）

现象识别与排序表从模型开发的特定视角提供了系统性方法，可对实验台架或装置中可能出现的物理现象的认知水平及重要程度进行评估。认知水平可以是"已知""部分已知"或"未知"，而重要程度可以为"高""中"或"低"（Pilch，2001）。对重要程度为高或中，同时仅部分已知或未知的现象，应开展更详细研究。可针对认知水平和重要程度评分，得到可支撑决策过程的各类现象总体排序。感兴趣现象的重要程度可给予专家意见或提供更多客观数据的敏感度分析来评估。

当对物理现象有了新的认识，如有了新的实验数据或敏感度分析结果时，PIRT 也应该更新。更详细的 PIRT 相关资料可参见 Pilch（2001）、Diamond（2006）和 Mahaffy 等（2015）。Pourgol-Mohamad 等（2009）提出的层次分析法（AHP）也常用于现象排序。

## 8.4.2 合适的计算方案选取

基于 PIRT 或 AHP 结果，从下述选项中选择使用某种或多种科学模拟工具针对特定实验开展分析：

（1）局部尺度预测工具，在局部尺寸直接计算关注的现象。

（2）基于保守假设的低精度的预测工具，可提供感兴趣现象的整体信息，认为此方法是保守的。

基本思想是在所有可能情况下选择选项（2），以使安全分析尽可能简单。当采用选项（2）将导致相反结果（如丧失安全裕量），或忽略过多物理现象（如局部尺度对整体尺度的影响）使得其验证变得困难时，应选择选项（1）。在任何情况下，对选项（1）或选项（2）的选取应论证并记录。上述过程通过图 8.3 展示：在图 8.3（a）所示情况下，保守预测及安全极限提供了安全裕量，由于设计裕量较大，系统未受到可导致失效的压力（负载），此时可认为它在保守假设下式安全的；在图 8.3（b）所示情况下，保守性预测超出了保守性安全极限，此时存在可进行不确定度量化的更精确的方法可论证系统能安全运行，应选取选项（1）。

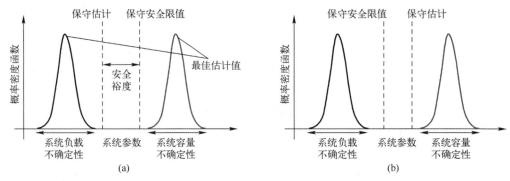

图 8.3 选取保守性工具或高分辨率工具
(a) 保守性工具有效；(b) 需选取最佳估计（高分辨率）工具。

如 8.2 节所述，对于强迫对流瞬态情形，仅用 STH 程序即可获得对全厂行为的良好预测；对于局部状态分析，耦合 CFD 程序通常是必要的（如获取冷或热水池温度分层信息）。存在强迫对流向自然对流转捩或进入非对称流态时，必须采用多尺度的CFD-STH 程序。捕捉六边形燃料组件中的大温度梯度或六边形边壁冷却时，还可能需要耦合子通道程序。

## 8.4.3 有效域或有效范围

当选取了某个（或一系列）科学模拟工具后，必须定义程序的有效范围。针对每种应用场景或工具，可通过下述步骤来定义：

(1) 对确定关注量有影响的相关物理现象。

(2) 对于前述步骤列出的每一物理现象，需通过验证物理定律和模型来达到刻画该物理现象的目的。

(3) 验证每种物理定律和模型需达到的精度水平，以使所预测的关注量符合预期目标。

(4) 这些现象在反应堆尺度下如何相互作用，这种相互作用如何影响程序预测，及捕捉这种相互作用需精确到何种程度。

在早期设计阶段，物理现象及其对关注量潜在相互作用的影响的重要程度难以评估，此时敏感度分析十分有用，且可更新 8.4.1 节提及的 PIRT。在此阶段，显然整个过程是迭代的。

## 8.4.4 验证用实验数据库

接下来需提供可用的实验数据，论证 8.4.2 节所选取的程序可在 8.4.3 节所述的有效域上进行验证，此类实验数据可来源于下述各类装置：

(1) 分离效应台架是针对单一物理现象设计的，因此其获取的实验数据可用于单独验证特定的物理定律或模型，此类实验必须根据 8.4.3 节所述的条件（如无量纲量）及精度要求开展。

(2) 整体效应实验用于评估不同物理现象间相互作用，得益于较大的尺寸，其可提供关于源自分离效应实验结果的反应堆条件的模化经验，然而，其通常无法运行在完全相似于反应堆的条件。对于液态金属冷却反应堆情形，整体效应实验台架有 CIRCE、NACIE-UP、PLANDTL 和 TALL-3D。

(3) 整体实验台架包含了反应堆尺度的工况，但有着不同于设计中反应堆的运行工况。对于 ASTRID 反应堆情形，Rapsodie、Phénix、Superphénix、MONJU 等反应堆的数据也可利用。

应指出的是，即使尽最大努力，仍可能发生模化问题，例如，实验台架不总能展现与全尺寸反应堆同样的无量纲数。该类问题仍是研究热点，D'Auria 等（1995）提出的基于精度外推的不确定度方法论被视为解决此问题的一种尝试。关于模化方法、模化畸变及后者对误差传递影响考虑的综述可参见 Bestion 等（2016）。针对此问题，法国安全监管当局采用的方法是（Autorité de Sûreté Nucléaire, 2017）：如理论分析可论证从验证域至应用域时（见 8.4.6 节）模化畸变无显著影响，则安全分析可开展；否则，需提供所用计算工具的预测仍然准确（或保守）的证据，这可通过进一步的实验活动、敏感度分析或专家评审进行。

实验台架可能出现的另一个问题是数据校准。尤其对于分离效应实验装置，可能出现对于模型验证并不优先关注的现象。例如，某台架中可能使用电动永磁泵，而反应堆中则使用旋转泵。更进一步的例子是热损将显著影响回路型台架的行为，而对池式台架的影响没那么重要。当用回路型台架的实验来验证池式系统时，该热损必须准确量化，然而其可能无法直接测量，只能从其他测量（如温度测量）推出。因此，校准过程不会因包含另外现象的影响而不导致高估或低估，校准应聚焦于使被量化分析的现象尽可能独立，任何情况下校准数据应区别于用于验证的数据。而且实验者与计算者之间的密切合作对于成功的验证过程是必须的,最有效的验证也同时运用实验和模拟手段。

实验数据被纳入验证域且经过分析后,可添加入非回归实验数据库。

## 8.4.5 验证流程

为实现验证和确认过程的最终目标,即为具有鲁棒性的决策提供充分证据,成功的验证和确认过程是必需的:

(1) 充分识别系统而完备的不确定度来源。
(2) 紧密结合预期用途及其目标接受准则。
(3) 利用新数据(实验数据或风险分析结果)迭代,通常需要进行修改:程序输入;模型;新数据需求。
(4) 收敛于鲁棒的决策。

该过程具有如图 8.4 所示的三个阶段,以识别及降低不确定度:数值不确定度(红色);模型输入及实验不确定度(绿色);模型不确定度(蓝色)。

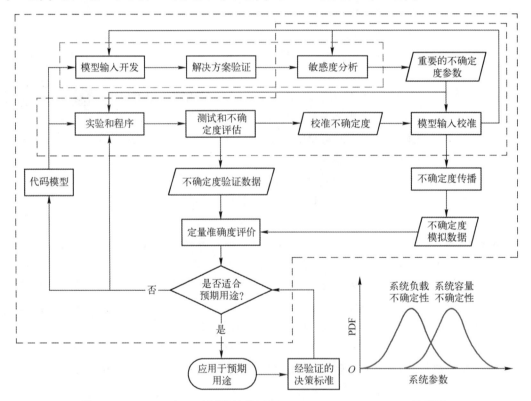

图 8.4 Hofer(1999)验证的迭代过程(Mickus et al.,2015)(见彩插)

验证过程的结果是模型综合不确定度(如果要做鲁棒决策)的识别及降低。实验的设计和分析活动紧密结合以降低其他所有来源的不确定度(数值的、程序输入的、实验的),以使程序预测不确定度主要由计算程序(模型)不确定度影响。

如图 8.4 所示的过程始于定义用于验证过程的模型及成功准则。求解确认证实数值不确定度并非主要影响因素。程序需根据实验开展校准(利用与用于验证活动不同的数据组），并尝试为无法直接由实验测量的输入参数（如前述热损）提供边界。

验证决定模型对于预期用途是否"充分"，整个迭代过程必须做到三个方面：一是弱化用户的影响；二是识别不确定度主要来源，并在下一个迭代中降低；三是提高精度及测量完备度（如可能）。

程序由检测计算结果与实验结果的吻合程度来验证，实验结果来自合理设计及开展的实验，即验证实验（Oberkampf，Roy，2010）。为使决策者有足够信心使用某模型预测关注的实际情况，设计及开展可为模型提供足够严格验证的实验存在挑战。

在验证和确认项目计划及开发环节应建立验证矩阵（Oberkampf，Roy，2010）。假如模型预测的实验结果在预先设定的精度要求范围之内，则认为该模型对于所关注情况的现象的预测经过验证。

验证矩阵应包括对模拟计算中数值误差的估计；反映模拟过程导致的所有不确定度及误差；包括对作为比较基准的实验数据随机误差的估计；依靠某一特定测量的实验重复次数，即反映实验测量平均值的置信水平，而不仅是数据中的变化或分散度；包括定义计算所需实验参数的随机不确定度和必要计算量欠缺实验测量导致的任何不确定度。导致的计算不确定度。确认矩阵已见诸文献，关于不同可接受矩阵的详细讨论可参阅 Oberkampf 和 Roy（2010）。

## 8.4.6　覆盖矩阵

完成前述步骤后可建立覆盖矩阵。图 8.5 展示了验证域和计算域。对于每个验证实验，可根据物理现象（现象 A 至现象 E）对确定关注量的影响程度，通过结合专家意见及敏感度分析来评分。分离效应实验对于特定现象评分较高，对其他现象则不然。由图 8.5 示例中可知，所选计算工具对于应用 1 有效，而对应用 2 无效。

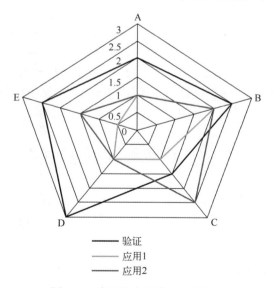

图 8.5　验证及应用域（见彩插）

Gaudron 等（2015）提出了另一种表示方式。对于给定的质量因数，识别相关物理现象；对于某一现象，特征无量纲量的值表示在 $x$ 或 $y$ 轴上，必要时也可表示在圆弧上。真实尺度的应用域可在图中标示为蓝色区域,接下来分离效应实验可标示在图中,最终整体效应实验或整体实验也可在图中标注,虚线用于连接代表单个整体效应实验或整体实验的点。

图 8.6 提供了相比图 8.5 示例更客观的方法,评估对于程序预期用途的实验数据库的准确性。对于此类图形的分析可支撑决策,现有实验数据库是否已足够,还需开展额外实验。

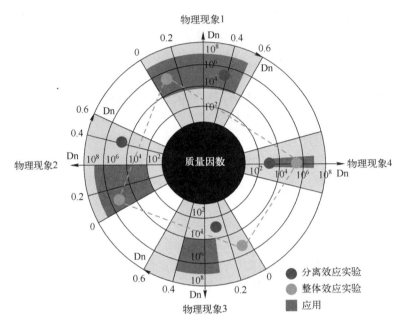

图 8.6　Gaudron et al.（2015）展示的验证及应用域（见彩插）

此外,由本节及 8.3 节描述的框架可评估程序的成熟度水平。Oberkampf 和 Roy（2010）介绍了作为结构化方法的预测能力成熟度模型（PCCM）,用于评估模拟及仿真活动的成熟度水平。模拟仿真的影响因素包括描述几何准确性、物理及材料模型准确性、程序确认、求解确认、模型确认、不确定度量化及敏感度分析。每一项因素可根据描述特征进行评估,该特征可分为四个成熟度等级。

## 8.5　不确定度和敏感度分析的技巧

本节对不确定度及敏感度分析方法进行综述,该方法为非干扰的（不要求对源程序有任何干涉）。选择该方法是因为其通用性,可以较低的植入成本应用在多种工况中,尤其是应用在耦合程序中。

### 8.5.1　不确定度分析

不确定度分析旨在量化输入变化导致的输出变化,通常由平均值、中位数、样本数量分位数等估计关注统计量进行量化,根据不确定度传播理论进行估计。由于样本规模所限,这些估计量需同时给出置信区间。不确定度传播的主要步骤如下：

(1) 识别具有不确定度的模型输入参数。

(2) 利用概率密度函数梳理变量信息，如变量之间相关，则还需利用多变量概率密度函数或相关矩阵考虑相关性。

(3) 从原始分布生成样本。

(4) 针对该样本执行计算程序。

(5) 利用统计方法计算关注变量的值。

不确定度传播过程如图 8.7 所示。

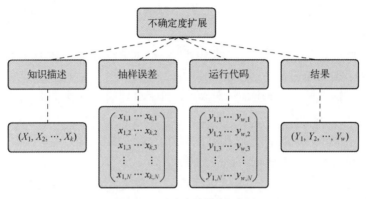

图 8.7 不确定度传播过程

概率密度函数或累积密度函数（CDF）可由实验数据得出，概率密度函数可通过统计测试或核估计引出（Efromovich，2008；Conover，1999；Kanji，1999），当处理模化问题或参考专家意见时，也可从贝叶斯方法引出。

实现此目标可用两类方法：蒙特卡罗方法将对变量进行大量计算（几百次到几百万次），该过程计算负荷太大且存在收敛低的问题；允差极限（TL）方法（Wilks，1941）可对总体分位数（单侧允差极限的上界或下界），或对关注总体的特定比例范围（双侧允差极限）进行边界计算，此方法可以较小计算代价提供具有置信水平的估计值。

关于不确定度分析的详细知识可参见 Glaeser 等（2008）、Rocquigny 等（2008）和 Hofer（1999）。

## 8.5.2 敏感度分析

敏感度分析又称为"假定条件"分析，旨在识别对于输出变量（被解释变量）影响最大的因素（解释变量）。Saltelli 等（2000）表明，敏感度分析结果允许在后续研究中排除低影响参数，其值固定为期望值而对输出变化无明显影响。Pourgol-Mohamad 等（2009）论述到，如果研究中排除了显著数量的解释变量，其累积效应将造成无法忽略的影响，因此固定低影响参数的值时需谨慎。或者，敏感度分析指出，有影响参数需在后续研究中进行分析。如果可能，应致力于更精确地量化关联的概率密度函数（如通过新的实验活动）。如果影响参数的变化幅度可减小，则输出量变化同样可减小。

模型输出对输入变量敏感度的定性或定量可按下述方法执行（Iooss、Lemaître，2014；Geffray，2017）：

（1）图形方法：通常使用分散点或网状点，不论采用何种取样技术均可应用，可用于误差及模式识别。

（2）筛查方法：Morris（1991）提出的筛查方法可用于识别与解释变量的作用或对其的非线性响应。首先应在模型开发早期阶段开展分析，因为该方法仅展示定性结果，抽样的使用通常妨碍数据的进一步利用，如检验替代模型，或估算精确的统计量。在Morris"一次一个"方法下具有低计算成本（复杂度为$(k+1) \times r$，其中$r=4,5,\cdots,8$，$k$为解释变量的数目）。

（3）基于回归的方法：该方法依赖于计算相关系数（皮尔森型或斯皮尔曼型）（Conover，1999；Glaeser, et al.，2008；Hofer，1999）。

① 当系统对输入变量的响应为线性或单调非线性时，基于回归的方法可进行敏感度分析。

② 如使用了简单随机抽样，可用有限尺度的单一抽样执行允差极限和敏感度分析，此即所谓的GRS方法，参见Glaeser等（2008）。

③ 如此，定量估计的计算成本可以降低（复杂度为$k \sim 4k$，$k$为解释变量的数目）。

④ 对于标准化残差和分位数—分位数图，应对其多重测定的系数的值进行分析，以检查线性或单调非线性系统先用假设是否成立。

（4）基于方差的方法：该方法提供定性敏感度分析，并可处理非线性系统响应或解释变量间存在相互作用的情况。解释变量相互独立时该方法最适用，然而其估计主效应和完整敏感度指标的计算成本非常高（复杂度为$(k+2) \times n$，$k$为解释变量的数目，$n$为蒙特卡罗运算重复次数，通常高于500）（Saltelli et al.，2008）。

为计算前述敏感度指标，可建立精确且运行快速的替代模型，尤其应致力于精确的替代模型（Asher, et al.，2015）。验证策略参见Iooss（2009），应用情况参见Geffray（2017）和Marrel等（2008）。由于该方法需额外计算量，最好在非线性行为或解释变量间相互作用显著的情况下应用。可通过开展筛查分析评估这种情况。

如敏感度分析需实现多种目标（如校准和验证），最好也建立替代模型。

## 8.5.3 偶然变量与认知变量的区别对待

如8.4节提及，对于不确定度传播及验证，偶然不确定度与认知不确定度必须区别对待，这可利用嵌套抽样进行。对于认知不确定度固定抽样的给定矢量，可计算系统响应量（SRQ）的累积密度函数。偶然不确定度利用认知不确定度固定矢量，对偶然不确定度生成抽样得到，该步骤产生单个累积密度函数。所有认知和偶然不确定度计算取样后，可得到累积密度函数集合。累积密度函数集合的最宽范围用于生成概率箱（图8.8），概率箱准确地反映了已知输入不确定度（偶然和认知）下的系统响应。例如，对于系统响应品质的给定值，出现该值的概率由区间概率得到。对于系统响应品质的给定概率，存在其区间取值范围。

验证矩阵也可结合概率箱计算（Roy and Oberkampf，2011）。

如果原（完全）模型计算量太大，则可选用替代模拟方法进行不确定度量化。

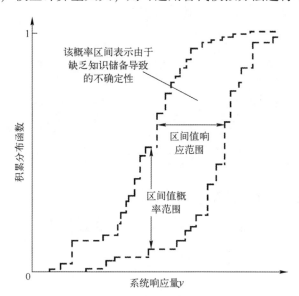

图 8.8　认知及偶然不确定度量化

## 8.5.4　小结

Geffray（2017）建议用决策表结合分析目标及现有对模型特性的认知来指导方法选取，如表 8.1 所列。

表 8.1　敏感度及不确定度分析方法选取

| 知识模型行为 | 主要目标 | | | | |
| --- | --- | --- | --- | --- | --- |
| | 定性敏感度分析 | 定量敏感度分析 | 定量不确定度分析 | 定量不确定度与灵敏度分析+验证 | 校准 |
| 未知（首次分析） | 筛选 | 不适用 | 不适用 | 不适用 | 不适用 |
| 只存在线性/单调的随机不确定度 | 基于筛选或回归的敏感度分析 | 基于回归的敏感度分析 | 湍流尺度计算 | 湍流尺度计算 | 使用为湍流尺度生成的样本进行替代建模 |
| 存在线性/单调混合的偶发和认知不确定度 | 基于筛选或回归的敏感度分析 | 基于回归的敏感度分析 | 湍流尺度计算或替代模型计算 | 使用为湍流尺度生成的样本进行替代建模 | 使用为湍流尺度生成的样本进行替代建模 |
| 非线性/非单调 | 筛选 | 基于方差的敏感度分析（需要替代建模） | 湍流尺度计算 | 替代建模（特定抽样方案） | 替代建模（特定抽样方案） |

在验证、确认与不确定度量化过程的主要步骤如图 8.9 所示。

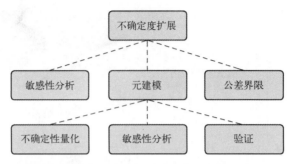

图 8.9 验证、确认与不确定度量化主要步骤

## 8.5.5 不确定度及敏感度分析工具

下述工具可用于辅助验证、确认与不确定度量化过程（下述并不全面，仅限于部分或完全免费的程序）：

Dakota（https://dakota.sandia.gov/）

OpenTURNS（http://trac.openturns.org/）

pyMC3（https://github.com/pymc-devs/pymc3）

R（https://cran.r-project.org）：use the DICE packages along with the sensitivity package

SimLab（https://ec.europa.eu/jrc/en/samo/simlab）

Uranie（https://sourceforge.net/projects/uranie/）

## 8.6 向耦合程序拓展

对于耦合程序，本章所述的验证、确认与不确定度量化流程应先将每一程序视为独立程序应用。此过程中应注意耦合程序验证的有效域（如温度压力范围及瞬态类型）。仅当这些工作完成后，耦合程序才可作为整体进行验证和确认，以避免不同程序误差的补偿效应。

例如，在确认活动中将检查不同程序间的质量、能量、动量守恒。当不存在相关三维现象时，系统热工水力程序分析结果可作为比较基准。验证基准利用实验数据，实验再现需用耦合程序（SESAME 项目中的 CIRCE、NACIE-UP、PHENIX 和 TALL-3D）分析的现象。

8.5 节所述的不确定度量化方法则用途广泛，可用于任意耦合程序。

## 8.7 结　　论

本章描述了液态金属冷却反应堆设计中热工水力程序验证、确认与不确定度量化的框架。首先，需理解安全监管当局的要求及满足该要求的最佳方法论及潜在工具。其次，对于每种运行及事故工况，选择一类工具。对于关注的所有工况，应对每类工具运用验证、确认与不确定度分析方法论。一旦一类程序通过认证，即可开展计算，以证明反应堆设计在所有考虑的情况下都是安全的。

此过程中也应考虑不确定度，并且评估程序成熟度水平。

在模型开发、校准、验证及新反应堆设计中开展大量的敏感度和不确定度分析是必要的。验证、确认与不确定度量化提供了评估程序预测特定系统行为的不确定度方法，并且给基于程序模拟所做的决策是足够鲁棒和对剩余不确定度不敏感提供了信心，还给其应用不受额外数据影响提供了信心。

# 参 考 文 献

［1］ Asher, M. J., Croke, B. F. W., Jakeman, A. J., Peeters, L. J. M., 2015. A review of surrogate models and their application to groundwater modeling. Water Resour. Res. 51, 5957-5973.

［2］ Autorité de Sûreté Nucléaire, 2017. Qualification des outils de calcul scientifique utilisés dans la démonstration de sûreté nucléaire-1re barrière. In French.

［3］ Bestion, D., D'Auria, F., Lien, P., Nakamura, H., et al., 2016. Scaling in system thermalhydraulics applications to nuclear reactor safety and design: a state-of-the-art report.

［4］ Conover, W. J., 1999. Practical Nonparametric Statistics. Wiley.

［5］ D'Auria, F., Debrecin, N., Galassi, G. M., 1995. Outline of the uncertainty methodology based on accuracy extrapolation. Nucl. Technol. 109, 21-38.

［6］ Department of Defense, 1994. DoD Modeling and Simulation (M&S) Management. vol. 4, Directive 5000. 59.

［7］ Diamond, D. J., 2006. Experience using phenomena identification and ranking technique (PIRT) for nuclear analysis. In: PHYSOR-2006 Topical Meeting, Vancouver, Canada.

［8］ Efromovich, S., 2008. Nonparametric Curve Estimation: Methods, Theory, and Applications. Springer Science & Business Media.

［9］ Gaudron, B., Cordier, H., Bellet, S., Monfort, D., 2015. ICONE23-1744 Using the PIRT to represent application and validation domains for CFD studies. In: The Proceedings of the International Conference on Nuclear Engineering (ICONE). vol. 2015, p. 23.

［10］ Geffray, C., 2017. Uncertainty Propagation Applied to Multi-Scale Thermal-Hydraulics Coupled Codes: A Step Towards Validation. Diss. Technische Universität München. https://mediatum.ub.tum.de/1325469.

［11］ Glaeser, H., Krzykacz-Hausmann, B., Luther, W., Schwarz, S., Skorek, T., 2008. Methodenentwicklung und exemplarische Anwendungen zur Bestimmung derAussagesicherheit von Rechenprogrammergebnissen: Abschlussbericht.

［12］ Hofer, E., 1999. Sensitivity analysis in the context of uncertainty analysis for computationally intensive models. Comput. Phys. Commun. 117, 21-34.

［13］ Iooss, B., 2009. Numerical study of the metamodel validation process. In: Advances in System Simulation, 2009. SIMUL'09.

［14］ Iooss B., Lemaître P., 2014. A review on global sensitivity analysis methods. arXiv preprint arXiv: 1404. 2405.

［15］ Jacobs, R. A., 1995. Methods for combining experts' probability assessments. Neural Comput. 7, 867-888.

［16］ Kanji, G. K., 1999. 100 Statistical Tests. SAGE Publications.

［17］ Mahaffy, J., Chung, B., Song, C., Dubois, F., Graffard, E., Ducros, F., Heitsch, M., Scheuerer, M., Henriksson, M., Komen, E., et al., 2015. Best Practice Guidelines for the Use of CFD in Nuclear Reactor Safety Applications-Revision.

［18］ Marrel, A., Iooss, B., Van Dorpe, F., Volkova, E., 2008. An efficient methodology for modeling complex computer codes with Gaussian processes. Comput. Stat. Data Anal. 52, 4731-4744.

［19］ Mickus, I., Kööp, K., Jeltsov, M., Grishchenko, D., Kudinov, P., Lappalainen, J., 2015. Development of tall-

3d test matrix for APROS code validation. In: NURETH-16, Chicago, USA.

[20] Morris, M. D., 1991. Factorial sampling plans for preliminary computational experiments. Technometrics 33, 161-174.

[21] Oberkampf, W. L., Roy, C. J., 2010. Verification and Validation in Scientific Computing. Cambridge University Press, Cambridge.

[22] Oberkampf, W. L., Sindir, M., Conlisk, A. T., 1998. Guide for the Verification and Validation of Computational Fluid Dynamics Simulations. American Institute of Aeronautics and Astronautics, Reston, USA.

[23] Pilch, M., 2001. Guidelines for Sandia ASCI Verification and Validation Plans - Content and Format: Version 2.0. Sandia National Laboratories.

[24] Pourgol-Mohamad, M., Modarres, M., Mosleh, A., 2009. Integrated methodology for thermalhydraulic code uncertainty analysis with application. Nucl. Technol. 165, 333-359.

[25] Rocquigny, E., Devictor, N., Tarantola, S., 2008. Uncertainty in Industrial Practice: A Guide to Quantitative Uncertainty Management. John Wiley & Sons.

[26] Roy, C. J., Nelson, C. C., Smith, T. M., Ober, C. C., 2004. Verification of Euler/Navier-Stokes codes using the method of manufactured solutions. Int. J. Numer. Methods Fluids 44, 599-620.

[27] Roy, C. J., Oberkampf, W. L., 2011. A comprehensive framework for verification, validation, and uncertainty quantification in scientific computing. Comput. Methods Appl. Mech. Eng. 200, 2131-2144.

[28] Saltelli, A., Chan, K., Scott, E. M., et al., 2000. Sensitivity Analysis. vol. 1. Wiley, New York.

[29] Saltelli, A., Ratto, M., Andres, T., Campolongo, F., Cariboni, J., Gatelli, D., Saisana, M., Tarantola, S., 2008. Global Sensitivity Analysis: The Primer. John Wiley & Sons.

[30] Wilks, S. S., 1941. Determination of sample sizes for setting tolerance limits. Ann. Math. Stat. 12, 91-96.

# 第9章 液态金属冷却反应堆 CFD 最佳实践指南

F. Roelofs[1], P. Planquart[2], L. Koloszar[2]
1. 荷兰,核研发与咨询集团（NRG）
2. 比利时,冯·卡门流体力学研究所,环境及应用流体力学系

## 9.1 引　言

开展高质量的 CFD 模拟并非易事,计算工程师须判断模拟结果是否可信。实际空间与时间是连续的,而计算机则工作在离散域中。此种顶层近似是无可避免的,而为了得到关注问题所需的信息,还需引入其他假设,以减少计算时间及工作量。计算流体力学是一系列描述流动的数值方法的集合,可分为几种不同的方法。Roelofs 等（2013）对非稳态 RANS、大涡模拟（LES）、混合 RANS-LES 方法、直接数值模拟（DNS）等方法进行了简要的描述。本章另外描述了低分辨率 RANS、近似直接数值模拟（QDNS）方法,并对壁面建模和壁面求解的大涡模拟做了区分。

低分辨率 RANS 方法实际上是指几何建模依旧采用适体网格,而网格密度与最佳实践指南相比是不足的（Casey, Wintergeste, 2000）,此时近壁面边界层不能得到很好的求解。关于此方法详细描述可见 Roelofs 等（2012）。

本书对大涡模拟中壁面模化和解析的区别进行了比较,该区别的详细解释参见 Jayaraju 等（2010）。大体而言,壁面解析 RANS 方法在捕捉深入到层流底层①的边界层形状方面已有足够的网格节点,这通常意味着沿边界层分布了 20~25 个贴近壁面的网格节点。壁面模化 LES 方法不考虑边界层的完整求解,而将第一层网格置于对数子层。在近壁面区域使用壁面函数来挽回被省略的特征带来的影响,其计算成本相比壁面解析 LES 大大降低,当然精度及模拟细节也有所欠缺。

最后,QDNS 是指除数值格式外,所有数值参数（网格、时间步长等）均满足 DNS 要求的数值模拟方法,采用该方法的原因是所用的程序或求解器未使用 DNS 典型的高阶格式。当发布的指南为高阶格式,不适用于低阶格式模拟时,为得到所需精度需采用更加精细的网格。Shams 等（2013）对此有更详细解释,对于管内流动比较了 QDNS 和 DNS（来自广泛接受的数据库）结果,其差异可忽略。实际上,考虑所有 CFD 方法后可画出一张针对液态金属核反应堆数值模拟的路线图,类似于用 Code-Saturne 开展高性能计算的初步路线图和客机或汽车绕流计算的路线图,并参考摩尔定律,表9.1列出了

---

① 或"粘性底层"。——译者

用于单个子通道、完整燃料组件及液态金属熔池模拟的路线图。

表 9.1 液态金属核反应堆模拟路线图

| 计算模型 | 单相子通道 | | 完整的燃料棒绕线结构 | | 液态金属冷却反应容器池 | |
|---|---|---|---|---|---|---|
| | 网格 | 可行性 | 网格 | 可行性 | 网格 | 可行性 |
| 降分辨率 RANS | $10^4$ | 2005 | $10^7$ | 2014 | $10^7$ | 2010 |
| RANS | $10^6$ | 2010 | $10^9$ | 2020 | $10^8$ | 2015 |
| 非稳态 RANS | $10^6$ | 2012 | $10^9$ | 2025 | $10^8$ | 2020 |
| 混合 RANS-LES | $10^7$ | 2017 | $10^{10}$ | 2030 | $10^9$ | 2025 |
| 壁面模化 LES | $10^8$ | 2020 | $10^{11}$ | 2040 | $10^{10}$ | 2035 |
| 壁面解析 LES | $10^9$ | 2025 | $10^{12}$ | 2050 | $10^{11}$ | 2040 |
| QDNS | $10^{10}$ | 2030 | $10^{13}$ | 2060 | $10^{12}$ | 2050 |
| DNS | $10^{11}$ | 2050 | $10^{14}$ | 2070 | $10^{14}$ | 2070 |

以不同模拟技术对于特定反应堆构件模拟的可实现性来看，许多方法还需使用很长时间，因此指导此类模拟是有意义的。

这些年来，对于 CFD 已开发出版了通用的最佳实践指南，其中著名的是欧洲流动、湍流和燃烧研究协会为 RANS 方程模拟编纂的指南（Casey 和 Wintergeste，2000）；而与此同时 MARNET-CFD（2002）关注海洋应用，核相关（Menter et al.，2002；Bestion et al.，2004；Johnson et al.，2006；OECD，2007；Roelofs，2010）、高保真模拟（Salvetti et al.，2011；Menter，2012，2015）等应用场景的最佳实践指南通常也基于该版。本章提出的最佳实践指南考虑了现有指南并相应更新，最重要的是聚焦于核反应堆液态金属模拟的特殊之处，除此之外也关注有限体积法；但不包括直接数值模拟，其一般采用不同方法。

为搭建指南的架构，在此首先概述 CFD 的计算过程。通用的 CFD 计算过程可划分为如图 9.1 所示的三个主要步骤，即前处理、模拟计算（执行）和后处理，计算工程师主要的工作量在于前处理及后处理，实际的模拟计算过程由计算机执行。当然这三个步骤可进一步划分为更详细的环节。

前处理通常包括几何建模、物理条件设置和网格划分三部分。关于几何建模，需保持实际条件的主要特征并合理简化得到计算域；关于物理条件设置，需选择流体的物性、边界条件、初始条件、多相流和燃烧模型等其他设置；网格划分一般耗时较长，不仅需选择网格类型及关乎结果精度的空间分辨率，还需生成、测试和验证网格一致性。

模拟计算通常包括运行和实时监测计算结果，在此之前还需考虑数值格式选取、特定流体特征建模和收敛判据三个方面。数值格式选取包括空间离散格式、时间离散格式及线性求解器选取；特定流体特征建模包括湍流模拟、质量能量输运模拟及可能的相变。最后，设定判据判断是否收敛，同时也设置计算域中监测点，及监测整体量等其他检查收敛性的方法。

后处理通常包括假设条件检查、无关性检查和数据处理三部分。计算前所做假设需结合计算结果进行检查，例如，近壁面网格尺寸是否与壁面处理方式相符，临界区域状

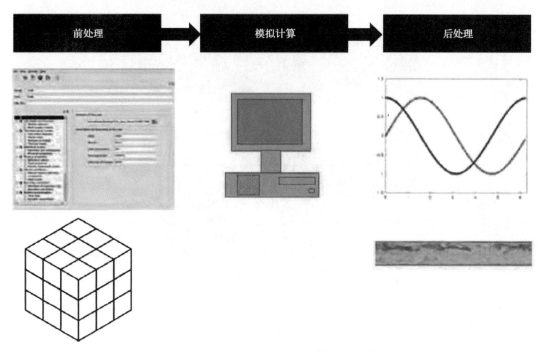

图 9.1 CFD 计算过程及主要组成部分

态如何，计算结果是否与物理模型假设相符等；时间步长和网格尺寸对于计算结果的无关性也应检查；最后，通过数据提取，表格生成，曲线、云图、矢量图及流线图绘制等方式进行数据处理。

## 9.2 前 处 理

任何 CFD 计算项目的首要任务之一是选择计算域，通常来说计算域需要包括关注的区域，可能的话还需减少边界条件的影响。实际上，计算域常被已知边界条件的界面限制（测量位置）。另外，从计算成本角度考虑计算域应越小越好，但需足够求解相关流动结构，特别是高保真模拟（LES、DNS）中需谨慎选择计算域。如图 9.2 所示，$Pr=1$ 时湍流相干结构远小于低 $Pr$ 情形（Duponcheel 等，2014），典型的如液态金属。由于这些大尺度的相干结构，更大尺寸的计算域可能是必需的（Tiselj，2013）。无论如何，计算域尺寸影响需谨慎评估，对于（非稳态）RANS 模拟由于不计算相干结构而仅从湍流模型计算平均速度，该问题一般不存在，目前 RANS 模拟未发现计算液态金属的限制。

有种说法是"画出好网格不是科学而是艺术"，事实也的确如此。不过还是可提通用的建议，其中大部分适用于任意类型的 CFD，也有部分专门针对液态金属。关于更通用的"画网格"指导，可查阅前述现有的指南。

CFD 工程师需时刻牢记运用已有的流体知识去创建网格，流场或温度场存在剧烈变化之处需更精细网格，而恒定不变之处粗糙网格足矣。当然，一旦完成计算开始后处理，这些假设还需检查。

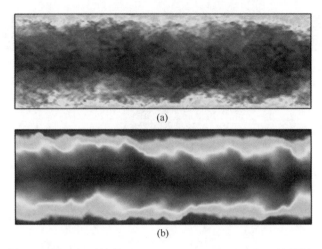

图 9.2 湍流相干结构（Duponcheel et al., 2014）（见彩插）
(a) $Pr=1$；(b) $Pr=0.01$。

对于 RANS 模拟有下述通用指南：

(1) 对于窄缝内流动，最好生成最少 5 层网格。

(2) 避免在边界处生成非正交网格。

(3) 避免网格出现大的长宽比，凭经验来说长宽比应在 20~100，后者只针对强轴线流动情形。非关注区域或近壁面边界层允许更高长宽比。

(4) 将网格增长因子或拉伸比限制在 1.4:1 以下（Casey, Wintergeste, 2000），最好是 1.2:1 以下。

(5) 进行网格无关性检查，仔细检查壁面处理及主流网格尺寸，此两项需分开检查而不要混为一谈。

对于大涡模拟，应意识到其指南通常源自管道流动模拟，因此向其他更复杂几何条件推广时应注意，而且应意识到推荐格式一般为二阶中心差分格式，而对于更高阶离散格式指南可放松要求。考虑网格尺寸选取，应尝试通过不同网格（注意 RANS 中网格无关性研究不适用于 LES，后者改变网格后涡旋过滤器随之改变）影响检查网格分辨率相关的不确定度。一般来说，网格尺度应小于 Taylor 尺度①，其可从前序 RANS 模拟中确定。Taylor 长度尺度可由 $\lambda=\sqrt{15\nu k/\varepsilon}$ 或 $\lambda=\sqrt{10/Re_1}\cdot l$ 计算，其中 $\nu$ 为运动黏度，$k$ 为湍动能，$\varepsilon$ 为湍动能耗散率，$l$ 为流动特征长度，$Re_1$ 为基于流动特征尺度的雷诺数。由此出发，推荐从最少三个网格点求解 $\lambda$，即网格尺寸 $\Delta$（或者更具体地，垂直壁面方向近壁面第一层网格 $y^+$ 值，流向网格尺度 $\Delta x^+$，展向网格尺度 $\Delta z^+$）应满足 $\Delta=\lambda/3$。

对于 LES，实操建议如下所示：

(1) 壁面解析 LES。对于壁面解析 LES，文献 Menter（2015）提供了指南：近壁面，$y^+<1$；流向，$\Delta x^+\approx 40$；展向，$\Delta z^+\approx 20$。

(2) 壁面模化 LES。对于壁面模拟 LES，SESAME 专家组推荐指南：近壁面，$y^+=30\sim 150$；流向，$\Delta x^+\approx 40$（但不小于 $y^+$）；展向，$\Delta z^+\approx 20$（但不小于 $y^+$）。

---

① 与湍流耗散有关的小尺度涡旋的特征长度。——译者

(3) 网格拉伸比初始时建议设置为 1.07，并根据所求解问题是否需更精细而调整。

对于 DNS，从理论观点来看，网格尺度必须小于 Kolmogorov 长度尺度（$\eta \approx (v^3\varepsilon)^{1/4}$ 或 $\eta = Re_l^{-3/4}l$）以求解所有湍流涡旋。Grötzbach（2011）发现，实际应用中该限制可放宽至网格尺度小于 $6.26\eta$。

对于 DNS，实操建议如下：

(1) Coleman 和 Sandberg（2009）、Georgiadis 等（2009）给出建议：近壁面，$y^+<1$；流向，$\Delta x^+ \sim 15$；展向，$\Delta z^+ \sim 8$。

(2) 对于有界槽道流动，Komen 等（2014）建议：近壁面，$y^+<1$（作者使用 $y^+ \approx 0.4$）；流向，$\Delta x^+ \approx 9$；展向，$\Delta z^+ \approx 4.5$。

(3) 网格拉伸比建议取 1.05（Komen et al.，2014）。

任何情况下，使用正确的材料物性数据和表示单位十分重要。尤其对于液态金属，部分物性不易确定，不同的数据库并不一致。对钠的物性来说，IAEA 正在一项国际合作中收集整理所有可用的物性数据，初步结果参见 Passerini 等（2017）。此时，建议采用被许多研究者使用数据库 Fink 和 Leibowitz（1995）。对于铅基合金，OECD 在 10 年前进行了收集整理，并推荐了物性参数，其 2007 年发布的铅基合金物性手册已于 2015 年更新（OECD，2015）。由于物性由默认依赖温度的关系式得出，因此模拟时如果允许，尽量减少温度不确定度。在任何情况下，建议检查程序中关系式（如利用现有模型或手算进行一致性检查）。

## 9.3 模拟计算

计算虽由计算机完成，但所执行的操作需提前规定，包括离散算法选取及线性求解器设置，对于非稳态模拟还有时间步长设置。离散算子包括时间差分格式、对流项差分格式、扩散项算子；有些求解器还允许规定梯度和拉普拉斯算子，不过对于通用问题其精度通常有限。

对于对流主导的流动，最主要的是对流项离散方法。一般来说，建议从一阶迎风格式开始，假如这种无条件稳定的格式仍发散，则需对设置条件（网格、边界条件及物性）进行详细审查。在模拟结束前，正确地做出结果图可以反馈出一些问题区域。当一阶模拟取得合理结果，可通过调整为更高阶格式增加精度。对于（非稳态）RANS 模拟，这意味着大多数情况下调整为二阶迎风格式，或在非常高分辨率网格下调整为二阶中心差分格式。注意理论上应用中心差分格式应限制网格 $Pe<2$，实际上通常 $Pe$ 高至 10 时也能稳定求解。对于高仿保真模拟，由于网格精细不会超过该限制，因此不会带来额外耗散的中心差分格式应为首选。通用有限体积法通常限制为二阶，仅那些有直接相邻网格的网格存储数据，因而此即为可建立的最高阶。此限制的直接后果是扰动波将在数值计算域中传播，因此对于需要求解高频分量的 DNS 模拟应使用其他方法，直接采用高阶格式。

稳态模拟可用亚松弛因子增强收敛性，即将更新变量设为上一步计算值与新计算值的加权求和。对于强迫和自然对流，相关亚松弛因子建议值如表 9.2 所列。温度亚松弛因子的范围取决于是否使用 Boussinesq 假设，如使用则取较高值，否则取较低值。

表9.2 强迫或自然对流的亚松弛因子

| 物 理 量 | 强 迫 对 流 | 自 然 对 流 |
|---|---|---|
| 压力 | 0.3 | 0.7 |
| 速度 | 0.7 | 0.3 |
| 温度 | 0.5~0.9 | 0.7~0.9 |
| 湍流参数 | 0.5 | 0.5 |

考虑非稳态问题时，需考虑时间偏导的差分格式。同样有必要从低阶格式开始，从而使初始化导致的不稳定性不过多放大即可从计算域消除，一旦计算趋于稳定，低阶格式即可切换为高阶格式。不过时间步长与所选离散格式直接相关，与前述提及的参数类似，在非稳态模拟时应开展时间步长无关性研究。但一开始可以考虑库朗数或库朗-弗里德里希-路易（CFL）条件进行时间步长评估，$CFL=u\cdot\Delta t/\Delta x$，其中 $u$ 为速度，$\Delta t$ 为时间步长，$\Delta x$ 为网格尺寸。应注意库朗数准则一般与程序有关，应检查程序用户手册以确定库朗数是基于平均值还是最大值。假如用户手册未提供建议，对于显式格式推荐采用 CFL<0.5 作为不错的起步。对于隐式格式，CFL 条件通常取 CFL 条件的 2 倍。对于液态金属，尤其是自然对流流态，时间步长准则应选取傅里叶数而不是 CFL 作为限制条件。该限制条件称为冯·诺依曼稳定性准则，即 $\Delta t<(\Delta x^2/D)/2$，其中 $D$ 为热扩散率。

DNS 模拟中，一般建议结合理论的 Kolmogorov 时间尺度 $t_\eta$ 选择时间步长 $\Delta t \approx t_\eta = (v/\varepsilon)^{1/2}$，同时应检查库朗数是否小于 1（CFL<1）。注意，对于存在传热的液态金属，Tiselj 和 Cizelj（2012）提出在高至二阶谱码时曾取值 CFL<0.1~0.2；对于更高阶谱码（三阶或四阶），该限制可放宽至 CFL=0.5。同时应注意，使用显示格式时，稳定性限制通常应比 Kolmogorov 时间尺度的理论要求更严格。

最后应关注的是线性求解器设置，该设置应遵循所用模拟环境下的通用建议，因此建议使用者咨询所选求解器的用户指南。

## 9.4 湍 流

液态金属与工程常用的水及空气的区别之一是湍流行为不同，尤其是当存在传热时。首先，应注意迄今为止不存在普遍适用的湍流模型；其次，任何条件下 CFD 工程师均应确保湍流模拟中数值及收敛误差尽可能小，因为仅当数值及收敛误差等其他来源误差消除后湍流模拟才有意义。CFD 工程师有许多不同的湍流模型可用，因此应注意所用模型的不足。Casey 和 Wintergeste（2000）综述了使用最广泛的模型及其不足。由于部分更先进模型在收敛方面存在困难，建议模拟从鲁棒模型（如标准 $k$-$\varepsilon$ 模型或 SST $k$-$\omega$ 模型）开始，再调整为更先进的模型。处理液态金属传热时应特别注意，常用的通过 $Pr$ 的动量边界层和热边界层雷诺比拟对于液态金属无效（Grötzbach，2013；Roelofs et al.，2015）。如图 9.3 所示，液态金属的速度边界层和温度边界层形状与 $Pr$ 接近 1 的流体不同，对于后者，两类边界层的类似使雷诺比拟有效，但显然对于热态金属确非如此。

虽然在特定流态中各自存在可用解，如自然或强迫对流，但是湍流传热模型可同时处理所有流态，Grötzbach（2013）和 Roelofs 等（2015）明确建议使用此类先进湍流传热模型。例如，利用壁面函数的混合壁面律方法（Duponcheel et al.，2014），对于强迫对流流态该方法可提供合理的解，不过将来在自然对流流态应用的开发存在困难；与此相

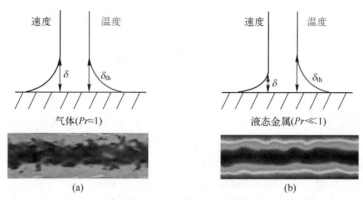

图9.3 空气和液态金属的湍流边界层结构（见彩插）

同的是通过查表或方程计算的局部湍流 Pr 数方法（Böttcher，2013；Goldberg et al.，2010）。另一类模型是代数热通量模型，其中开发最好的是 Shams 等（2014）提出的模型，其论证在一些选定测试工况下该模型可成功应用于自然对流和强迫对流流态，不过进一步评估及开发仍在持续开展中。还有一类更复杂的模型是四方程模型，如 $\varepsilon_\theta$ 和 $k_\theta$ 模型（Manservisi，Menghini，2014）。最后，还有一类更先进的热通量模型，如 Baumann 等（2012）、Carteciano 和 Grötzbach（2003）提出的模型，在基础测试工况中表现很好，但其具体实现及收敛的困难限制了实际应用，TransAT 程序中已引入了该模型。当无先进模型可用时，建议修改湍流 Pr 的常数值，通常取 2~4（Thiele，Anglart，2013；Duponcheel et al.，2014；Buckingham et al.，2015；Errico，Stalio，2015）。

应注意的是，至今这些模型在实际工程程序及所有流态（自然、混合、强迫对流）的应用中并未得到完全验证。除此之外，应意识到动量传递和热量传递的湍流模型是互相影响的，必须结合起来考虑。

对于类似 LES 的高保真模拟，重点是意识到液态金属相对更厚的热边界层意味着求解良好的速度场可自动得到求解良好的温度场，因此在壁面解析 LES 模拟中可以不激活温度的亚格子模型，温度场求解可像 DNS 类模拟一样不再采用额外的湍流模型。该方法由 Grötzbach（2013）提出，Duponcheel 等（2014）进行了应用，可在相对高雷诺数时得到高仿真数据。

## 9.5 后 处 理

对于后处理，没有专针对液态金属应用的指南，不过可以总结一些主要的建议。首先应仔细检查前处理的假设，尤其是转捩区域、壁面处理及近壁面网格尺寸（$y^+$）；再次强调，应切实论证求解结果与所选网格尺寸及时间步长的无关性。

CFD 工程师应根据常识或手算结果检查压力、速度、作用力的模拟结果；此外，不能忽略模拟中输出的警告信息，并关注前后处理可能导致的错误，如内插、外插、求平均操作等，或基于网格节点求解与基于网格中心求解的差异。

开展非稳态模拟时，所需计算时间很长且分析存储数据的总量很大，因此建议仅保存必要信息，这需要使用者在计算开展前识别所关注数据，并采用运行时间处理程序以预定义取样频率提取参量。

特定情况下，当模拟结果可与测量值或其他数值计算结果比较时，重要的是了解参考数据的不确定度，而且应特别关注应采用与参考数据相同方法处理原始数据。

## 9.6 小　　结

CFD 通用最佳实践指南已由许多研究者开发和记录，与液态金属冷却反应堆 CFD 模拟最相关的如下所列：

（1）对于大尺度湍流结构的 DNS 模拟扩展计算域尺寸。

（2）钠基或铅基合金推荐的物性数据库。

（3）对于 RANS、LES、DNS 网格划分的最先进要求。

（4）对于 RANS 和 LES 模拟时间步长的最先进要求，对于 DNS 液态金属模拟时间步长的特殊要求。

（5）（非稳态）RANS 和 LES 中湍流传热和壁面处理。

## 参 考 文 献

［1］ Baumann, T., Oertel, H., Stieglitz, R., Wetzel, T., 2012. Validation of RANS models for turbulent low Prandtl number flows. In: NUTHOS-9, Kaohsiung, Taiwan.

［2］ Benhamadouche, S., 2017. On the use of (U) RANS and LES approaches for turbulent incompressible single phase flows in nuclear engineering. Nucl. Eng. Des. 312, 2-11.

［3］ Bestion, D., Martin, A., Menter, F., Boucker, M., Pigny, S., Scheuerer, M., Heitsch, M., Rohde, U., Willemsen, S., Paillere, H., Sweet, D., Andreani, M., 2004. Recommendation on use of CFD codes for nuclear reactor safety analysis. In: ECORA D14, France.

［4］ Böttcher, M., 2013. CFD Investigation of LBE Rod Bundle Flow. The Connector, Pointwise, September/October, 2013. http://www.pointwise.com/theconnector/September-2013/Rod-Bundle-Flow.shtml.

［5］ Buckingham S., Planquart P., Eboli M., Moreau V., Van Tichelen K., 2015. Simulation of fuel dispersion in the MYRRHA-FASTEF primary coolant with CFD and SIMMER-IV. Nucl. Eng. Des. 295, p. p. 74-83.

［6］ Carteciano, L., Grötzbach, G., 2003. Validation of turbulence models in the computer code FLUTAN for a free hot sodium jet in different buoyancy flow regimes. FZKA 6600, Karlsruhe, Germany.

［7］ Casey, M., Wintergeste, T., 2000. Best practice guidelines. In: ERCOFTAC Special Interest Group on "Quality and Trust in Industrial CFD".

［8］ Coleman, G. N., Sandberg, R. D., 2009. A primer on DNS of turbulence-methods, procedures and guidelines. Technical Report AFM-09/01, Southampton, School of Engineering Sciences.

［9］ Duponcheel, M., Bricteux, L., Manconi, M., Winckelmans, G., Bartosiewicz, Y., 2014. Assessment of RANS and improved near-wall modelling for forced convection at low Prandtl numbers based on LES up to $Re_\tau$ = 2000. Int. J. Heat Mass Transf. 75, 470-482.

［10］ Errico, O., Stalio, E., 2015. Direct numerical simulation of low-Prandtl number turbulent convection above a wavy wall. Nucl. Eng. Des. 290, 87-98.

［11］ Fink, J. K., Leibowitz, L., 1995. Thermodynamic and transport properties of sodium liquid and vapor. ANL/RE-95/2, Argonne, USA.

［12］ Georgiadis, N., Rizzetta, D., Fureby, C., 2009. Large-eddy simulation: current capabilities, recommended practices, and future research. In: 47th AIAA Aerospace Sciences Meeting, Orlando, USA.

［13］ Goldberg, U., Palaniswamy, S., Batten, P., Gupta, V., 2010. Variable turbulent Schmidt and Prandtl number modeling. Eng. Appl. Comput. Fluid Mech. 4, 511-520.

[14] Grötzbach, G., 2011. Revisiting the resolution requirements for turbulence simulations in nuclear heat transfer. Nucl. Eng. Des. 241, 4379-4390.

[15] Grötzbach, G., 2013. Challenges in low-Prandtl number heat transfer simulation and modelling. Nucl. Eng. Des. 264, 41-55.

[16] Jayaraju, S., Komen, E., Baglietto, E., 2010. Suitability of wall-functions in large eddy simulation for thermal fatigue in a T-junction. Nucl. Eng. Des. 240, 2544-2554.

[17] Johnson, R., Schultz, R., Roache, P., Celik, I., Pointer, W., Hassan, Y., 2006. Processes and procedures for application of CFD to nuclear reactor safety analysis. INL/EXT-06-11789, Idaho, USA.

[18] Komen, E., Shams, A., Camillo, L., Koren, B., 2014. Quasi-DNS capabilities of OpenFOAM for different mesh types. Comput. Fluids 96, 87-104.

[19] Manservisi, G., Menghini, F., 2014. A CFD four parameter heat transfer turbulence model for engineering applications in heavy liquid metals. Int. J. Heat Mass Transf. 69, 312-326.

[20] MARNET-CFD, 2002. Best Practice Guidelines for Marine Applications of CFD. EU Thematic Network MARNET-CFD. https://pronet.atkinsglobal.com/marnet/.

[21] Menter, F., 2012. Best Practice: Scale-Resolving Simulations in ANSYS CFD. ANSYS, Germany.

[22] Menter, F., 2015. Best Practice: Scale-Resolving Simulations in ANSYS CFD Version 2.0. ANSYS, Germany.

[23] Menter, F., Hemstrom, B., Henriksson, M., Karlsson, R., Latrobe, A., Martin, A., Muhlbauer, P., Scheuerer, M., Smith, B., Takacs, T., Willemsen, S., 2002. CFD best practice guidelines for CFD code validation for reactor safety applications. ECORA D01, Germany.

[24] Moore, G., 1965. Cramming more components onto integrated circuits. Electronics 38 (8).

[25] OECD, 2007. Best practice guidelines for the use of CFD in nuclear reactor safety applications. NEA/CSNI/R (2007) 5, Paris, France.

[26] OECD, 2015. Handbook on Lead-bismuth Eutectic Alloy and Lead Properties, Materials Compatibility, Thermalhydraulics and Technologies, 2015 edition. OECD/NEA, Paris, France. OECD/NEA No. 7268.

[27] Passerini, S., Gerardi, C., Grandy, C., Vázquez, E., Japas, M., Azpitarte, O., Chocrón, M., Villanueva, A., Bubelis, E., Perez-Martin, S., Ohira, H., Selvaraj, P., Marinenko, E., Long, B., Jayaraju, S., Roelofs, F., Latge, C., Monti, S., Kriventsev, V., 2017. IAEA NAPRO coordinated research project: physical properties of sodium-overview of the reference database and preliminary analysis results. In: IAEA FR17, Yekaterinburg, Russia.

[28] Roelofs, F., 2010. THINS WP3 CFD recommendations. NRG-note 22622/10.103086, Petten, Netherlands.

[29] Roelofs, F., Gopala, V., Chandra, L., Viellieber, M., Class, A., 2012. Simulating fuel assemblies with low resolution CFD approaches. Nucl. Eng. Des. l 250, 548-559.

[30] Roelofs, F., Gopala, V. R., Jayaraju, S., Shams, A., Komen, E. M. J., 2013. Review of fuel assembly and pool thermal hydraulics for fast reactors. Nucl. Eng. Des. 265, 1205-1222.

[31] Roelofs, F., Shams, A., Otic, I., Böttcher, M., Duponcheel, M., Bartosiewicz, Y., Lakehal, D., Baglietto, E., Lardeau, S., Cheng, X., 2015. Status and perspective of turbulence heat transfer modelling for the industrial application of liquid metal flows. Nucl. Eng. Des. 290, 99-106.

[32] Salvetti, M. V., Geurts, B., Meyers, J., Sagaut, P., 2011. Quality and Reliability of Large-Eddy Simulations II. Springer. ISBN 978-94-007-0230-1.

[33] Shams, A., Roelofs, F., Komen, E. M. J., Baglietto, E., 2013. Quasi-direct numerical simulation of a pebble bed configuration. Part I: Flow (velocity) field analysis. Nucl. Eng. Des. 263, 473-489

[34] Shams, A., Roelofs, F., Baglietto, E., Lardeau, S., Kenjeres, S., 2014. Assessment and calibration of an algebraic turbulent heat flux model for low-Prandtl fluids. Int. J. Heat Mass Transfer. 79, 589-601.

[35] Spalart, P., 2000. Strategies for turbulence modelling and simulations. Int. J. Heat Fluid Flow 21, 252-263.

[36] Thiele, R., Anglart, H., 2013. Numerical modeling of forced-convection heat transfer to lead-bismuth eutectic flowing in vertical annuli. Nucl. Eng. Des. 254, 111-119.

[37] Tiselj, I., 2013. Computational domain of DNS simulations of liquid sodium. In: NURETH15, Pisa, Italy.

[38] Tiselj, I., Cizelj, L., 2012. DNS of turbulent channel flow with conjugate heat transfer at Prandtl number 0.01. Nucl. Eng. Des. 253, 153-160.

# 第 10 章　结论与展望

## 10.1　结　　论

在核反应堆热工水力评估中,实验和数值模拟是相互联系、不可分割的。在实验设计和实验后分析中,实验需要数值模拟支撑其优化设计以及实验后的精细分析;反过来,数值模拟也需要实验的支持来验证和逼近现实。通过图 10.1 拟展示热工水力设计、实验和数值模拟的相关性。首先,第 3 章已经说明了数值模拟对于实验准备、设计以及测量配置的支持;然后,第 4~7 章给出了实验支持反应堆设计、安全分析以及数值模拟的验证情况,同时提供了若干个数值模拟支持实验、反应堆设计和安全分析相关论证的实例。

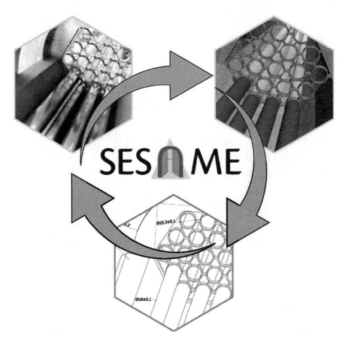

图 10.1　热工水力设计、实验和数值模拟之间的相关性

显然,当工程师在应对热工水力方面的挑战时,需要认真选择将要使用的工具,而这种选择通常取决于对相关因素的综合评估,如用途(实际应评估的内容)、研究目标、需要达到的精度等级;最后但同样重要的一点,应考虑人力投入、预算以及评估可用时间。一旦选定了所用的工具,那么它们就应该经过尽可能好的验证和确认,以及对不确定度的定量分析(如第 8 章所讨论的)。最后,如果可行,工程师应该对模拟和实

验都采用最佳实践导则（如第 9 章所讨论的）。研究的末段，都应该对所得到的结果进行一次评论，评论的质量取决于责任工程师的专业背景和技能，这体现了适当的教育和培训对于热工水力工程师的重要性。

工程师应该时刻牢记，无论是实验还是数值模拟，即便应用了最先进的技术和方法，也各自有其不确定度和不足，但同时各自具备其附加价值和优势。对于液态金属冷却反应堆热工水力而言，仅依靠系统程序或 CFD 程序的数值模拟，是不足以支撑新的反应堆设计的。

虽经常被说起，但我们还是总结如下：

每个人都相信实验的结果，除了实验者本人。没有人相信数值模拟结果，除了模拟者本人。

显然，是指实验者本人最清楚实验设计和评估中的不确定度和假定条件，但对于大多数人而言，实验就代表了真理。这个真理可以有不用的含义，以下两个简单的例子可以对此进行说明：

如果让两个工程师团队开展缩比实验，那么实验装置可能基于不同的需求和外部约束采用不同的缩比方法。从两个装置上获得实验结果将会是不同的，只有当实验装置设计采用了合理的规则，其结果才具有可比性，即不同缩比装置的实验只有当其模化设计参数经过妥善记录时，其结果才能相互关联。

设想一下，要求两个不同的工程师团队测量直管内液态金属的速度场。第一个团队可能决定精确测量流速，然后根据充分发展的速度剖面的假设，提供管内的速度剖面，而另一个团队可能采用超声波流量计直接测量速度剖面。虽然只是一个基础的水力学测量问题，但这两者的结果显然是不同的。这个例子说明了开展实验过程中不确定度量化评估的重要性。

第二句话指出了一个现状——大多数人对计算和数值模拟结果持质疑态度，其原因：一最可能的是他们自己经常遇到一些小错误，即使是在做简单的数学运算；二是大部分人认为数值模拟是现实的一个模型，内含许多假设。数值模拟需要边界条件，但有时候边界条件并不清楚，需要假定，且数值模拟的部分模型参数也是由工程师确定的。除此之外，大多数人认为数值模拟是"垃圾进，垃圾出"，因为大多数模拟工具需要大量的输入参数，很容易出错。只有开展数值模拟工作的人知道自己输入了哪些参数、做了哪些假设以及输入参数的校验有多精细。因此，只有其本人相信计算或数值模拟结果。

## 10.2　展　　望

世界范围内有大量正在开展的液态金属快堆的研发项目，以支持各种设计研发。表 10.1 给出了处于不同研发阶段的几种已有设计的概览。在第 1 章中已经详细描述了欧洲的主要工作，其中 MYRRHA 作为快中子研究堆服务于相关研发，而 ASTRID 和 ALFRED 则是钠冷和铅冷的工程示范堆，SEALER 是专用于偏远的无电网地区的小型反应堆。

表 10.1 国际液态金属冷却反应堆设计概览

| | | 研究堆型 | 示范机构 | 商用反应堆 | 行波堆 |
|---|---|---|---|---|---|
| | 钠 | 多功能快中子反应堆 | | ARC100/PRISM | TWR-P |
| | 铅铋 | | | SSTAR/G4M/HPM | |
| | 铅 | | | WEC LFR | |
| | 钠 | | ASTRID | ESFR | |
| | 铅铋 | MYRRHA | | | |
| | 铅 | | ALFRED | SEALER/ELFR | |
| | 钠 | | CFR600 | CFR1000 | TWR300 |
| | 铅铋 | | CLEAR-Ⅰ/CLEAR-Ⅱ | CLEAR-M | |
| | 铅 | | | CLEAR-Ⅲ | |
| | 钠 | FBTR-2 | | FBR/MFBR | |
| | 钠 | | ASTRID Collaboration | JSFR/4S | |
| | 钠 | | PGSFR | | |
| | 铅铋 | | | PEACER | |
| | 钠 | MBIR | | BN1200 | |
| | 铅铋 | | | SVBR100 | |
| | 铅 | | BREST-OD-300 | | |

2018 年初，美国能源部宣布他们为一种新型快中子研究用反应堆的设计和建造保留了预算，同年 2 月，经过一次全面的经济性分析之后，西屋公司宣布进入铅冷快堆研发领域。印度计划建造 FBTR 钠冷实验堆的后续项目，同时把从 PFBR 设计和建造过程的经验教训应用于商用 FBR 及以后的金属燃料型快中子增殖反应堆（MFBR）。在日本，福岛事故以后，商用 JSFR 的研发已经暂停。近期，日本与法国签订了协议，用其专长支持 ASTRID 项目。在韩国，第四代钠冷快堆的原型堆 PGSFR 的研发以及满足核不扩散、环境友好、事故容错、可持续且经济型的反应堆（PEACER）的研发正在进行中。在俄罗斯，可以预见，在 BOR-60 实验堆基础上，将建造一个新的多用途的钠冷实验快堆（MBIR）。同时，将基于 BN600 和 BN800 的知识和经验，把反应堆扩展至 BN1200；俄罗斯从过去铅铋冷却反应堆研发中获得的知识和经验也将应用在铅冷快堆 BREST-OD-300 和铅铋冷却快堆 SVBR100 的设计中。

如第 2 章所述，以第 3~9 章所描述的各领域内最先进技术为基础，所有这些研发工作以及正在进行的明确需要设计支持或者安全分析的设计工作均表明了对于液态金属热工水力测量技术、实验以及第 2 章所述的模拟方法需要进一步研发。因此，希望本书能够助益领域内的学生及新进专业人员，为他们未来将从事的研发工作奠定坚实的基础。

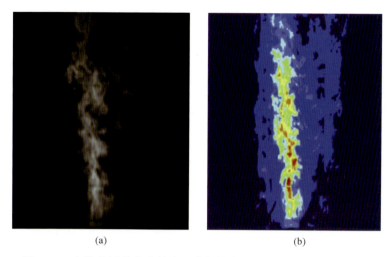

图 3.10 由激光诱导荧光技术重建的棒束几何结构中的瞬时浓度场
(a)测得的荧光强度;(b)重建的浓度场。

(来源:Wang, X., Wang, R., Du, S., Chen, J., Tan, S., 2016. Flow visualization and mixing quantification in a rod bundle using laser induced fluorescence. Nucl. Eng. Des. 305, 1-8.)

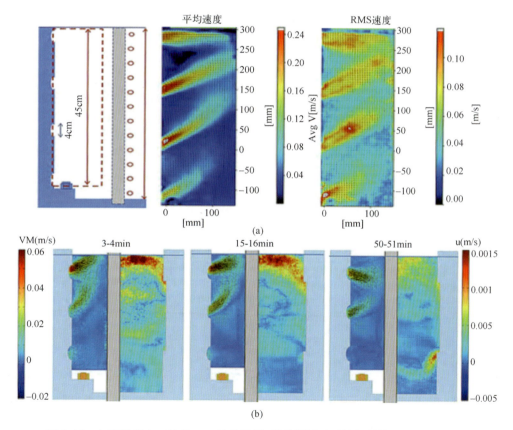

图 3.15 上部围筒出口处的 PIV 结果示例,以及从测试开始起在第 4min、16min 和 50min 时的速度场分布

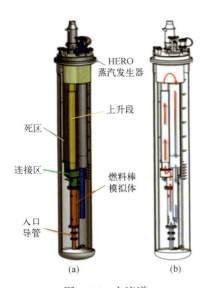

图 3.16 主流道

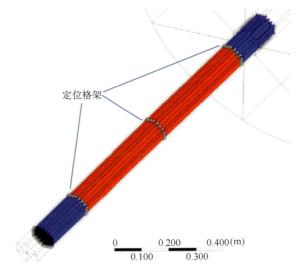

图 3.20 燃料棒束轴视图(发热区域为红色)

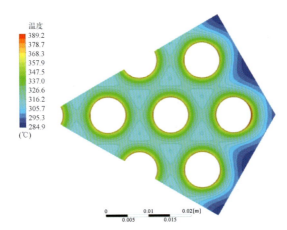

图 3.24 中间格架上游 20mm 界面温度分布

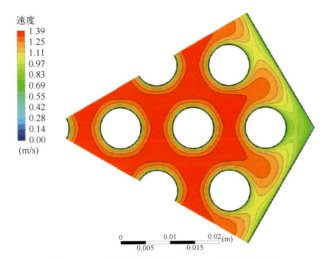

图 3.26 中间格架上游 20mm 界面速度分布

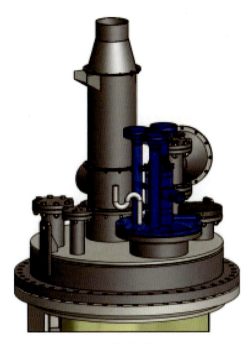

图 3.30 主容器顶部法兰视图
注:蒸汽发生器用蓝色突出显示。

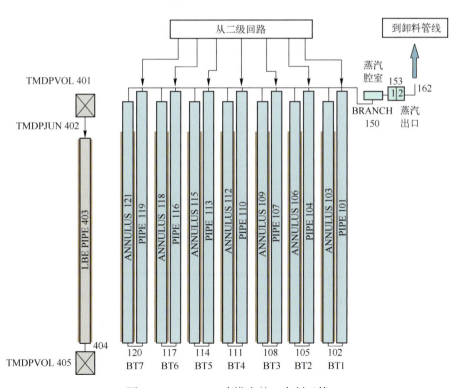

图 3.31 RELAP5 建模中的 7 个刺刀管

彩 3

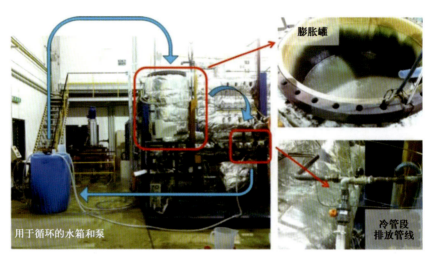

图 3.50 ENEA(Brasimone)的铅腐蚀(LECOR)实验装置回路循环清洗(使用 $CH_3COOH+H_2O_2$)

注:清洗液从膨胀罐进入,从排放管线流出,使用外部循环泵进行循环清洗。

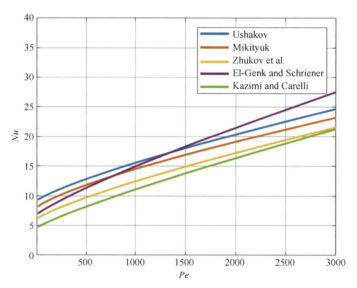

图 4.4 不同液态金属在竖直加热棒束中对流传热关系式中的 $Nu$
($P/D=1.3$,三角形栅格排布)

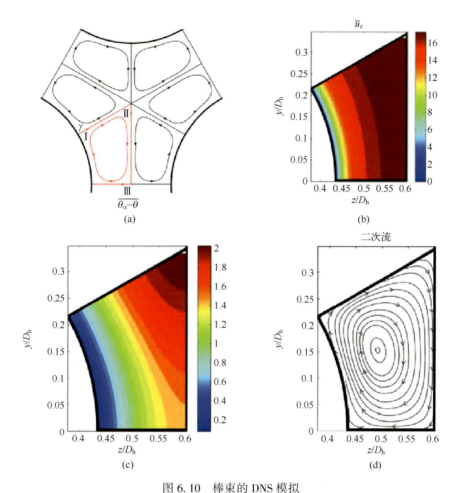

图 6.10 棒束的 DNS 模拟

(a) 进行计算的主流单元（红色线标了局部坐标 $\gamma$ 的定义）；(b) 单位流动单元上的时均速度 $\overline{u_x}$ 的云图；(c) 时均温差 $\overline{\theta_w - \theta}$ 云图；(d) 平均二次流的流线图。

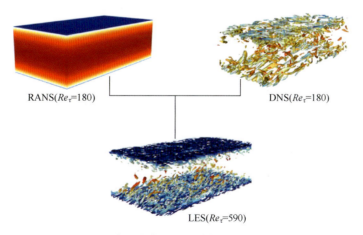

图 6.13 槽道流动模拟：不同类型模拟的细节程度

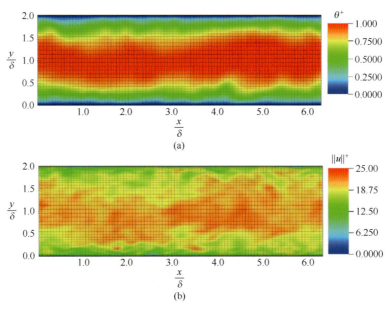

图 6.17 $Re_\tau = 590$ 条件下湍流槽道流的传热计算结果：某一时刻下的
温度场和速度场的截面图（附 LES 网格）

（来源：Bricteux. L., Duponcheel. M., Winckelmans. G., Tiselj, I. Bartosiewicz, Y., Direct and large eddy simulation of turbulent heat transfer at very low Prandtl number. Application to lead-bismuth flows. Nucl. Eng. Des. 246, 91-97.）

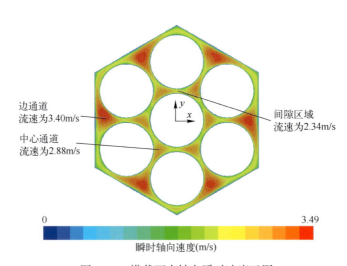

图 6.36 横截面中轴向瞬时速度云图

（来源：De Ridder, J., van Tichelen, K., Degroote, J., Vierendeels, J., 2016。Vortex-induced vibrations by axial flow in a bundle of cylinders. In: 11th International Conference on Flow-Induced Vibration, The Hague, The Netherlands, pp. 1-8。）

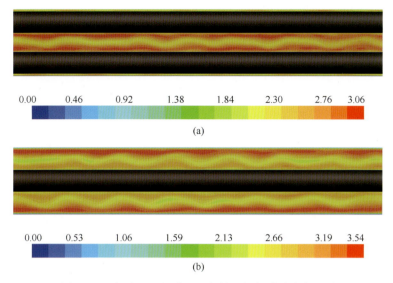

图 6.37 在平面 1 和平面 2 中的 $z$ 方向瞬时速度云图

(a) 平面 1; (b) 平面 2。

注:坐标系与图 6.35 相同:$z$ 轴指向为从左到右,$x$ 轴为从下到上。

(来源: de Ridder, J., van Tichelen, K., Degroote, J., Vierendeels, J., 2016。Vortex-induced vibrations by axial flow in a bundle of cylinders. In: 11th International Conference on Flow-Induced Vibration, The Hague, The Netherlands, pp. 1-8。)

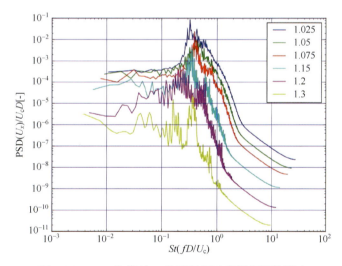

图 6.39 $P/D$ 比值对 $U_x$ 的无量纲功率谱密度的影响

(来源: de Ridder, J., van Tichelen, K., Degroote, J., Vierendeels, J., 2016。Vortex-induced vibrations by axial flow in a bundle of cylinders. In: 11th International Conference on Flow-Induced Vibration, The Hague, The Netherlands, pp. 1-8。)

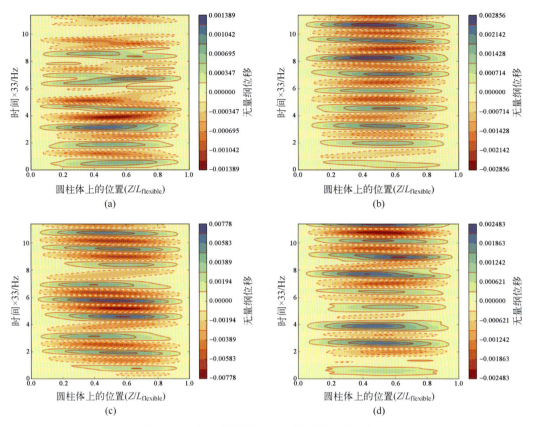

图 6.40 中心线无量纲位移的随管间隙的演变

（a）中心棒 $x$ 方向位移；（b）中心棒 $y$ 方向位移；（c）拐角棒 $x$ 方向位移；（d）拐角棒 $y$ 方向位移。

（来源：de Ridder, J., van Tichelen, K., Degroote, J., Vierendeels, J., 2016。Vortex-induced vibrations by axial flow in a bundle of cylinders. In: 11th International Conference on Flow-Induced Vibration, The Hague, The Netherlands, pp. 1-8。）

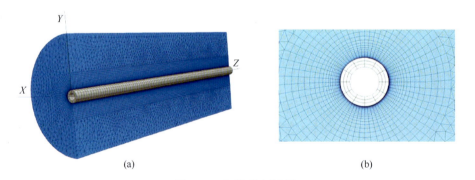

图 6.42 网格的剖视图

注：流体网格为蓝色，而实心网格为灰色。

（来源：de Ridder, J., Doare, O., Degroote, J., van Tichelen, K., Schuurmans, P., Vierendeels, J., 2015。Simulating the fluid forces and fluid-elastic instabilities of a clampedclamped beam in turbulent axial flow. J. Fluids Struct. 55, 139-154。）

彩 8

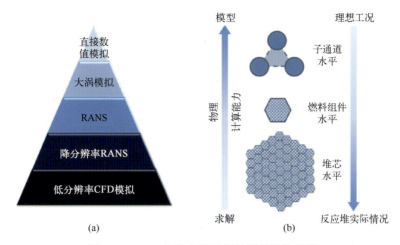

图 6.51 CFD 方法应用于绕丝燃料组件模拟

图 6.52 Doolaard 等（2015）对 19 根棒燃料组件 RANS 模拟的温度场结果

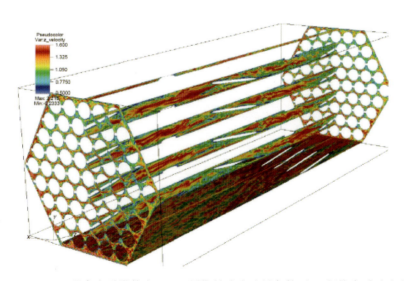

图 6.53 Nek5000 程序在雷诺数为 10000 周期性流向边界条件下 61 根棒束瞬时速度云图

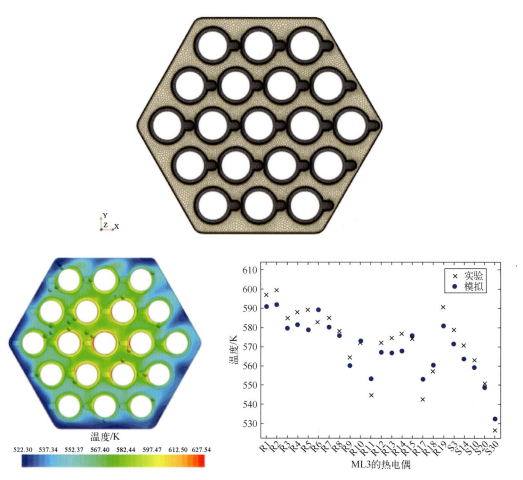

图 6.56 RANS 计算结果与 KALLA19 棒束实验数据对比验证

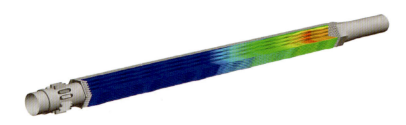

图 6.58 全尺寸 127 根棒 MYRRHA 燃料组件温度分布

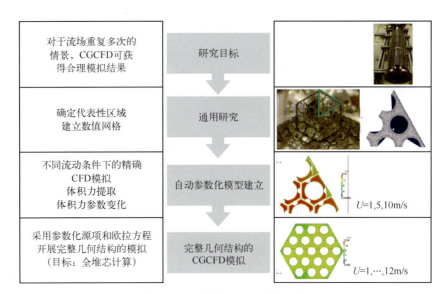

图6.59 粗网格CFD模拟步骤

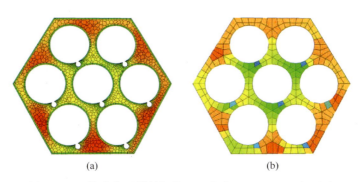

图6.60 7棒束绕丝燃料组件CFD解与AP-CGCFD解对比

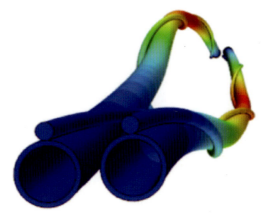

图6.62 铅铋堆中两个相互影响的绕丝燃料棒的流致振动耦合模拟
（注意，为了展示效果夸大了变形幅度）

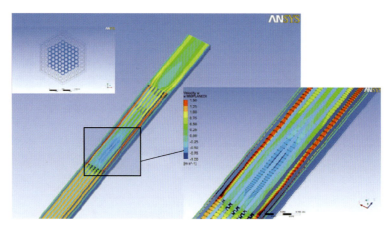

图6.63 有一较大中心堵塞区域的ALFRED型燃料组件的速度场
(Di Piazza et al., 2014)

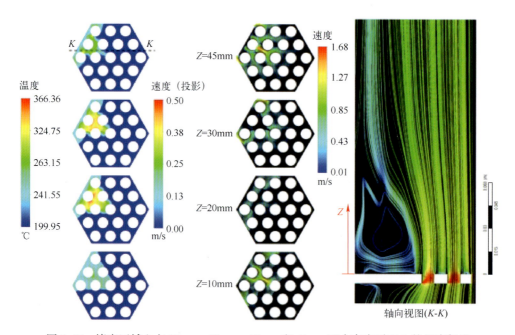

图6.64 堵塞区域上方10mm、20mm、30mm和45mm四个高度平面上的温度场和二次速度矢量图以及堵塞区上方的回流区域（Marinari et al., 2017）

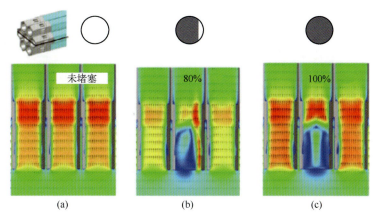

图 6.65 中心组件发生不同程度堵塞的 7 个燃料组件入口处的流场

图 6.66 分离粒子模型（VKI）模拟流动堵塞形成实验

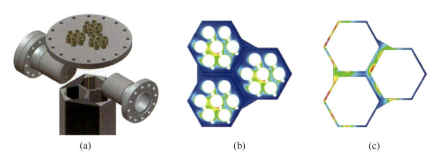

图 6.67 KALLA 装置计算机辅助设计（CAD）图和套管间流动实验支撑性模拟

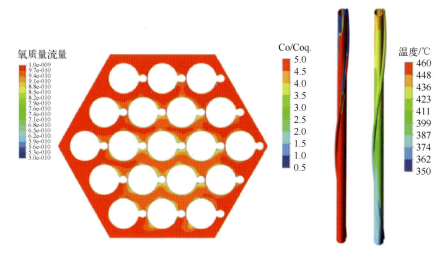

图 6.68 燃料组件出口截面氧浓度（左），中心燃料棒归一化氧浓度和温度分布，入口主流氧浓度 7%~10%（质量分数），氧化层厚度 1μm（Marino et al., 2017）

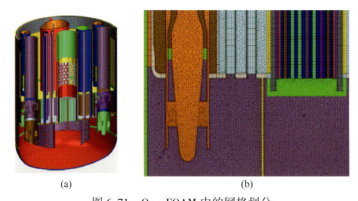

图 6.71 OpenFOAM 中的网格划分

(a) 灰色的"主壁面"部件和蓝色的封闭 LBE 区域；(b) 主泵网格。

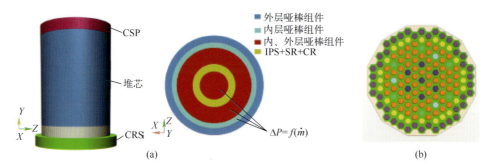

图 6.72 OpenFOAM 多孔介质模拟的堆芯布局以及 STAR-CCM+堆芯建模布局

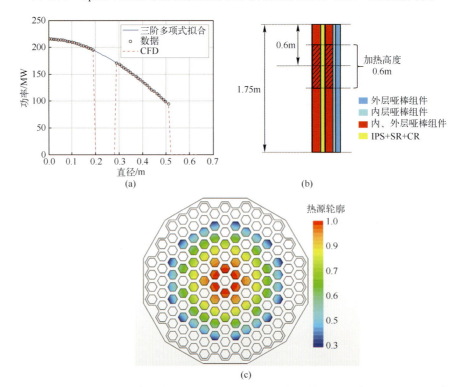

图 6.73 OpenFOAM 径向功率分布、STAR-CCM+燃料组件的轴向热功率分布和径向功率分布

彩14

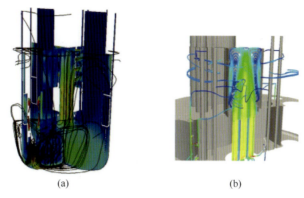

图 6.74 纵向对称面上速度云图和流线以及吊篮区域流线

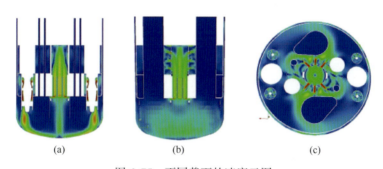

图 6.75 不同截面的速度云图

(a) 穿过泵的纵向对称平面（0~1m/s）；(b) 穿过反应堆容器内换料机的垂直对称截面；
(c) 热池中部水平截面。

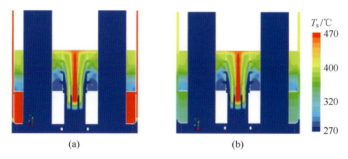

图 6.76 共轭传热的影响

(a) 无共轭传热；(b) 有共轭传热。

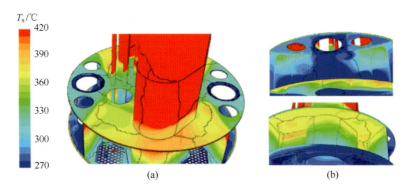

图 6.77 堆芯隔板顶部和底部的静温云图

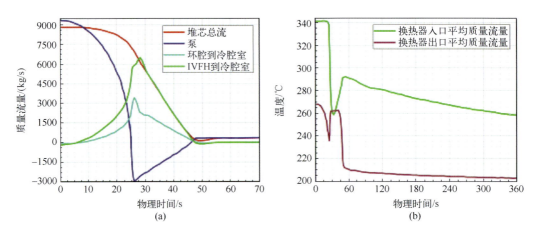

图 6.78 失流事故场景进程
（a）主要流量；（b）换热器进出口温度。

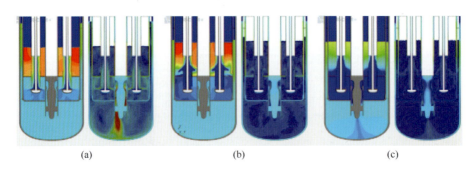

图 6.79 失流事故场景模拟结果，经过一台泵及其换热器的剖面温度和速度云图
（a）额定工况；（b）30s 后；（c）模拟结束（时间为 360s）。
注：温度范围为 250~350℃，速度范围为 0~2m/s。

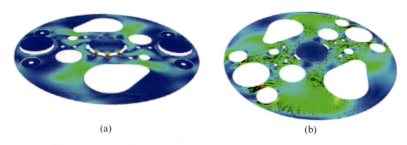

图 6.80 LBE 自由液面速度云图（速度范围为 0~0.5m/s）

（a）1.4 版（速度为 0~0.5m/s）；（b）1.6 版（速度为 0~0.19m/s）。

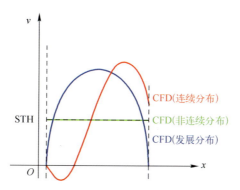

图 7.4 STH/CFD 边界满足流量一致性条件（1）的可能速度剖面

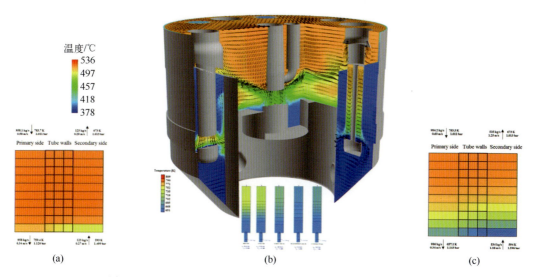

图 7.9 NRG 开发的 PHENIX 反应堆耦合 SPECTRA-CFX 模型

（a）SPECTRA 堆芯模型；（b）CFD 稳态温度场；（c）SPECTRA 中间换热器模型。

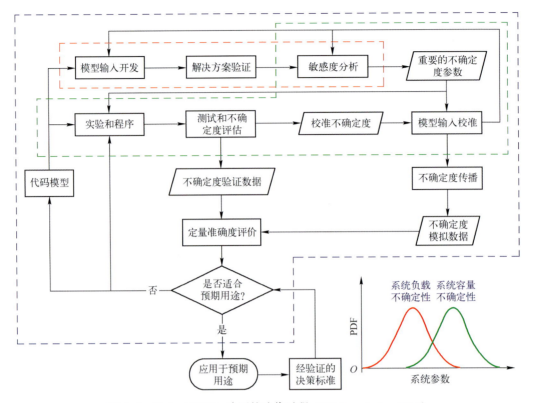

图 8.4  Hofer（1999）验证的迭代过程（Mickus et al.，2015）

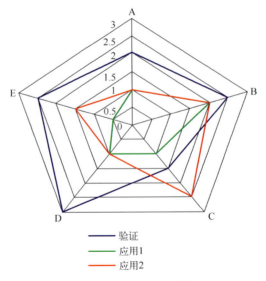

图 8.5  验证及应用域

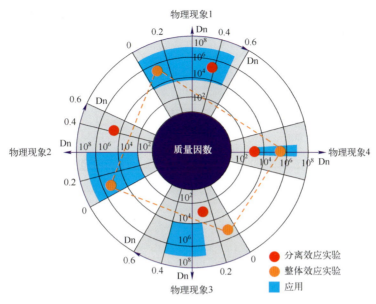

图 8.6 Gaudron et al.（2015）展示的验证及应用域

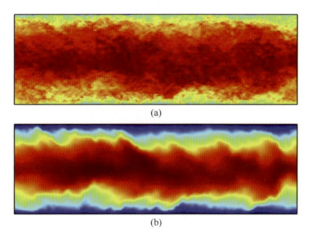

图 9.2 湍流相干结构（Duponcheel et al.，2014）
（a）$Pr=1$；（b）$Pr=0.01$。

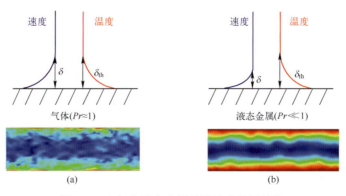

图 9.3 空气和液态金属的湍流边界层结构